Über Wissenschaft reden

Lingua Academica

Beiträge zur Erforschung historischer Gelehrten- und Wissenschaftssprachen

Herausgegeben von
Wolf Peter Klein, Michael Prinz und Jürgen Schiewe

Band 4

Über Wissenschaft reden

Studien zu Sprachgebrauch, Darstellung und Adressierung in der deutschsprachigen Wissenschaftsprosa um 1800

Herausgegeben von
Claude Haas und Daniel Weidner

Unter Mitarbeit von
Gwendolin Engels

DE GRUYTER

Das dieser Publikation zugrunde liegende Forschungsvorhaben wurde vom Bundesministerium für Bildung und Forschung unter dem Förderkennzeichen 01UG1412 gefördert.

Die Veröffentlichung im Open Access wurde durch den Publikationsfonds für Open-Access-Monografien der Leibniz-Gemeinschaft gefördert.

ISBN 978-3-11-067662-4
e-ISBN (PDF) 978-3-11-067663-1
e-ISBN (EPUB) 978-3-11-067665-5

Library of Congress Control Number: 2019953763

Bibliografische Information der Deutschen Nationalbibliothek
Die Deutsche Nationalbibliothek verzeichnet diese Publikation in der Deutschen Nationalbibliografie; detaillierte bibliografische Daten sind im Internet über http://dnb.dnb.de abrufbar.

Satz: Integra Software Services Pvt. Ltd.
Druck und Bindung: CPI books GmbH, Leck

www.degruyter.com

Inhaltsverzeichnis

Claude Haas, Daniel Weidner
Einleitung — 1

Thorsten Roelcke
Latein als Lingua franca im deutschen Sprachdenken des 17. und 18. Jahrhunderts — 11

Denis Thouard
Muss (auch) die Philosophie populär werden? — 39

Ernst Müller
‚Deutschland als Mittelpunkt der Bildung'. Zum Verhältnis von Sprache, Wissenschaft und Universität bei Schleiermacher — 57

Daniel Weidner
Berufung, Erweckung und lebendige Lehrart. Johann Gottlieb Fichtes Reden über Wissenschaft — 79

Andrea Polaschegg
Unbotmäßige Literaturgeschichtsschreibung deutsch. Friedrich Schlegels Wiener Vorlesungen *Geschichte der alten und neuen Literatur* (1812) — 100

Peter Schnyder
Geistes-Gegenwart. Rede und Vorlesung bei Adam Müller — 125

Andreas Keller
Bildung als Ideal und Beredsamkeit als Praxis. Systemkollisionen um 1800 — 144

David Martyn
Grimms Wissenschaft, Grimms Deutsch — 187

Birgit Griesecke
„Berichtigung des Sprachgebrauchs“? Lichtenberg, ein Aphorismus und seine Folgen im Werk Wittgensteins — 207

Patrick Eiden-Offe
„Eigenes“ und „Lebendiges“. Hölderlins „deutscher Gesang“ nach 1800 — 235

Claude Haas, Daniel Weidner

Einleitung

Im November 1917 spricht Max Weber in München über „Wissenschaft als Beruf". Angesichts der sich abzeichnenden politischen Krise will er den Hörern etwas über den Beruf des Wissenschaftlers sagen – er beginnt ganz trocken mit der desolaten ökonomischen Situation des deutschen Privatdozenten und beschwört dann seine Hörer immer wieder, ihre wissenschaftlichen Lehrer nicht mit Führern zu verwechseln –, spricht aber auch über den Sinn der Wissenschaft als solcher. Man dürfe sie nicht überschätzen, denn die eigentlichen Fragen könne sie nicht beantworten:

> Wie man es machen will, „wissenschaftlich" zu entscheiden zwischen dem Wert der französischen und deutschen Kultur, weiß ich nicht. Hier streiten eben auch verschiedene Götter miteinander, und zwar für alle Zeit. [...] Und über diesen Göttern und in ihrem Kampf waltet das Schicksal, aber ganz gewiss keine „Wissenschaft".[1]

‚Wissenschaft' – Weber spricht gern in distanzierenden Anführungszeichen von ihr – könne Fakten feststellen, aber keine Wertentscheidungen treffen, und wenn sie es doch tue, wenn sie Fakten und Werte vermische, wenn der akademische Lehrer politisch oder moralisch urteile, dann sei er nichts weiter als ein ‚Kathederprophet',[2] eine jämmerliche Gestalt. Überhaupt sei die moderne spezialisierte Wissenschaft auch keineswegs die Königin des Wissens, sondern ein höchst eigenartiges Unternehmen: „Warum betreibt man etwas, das in der Wirklichkeit nie zu Ende kommt und kommen kann?"[3] Rational sei es für den Einzelnen nicht zu erklären, dass er seine ganze Energie und Leidenschaft in Forschungen lege, die schon von seinem Nachfolger überholt werden würden; Sinn mache Wissenschaft nur, wenn man sie als innere ‚Pflicht' zur Sachlichkeit, eben als ‚Beruf' betrachte, man selbst also eigentlich gar nichts anderes sein könne als Wissenschaftler. Seine Hörer auf diese Pflicht vorzubereiten und ihnen immer wieder Sachlichkeit abzuverlangen, ist das Bestreben von Webers Rede.

Das ist freilich ein paradoxes Unternehmen. Dass Wissenschaft eine Grenze nicht nur hat, sondern auch haben *soll*, ist keine rein wissenschaftliche Aussage mehr, sondern eine moralische Forderung, und damit das, was Weber der

1 Weber 1994: 17.
2 Vgl. ebd.: 15 u.ö.
3 Ebd.: 23.

https://doi.org/10.1515/9783110676631-001

Wissenschaft eigentlich gerade versagt hatte. Möglich ist das nur performativ: im Akt der Rede, die zwischen deskriptiver und präskriptiver Rede, zwischen Analyse und Appell changiert, die immer auch auf sich selbst verweist und ihre Hörer miteinbezieht. Der Professor ist immer auch ein Prophet, selbst und sogar gerade, wenn er vor falschen Propheten – den ‚Kathederpropheten' – warnt. Denn über die Wissenschaft zu sprechen bedeutet immer schon, deren Grenzen zu überschreiten, und zwar vor allem, wenn man mit Weber die ‚Wissenschaft' als etwas sehr Begrenztes betrachtet. ‚Über' der Wissenschaft ist etwas, was man eigentlich nur bildlich adressieren kann, wie in dem Bild der kämpfenden Götter, das sich als konstantes Motiv durch den Text zieht – ein Kampf, der nicht nur seiner Natur nach nicht enden kann und auch nicht enden darf, sondern von dem Wissenschaft auch eigentlich gar nichts wissen kann, von dem man aber sprechen muss, um die Bedeutung der Wissenschaft zu erklären und den Beruf des Wissenschaftlers zu verstehen.

1

Über Wissenschaft zu reden ist also keine Selbstverständlichkeit, ist doch Wissenschaft selber die Rede über alle möglichen Gegenstände, eine Rede zumal, die ihre eigenen Prinzipien setzt und sich autonom bestimmt, also auch die Rede über sich kontrolliert und davon ausgeht, eine nichtwissenschaftliche Rede über Wissenschaft müsse diese wesentlich verfehlen. Dieser Anspruch auf Autonomie manifestiert sich sprachlich etwa in der Ausbildung von Terminologien, von Ausdrücken, deren Bedeutung sich von ihrem allgemeinen Sprachgebrauch ablöst und weitgehend selbstreferentiell funktioniert, weshalb es auch wenig produktiv scheint, über Terminologien zu sprechen, man muss sie vielmehr benutzen. Doch auch wenn man sie beherrscht, wird man im gleichen Maße von ihnen beherrscht. Freilich ist diese Autonomisierung – wie jede gesellschaftliche und diskursive Differenzierung – niemals absolut, denn auch die Wissenschaft muss bei verschiedenen Gelegenheiten nach außen kommunizieren: pädagogisch, um neue Mitglieder auf die interne Kommunikation vorzubereiten, aber auch politisch, um der allgemeinen Öffentlichkeit Rechenschaft über das eigene Tun abzulegen. In der wissenschaftlichen Selbstverständigung kommt es daher zu einer permanenten Vermischung von wissenschaftlicher und nichtwissenschaftlicher Kommunikation, und es ist just diese Vermischung, die das Reden über Wissenschaft möglich und auch nötig macht.

Das ist an sich kein neues Problem. Wie man von der Theorie in der Öffentlichkeit spricht, ist spätestens seit dem Prozess gegen Sokrates ein brennendes

Problem der Philosophie. Die Tradition, in der Max Weber steht und die bis zum heutigen Tag nicht abgebrochen ist, wird aber erst um 1800 aus epistemologischen, institutionellen und sprachlichen Gründen akut: Das Wissen wird nun zur Wissenschaft, diese wird an eine neue Form der Universität gebunden und folglich institutionalisiert, und das geschieht zusehends nicht mehr in einer Gelehrtensprache, sondern in einem Idiom, das den Namen ‚Nationalsprache' erhält. Um 1800 unterscheidet sich die Wissenschaft von der Gelehrsamkeit einerseits und von der Metaphysik andererseits, und sie versteht sich nunmehr als Forschung: das heißt, sie ist wesentlich an erst zu erbringenden Resultaten orientiert, durch ein beständiges Fortschreiten, das zugleich ihre Autonomie ausmacht. Raum dieser Autonomie wird dabei die Universität als neue Form der Einheit von Forschung und Lehre, in der sich der Fortschritt des Wissens auch als Verhältnis der Generationen ausdrückt, denn hier führen nicht mehr einfach die Älteren die Jüngeren in einen existierenden Forschungsstand ein, sondern die Jüngeren werden zu Forschern ausgebildet, die schließlich die Älteren nicht nur ersetzen, sondern überholen müssen.

Die neue Form der Universität fällt zusammen mit einer sprachlichen Entwicklung, die das Reden über Wissenschaft radikal verändert. Wie gesagt, ist die Ausbildung von Terminologien ein wesentlicher Faktor in der Ausdifferenzierung der Wissenschaft in verschiedene Disziplinen. Sie ist für die Wissensgeschichte der späten Aufklärung charakteristisch und stellt gewissermaßen die soziale Seite der Autonomisierung der Wissenschaft dar. In der Fachdisziplin bildet sich eine Gemeinschaft von Forschern, die verstärkt *untereinander* kommunizieren und gegen Mitteilungen von außen zunehmend indifferent werden. Aber diesen Tendenzen zur terminologischen Ausdifferenzierung verschiedener Sondersprachen steht eine ganz anders geartete Entwicklung der Entdifferenzierung gegenüber, nämlich die Ablösung des Lateinischen als Sprache der Wissenschaft durch die Volkssprachen. Diese Entwicklung ist Teil und eigentlich Abschluss einer generellen Standardisierung der Sprache, die den frühmodernen Staat auszeichnet. Sie bekommt um 1800 aber insbesondere in Deutschland durch die veränderten politischen Verhältnisse eine neue Bedeutung. Denn die Volkssprache wird nun, maßgeblich bedingt durch die napoleonische Besatzung, national aufgeladen, ja zum wesentlichen Medium einer genuin deutschen Nationsbildung – eine Entwicklung, die von den Differenzierungstheorien der Moderne gerne übersehen wird, für die der Nationalismus allenfalls eine Übergangserscheinung ist und in denen die Sprache (wie auch die ‚Kultur') keinen rechten Platz hat.

Historisch ist dieser Prozess des Übergangs vom Lateinischen zum Deutschen freilich selbst hochkomplex und alles andere als linear. Er verläuft über viele Zwischenstufen der Diglossie und auch des verbreiteten Codeswitching und hinterlässt in der deutschen Wissenschaftssprache, in der lateinische

Lehnwörter neben deutschen Neubildungen stehen, dauerhaft ein doppeltes Register. Der Wandel hat aber auch eine wichtige pragmatische Konsequenz für das Reden über Wissenschaft wie für das Verhältnis von Wissenschaft und Öffentlichkeit, und zwar eine negative: Die gewissermaßen klassische Lösung – exoterisch deutsch und esoterisch Latein zu schreiben bzw. zu sprechen – steht nicht länger zur Verfügung. Die Grenzen der Wissenschaft sind nicht länger die Grenzen einer Sprache. Allerdings führt eine Vereinheitlichung der Sprache keineswegs automatisch zu einer Vereinheitlichung des Sprechens – im Gegenteil. Denn epistemologisch setzt sich die Spezialisierung der Disziplinen und bald auch der philosophischen Schulen fort, sozial haben die akademisch Gebildeten nach wie vor das Bedürfnis, sich von der allgemeinen Öffentlichkeit zu unterscheiden, politisch schließlich wird die freie Zugänglichkeit zum Wissen bzw. die freie Durchlässigkeit akademischer und politischer Öffentlichkeit seit der Französischen Revolution zunehmend als Problem begriffen.

2

Über Wissenschaft zu reden hat nicht nur eine gegenständliche, sondern seit dem späten 18. Jahrhundert grundsätzlich auch eine appellative und performative Dimension – und wie sich noch bei Max Weber zeigt, kann diese Dimension oft dazu dienen, Paradoxien zu überwinden und unsichtbar werden zu lassen, sie mitunter aber auch produktiv zu machen. Tatsächlich entwirft sich die neue Wissenschaft um 1800 nicht nur als Forschung in die Zukunft, sie versteht sich auch institutionell als zukünftige, als erst noch hervorzubringende Gemeinschaft: Ihre Universitäten sind programmatisch *Neu*gründungen, ihre Stellung als Wissenschaft ist noch nicht gesichert, ihre Mitglieder müssen erst noch zu Wissenschaftlern gemacht werden und jenem Ruf folgen, der noch für Weber zentral sein wird.

Die Rede über Wissenschaft um 1800 darf sich aus den genannten Gründen nicht auf eine abstrakte Metareflexion beschränken, sie muss im gleichen Atemzug jene Wissenschaft entwerfen und jene Wissenschaftler formieren, über die sie gerade (erst) spricht. Der performative Kraftakt besteht in der Regel folglich darin, jede Kluft und jede mögliche Differenz zwischen Objektsprache und Metasprache sowohl zu behaupten als auch zu kaschieren. Für eine qua Wissenschaft zu konstituierende Gemeinschaft hat dies die bemerkenswerte Konsequenz, dass sie zum einen auf die Objektivität einer zu konstituierenden wissenschaftlichen Disziplin verpflichtet wird, dass sie zum anderen aber auf der Ebene der Adresse auch als monumentales Bildungssubjekt firmiert. Anders als bei Weber wird Bildung um 1800 offiziell nämlich meist nicht als Gegensatz zur Wissenschaft verstanden, vielmehr bilden ‚Wissenschaft' und ‚Bildung' regelrecht Synonyme. Die Behauptung einer Autonomie der Wissenschaft – dies gilt in erster Linie für das philosophische Systemdenken – muss auf diese Art und Weise die Ausdifferenzierung der modernen wissenschaftlichen Disziplinen sowohl befördern als (zumindest tendenziell) auch blockieren.

In dem Maße, wie sich eine Engführung von Wissenschaft, Bildung und Universität um 1800 oft zusätzlich mit einer ausgewiesen sprachphilosophischen Reflexion paart, die die Sprache nicht als Träger, sondern als Motor des Denkens begreift, wird das Verhältnis zwischen Wissenschaft und Sprache kategorisch überfrachtet. Wenn Wilhelm von Humboldt etwa die Sprache als „bildendes Organ des Gedankens" definiert[4] und die moderne Universität maßgeblich auf die Bildungsaufgabe festgelegt wissen will, muss eine Rede über Wissenschaft schließlich auch noch die ursprünglich sprachliche Genese der Wissenschaft selbst (mit-)realisieren. Geleistet werden kann dies streng genommen nur in der unmittelbaren *Gegenwart* eines sprachlichen Vollzugs – und dass um 1800 über Wissenschaft in der Regel *geredet* oder die mündliche Rede schriftlich simuliert – wird, dürfte immer auch diesem Umstand geschuldet sein.

Der doppelte Appell an eine allgemeine Öffentlichkeit und an ein sich herausbildendes Fachpublikum bleibt dabei von entscheidendem Interesse; und zwar umso mehr, als die wissenschaftliche Revolution – nicht zuletzt die kopernikanische Revolution der kantischen Philosophie – zunehmend als Ersatz und Überbietung der politischen verstanden wird. Zwei Eigenschaften dieser Appelle sind in diesem Kontext besonders wichtig. Sie greifen oft auf moralische, öfter noch auf religiöse Kategorien zurück: auf den Glauben an die Wissenschaft oder auf die Berufung zum Wissenschaftler. Und sie betonen die Mündlichkeit der Rede, die sich gegen die Buchgelehrsamkeit positioniert und im konkreten Appell an die Hörer immer wieder die mündliche Sprechsituation betont. Diese beiden Charakteristika mögen auf den ersten Blick überraschen, sie bilden aber, wie bereits erwähnt, eine Konsequenz des (meta-)wissenschaftlichen Diskurses um 1800. Zwar scheinen religiöse Konnotationen der weitgehenden Ablösung der Wissenschaft aus religiösen Bezugssystemen um 1800 fundamental zu widersprechen, und die Mündlichkeit der Rede steht im Kontrast zur gleichzeitig sich vollziehenden massiven Verstaatlichung, Bürokratisierung und auch Verschriftlichung der Universität. Aber beide Momente gehen natürlich auch mit der Auratisierung der Stimme in der Literatur einher, bedienen sich gezielt literarischer Verfahren, machen die Grenze von Literatur

---

4 Humboldt 1907: 53.

und Wissenschaft durchlässig und präparieren den Vortrag als gerade sich vollziehendes Erweckungs- oder Offenbarungsgeschehen.

William Clark hat daher vom „ghost in the machine" gesprochen,[5] von der charismatischen Stimme des Hochschullehrers, die zugleich ein Effekt der Institution ist und diese transzendiert. Denn die Universität ist nicht nur der Raum, in dem hochspezialisierte Forschungsleistungen dazu berechtigen, (auch) allgemein über Wissenschaft zu sprechen, sei es propädeutisch, sei es in der Öffentlichkeit etwa von Universitätsreden. Sie ist darüber hinaus für die Zuhörer ein Raum, in dem sie sich selbst in Wissenschaftler verwandeln können und in dem eine wissenschaftliche Gemeinschaft erzeugt wird, die gleichermaßen rational wie charismatisch ist. Diese Überdeterminiertheit erklärt vermutlich nicht wenig von der Produktivität und auch der Ausstrahlungskraft der deutschen Universität im ‚langen' 19. Jahrhundert.

Die Rolle des Charismas macht dabei nicht nur deutlich, dass hier durchaus noch Elemente einer feudalen oder ständischen Vergesellschaftung wirksam sind, wie es insgesamt für die ‚verspätete Nation' charakteristisch sein mag. Sie betont auch die Fragilität der so erreichten Autorität, deren Verstetigung dann unter den notorischen Problemen der Bürokratisierung des Amtscharismas leidet. Wenn etwa zu Beginn des Ersten Weltkriegs zahllose Professoren die deutsche Erweckung von 1813 zu wiederholen versuchen, noch einmal den Weltberuf der Deutschen betonen und ihre Hörer zu wahren Deutschen erwecken wollen, so bleibt das doch oft nur die schwache Kathederprophetie, an der Weber Anstoß nahm.

3

Die Beiträge des vorliegenden Bandes beleuchten zentrale Stationen der Rede wie der Reflexion über Wissenschaft und Universität in Deutschland (und Österreich) um 1800. Zwar können diese Stationen schon insofern nicht mit der ‚realen' historischen Entwicklung der Universität und der Disziplinenbildung im 19. Jahrhundert kurzgeschlossen werden, als viele der entsprechenden Texte seinerzeit – wie das Beispiel Wilhelm von Humboldts besonders eindringlich zeigt – gar nicht publiziert worden sind. Ihrer Langzeitwirkung und ihrer Aktualität tut dies allerdings keinen Abbruch.

Thorsten Roelcke beleuchtet sowohl die Koexistenz als auch die Reflexion auf den Gebrauch von Volkssprache und Latein in Barock und Frühaufklärung. Dabei interessiert er sich insbesondere für die ‚Arbeitsteilung' von Latein und

5 Clark 2006: 398.

Deutsch etwa in Kirche und Universität und für ihren Strukturvergleich unter grammatischen wie lexikalischen Gesichtspunkten im Hinblick auf die ‚Eignung' der jeweiligen Sprache im Rahmen bestimmter (Spezial-)Kommunikationen.

DENIS THOUARD geht der Frage nach, inwiefern aufklärerische Forderungen nach Verständlichkeit und Popularität auf Inhalt und Zuschnitt der Philosophie zurückwirken. Indem das moderne Systemdenken nach den Bedingungen des (eigenen) Wissens frage und es folglich nicht mehr von außen darstellbar sei, müsse das System dem Leser nunmehr im Prozess des Entstehens vorgeführt und nachvollziehbar gemacht werden. Dies habe zwar – etwa bei Kant oder Hegel – oft eine besonders esoterische Ausdrucksweise zur Konsequenz, doch könne diese ihrer Intention nach nichtsdestotrotz eminent pädagogische oder gar populäre Zwecke verfolgen.

ERNST MÜLLER beschäftigt sich mit der „Umcodierung der europäisch-konfessionellen in eine national-säkulare Bestimmung der Universität" im Werk Friedrich Schleiermachers. Da eine sprachliche Verfasstheit des Wissens für Schleiermacher außer Frage stehe und er deren Vermittlung in der „verschriftliche[n] Mündlichkeit" seiner Vorlesungen auch durchaus Rechnung zu tragen versuche, wolle er den Gebrauch des Lateinischen auf den einer akademischen Festsprache reserviert wissen. Ferner führe die neue Verbindung von Philosophie, Wissenschaft und Bildung bei Schleiermacher beinahe zwangsläufig zu einer Gegenüberstellung von deutscher Universität und französischer Spezialschule, da Letztere sich dem staatlichen Nutzen und der Berufsausbildung verschrieben habe. Die deutsche Universität binde Schleiermacher dabei zwar an die Nation, mitnichten aber an den National*staat*.

DANIEL WEIDNER beleuchtet Johann Gottlieb Fichtes Überlegungen zu Wissenschaft, Universität, Sprache und Nation im Anschluss an Kant. Als konstitutives Merkmal der neuen Wissenschaft macht er bei Fichte die Figur des Fortschritts aus, welche die eigene Forschung ihrem Selbstverständnis nach notwendigerweise als „Durchgangsstadium" erscheinen lasse. Auf der Ebene der Vermittlung führe dies zu einem „genetischen Vortragsstil", da die Adressaten in die Lage versetzt werden müssten, die jeweilige Gedankenhandlung selbst nachzuvollziehen. Paradoxerweise sei Fichtes Vortrag indes weniger mündlich als der Kants, da er anders als dieser nicht laufend ein Lehrbuch kommentiere, sondern seine Vorlesungen als selbständige Texte verfasse. Dabei reflektiere Fichte nicht nur das eigene sprachliche Handeln, sondern auch die Sprache selbst im Sinne eines Anschauungskerns der Nation, die er in Deutschland durch seine Reden als Gemeinschaft (mit) zu konstituieren versuche.

Die enorme Bedeutung der performativen Rede, die Thouard, Müller und Weidner für den philosophischen Diskurs um 1800 veranschlagen, macht ANDREA POLASCHEGG auch für Friedrich Schlegels Wiener Vorlesungen *Geschichte der alten und neuen Literatur* von 1812 geltend. Nicht über deren weitgespannten Gegenstandsbereich, sondern über den Gebrauch des Deutschen reihe sich Schlegel in genau die Literaturgeschichte ein, die seine Vorlesungen überhaupt erst begründeten. Das entscheidende Medium dieser Geschichte sei für Schlegel unweigerlich die Muttersprache, denn nur in ihr könnten sich jene Nationalerinnerungen artikulieren, die eine Literatur bildeten. Von daher müsse der Ort seiner Rede in deren Analyse stets einbezogen werden, schließlich sei das Deutsche in Habsburg weder Schul- noch Amtssprache gewesen.

Genau wie Schlegel wandte sich auch Adam Müller in seinen ebenfalls in Wien gehaltenen Reden und Vorlesungen an ein Publikum, das nicht auf die institutionalisierte Gelehrsamkeit beschränkt blieb. Müllers Überlegungen zur Wissenschaft untersucht PETER SCHNYDER unter dem Gesichtspunkt ihres komplexen Gegenwartsbezugs. Habe ‚Gegenwart' bis weit in das 18. Jahrhundert hinein primär eine räumliche Relation gemeint, komme es in Müllers Gebrauch des Begriffs zu einer systematischen Amalgamierung von Raum und Zeit, da Wissenschaft in seinen Augen auf ihren Adressatenkreis möglichst direkt einzuwirken habe. Bezeichnenderweise teile Müller die Rhetorikaversion Kants und weiter Teile der Philosophie durchaus nicht, vielmehr bedürfe es ihm zufolge einer neuen Rhetorik, um eine möglichst große „Wechselwirkung zwischen der Gegenwart des Redners und derjenigen des Publikums" erzielen zu können. Freilich stellten solche Überzeugungen einen ähnlichen performativen Selbstwiderspruch dar wie bei Fichte, denn Müller habe stets „aus einem zuvor sorgfältig konzipierten Manuskript" gelesen.

Dass der schlechte Leumund der Rhetorik um 1800 keineswegs zu deren flächendeckendem Verschwinden geführt hat, zeigt auch der Beitrag von ANDREAS KELLER. Da die Rhetorik sich selbst traditionellerweise immer schon habe unsichtbar machen müssen, um wirken zu können, und da so gut wie jede sprachliche Äußerung rhetorisch verfasst sei, könne allerdings so oder so nur die Analyse des jeweiligen „Wahrnehmungsgrad[s] ihrer Auffälligkeit und Dominanz" verlässliche Auskunft über ihr Fortleben erteilen. Auch wenn insbesondere das auf Innerlichkeit verpflichtete Ideal der Bildung um 1800 vielfach in Konkurrenz oder Opposition zur Rhetorik geraten sei, habe es schnell Versuche vor allem im Rahmen der Pädagogik gegeben, eine „adressatenaktivierende Bildungsrhetorik" zu entwickeln. Zwar stelle die Systemphilosophie deren Hauptgegner dar, doch könne man die Rhetorik mit gutem Recht als „verborgene[ ] Leitdisziplin auch im 19. Jahrhundert" bezeichnen.

Der Entwicklung einer sprachwissenschaftlichen Terminologie bei Jacob Grimm gilt das Interesse von DAVID MARTYN. Für das Problem sowohl des Deutschen als auch der Wissenschaftssprache bilde Grimm insofern ein schlagendes Beispiel, als eine potentielle Unterscheidung zwischen Objekt- und Metasprache die (frühe) Sprachwissenschaft zwangsläufig vor besondere Herausforderungen habe stellen müssen. Grimms Lösung dieses Problems bestehe nun darin, eine solche Differenz gar nicht erst aufbrechen zu lassen, das Subjekt dem Objekt der Erkenntnis regelrecht ‚auszuliefern' und weniger „*über* die Sprache" als „*mit* ihr" zu sprechen. Dadurch komme es bei Grimm zwar durchgehend zu einer Annäherung der Darstellung an ihren Gegenstand, doch dürfe diese über die tendenzielle Artifizialität insbesondere seiner Fachausdrücke nicht hinwegtäuschen. Grimm untersuche eine Sprache, „die er zu deren Beschreibung zugleich entdeckt und erfindet".

Birgit Griesecke wendet sich einem Aphorismus Georg Christoph Lichtenbergs und dessen späterem Stellenwert in der Sprachphilosophie Ludwig Wittgensteins zu. Wenn Lichtenberg die Philosophie als „Berichtigung des Sprachgebrauchs" verstanden wissen wolle, bette er diese Idee in eine Satzkonstruktion ein, die „aus einem rhetorischen Manöver ein Erkenntnisinstrument macht", indem sie performativ gerade unterschiedliche Sprachgebräuche in Szene setze. Komme der Aphorismus Lichtenbergs Sprachdenken entgegen, so kündige Wittgenstein diese Form über ein Zitationsverfahren, das nicht auf Pointierung, sondern auf Reihung ziele, unter der Hand wieder auf. In seinem „Experimentalsinn" stehe Wittgenstein Lichtenberg freilich nicht nach.

Der Beitrag von Patrick Eiden-Offe schließlich verlässt den Komplex der Wissenschaftssprache und untersucht Deutsch als Literatursprache in der Hymnik Friedrich Hölderlins. Man könne Hölderlins Werk mit gutem Recht auf die Frage festlegen, „wie und ob überhaupt das Deutsche eine Sprache der Dichtung sein oder werden kann". Ähnlich wie die Wissenschaft und ihre Sprache werde Deutsch von Hölderlin dabei nicht als eine „Gegebenheit", sondern als eine „Aufgabe" betrachtet, die die eigene Lyrik maßgeblich (mit) zu realisieren habe. Hölderlin lasse dieses Projekt in eine komplexe geschichtsphilosophische Reflexion ein, die seine hochartifizielle Sprache der ‚Natur' gerade wieder (oder überhaupt erst) nahebringen solle. Dass ein solches literarisches Programm strukturelle Affinitäten sowohl zur Grimm'schen Sprachwissenschaft als auch zum (system-)philosophischen Bemühen um Verständlichkeit und Popularität birgt, ist evident.

Der vorliegende Sammelband geht größtenteils auf eine gleichnamige Tagung zurück, die vom 2. bis zum 4. Juni 2016 am Leibniz-Zentrum für Literatur- und Kulturforschung in Berlin stattgefunden hat, wo die beiden Herausgeber als wissenschaftliche Mitarbeiter tätig sind. Wir danken den Vortragenden dafür, dass sie uns ihre Texte zur Verfügung gestellt haben und wir danken Gwendolin Engels für die redaktionelle Betreuung des Bandes.

Berlin, im Frühling 2019

Literatur

Clark, William (2006): *Academic Charisma and the Origins of the Research University*. Chicago: University of Chicago Press.

Humboldt, Wilhelm von (1907): *Über die Kawi-Sprache auf der Insel Java*. In: Ders., *Gesammelte Schriften*. Hrsg. von der Königlich Preußischen Akademie der Wissenschaften. Bd. 7. Hrsg. von Albert Leitzmann. Berlin: Behr.

Weber, Max (1994): Wissenschaft als Beruf 1917/1919. In: Ders., *Studienausgabe der Max Weber-Gesamtausgabe*. Bd. I/17. Hrsg. von Wolfgang J. Mommsen und Wolfgang Schluchter. Tübingen: Mohr Siebeck 1994, 1–23.

Thorsten Roelcke

Latein als Lingua franca im deutschen Sprachdenken des 17. und 18. Jahrhunderts

1 Einleitende Bemerkungen

Das Lateinische ist in Europa bis zum Beginn der Neuzeit die allgemeine Lingua franca in der internationalen Kommunikation.[1] Doch erfährt es spätestens seit dem 17. Jahrhundert eine wachsende Konkurrenz durch den Gebrauch von anderen Sprachen wie zum Beispiel dem Italienischen oder dem Französischen. Auch im deutschen Sprachraum ist vom 17. bis zum 19. Jahrhundert eine solche Entwicklung zu beobachten,[2] die diese Zeit zu einer wichtigen Etappe der deutschen Sprachgeschichte macht.[3]

Angesichts der einsetzenden und zunehmenden Verdrängung wird der Gebrauch des Lateinischen als Lingua franca von zahlreichen Sprachdenkern im Deutschland des Barock und der Aufklärung diskutiert.[4] Dabei bilden sich insbesondere die folgenden vier Schwerpunkte heraus: die Entstehung und die Entwicklung des Lateinischen als Lingua franca innerhalb gelehrter Kommunikation, die Konkurrenz des Lateinischen zu anderen europäischen Sprachen in Geschichte und Gegenwart, sprachpuristische Forderungen nach der Verwendung der deutschen Sprache anstelle der lateinischen Lingua franca sowie grundsätzliche Erwägungen zur wissenschaftlichen Eignung einzelner Sprachen überhaupt.

Im vorliegenden Beitrag werden diese Schwerpunkte deutscher Sprachreflexion über eine lateinische Lingua franca in der Frühen Neuzeit nachgezeichnet. Die Ergebnisse gehen dabei auf ein Projekt zur Sprachtheorie in Barock und Aufklärung zurück, in welchem etwa 650 Texte ausgewertet wurden,[5] sowie

1 Vgl. Hattenhauer 1997; Kirkness & Munske 1996; von Polenz 1994: 347–368; Pörksen 1986; Roelcke 2001; Roelcke 2015a.

2 Vgl. Eisenberg ²2012; Gardt 1997; 2001; Härle 1996; Henkel 2004; Jones 1995; Kirkness 1975; Kirkness 1985; Kirkness 1991; 1998; Klein 2011a; 2011b; Löffler 1991; von Polenz 1994: 107–134; Schiewe 1996.

3 Vgl. Eggers 1986; von Polenz 1994; Roelcke 1995: 138–192; Roelcke 1998.

4 Zur Sprachreflexion und zu Sprachkonzeptionen in Barock und Aufklärung vgl. die Standardwerke von Haßler 1984 und Ricken 1989; Ricken 1990.

5 Vgl. insb. Gardt et al. 1991; Quellenverzeichnis in Roelcke 2014a: 354–428.

https://doi.org/10.1515/9783110676631-002

auf eine Studie zur deutschen Reflexion über die drei alten Sprachen Latein, Griechisch und Hebräisch im 17. und 18. Jahrhundert.[6]

2 Latein als Lingua franca gelehrter Kommunikation

Latein findet im deutschen Sprachraum des 17. und 18. Jahrhunderts eine vielfältige Verwendung als Lingua franca der Kommunikation unter gelehrten Personen. Dieser Umstand erfährt bei den Sprachdenkern dieser Zeit recht unterschiedliche Bewertungen. Zwei Beispiele lassen hier das Spektrum von positiver Einschätzung und Anerkennung bis hin zu negativer Beurteilung und Ablehnung deutlich werden: So lobt Johann Klaj das Lateinische als eine „Dolmetscherin der Welt",[7] während Andreas Rivinus klagt, dass man zu seiner Zeit unter einer „Occidentalischen Lateinischen Monarchie"[8] lebe.

Ungeachtet solcher Bewertungen[9] besteht über die große Bedeutung des Lateinischen für die gelehrte Kommunikation innerhalb des europäischen Sprachraums weitgehend Einigkeit: Carl Gustav von Hille weist darauf hin, dass das Lateinische im 17. Jahrhundert die internationale Sprache in Europa sei, das Arabische hingegen diejenige in Asien: Man komme „mit der Lateinischen durch gantz Europen und mit der Arabischen durch gantz Asien".[10] Johann Joachim Becher zufolge ist eine lateinische Sprachkompetenz eine wesentliche Voraussetzung, um überhaupt an internationaler Kommunikation im Bereich der Gelehrsamkeit teilhaben zu können: Wer „nicht Latein kann / wird nicht vor gelehrt gehalten / dieweil er das Mittel nicht hat gelehrt zu werden".[11] Diese prominente Stellung des Lateinischen ist es nach Johann Christoph Adelung letztlich aber auch, welche die Ausbildung einzelner nationaler Wissenschaftssprachen bis in das 17. Jahrhundert behindert habe: Die Ausbildung einer deutschen Sprache der Gelehrsamkeit hatte sich bereits seit geraumer Zeit „von den Universitäten am wenigsten zu versprechen, weil das barbarische Latein alle Lehrstühle beherrschte".[12]

6 Vgl. Roelcke 2014a; zur Reflexion über das Französische Roelcke 2014b.

7 Klaj 1645/1965: 2.

8 Rivinus 1653: 13.

9 Vgl. Roelcke 2015b; Roelcke 2016.

10 Hille 1647/1970: 83 f.

11 Becher 1674: 43.

12 Adelung 1782a: 58.

Der Prozess der Herausbildung des Lateinischen zu einer Lingua franca im Allgemeinen und zu einer internationalen Wissenschaftssprache im Besonderen wird von zahlreichen Sprachdenkern der Zeit erörtert. So entwirft beispielsweise Friedrich Andreas Hallbauer eine durchaus kritische Sicht auf die Geschichte der lateinischen Sprache im deutschen Raum: Nach dem Niedergang des Römischen Reichs sei in Gottesdiensten zunächst aus echter „Hochachtung der lateinischen Sprache" am Lateinischen festgehalten worden; um aber das „Volk in Unwissenheit zu erhalten" und aus Streben nach „Macht und Hoheit" habe man darauf eine „abergläubische Hochachtung vor der lateinischen Sprache" entwickelt und „die teutsche Sprache, als eine ungeschickte und unfähige," disqualifiziert.[13] Im Weiteren habe man schließlich „auch in Gerichten und Canzeleyen die lateinische Sprache eingeführet und diese bey dem Käyser, auch wol grossen Chur-Fürsten, die Erz-Bischöffe und Bischöffe, sonst aber insgemein bey den Fürsten die Aebte, Probste und canonici willig gebrauchen" lassen; im Rahmen dieses erweiterten Gebrauchs des Lateinischen „blieb nun die teutsche Sprache liegen, und wurde durch fremde Wörter vermischet: ja die alte teutsche Schrift wurde so gar unterdruckt und ausgetilget".[14]

Hallbauer skizziert einen Weg, nach dem das Lateinische zunächst in Kirche und Theologie und später in Bildung und Wissenschaft, Politik und Verwaltung sowie in Rede- und Dichtkunst Verwendung gefunden hat. Eine solche Entwicklung beschreibt auch Johann Christoph Adelung, der das Bildungsmonopol und die Verwaltungsmacht der Geistlichkeit für die Bevorzugung der lateinischen und die Vernachlässigung von anderen Sprachen im Mittelalter verantwortlich macht:

> Da die Geistlichen, welche anfänglich gemeiniglich Ausländer waren, aus Bequemlichkeit die Lateinische Sprache nicht allein zur Sprache des Gottesdienstes machten, sondern sie auch, weil sie die einigen Gelehrten dieser Zeit, ja die einigen waren, welche schreiben und lesen konnten, in Schriften und öffentlichen Verhandlungen einführten, weil man glaubte, die neuen Begriffe, welche man durch die Cultur erhielt, ließen sich in der alten barbarischen Volkssprache nicht ausdrucken, so, blieb diese in der Cultur zurück, und daher siehet z. B. die Deutsche Sprache dieser Zeit noch so roh und wild aus, als das Volk, welches derselben überlassen war.[15]

Nicht allein im Mittelalter, sondern auch in der Frühen Neuzeit hat sich das Lateinische nach Auffassung der deutschen Sprachdenker des Barock und der Aufklärung als Lingua franca gegenüber anderen Sprachen Europas behaupten

13 Hallbauer 1725/1974: 34.

14 Ebd.: 34 f.

15 Adelung 1782b: 348.

können. Thieme führt dies vor allem auf den kanonischen Charakter klassischer Werke zurück, die insbesondere im Zeitalter der Renaissance und des Humanismus eine Vorbildfunktion entfalteten und den Gebrauch des Lateins geradezu zu einer Modeerscheinung werden ließen:

> Da die Auffindung der römischen und griechischen Schriftsteller überhaupt zur Wiederherstellung der Wissenschaften die nähere Veranlassung ward: so blieben nicht nur diese Schriften vom Anfange lange Zeit die einzige – in der Folge wiederum lange Zeit die vorzüglichste Quelle der ganzen eleganten Gelehrsamkeit; sondern auch die Sprachen, in welchen sie abgefasst waren, wurden als ein Schmuck angesehen, von welchem man jene Wissenschaften selbst, nicht ohne sie zu schänden, entkleiden könnte. Auf diese Art ward besonders die lateinische Sprache das Organ der ganzen Gelehrsamkeit. Man schrieb und sprach, las und lehrte, disputirte und examinirte lateinisch; und Alles, was nur ein wenig gelehrten Anstrich haben wollte, lebte und webte im Latein.[16]

Erst in der zweiten Hälfte des 18. Jahrhunderts kann dann etwa Jakob Hemmer schließlich feststellen, dass sich das Deutsche als Sprache in vielen Bereichen der Gelehrsamkeit hat durchsetzen und dabei den Gebrauch des Lateinischen verdrängen können:

> Deutschland hat nun nicht mehr nöthig, in Bearbeitung der Künste und Wissenschaften eine fremde Sprache zu reden, wie es so viele Jahrhunderte gethan hat, da ein grosen Theils steifes und ungeschmackhaftes Latein in seinen Büchern herrschete. Alles, was zur Sprach- Dicht- und Redekunst, was zur Geschichte, zur Rechts- und Gottesgelehrtheit, zur Vernunft- und Naturlehre, zur Grundwissenschaft (Metaphysica), zur ganzen Weltweisheit und Gröselehre (Mathesis) gehöret, alle Theile der menschlichen Kenntnisse lassen sich jetzt auf eine geschickte und vortreffliche Art deutsch einkleiden.[17]

Im Zuge dieser Entwicklung hat die deutsche Sprache einen starken Wandel im Bereich fachsprachlicher Lexik erfahren. Laut Friedrich Gedike zeichnet sie sich in dieser Zeit durch eine große Menge an neuen Wörtern, Wendungen und Wortfügungen aus, „so daß sie [...] izt der Philosophie und Poesie gleich bequem geworden".[18] Der Gebrauch des Deutschen anstelle der lateinischen Lingua franca führe dabei inzwischen so weit, dass es „izt dem deutschen Philosophen, der die philosophische Urbarheit seiner Sprache kent, schwer fällt, lateinisch, versteht sich, nicht im scholastischen Mönchslatein, zu schreiben".[19]

Auch Georg Friedrich Meier vertritt diese Einschätzung, wenn er bereits einige Jahre zuvor schreibt: „Die lateinische Sprache hat beynahe aufgehört, die

16 Thieme 1789: 166 f.

17 Hemmer 1775: 4 f.

18 Gedike 1779: 389.

19 Ebd.

Muttersprache der Gelehrten zu seyn, und die Bemühung der meisten Gelehrten scheint dahin zu gehen, statt des Lateins die deutsche Sprache in der gelehrten Welt zur vornehmsten und gewöhnlichsten Sprache zu machen".[20] Doch erkennt Meier in dieser Entwicklung auch die Gefahr einer Provinzialisierung der Kommunikation im Bereich der Gelehrsamkeit und mahnt daher zu Besonnenheit: Es sei zu prüfen, „ob diese Veränderung in dem Zustande der Gelehrsamkeit unter den Deutschen, der Gelehrsamkeit zum Vortheil oder zum Schaden gereiche".[21]

3 Konkurrenz des Lateinischen mit anderen Sprachen

In der deutschen Sprachreflexion des Barock und der Aufklärung wird wiederholt die Konkurrenz zwischen der lateinischen Lingua franca und der deutschen Sprache erörtert. Dabei stehen die Bereiche Kirche und Theologie, Bildung und Wissenschaft, Politik und Verwaltung sowie Rede- und Dichtkunst im Vordergrund.

Die große Bedeutung des Lateinischen in Kirche und Theologie zur Zeit des Mittelalters und der Frühen Neuzeit wird dabei meist kritisch bewertet, insbesondere mit Blick auf die Verwendung von Latein im Gottesdienst. Wiederholte Bemühungen, die deutsche Sprache neben der lateinischen als Predigtsprache zu etablieren (wie sie insbesondere für protestantisch geprägte Regionen des deutschen Sprachraums üblich sind), fasst zum Beispiel Friedrich Andreas Hallbauer zusammen:

> Nachdem die Teutschen zum Christlichen Glauben gebracht, wurde mit dem Gottesdienste die lateinische Sprache, zu nicht geringen Schaden der Mutter-Sprache, eingeführet: iedoch gab es oft Fälle, da man dieser sich nothwendig mündlich und schriftlich bedienen mußte: daher der Gebrauch derselben nie gäntzlich aufhören können. Uber dieses funden sich auch Verschiedene, welche durch höchstrühmliche verordnungen, auch eigenes Bemühen, der teutschen Sprache aufzuhelfen trachteten: unter welche vornehmlich die Kayser, Carl der Grosse, drey Frideriche, Rudolph, Maximilian, und Carl der fünfte zu rechnen sind.[22]

20 Meier 1763: 3.
21 Ebd.
22 Hallbauer 1725/1974: 33.

Einen anschaulichen und durchaus unterhaltsamen Einblick in den Gebrauch des Lateinischen im allgemeinen akademischen Betrieb in der Zeit des Barock gibt (am Beispiel der Universität Leipzig) Christian Weise:

> Ferner giebt es auff Universitäten Lateinisch zu reden / wenn man umb ein beneficium anhält. Also müssen an etlichen Orten die Candidati Baccalaureatus und Magisterii durch den ersten auf ihrer Ordnung ihr Desiderium in einer kurtzen Rede vortragen. Also auch unter den Magistris, wer in die Facultät kommen will / der muß seine Disputationes pro Loco, und wie es an etlichen Orten genennet wird / die Inspectionem Schedularum, und endlich die receptionem durch eine Lateinische Rede bey der Facultät erhalten. Ja / wer zu Leipzig eine Collegiatur haben will / von dem wird erfordert / daß er bey einem iedweden Collegiatem in specie umb ein gutes Votum bittet.[23]

„Deutsch reden und schreiben wird in Teutschland“ nach Kaspar Stieler also im ausgehenden 17. Jahrhundert im wissenschaftlichen Bereich noch „vor eine der geringsten Künste geschätzet“.[24] So würden das „Lateinische und Griechische, die Römische und Attische Sprachen, zum Studium der Philosophie, zu Erlernung mancherley Weysheit“ verwendet, während „das Hebräische, die Morgenländische, zum Studium der Theologie, zu Begreifung der göttlichen Geheimnüße“ sowie „die romanischen und andere Sprachen“ im Allgemeinen „zur Bezier- und Erhebung scharfer Gedanken und Erfindungen“ eingesetzt würden.[25] Dies ändert sich erst im Verlaufe des 18. Jahrhunderts, indem das Deutsche auch in diesem Bereich zunehmend gebraucht wird und das Lateinische (mit Ausnahme etwa in der Theologie) weitgehend verdrängt.

Es werden jedoch auch Stimmen laut, die noch Ende des 18. Jahrhunderts für eine Verwendung des Lateinischen als internationaler Wissenschaftssprache in der Philosophie werben: „Die lateinische Sprache ist insonderheit diejenige, vermittelst welcher die Gelehrten verschiedner Nazion sich einander mitteilen, und ihre Angelegenheiten untereinander abmachen, – könten und sollten“.[26] Hierzu bedürfe es jedoch weiterer sprachpflegerischer Bemühungen: Um die lateinische Lingua franca „bequemer zu haben, sollte man von allem puristischen Vorurteil absehen, und sich die Freiheit nehmen, mit ihr nach filosofischem Wilkür zu schalten“; auf diese Weise könne „dermaleinst aus der lateinischen eine der Mängel aller andern entledigte, volkommen zwekmäßige filosofische Sprache werden“.[27]

---

23 Weise 1681/1974: 851.
24 Stieler 1691/1968: o.P.
25 Ebd.
26 Richter 1784: 10.
27 Ebd.: 10f.

Die lateinische Lingua franca findet im deutschen Sprachraum des 17. und 18. Jahrhunderts nicht nur in den Bereichen Kirche und Theologie sowie Wissenschaft und insbesondere Philosophie, sondern auch in Politik und Verwaltung Gebrauch. Hier steht sie nicht allein in einer Konkurrenz zur deutschen, sondern auch zur französischen und italienischen Sprache: Insbesondere in „Staats-Schrifften, so die Angelegenheiten und Rechte hoher Häupter und Potentzen betreffen, ist es nun dahin gediehen, dass man nicht nur des Lateinischen, sondern auch des Frantzösischen und Welschen sich schwerlich allerdings entbrechen kann".[28] Hieraus ergeben sich im Laufe der Zeit durchaus auch Konsequenzen für die mehrsprachliche Kompetenz von Sekretären, die „nebst der Lateinischen und Frantzösischen, insonderheit der Teutschen Feder mächtig seyn" sollten.[29]

Der Grund für den prominenten Gebrauch des Lateinischen in Politik und Verwaltung liegt für viele Sprachdenker des Barock und der Aufklärung in einer Übernahme der römischen Verwaltungssprache im frühen Mittelalter. Dabei wird von einer lateinisch-deutschen Zweisprachigkeit in der öffentlichen Kommunikation seit karolingischer Zeit ausgegangen: „Carolus M. ließ die Jugend so wol in der lateinischen als teutschen Poesie und Beredsamkeit anführen. Es wurde nach dem so gar in den Canzeleyen und Gerichten, auch auf den Reichstägen die Verträge, Lehnbriefe, Reichstagsabschiede etc. in lateinischer Sprache abgefasset".[30]

Diese Mehrsprachigkeit wird nach Hallbauer bis in seine eigene Zeit „so wol in Gesandschaftsreden, als in Hof- und Staatsschreiben sonderlich an auswartige Höfe beibehalten, wiewol man sich mehr des in den barbarischen Zeiten eingeführten Lateins, als der alten reinen Römischen Sprache bedienet".[31] Angesichts dieser lateinisch-deutschen Mehrsprachigkeit sollten jedoch Interferenzen zwischen den beiden Sprachen möglichst ausgeschlossen werden – auch in Richtung des Lateinischen: „Die lateinische Sprache betreffend; so solte man auch in dieser die Reinlichkeit beobachten, wenn man sich solcher im politischen Händeln bedienet".[32] Hier zeigt sich die Unterscheidung zwischen klassischem Latein (positiv konnotiert) und Mittellatein scholastischer Prägung (negativ konnotiert), wobei der Versuch unternommen werden solle, das klassische Latein zu erhalten.

---

28 Leibniz 1697/1717/1908: 351.

29 Glaffey 1747: 8.

30 Hallbauer 1736: 23 f.

31 Ebd.: 24.

32 Ebd.: 278.

Eine Konkurrenz zwischen der lateinischen Lingua franca und der deutschen Sprache wird von den deutschen Sprachdenkern des 17. und 18. Jahrhunderts auch im Bereich literarischer Texte angenommen. Als Maßstab der Beurteilung sprachlicher Kunstwerke gilt dabei bereits für Friedrich Spee nicht der Gebrauch einer bestimmten Einzelsprache, sondern die Art und Weise, wie mit dieser Sprache Texte gestaltet werden. Aus diesem Grunde macht er sich für die Ansicht stark, dass in der deutschen Sprache ebenso gut zu dichten sei wie in der lateinischen:

> Daß aber nicht allein in Lateinischer sprach / sondern auch so gar in der Teutschen man recht gut Poetisch reden vnnd dichten könne / wird man gleich auß diesem Büchlein abnehmen mögen / vnd mercken / daß es nicht an der sprach / sondern vielmehr an den personen / so es einmal auch in der Teutschen sprach wagen dörfften / gemanglet habe.[33]

Ungeachtet solcher Überlegungen stellt der Gebrauch der lateinischen Sprache in den klassischen Schriften für zahlreiche Sprachdenker der Zeit ein Vorbild für die deutsche Dichtung dar: Durch die Nachahmung von deren Stil könne auch eine deutschsprachige Literatur entwickelt und gepflegt werden. So bemerkt etwa Siegmund von Birken mit Blick auf Martin Opitz und andere Zeitgenossen: Sie „schreiben lauter Kern / Geist und Nachdruck / reden viel in wenig Worten und zierlich / und folgen der Lateinischen Poesy".[34]

Die Sprachdenker des Barock und der Aufklärung propagieren und protegieren eine zunehmende Verwendung des Deutschen gegenüber dem Lateinischen in literarischen Texten. Diese Entwicklung ruft bei einigen Zeitgenossen offensichtlich die Sorge hervor, dass durch einen stärkeren Gebrauch des Deutschen das Lateinische letztlich ganz verdrängt werden könnte. So heißt es etwa bei Georg Philipp Harsdörffer: „Viel stehen in dem Wahn / daß durch Erhebung der Teutschen Sprache die Lateinische fallen werde aller massen man sihet daß auf den hohen Schulen oft mehr Teutsche / als Lateinische Gedichte aufgesetzet werden".[35] Harsdörffer selbst teilt diese Sorge offensichtlich nicht, sondern plädiert für einen literarischen Gebrauch des Lateinischen als Vorbild für denjenigen des Deutschen: Keine der beiden Sprachen könne unabhängig von der anderen erlernt werden: „Und welche den Griechischen und Lateinischen Poeten die seltene Erfindungen und die meisterzierlichen Handgriffe nicht abmercken / werden ihre Krippelreimen vielmehr zu ihrer Schande als Lob offentlich schautragen".[36] Laut Johann Christoph Gottsched dient die Orientierung am

33 Spee 1649/1967: 5.

34 Birken 1679/1973: 174.

35 Harsdörffer 1645/1969: 40.

36 Ebd.: 40 f.

Stil lateinischer Werke dazu, den als Schwulst empfundenen Stil früherer Werke deutscher Literatur zu vermeiden: „Jemehr wir nämlich die Füße und Verse der Alten nachahmen können, destomehr Wohlklang und Harmonie hat unsre Sprache und Verskunst aufzuweisen".[37]

4 Puristische Kritik am Gebrauch des Lateinischen

Neben solchen Sprachdenkern, die dem Gebrauch des Lateinischen im deutschen Sprachraum durchaus positiv, wenn auch mehr oder weniger differenziert gegenüberstehen, finden sich im deutschen Sprachraum des 17. und 18. Jahrhunderts aber auch solche, welche die Verwendung des Lateinischen ganz ablehnen – selbst wenn sie dessen rhetorische und literarische Vorbildfunktion kaum infrage stellen. Die Gründe, die hierbei für die Bevorzugung des Deutschen angeführt werden, sind zum einen patriotischer und zum anderen pragmatischer Natur.

Die puristische Forderung, die deutsche anstelle der lateinischen Sprache in wissenschaftlichen Texten zu verwenden, wird im 17. Jahrhundert vor allem von Philipp von Zesen gestellt. So schreibt dieser zum Beispiel: „Ja es were zu wündschen / daß der fleis und die erschröckliche arbeit / die etliche auf die Lateinische sprache gewendet / auf ihre muttersprache / die es würdiger ist / anwendeten / und so wohl ihr / als ihnen einen unsterblichen nahmen machten".[38] Eine Kritik am Gebrauch des Lateinischen als wissenschaftlicher Sprache ist aber auch zu Beginn des 18. Jahrhunderts zu finden: Viele Gelehrte „Jetziger Zeit" würden „gäntzlich auf die Lateinisch oder andere Sprach sich verlegen" und die deutsche Sprache, „weil sie dann nichts wenigers verstehen (so gelehret sie auch nur seyn mögen oder wollen) als ihre Teutsche Muttersprach", vernachlässigen oder gar verachten: „Ars non habet hostem nisi ignorantem".[39] Friedrich Gottlieb Klopstock unterstreicht in seinem fiktionalen Text der *Gelehrtenrepublik* noch zum Ende des 18. Jahrhunderts diese Forderung mit einer sprachpatriotischen Haltung und bezieht sich dabei vor allem auf die Bereiche der Theologie und der Philosophie:

> Die jetzigen Scholasten, die jenen nun das hundertmal nachsprechen, sind weiter nichts, als lateinische oder griechische Sprachmeister. Wer verachtet sie deswegen, weil sie nur

37 Gottsched 1742/1973: 467.
38 Zesen 1651/1974: 241.
39 Parnassus Boicus 1726: 298.

> das sind? Aber sollen sie denn deswegen, weil sie nur das sind, auch fortfahren eine Zunft zu seyn? Und dennoch würde die unüberwindliche deutsche Geduld sie noch beybehalten; wenn sie den Fortgang der Wissenschaften, durch Verwaltung der Nebendinge in Hauptsachen, des Mittels in den Zweck, nicht hinderten; nicht, weil man Anmerkungen über die Alten gar füglich lateinisch schreibt, noch immer bey ihrem Wahne blieben, daß man überhaupt am besten thäte in dieser Sprache zu schreiben; und, welches vollends alles übertrift, was nur ungedacht und lächerlich ist, daß man in keiner neuern, sondern einzig und allein in der römischen Sprache, (thun sie's etwa? und kann man's jezo noch?) schön schreiben könnte; wenn sie uns endlich, vornämlich durch diese Behauptung, nicht gerade zu verführen wollten, Hochverräther an unserm Vaterlande, an uns selbst, und an unsern Nachkommen zu werden, und zu glauben, die wahre, ihre, tiefeingeprägte Kraft und Schönheit des deutschen Geistes könne durch unsre Sprache nicht ausgedrückt werden.[40]

Eher provokativ schreibt Klopstock an anderer Stelle: „Wer lateinisch schreibt (die bekanten Nothdurften ausgenommen) wird so lange Landes verwiesen, bis er etwas in unsrer Sprache geschrieben hat".[41] Doch wird in der *Gelehrtenrepublik* auch der exklusive Gebrauch einer nationalen Einzelsprache mit Blick auf eine mögliche Provinzialisierung problematisiert: „Wir wissen [...], daß wir uns sondern, und was wir wagen", denn die wissenschaftliche Landschaft in Europa sei nach wie vor eine „grosse lateinische Republik".[42]

Die Beherrschung der lateinischen Sprache gilt bei zahlreichen Gelehrten des 17. und 18. Jahrhunderts als eine Voraussetzung für die erfolgreiche Beschäftigung mit Wissenschaft und Kunst. Doch gibt es laut Christoph Helwig und Joachim Jung durchaus auch Umstände, in denen der Gebrauch anderer Sprachen wie des Deutschen sinnvoller erscheint als der des Lateinischen: „So gibt's ja die erfahrung / das es eben so nötig ist / wo nicht nötiger ein rechtschaffene Teutsche Rede zustellen / als ein Lateinische".[43] Neben sprachpatriotischen werden hierfür insbesondere pragmatische Argumente geltend gemacht. So sei etwa das Deutsche dem Lateinischen aus Gründen der Verständlichkeit und Wirtschaftlichkeit vorzuziehen:

> Auch seind bißhero alle Sprachen / Künste vnd Wissenschafften an die Lateinische Sprache gebunden / also dz die Lateinische / gleichsam eine Tyrannin vber die andern Sprachen vnd Künste herrschet / der gestalt / daß niemand Hebreisch Griechisch / oder auch weißheit vnd Künste lernen kann / ehe dann er sich in der Lateinischen Sprach wol abgearbeitet / da doch viel füglicher ein jegliche Sprach stracks aus der Muttersprach gelehret / auch alle wissenschaften vnd Künste mit vorteil leichtlich / vnd außführlich in der

40 Klopstock 1774/1975: 118.
41 Ebd.: 24.
42 Ebd.: 129.
43 Helwig & Jung 1614/1615/1893: 71.

> Deutschen Sprach studiret / vnnd folgends in andern nützlichen Sprachen fast mit einer Mühe mögen getrieben werden.[44]

Dies gelte letztlich sehr weit für „alle Künste vnd Wissenschafften / als Vernunfftkunst / Sitten- vnd Regierkunst / Maß- Wesen- Naturkündigung / Artzeney- Figur- Gewicht- Stern- Baw- Befestkunst / oder wie sie Nahmen haben mögen".[45]

Mit Blick auf die Lebensarbeitszeit eines Menschen lenkt es nach Georg Philipp Harsdörffer von dem eigentlichen Studium der Wissenschaft ab, zunächst Latein zu lernen und sich erst daraufhin mit deren Themen zu beschäftigen. Der Gebrauch des Deutschen anstelle des Lateinischen könne darüber hinaus zu der Ausbildung einer nationalen Literatursprache beitragen, wie sie in anderen europäischen Ländern wie Italien, Frankreich und Spanien bereits bestehe: „Wir Teutsche könten es auch dahin bringen / damit wir so viel Zeit in Erlernung des Lateins nicht verlieren dörfften / sondern so bald mit den zarten Jahren die Wissenschaften selbsten angehen könten".[46]

Friedrich Andreas Hallbauer betrachtet noch einige Jahrzehnte später das Deutsche zum Gebrauch als Sprache der Gelehrsamkeit als ebenso „geschickt" wie das Lateinische, doch sei Latein „einem Gelehrten nach den ietzigen Umständen unentbehrlich", sodass er diejenigen „Studiosi" kritisiert, die eine „gründliche Erlernung der lateinischen Sprache, als unnöthig" erachteten.[47]

Ein weiteres Argument, das insbesondere im 18. Jahrhundert gegen den Gebrauch der lateinischen und für denjenigen der deutschen Sprache in Bildung und Wissenschaft vorgebracht wird, zielt darauf ab, dass Latein wiederholt zur Verschleierung mangelhafter fachlicher Kompetenz oder aus akademischer Wichtigtuerei gegenüber sprachlich Unkundigen verwendet werde: „Wenn einige Schulgelehrten nun auch die allergemeinsten Gedanken lateinisch und griechisch ausdrücken, so hoffen sie sich dadurch das Ansehen der Gelehrsamkeit zu geben, weil es ihrer Meinung nach gelehrt klingt";[48] solche Personen „riechen [...] immer nach der Schule, und bilden sich ein, man würde sie für keine Gelehrte halten, wenn sie nicht beständig lateinisch oder griechisch von sich hören lassen".[49]

Bei allen Unterschieden im Detail kommen doch zahlreiche Sprachdenker des Barock und der Aufklärung letztlich darin überein, dass ein vollständiger

---

44 Ebd.: 66.
45 Ebd.: 71f.
46 Harsdörffer 1645/1969: 24.
47 Hallbauer 1725/1974: 41f.
48 Meier 1763: 76.
49 Ebd.

Verzicht auf den Gebrauch der lateinischen Lingua franca im akademischen Kontext kaum sinnvoll und wünschenswert sei. Hier erscheint wiederum eine deutsch-lateinische Zweisprachigkeit als Ziel, so zum Beispiel auch bei Christian Thomasius, der eine solche Zweisprachigkeit innerhalb der Jurisprudenz als vorteilhaft erachtet: Ein „Studiosus Juris" solle einerseits „die lateinische / als eine todte Sprach / nicht gantz und gar verachte[n]: weil sie doch auf gewisse Art die Sprache der Gelehrten ist"; andererseits solle er nicht denken, „sie sey eintzig und allein zu der Weißheit nöthig / und es sey unbillig in andern Sprachen gelehrte Sachen vorzutragen".[50]

Mit Blick auf fachliche Lexik spricht sich auch Carl Gotthelf Müller für den Gebrauch des Deutschen als Wissenschaftssprache aus, ohne jedoch die Bedeutung der lateinischen Sprache hinsichtlich ihrer Termini in Abrede zu stellen:

> Die Sprache Latiens hatte sonsten das Recht, die allgemeine Sprache der Gelehrten zu seyn, behauptet; und wir wollen ihr auch diesen Vorzug, wegen der eingeführten Kunstwörter, einigermaßen nicht streitig machen; indessen ist es doch nicht unmöglich, wenn die teutschen Gelehrten eben diese Ehre ihrer eigenen Sprache bey ihren Landesleuten zuwege zu bringen suchten, daß solche auch zum Vortrage der wichtigsten Wahrheiten aus den höhern Wissenschaften geschickt erfunden werde.[51]

Einen Gebrauch des Lateinischen und des Deutschen fordert etwa auch Georg Litzel: „Wer unter den Weisen weise ist, der bindet sich nicht völlig an die lateinische, sondern auch an die Muttersprache, als welcher er verwandt und von Natur gebunden ist".[52] Als Begründung hierfür gibt Litzel den Sprachgebrauch der römischen Gelehrten selbst an, die sich ihrerseits nicht der griechischen oder ägyptischen, sondern eben der lateinischen Sprache bedient hätten: „Die alten Weisen der Egyptier, Griechen und Römer erkanten solches wohl, und hielten es für eine Thorheit, in einer fremden Sprache zu philosophiren".[53]

Über Patriotismus und Pragmatismus hinaus ist auch die Vorstellung von Bildung für weite Kreise der Bevölkerung für die Sprachdenker der Aufklärung, aber auch des Barock ein nicht zu unterschätzendes Argument dafür, neben dem Gebrauch der lateinischen Lingua franca auch den der deutschen Sprache zu propagieren. So fordert bereits zu Beginn des 17. Jahrhunderts Johann Amos Comenius, Wissenschaft und Kunst nicht allein in lateinischer, sondern auch in deutscher Sprache zu lehren, um so breiten Bevölkerungskreisen den Zugang zu

50 Thomasius 1713: 141.
51 Müller 1754: 13.
52 Litzel 1730: 85.
53 Ebd.: 85f.

Bildung zu ermöglichen. Er zeigt sich somit als recht früher Vertreter eines auf so etwas wie Volksaufklärung ausgerichteten Gedankenguts:

> Wir wünschen daher inständig, die Studien der Weisheit mögen nicht mehr nur in lateinischen Schriften gelehrt werden, so dass sie in den Kerkern der Schulen festgehalten werden. So ist es bisher in tiefster Verachtung des Volkes und der Volkssprachen zu Unrecht geschehen. Vielmehr soll jedem Volk alles in der eigenen Sprache gelehrt und dadurch allen, die Menschen sind, die Möglichkeit geboten werden, sich lieber mit diesen freien Künsten zu befassen als sich mit den Sorgen dieses Lebens oder ehrgeizigen Bestrebungen, Zechgelagen und allen übrigen Nichtigkeiten abzumühen, wie es beständig geschieht, und so gleichzeitig ihr Leben und ihre Seele zugrunde richten.[54]

Neben der Bildung breiter Bevölkerungsanteile verspricht sich Comenius hiervon auch einen positiven Beitrag zur Entwicklung einer deutschen Literatursprache selbst. Er legt daher einige seiner Werke sowohl in lateinischer als auch in deutscher Sprache vor, so zum Beispiel auch *Prodomus Pansophiae*: „Wir haben daher beschlossen, auch dieses unser Werk, wenn Gott seine Zustimmung gibt, in der lateinischen und in der heimischen Sprache zu veröffentlichen“.[55]

In der *Didactica Magna* begründet Comenius die Zweisprachigkeit bzw. Übersetzung des Werkes aus dem Deutschen ins Lateinische darüber hinaus mit der Hoffnung, sowohl national als auch international breit rezipiert zu werden. Er ist somit als ein früher Vertreter einer Auffassung anzusehen, der zufolge eine nationale und eine internationale Wissenschaftssprache im Hinblick auf verschiedene Rezipientengruppen in Koexistenz stehen sollten: Das Werk „wurde zunächst zum Gebrauch meiner Landsleute in meiner Muttersprache verfaßt, nun aber auf den Rat etlicher achtenswerter Männer ins Lateinische übersetzt, damit sie, wenn möglich, der Allgemeinheit von Nutzen sei“.[56]

Der Geist der Volksaufklärung wird schließlich bei Gottfried Wilhelm Leibniz offenkundig. Leibniz kritisiert die Auffassung einiger Gelehrter, dass „Weisheit nicht anders als in Latein und Griechisch sich kleiden lasse“, und deren Furcht, „es würde der welt ihre mit großen worthen geraffte geheime unwissenheit entdecket werden“.[57] Im Weiteren fordert er den Gebrauch des Deutschen als Wissenschaftssprache: Der Gebrauch des Lateinischen bremse zum einen die Weiterentwicklung der deutschen Gelehrsamkeit, indem er von den eigentlichen Inhalten ablenke, und behindere zum anderen die Aufklärung der Bevölkerung, indem durch das Lateinische Wissen und Bildung breiten Teilen der Bevölkerung verschlossen blieben:

---

54 Comenius 1637/1963: 165.
55 Ebd.
56 Comenius 1657/1957: 13 f.
57 Leibniz 1682/1846/1907: 302.

> In Teutschland aber hat man annoch dem latein und der kunst zuviel, der Muttersprach aber und der natur zu wenig zugeschrieben, welches denn sowohl bey den gelehrten als bey der Nation selbst eine schädiche würckung gehabt. Denn die gelehrten, indem sie fast nur gelehrten schreiben, sich offt zu sehr in unbrauchbaren dingen aufhalten; bey der ganzen nation aber ist geschehen, daß diejenigen, so kein latein gelernet, von der wißenschaft gleichsam ausgeschloßen worden, also bey uns ein gewißer geist und scharffsinnige gedancken, ein reiffes urtheil, eine zarthe empfindlichkeit deßen so wohl oder übel gefaßet, noch nicht unter den Leuten so gemein worden, als wohl bey den ausländern zu spüren, deren wohl ausgeübte Mutter-sprach wie ein rein polirtes glas gleichsam die scharffsichtigkeit des gemüths befordert und dem Verstand ein durchleuchtende clarheit giebt.[58]

Während Leibniz noch die meisten seiner Werke in lateinischer oder in französischer Sprache erscheinen lässt, legt sein Schüler Christian Wolff bereits zahlreiche Veröffentlichungen in deutscher Sprache vor. Als Grund hierfür gibt er insbesondere an, auch solche Personen erreichen zu wollen, die des Lateinischen nicht mächtig seien und nicht studiert hätten. Die übliche Vorgehensweise, lateinisch zu publizieren, sei alleine keine hinreichende Begründung dafür, dies auch weiterhin zu tun: „Der gemeine Gebrauch entschuldiget nicht: eine Gewohnheit muß vernünfftig seyn und einen guten Grund vor sich haben, wenn man sich darnach achten soll".[59] Der Gebrauch des Deutschen verfolge den „Zweck, den ich mir vorgesetzet hatte, daß auch andere meine Schrifften lesen solten, die nicht studiret und niemahls lateinisch gelernet haben".[60]

Einen weiteren und dabei nicht unbedeutenden Grund für die Wahl des Deutschen als Sprache wissenschaftlicher Veröffentlichungen bildet für Wolff ein mangelndes Vermögen oder eine mangelnde Lust seiner Schüler, sich in lateinischer Sprache mit wissenschaftlichen Inhalten auseinanderzusetzen: „Hingegen werden durch die lateinischen Kunst-Wörter andere abgeschreckt die Bücher zu lesen und sich daraus zu erbauen, die mit dem Latein entweder nicht können, oder nicht mögen zu thun haben".[61]

5 Wissenschaftliche Eignung des Lateinischen

Die Forderung, neben oder anstelle der lateinischen Lingua franca die deutsche Sprache zu verwenden, wird von einigen Sprachdenkern des Barock und der

---

58 Ebd.: 302f.

59 Wolff 1733/1973: 26.

60 Ebd.: 26f.

61 Ebd.: 27.

Aufklärung mit dem Hinweis gestützt, dass sämtliche Einzelsprachen im gleichen Maße dazu geeignet seien, wissenschaftliches Gedankengut zum Ausdruck zu bringen.[62] So heißt es beispielsweise bei Hille: „Es ist zwar die Vernunft an keine gewisse Sprache gebunden: alle Zungen können verständige Gedanken ausreden / und were diesen zu nahe gesagt / daß man nur in Latein / Griechisch oder Hebräisch weiß / in Teutsch aber närrisch seyn sollte".[63]

Eine solche wissenschaftliche Äquivalenz einzelner Sprachen gelte insbesondere auch für deren Wortschatz: Vor diesem Hintergrund stellt Justus Georg Schottelius zur Diskussion, ob „teutsche Kunstwörter nicht können eben so gründlich / vernemlich und wollautend ausdrükken und anzeigen das Ding / dessen Kunstmässige Wörter sie sind / [...] als die Griechische oder Lateinische [Sprache]".[64] Für Georg Philipp Harsdörffer ist es daher nicht nachvollziehbar, dass man allein „auf Griechisch / Lateinisch / Welsch oder Frantzösisch verständig" sein und sich gelehrt ausdrücken könne; denn dem Deutschen „ermangelt nicht ein Wort alles und jedes was man nur durchdenken kann / wolverständig auszureden".[65]

Georg Friedrich Meier erklärt das Lateinische zu einer „gelehrten und philosophischen Sprache".[66] Im Unterschied zu solchen Sprachdenkern, die europäische „Hauptsprachen" anhand von deren kultureller Bedeutsamkeit ausmachen,[67] möchte Meier jedoch diese Charakterisierung allein anhand einer Evaluation einzelsprachlicher Merkmale vornehmen. Es sei „lächerlich", bei dem Ausdruck „gelehrte Sprache" nur „an die lateinische und griechische Sprache" zu denken, da nicht allein derjenige „gelehrt heissen könnte, wer nicht eine von diesen beyden Sprachen, oder beyde zugleich, in seiner Gewalt hat"; vielmehr müsse zunächst einmal untersucht werden, ob diese beiden klassischen Sprachen überhaupt „alle diejenigen Vollkommenheiten in dem gehörigen Grade besitzen, um derenwillen eine Sprache, den Namen einer gelehrten und philosophischen Sprache, verdient".[68]

Meier fordert daher im Weiteren eine Prüfung von strukturellen Merkmalen einzelner Sprachen im Hinblick auf deren Tauglichkeit im wissenschaftlichen Bereich:

62 Zur Diskussion um die wissenschaftliche Eignung des Deutschen und Lateinischen vgl. auch Roelcke 2018.

63 Hille 1647/1970: 136 f.

64 Schottelius 1651: 12.

65 Harsdörffer 1645/1969: 27.

66 Meier 1763: 36.

67 So z. B. Becher 1674.

68 Meier 1763: 36 f.

> Wer den ganzen Streit, über die Nothwendigkeit der griechischen und lateinischen Sprache zur wahren Gelehrsamkeit vernünftig entscheiden will, der muß einen deutlichen und vollkommenen Begrif von den mannigfaltigen Vollkommenheiten einer gelehrten Sprache haben, und alsdenn untersuchen, ob diese genannten Sprachen nicht nur diese Vollkommenheiten haben, sondern ob auch andere Sprachen mit eben diesen Vollkommenheiten ausgeschmückt sind, oder ob die es nicht sind.[69]

Dessen ungeachtet gesteht jedoch auch Meier ein, dass es diverse wissenschaftliche Disziplinen gebe, die nicht ohne hinreichende Kompetenzen im Lateinischen sinnvoll studiert werden können – so etwa „das römische Recht sowie die griechische und römische Historie".[70]

Die deutschen Sprachdenker des 17. und 18. Jahrhunderts äußern sich nur selten über das Verhältnis von Latein als europäischer Lingua franca zu anderen europäischen Sprachen neben dem Deutschen. Daher erscheint der Hinweis von Johann David Michaelis bemerkenswert, dass die romanischen Sprachen aufgrund ihrer einzelsprachlichen Besonderheiten nur wenig zum Gebrauch als (internationale) Wissenschaftssprachen geeignet erscheinen, „denn ein Volck versteht das barbarische Latein des andern nicht, weil ein jedes seine eigene Sprache damit vermischet".[71] Michaelis leitet daraus die Forderung ab, im internationalen Sprachgebrauch an der lateinischen Sprache festzuhalten: „Dies ist eben die Haupt-Ursache, welche die Gelehrten bewegen soll, sich der reinen und alten Latinität zu befleißigen".[72]

Vor diesem Hintergrund erfahren dann das Lateinische und das Deutsche, die als wissenschaftssprachlich äquivalent angesehen werden, eine genauere Untersuchung. Und so beschäftigt sich Leibniz mit dem Verhältnis von Konkreta und Abstrakta in beiden Sprachen. Er kommt dabei zu der Einschätzung, dass der Wortschatz des Lateinischen mehr Abstrakta und derjenige des Deutschen mehr Konkreta aufweise. Daher eigne sich das Lateinische eher als Fachsprache theoretischer, das Deutsche dagegen als Fachsprache diverser angewandter Wissenschaften und technischer Disziplinen:

> Ich finde, dass die Teutschen ihre Sprache bereits hoch gebracht in allen dem, so mit den fünff Sinnen zu begreiffen, und auch dem gemeinen Mann fürkommet; absonderlich in leiblichen Dingen, auch Kunst- und Handwercks-Sachen, weil nemlichen die Gelehrten fast allein mit dem Latein beschäftiget gewesen und die Mutter-Sprache dem gemeinen Lauff überlassen, welche nichts desto weniger auch von den so genandten Ungelehrten nach Lehre der Natur gar wohl getrieben worden. Und halt ich dafür, dass keine Sprache in der

69 Ebd.: 37 f.

70 Ebd.: 79 f.

71 Michaelis 1760: 74.

72 Ebd.

> Welt sey, die (zum Exempel) von Ertz und Bergwercken reicher und nachdrücklicher rede als die Teutsche. Dergleichen kann man von allen andern gemeinen Lebens-Arten und Professionen sagen, als von Jagt- und Wäid-Werck, von der Schiffahrt und dergleichen. Wie dann alle die Europäer so auffm grossen Welt-Meer fahren, die Nahmen der Winde und viel andere Seeworte von den Teutschen, nehmlich von den Sachsen, Normannen, Osterlingen und Niedrländern entlehnet.[73]

Johann Jakob Bodmer und Johann Jakob Breitinger weisen ebenfalls auf einige lexikalische Unzulänglichkeiten des Deutschen im wissenschaftlichen Bereich hin und führen diese darauf zurück, dass das Lateinische im deutschsprachigen Raum eher als das Deutsche in wissenschaftlichem Zusammenhang Verwendung finde: „Daß uns in der Deutschen Sprache noch viele Begriffe ausbleiben / die keine eigene Nahmen haben / geschicht aus keiner andern Ursache / als weil Deutschlands sinnreichste Köpffe bisher lieber in der Lateinischen als in ihrer Mutter-Sprache geschrieben haben“.[74] Als Lösung des Problems empfehlen die beiden Schweizer nach dem Vorbild Frankreichs Entlehnungen aus dem Lateinischen und Griechischen: „Die Frantzosen haben sich dieser Erlaubniß neue Wörter zumachen allezeit bedienet / und so wol aus der Deutschen und Griechischen / als sonderbar aus der Lateinischen die schönsten Wörter angenommen“.[75]

Lexikalische Unterschiede zwischen dem Lateinischen und Deutschen stellen für Leibniz letztlich ein gutes Kriterium dar, wissenschaftliche Thesen und Argumente, die in lateinischer Sprache verfasst sind, zu überprüfen: Sind diese auf Deutsch gut wiederzugeben, seien sie ernst zu nehmen; ist dies dagegen nicht der Fall, seien sie als scholastisch zu verwerfen. Eine solche Sprachprüfung lateinischer Texte sei anhand romanischer Sprachen weitaus weniger sinnvoll, da diese mit dem Lateinischen näher verwandt seien und somit inhaltliche Defizite lateinischer Texte sprachlich eher wieder- und weitergäben:

> Es hat die deutsche Sprache darin einen trefflichen Vorzug vor der lateinischen und vor denen, die aus der lateinischen entsprossen, daß sie gleichsam ein Probierstein ist rechtschaffener guter Gedanken. Denn den Franzosen, Italienern und Engländern, weil sie die Freiheit haben, lateinische Worte ihres Gefallens einzumischen, ist es leicht, alle Schulgrillen und undienlichen Phantasien der Philosophen in ihrer Sprache zu geben. Hingegen, weil die deutsche Sprache dessen ungewohnt, daher kommt es, daß die Gedanken, die man mit gutem, reinen Deutsch geben kann, auch gründlich sind, was aber sich nicht

---

73 Leibniz 1697/1717/1908: 330.
74 Bodmer & Breitinger 1721: 4.
75 Ebd.

> in gutem Deutsch geben läßt, besteht gemeiniglich in leeren Worten und gehört zu der Scholastik.[76]

Die Grammatik der lateinischen Sprache erfährt in Bezug auf ihre Eignung im Rahmen wissenschaftlicher Kommunikation unterschiedliche Beurteilungen. Johann David Michaelis weist auf die geringe Kompositionsneigung im Lateinischen hin. Aus diesem Grunde sei es weniger zur wissenschaftlichen Kommunikation geeignet als etwa das Griechische (oder auch das Deutsche), selbst wenn es sich inzwischen aus historischen Gründen als internationale Wissenschaftssprache zu etablieren vermocht habe:

> Es wäre weit glücklicher, wenn das Loos die Griechische Sprache getroffen hätte, bey der doch die Lateinische in der Medicin und Natur borgen muß, und dabey allen dunckel ist, die kein Griechisch verstehen. Die Biegsamkeit des Griechischen in viel tausend neue Zusammensetzungen der Wörter, würde ein Vortheil gewesen seyn, den man anderwärts vergeblich suchet. Große Gelehrten haben es erkannt: allein es ist zu spät, das Loos ist geworfen, ehe man im Stande war zu wählen, und wir sind gezwungen seiner Entscheidung zu folgen.[77]

Johann Gottfried Herder diskutiert ein syntaktisches Merkmal, das bei dem Gebrauch einer Wissenschaftssprache von großer Bedeutung sei, nämlich das Ausbleiben von Inversionen: „Betrachtet eine Philosophische Sprache: wäre sie von einem Philosophen erdacht: so hübe sie alle Inversionen auf".[78] Da lateinische Texte (aufgrund ihrer relativ freien Wortstellung) nur wenige Inversionen aufweisen, zeige die lateinische Sprache eine große Eignung, als wissenschaftliche Sprache Verwendung zu finden: „Nehmt die, die am meisten zur Weltweisheit gebraucht wird, die Lateinische, nehmt sie, wie sie in den Büchern der Weltweisheit ist, wenn sie Lehrsäzze und trockene Beweise vorträgt: wie ist sie? Ohne Inversionen meistentheils".[79]

Die Unterschiede zwischen der lateinischen und der deutschen Grammatik werden bereits von den deutschen Sprachdenkern des Barock und der Aufklärung als ein wesentlicher Grund dafür angesehen, dass die grammatische Terminologie des Lateinischen nicht als geeignet erscheint, die Grammatik der deutschen Sprache zu beschreiben. In der *Gelehrtenrepublik* weist Klopstock daher darauf hin, dass eine grammatische Betrachtung der deutschen Sprache nicht allein mit der üblichen lateinischen Terminologie auskomme, da zum einen die lateinische Grammatikschreibung selbst noch nicht vollständig sei und zum anderen die

---

76 Leibniz 1697/1916: 58.
77 Michaelis 1760: 74.
78 Herder 1877: 191.
79 Ebd.

Grammatik der deutschen Sprache nicht in vollem Umfange derjenigen der lateinischen Sprache entspreche: Es sei klar, „daß eine deutsche Grammatik, in welcher die fremden Kunstwörter gebraucht würden, dennoch nicht ganz ohne deutsche seyn könnte".[80] Klopstock gibt hierfür zwei Gründe an. Zum einen „haben diese alten Grammatiker verschiedenes nicht untersucht, was sie hätten untersuchen sollten; man müste also noch einige Kunstwörter mehr haben, als man bey ihnen antrift"; zum anderen „erfodert das Eigentümliche unserer Sprache einige, die in den lateinischen Grammatiken nicht vorkommen konten".[81]

Ein weiterer Grund für die Verwendung einer deutschsprachigen Terminologie im Rahmen einer Beschreibung der Grammatik der deutschen Sprache besteht laut Klopstock darin, dass die lateinische Terminologie bereits aus der lateinischen Grammatikschreibung bekannt sei und somit die Einschätzung grammatischer Erscheinungen im Deutschen präge, während deutschsprachige Termini im Rahmen einer vom Lateinischen unabhängigen Grammatikschreibung einen vorbehaltlosen Zugang zur deutschen Grammatik erlaubten:

> Diejenigen, denen die fremden Kunstwörter durch lange Angewöhnung geläufig sind, können von dieser Sache nicht unpartheyisch urtheilen, wenn sie sich nicht an die Stelle derer setzen, welche diese Kunstwörter nun erst in spätern Jahren, und ohne die geringste Kentnis des Lateins, viel mühsamer lernen müsten, als sie dieselben in früheren, mit dem Lateine zugleich, gelernt haben.[82]

6 Abschließende Bemerkungen

Die deutsche Sprachreflexion des Barock und der Aufklärung setzt sich intensiv mit der lateinischen Lingua franca und deren Gebrauch im deutschen Sprachraum auseinander. Dabei sind insbesondere vier Schwerpunkte auszumachen, die hier noch einmal kurz zusammengefasst seien:

1. Die faktische Bedeutung des Lateinischen als internationaler Lingua franca, die auch im deutschen Sprachraum Verwendung findet, wird von nahezu allen Sprachdenkern des Barock und der Aufklärung anerkannt. Im Hinblick auf ihre Geschichte wird insbesondere auf ihre Herausbildung in Theologie und Kirche im Mittelalter hingewiesen; von hier sei das Lateinische in zahlreiche andere Bereiche wie Bildung und Wissenschaft, Politik

80 Klopstock 1774/1975: 123.
81 Ebd.: 123 f.
82 Ebd.

und Verwaltung sowie Rede- und Dichtkunst vorgedrungen. Dabei erscheint die zweite Hälfte des 18. Jahrhunderts als wichtige Phase in der Umstellung von einem lateinischen auf einen deutschen Sprachgebrauch.

2. Zahlreiche Sprachdenker der Zeit setzen sich vor diesem Hintergrund mit der Konkurrenz zwischen der lateinischen Lingua franca und anderen Sprachen wie etwa dem Deutschen auseinander. Mit Blick auf den Gebrauch in Theologie und Kirche wird dabei auf Versuche hingewiesen, Deutsch als Predigtsprache zu etablieren. Die Verdrängung des Lateinischen durch das Deutsche im akademischen Bereich wird durchaus differenziert betrachtet: Einer positiven Einstellung gegenüber dem klassischen Latein, das es in der Kommunikation verschiedener Bereiche durchaus zu erhalten gelte, steht eine negative gegenüber dem Mittellatein scholastischer Prägung gegenüber. Vor diesem Hintergrund findet sich wiederholt die Forderung nach einer Zweisprachigkeit in Bezug auf das (klassische) Latein und das Deutsche, unter der die deutsche Sprache dann als eine nationale Literatursprache weiter entwickelt werden könne.
3. Die puristische Kritik daran, ganz oder auch nur zum Teil an der Verwendung der lateinischen Lingua franca neben dem Gebrauch der deutschen Sprache festzuhalten, wird unter den Sprachdenkern des 17. und 18. Jahrhunderts durch zahlreiche Argumente gestützt. Hierzu zählt zum einen ein sprachlich-kultureller Patriotismus, der teils durch den Hinweis auf die Gefahr eines sprachlich-kulturellen Provinzialismus relativiert wird. Zum anderen finden sich zahlreiche pragmatische Hinweise, die für den Gebrauch des Deutschen anstelle des oder (im Falle differenzierter Auseinandersetzung) neben dem Lateinischen angeführt werden: höhere Verständlichkeit und Wirtschaftlichkeit (Nutzung von Lebensarbeitszeit), Vermeidung akademischer Verschleierung und Profilierungssucht, mangelnde Kompetenz und Motivation unter Studenten, der Wunsch, national wie international rezipiert zu werden, und nicht zuletzt die Forderung nach einer Bildung für breitere Bevölkerungskreise (Idee der Volksaufklärung).
4. Unter der Annahme einer strukturellen Gleichwertigkeit einzelner Sprachen wird ein Vergleich der Eignung der lateinischen und der deutschen Sprache für wissenschaftliche Kommunikation angeregt; differenzierte Argumentationen weisen auf bestimmte Bereiche hin, in denen das Lateinische nicht durch andere Sprachen zu ersetzen sei. Der Vergleich selbst bezieht sich dann vor allem auf Abstrakta und Konkreta im wissenschaftlichen Wortschatz; hinsichtlich der Grammatik wird insbesondere auf die reiche Komposition im Deutschen und die Armut an Inversionen im Lateinischen hingewiesen. Wegen seiner relativ großen strukturellen Ferne zum Lateinischen sei das Deutsche besser dazu geeignet, wissenschaftliche Aussagen

> zu überprüfen, als etwa romanische Sprachen. Ein besonderes Augenmerk erfährt die Beschreibung der deutschen Grammatik: Hierfür sei die lateinische Terminologie nicht geeignet, da lateinische Grammatiker einige Erscheinungen des Deutschen nur unvollständig und andere gar nicht erfasst hätten und zudem eine konzeptionelle Unabhängigkeit von der Tradition lateinischer Grammatik vonnöten sei.

Diese und weitere Befunde aus dem Sprachdenken im Deutschland des Barock und der Aufklärung bedürfen (neben der Erhebung von ergänzenden Einzelheiten) der weiteren Analyse und Interpretation. Hierbei ist zum einen an die Diskussion von Parallelen zwischen dem Bestehen einer nationalen Einzelsprache und einer internationalen Lingua franca im 17. und 18. Jahrhundert einerseits sowie im 20. und 21. Jahrhundert andererseits zu denken: Eine solche Diskussion kann dazu beitragen, sowohl Geschichte als auch Gegenwart besser zu begreifen. Zum anderen ist an eine explizite Rückbindung der Befunde an die Sozial- und Kulturgeschichte zu denken: Diese kann helfen, die hier vorgebrachten Thesen und Argumente besser einzuschätzen; umgekehrt sind aber auch vertiefte sozial- und kulturgeschichtliche Erkenntnisse aus einer näheren Betrachtung der Sprachreflexion des 17. und 18. Jahrhunderts zu erwarten.

Literatur

Adelung, Johann Christoph (1782a): Umständliches | Lehrgebäude | der | Deutschen Sprache, | zur | Erläuterung | der | Deutschen Sprachlehre | für Schulen. | Von | Joh. Christoph Adelung. | Erster Band. Leipzig: Breitkopf.

Adelung, Johann Christoph (1782b): Versuch | einer | Geschichte | der Cultur | des menschlichen Geschlechts. | Von dem Verfasser | des Begriffs menschlicher Fertigkeiten und | Kenntnisse. Leipzig: Hertel.

Becher, Johann Joachim (1674): JOANNIS JOACHIMI BECHERI | Spirensis, | Sacra Casarea Majestatis Consilia|rii, Mathematici, & Medicina Doctoris, Se|renissimi Bavaria Electoris Medici, olim Eminen|tissimi Electoris Moguntini Persona Medici, & in | almä Universitate Moguntinä Institutionum | Medicarum Professoris Publici, | & ordinarii, | METHODVS | DIDACTICA | Seu | CLAVIS ET PRAXIS | SUPER NOVUM SUUM | ORGANON | PHILOLOGICVM, | Das ist: | Gründlicher Beweis / daß die | Weg und Mittel / welche die Schulen biß|hero ins gemein gebraucht / die Jugend zu Erler|nung der Sprachen / insonderheit der Lateinischen / zu füh|ren / nicht gewiß / noch sicher seyen / sondern den Regulen | und Natur der rechten Lehr / und Lern=Kunst schnurstracks | entgegen lauffen / derentwegen nicht allein langweilig / son|dern auch gemeiniglich unfruchtbar / und vergeb|lich ablauffen: | Samt Anleitung zu einem besseren. | Zweyte Edition. Frankfurt: Zunner.

Birken, Siegmund von (1679/1973): Teutsche | Rede-bind und Dicht-|Kunst / | oder | Kurze Anweisung zur | Teutschen Poesy / | mit Geistlichen Exempeln: | verfasset | durch | Ein Mitglied der höchstlöblichen Frucht|bringenden Gesellschaft | Den Erwachsenen. | Samt dem Schauspiel Psyche | und | Einem Hirten-Gedichte. Nürnberg: Riegel. Nachdruck Hildesheim, New York: Olms.

Bodmer, Johann Jakob & Johann Jakob Breitinger (1721): *Die Discourse der Mahlern. Erster Theil.* Zürich: Joseph Lindinner.

Comenius, Johann Amos (1637/1963): Prodomus Pansophiae. In: *Vorspiele. Prodomus Pansophiae. Vorläufer der Pansophie.* Hrsg., übers., erl. und mit einem Nachwort versehen von Herbert Hornstein. Düsseldorf: Schwann.

Comenius, Johann Amos (1657/1957): DIDACTICA MAGNA | UNIVERSALE OMNES OMNIA | docendi artificium exhibens: | SIVE | Certus & exquisitus modus, per omnes alicujus Christiani Regni | communitates, Oppida & Vicos, tales erigendi Scholas, ut Omnis | utriusque sexus Juventus, nemine usquam neglectu, Literis infor|mari, Moribus explori, Pietate imbui, easque ratione intra | pubertatis annos ad omnia qua praesentis & futura | Vita sunt, instrui possit, | Compendiose, Jucunde, Solide. | Ubi omnium qua svadentur, | FUNDAMENTA, ex ipsissims Rerum natura eruuntur: | VERITAS, artium Mechanicarum parallelis exemplis demonstratur: | SERIES, per Annos, Menses, Dies, Horas, disponitur: | VIA deniqve in effectum hac feliciter deducendi, facilis & certa ostenditur. In: J. A. COMENII | OPERA | DIDACTICA | OMNIA. | Variis hucusqve occasionibus scripta, | diversisqve locis edita: nunc autem non | tantum in unum, ut simul sint, collecta, sed | & ultimo conatu in Systema unum me|chanice constructum, re|dacta. Amsterdam: de Geer. Reprographischer Nachdruck in 3 Bdn. Hrsg. von der tschechoslowakischen Akademie der Wissenschaften. Bd. 1. Prag: Kosmas.

Eggers, Hans (1986): *Deutsche Sprachgeschichte*. 2 Bde. Reinbek: Rowohlt.

Eisenberg, Peter (2012): *Das Fremdwort im Deutschen*. 2., überarb. Aufl. Berlin, New York: De Gruyter.

Gardt, Andreas (1997): Das Fremdwort in der Sicht der Grammatiker und Sprachtheoretiker des 17. und 18. Jahrhunderts. Eine lexikographische Darstellung. In: *Zeitschrift für deutsche Philologie* 116, 388–412.

Gardt, Andreas (2001): Das Fremde und das Eigene. Versuch einer Systematik des Fremdwortbegriffs in der deutschen Sprachgeschichte. In: Gerhard Stickel (Hrsg.), *Neues und Fremdes im deutschen Wortschatz. Aktueller lexikalischer Wandel* (Jahrbuch des Instituts für Deutsche Sprache 2000). Berlin, New York: De Gruyter, 30–58.

Gardt, Andreas et al. (1991): Sprachkonzeptionen in Barock und Aufklärung: Ein Vorschlag für ihre Beschreibung. In: *Zeitschrift für Phonetik, Sprachwissenschaft und Kommunikationsforschung* 44 (1), 17–33.

Gedike, Friedrich (1779): Gedanken | über Purismus und Sprachbereicherung | von | Friedrich Gedike. | Ut silvae foliis mutantur in annos; | Prima cadunt: ita verborum interit aetas, | Et juvenum ritu florent modo nata vigentque. | HORAT. In: *Deutsches Museum* 1779 (2), 385–416.

Glaffey, Adam Friedrich (1747): D. Adam Friedr. Glaffeys, | Kön. Pohln. und Chur=Säs. Hof= und Justitien=Raths, | wie auch geheimden Archivarii, | Anleitung | zu einer welt=üblichen Teutschen | Schreib=Art, | Worinnen die | Grund=Lehren | zu dem | in Welt=Händeln gebräuchlichsten | Stylo enthalten sind, | Und | so wohl Stückweise mit Exempeln erläu|tert, als auch am Ende mit gantzen ausgearbei|teten Proben bestärcket werden. 3. und verm. Aufl. Leipzig: Schuster.

Gottsched, Johann Christoph (1742/1973): *Versuch einer critischen Dichtkunst. Erster allgemeiner Theil.* In: *Ausgewählte Werke.* Bd. 6, Teil 1. Hrsg. von Joachim Birke & Brigitte Birke (Ausgaben deutscher Literatur des XV. bis XVIII. Jahrhunderts). Berlin, New York: De Gruyter. [Originaltitelblatt: Versuch | einer | Critischen Dichtkunst | Durchgehends | mit den Exempeln unsrer besten Dichter erläutert. | Anstatt | einer Einleitung ist Horazens Dichtkunst | übersetzt, | und mit Anmerkungen erläutert, | von | Johann Christoph Gottscheden, | der Weltweish. u. Dichtk. öffentl. Lehrer zu Leipzig. | Dritte und vermehrte Auflage, mit allergnädigster Freyheit. Leipzig 1742.]

Härle, Gerhard (1996): *Reinheit der Sprache, des Herzens und des Lebens. Zur Wirkungsgeschichte des rhetorischen Begriffs ‚puritas' in Deutschland von der Reformationszeit bis zur Aufklärung* (Rhetorik-Forschungen 11). Tübingen: Niemeyer.

Hallbauer, Friedrich Andreas (1725/1974): M. Friedrich Andreas Hallbauers | Der Hochlöbl. Philosophischen Facultät zu Jena | ADIVNCTI | Anweisung | Zur | Verbesserten | Teutschen Oratorie | Nebst einer Vorrede | von | Den Mängeln | Der Schul=Oratorie. | Mit Kön. Pohlnis. und Churfürstl. Sächsis. gnädigsten PRIVILEGIO. Jena: Hartung. Nachdruck Kronberg i.Ts.: Scriptor.

Hallbauer, Friedrich Andreas (1736/1974): Friedrich Andreas Hallbauers | ELOQVENT. ET POES. PROF. PVBL. ORD. | Anleitung | Zur | Politischen | Beredsamkeit | Wie solche | Bey weltlichen Händeln | In | Lateinisch= und Teutscher Sprache | üblich. Jena, Leipzig: Cröker. Nachdruck Kronberg i.Ts.: Scriptor.

Harsdörffer, Georg Philipp (1645/1969): *Frauenzimmer Gesprächspiele.* Hrsg. von Irmgard Böttcher. 5. Teil. Reprographischer Nachdruck (Deutsche Neudrucke. Reihe: Barock. Hrsg. von Erich Trunz. 17). Tübingen: Niemeyer. [Originaltitelblatt: GESPRECHSPIELE | Fünfter Theil; | In welchem | Vnterschiedliche / in Teutscher Sprache niebekante | Erfindungen / | Tugendliebenden Gesellschaften auszuüben / | Vorgestellet worden: | Benebens einer Zugabe / überschrieben | Die Reutkunst / | Durch einen Mitgenossen der hochlöblichen | FRUCHTBRIN-GENDEN GESELLSCHAFT. Nürnberg: Endter.]

Haßler, Gerda (1984): *Sprachtheorien der Aufklärung. Zur Rolle der Sprache im Erkenntnisprozeß* (Abhandlungen der Sächsischen Akademie der Wissenschaften, Philologisch-historische Klasse 68, 1). Berlin: Akademie.

Hattenhauer, Hans (1997): *Zur Geschichte der deutschen Rechts- und Gesetzessprache.* Göttingen: Vandenhoeck & Ruprecht.

Helwig, Christoph & Joachim Jung (1614/1615/1893): Artickel / | Auff welchen fürnehmlich die Rati|chianische Lehr Kunst beruhet. [Entstanden um 1614/1615.] In: *Ratichianische Schriften II.* Mit einer Einleitung und Anmerkungen hrsg. von Dr. Paul Stötzner, Gymnasialoberlehrer in Zwickau. Leipzig: Richter, 11–25.

Hemmer, Jakob (1775): Jakob Hemmers, | kuhrpfälzischen Hofkapellanes, Stiftsherrn zu | Heinsberg, Aufsehers der kuhrfürstlichen Kunstkammer | der Naturlehre, der Mannheimer Gesellschaft der Wissen|schaften, wie auch der landwirtschaftlichen Gesell|schaft zu Lautern Mitgliedes, | Deutsche | Sprachlehre, | zum Gebrauche | der | kuhrpfälzischen Lande. Mannheim: Akad.

Henkel, Nikolaus (2004): Lateinisch/Deutsch. In: Werner Besch et al. (Hrsg.), *Sprachgeschichte. Ein Handbuch zur Geschichte der deutschen Sprache und ihrer Erforschung* (Handbücher zur Sprach- und Kommunikationswissenschaft 2). Bd. 3. 2. Aufl. Berlin, New York: De Gruyter, 3171–3182.

Herder, Johann Gottfried (1877): *Über die neuere Deutsche Litteratur. Eine Beilage zu den Briefen, die neueste Litteratur betreffend.* In: *Herders Sämmtliche Werke.* Hrsg. von Bernhard Suphan. Bd. 1. Berlin: Weidmann.

Hille, Carl Gustav von (1647/1970): Der Teutsche Palmbaum: | Das ist / | Lobschrift | Von der Hochlöblichen / Fruchtbringenden Gesellschaft | Anfang / Satzungen / Vorhaben / Namen / Sprüchen / | Gemählen / Schriften und unverwelklichem Tugendruhm. | Allen Liebhabern der Teutschen Sprache zu dienlicher | Nachrichtung verfasset / durch den | Vnverdrossenen | Diener derselben. Nürnberg: Endter. Reprographischer Nachdruck in: *Die Fruchtbringende Gesellschaft. Quellen und Dokumente in vier Bänden.* Hrsg. von Martin Bircher. Bd. 2. München: Kösel.

Jones, William Jervis (Hrsg.) (1995): *Sprachhelden und Sprachverderber. Dokumente zur Erforschung des Fremdwortpurismus im Deutschen (1478–1750)* (Studia Linguistica Germanica 38). Berlin, New York: De Gruyter.

Kirkness, Alan (1975): *Zur Sprachreinigung im Deutschen 1789–1871. Eine historische Dokumentation* (Forschungsberichte des Instituts für Deutsche Sprache Mannheim 26). 2 Teile. Tübingen: Narr.

Kirkness, Alan (1985): Sprachreinheit und Sprachreinigung in der Spätaufklärung. Die Fremdwortfrage von Adelung bis Campe. In: Dieter Kimpel (Hrsg.), *Mehrsprachigkeit in der deutschen Aufklärung.* Berlin: Meiner, 85–104.

Kirkness, Alan (1991): Neuhochdeutsch und Neulatein – eine Begegnung mit dem ‚Fremden'? In: *Begegnung mit dem ‚Fremden'. Grenzen – Traditionen – Vergleiche. Akten des VII. Internationalen Germanisten-Kongresses Tokyo 1990.* Hrsg. von Eijiro Iwasaki. Bd. 4. München: Iudicium, 332–340.

Kirkness, Alan & Horst Haider Munske (Hrsg.) (1996): *Eurolatein. Das griechische und lateinische Erbe in den europäischen Sprachen* (Reihe Germanistische Linguistik 169). Tübingen: Niemeyer.

Kirkness, Alan (1998): Das Phänomen des Purismus in der Geschichte des Deutschen. In: Werner Besch et al. (Hrsg.), *Sprachgeschichte. Ein Handbuch zur Geschichte der deutschen Sprache und ihrer Erforschung* (Handbücher zur Sprach- und Kommunikationswissenschaft 2.1). Bd. 1. 2. Aufl. Berlin, New York: De Gruyter, 407–416.

Klaj, Johann (1645/1965): Lobrede der Teutschen Poeterey / | Abgefasset | und | in Nürnberg | Einer Hochansehnlich=Volkreichen Versamlung | vorgetragen | Durch | Johann Klajus. Nürnberg: Endter. In: *Johann Klaj. Redeoratorien und „Lobrede der Teutschen Poeterey".* Hrsg. von Conrad Wiedemann. Tübingen: Niemeyer, [377]–[416].

Klein, Wolf Peter (2011a): Deutsch statt Latein! Zur Entwicklung der Wissenschaftssprache in der frühen Neuzeit. In: Wieland Eins, Helmut Glück & Sabine Pretscher (Hrsg.), *Wissen schaffen – Wissen kommunizieren. Wissenschaftssprachen in Geschichte und Gegenwart* (Fremdsprachen in Geschichte und Gegenwart 8). Wiesbaden: Harrassowitz, 35–47.

Klein, Wolf Peter (2011b): Die deutsche Sprache in der Gelehrsamkeit der frühen Neuzeit. Von der lingua barbarica zur HaubtSprache. In: Herberg Jaumann (Hrsg.), *Diskurse der Gelehrtenkultur in der Frühen* Neuzeit. *Ein Handbuch.* Berlin, New York: De Gruyter, 465–516.

Klopstock, Friedrich Gottlieb (1774/1975): *Die deutsche Gelehrtenrepublik.* In: *Werke und Briefe. Historisch-kritische Ausgabe.* Abt. Werke, Bd. VII/1. Hrsg. von Rose-Maria Hurlebusch. Berlin, New York: De Gruyter.

Leibniz, Gottfried Wilhelm (1682/1846/1907): Ermahnung an die Teutsche, ihren Verstand und Sprache besser zu üben, samt beigefügtem Vorschlag einer Teutsch gesinnten

Gesellschaft. [Entstanden um 1682, erstmals veröffentlicht 1846.] In: Paul Pietsch (Hrsg.), *Leibniz und die deutsche Sprache* (Zeitschrift des Allgemeinen Deutschen Sprachvereins. Wissenschaftl. Beihefte 4 (29)), 290–312.

Leibniz, Gottfried Wilhelm (1697/1717/1908): Unvorgreiffliche Gedancken, betreffend die Ausübung und Verbesserung der Teutschen Sprache. [Entstanden um 1697, veröffentlicht 1717.] In: Paul Pietsch (Hrsg.), *Leibniz und die deutsche Sprache* (Zeitschrift des Allgemeinen Deutschen Sprachvereins. Wissenschaftl. Beihefte 4 (30)), 313–356.

Leibniz, Gottfried Wilhelm (1697/1916): Eine deutschliebende Genossenschaft. [Entstanden möglicherw. um 1671, vielleicht auch um 1697.] In: *Deutsche Schriften*. Bd. 1: Muttersprache und völkische Gesinnung. Hrsg. von Walther Schmied-Kowarzik. Leipzig: Meiner, 55–59.

Litzel, Georg (= Megalissus) (1730): Der Undeutsche | Catholik | Oder | Historischer Bericht | von der allzu grossen Nachläßigkeit der | Römisch=Catholischen, insonderheit unter der | Clerisey der Jesuiten, | In Verbesserung der deutschen | Sprache und Poesie. | Wobey | Die Ursachen solcher Nachläßigkeit an|gezeiget, die eifrige Bemühungen und Verdien| ste der Protestanten zur Nachfolge vorgeleget, | und sichere Mittel zu einer | allgemeinen Sprach=Verbesserung | vorgeschlagen werden | Durch | MEGALISSUS. Jena, Leipzig: Ritter.

Löffler, Heinrich (1991): Deutsch und Latein. Eine tausendjährige Geschichte der Annäherung und der Entfremdung. In: *Begegnung mit dem ‚Fremden'. Grenzen – Traditionen – Vergleiche. Akten des VII. Internationalen Germanisten-Kongresses Tokyo 1990*. Hrsg. von Eijiro Iwasaki. Bd. 3. München: Iudicium, 82–88.

Meier, Georg Friedrich (1763): Georg Friedrich Meiers, | öffentlichen ordentlichen Lehrers der Weltweisheit, | und der Königlichen Akademie der Wissenschaften | in Berlin Mitgliedes, | Betrachtung | über | die Natur | der | gelehrten Sprache. Halle: Hemmerde.

Michaelis, Johann David (1760): Beantwortung der Frage | von dem | Einfluß der Meinungen | in die Sprache | und der Sprache in die Meinungen; | welche den, | von der Königlichen Academie der Wissenschaften | für das Jahr 1759, gesetzten Preis | erhalten hat. | Von | Hrn. Johann David Michaelis, | öffentlichen Lehrer der Weltweisheit in Göttingen und der Königl. | Grosbritannischen Gesellschaft der Wissenschaften Secretaire. In: *Dissertation qui a remporté le Prix proposé par l'Academie Royale des Sciences et Belles Lettres de Prusse, sur l'Influence réciproque du Langage sur les Opinions, et des Opinions sur le Langage. Avec les Pieces qui ont concouru*. Berlin: Haude et Spener, 1–84.

Müller, Carl Gotthelf (1754): Daß die | teutschen Gesellschaften | zu unsern Zeiten | nicht allein | den schönen sondern auch den höhern | Wissenschaften | gewidmet seyn sollen | bey | einer ausserordentlichen feyerlichen | Versammlung der Gesellschaft | erwiesen | von | dem Senior derselben. In: Ders. (Hrsg.), *Schriften | der Teutschen Gesellschaft | zu Jena | aus den | schönen Wissenschaften | herausgegeben | von | Carl Gotthelf Müller | der Beredsamkeit und Dichtkunst ordentlichem öffentlichen Leh= | rer, und der Gesellschaft Senior. | auf das Jahr 1753*. Jena: Cröker, 1–16.

Parnassus Boicus (1726): PARNASSUS | BOICUS, | Oder | Neu=eröffneter | Musen=Berg / | Worauf verschidene | Denck= vnd Leßwürdigkeiten | auß der gelehrten Welt / | zumahlen aber | Auß denen Landen zu Bayrn | abgehandlet werden. | Neunzehende | Unterredung. | Mit Erlaubnuß der Oberen. München: Straub.

Polenz, Peter von (1994): *Deutsche Sprachgeschichte vom Spätmittelalter bis zur Gegenwart* (de Gruyter Studienbuch). Bd. II: 17. und 18. Jahrhundert. Berlin, New York: De Gruyter.

Pörksen, Uwe (1986): *Deutsche Naturwissenschaftssprachen. Historische und kritische Studien* (Forum für Fachsprachen-Forschung 2). Tübingen: Narr.

Richter, Johann Gottfried (1784): Johann Gottfried Richters | kritische | Anmerkungen | zu | des Herrn Rath Adelung | deutscher Sprachlehre für die Schulen | in den Königl. Preuß. Landen. Königsberg: Dengel.

Ricken, Ulrich (1989): *Leibniz, Wolff und einige sprachtheoretische Entwicklungen in der deutschen Aufklärung*. Berlin: Akademie.

Ricken, Ulrich (1990): *Sprachtheorie und Weltanschauung in der europäischen Aufklärung. Zur Geschichte der Sprachtheorien des 18. Jahrhunderts und ihrer europäischen Rezeption nach der Französischen Revolution* (Sprache und Gesellschaft 21). Berlin: Akademie.

Rivinus, Andreas (1653): Mancherley fürnehmer | Leute JUDICIA | Vrtheil / vnd Meynungen | Vber | Die erste Sprachen=Thür / so | von den Patribus Ibernis in Spanien | erfunden / vnnd Anfangs | gemacht wor|den. | Meistentheils aus dem Latein | verteutschet / | Vnd denjenigen / welche sel|bige anfechten / vnd vnterzudrü|cken gemeint sind / an stadt einer | Vertheidigung / entge|gen gesetzt. Leipzig.

Roelcke, Thorsten (1995): *Periodisierung der deutschen Sprachgeschichte. Analysen und Tabellen* (Studia Linguistica Germanica 40). Berlin, New York: De Gruyter.

Roelcke, Thorsten (1998): Die Periodisierung der deutschen Sprachgeschichte. In: Werner Besch et al. (Hrsg.), *Sprachgeschichte. Ein Handbuch zur Geschichte der deutschen Sprache und ihrer Erforschung* (Handbücher zur Sprach- und Kommunikationswissenschaft 2.1). Bd. 1. Berlin, New York: De Gruyter, 798–815.

Roelcke, Thorsten (2001): Einfalt statt Vielfalt? Deutsche und internationale Wissenschaftssprachen im Zeitalter des Rationalismus und in der Gegenwart. In: *Jahrbuch der ungarischen Germanistik* 2001, 179–192.

Roelcke, Thorsten (2014a): *Latein, Griechisch, Hebräisch. Studien und Dokumentationen zur deutschen Sprachreflexion in Barock und Aufklärung* (Studia Linguistica Germanica 119). Berlin, Boston: De Gruyter.

Roelcke, Thorsten (2014b): *Französisch in Barock und Aufklärung. Studien zum Sprachdenken im Deutschland des 17. und 18. Jahrhunderts* (Analecta Romanica 82). Frankfurt a.M.: Klostermann.

Roelcke, Thorsten (2015a): Deutsche Wissenschaftssprache und internationale lingua franca in Aufklärung und Gegenwart. In: Michael Szurawitzki et al. (Hrsg.), *Wissenschaftssprache Deutsch – international, interdisziplinär, interkulturell*. Tübingen: Narr Francke Attempo, 95–112.

Roelcke, Thorsten (2015b): Einzelsprachen im Werturteil deutscher Sprachdenker des Barock und der Aufklärung. Teil 1: Positive Beurteilungen. In: *Zeitschrift für deutsche Philologie* 134, 431–467.

Roelcke, Thorsten (2016): Einzelsprachen im Werturteil deutscher Sprachdenker des Barock und der Aufklärung. Teil 2: Negative Beurteilungen. In: *Zeitschrift für deutsche Philologie* 135, 89–109.

Roelcke, Thorsten (2018): Von der wissenschaftlichen Eignung der deutschen Sprache. In: Michael Prinz & Jürgen Schiewe (Hrsg.), *Vernakuläre Wissenschaftskommunikation. Beiträge zur Entstehung und Frühgeschichte der modernen deutschen Wissenschaftssprachen*. Berlin, Boston: De Gruyter, 361–374.

Schiewe, Jürgen (1996): *Sprachenwechsel – Funktionswandel – Austausch der Denkstile. Die Universität Freiburg zwischen Latein und Deutsch* (Reihe Germanistische Linguistik 167). Tübingen: Niemeyer.

Schottelius, Justus Georg (1651): Justi Georgii Schotteli J. V. D. | Teutsche | SprachKunst / | Vielfaltig vermehret und ver|bessert / darin von allen Eigenschaften | der so wortreichen und prächtigen | Teutschen Hauptsprache aus|führlich und gründlich gehan|delt wird. | Zum anderen mahle heraus gegeben. Braunschweig: Zilliger.

Spee, Friedrich (1649/1967): *Trutznachtigall*. Mit Einleitung und kritischem Apparat hrsg. von Gustave Otto Arlt (Neudrucke deutscher Literaturwerke des XVI. und XVII. Jahrhunderts, begr. von Wilhelm Braune, hrsg. von Ernst Beutler, 292–301). Halle/Saale: Max Niemeyer. [Originaltitelblatt: Trvtz | Nachtigal, | oder | Geistlichs=Poetisch | Lvst=Vvaldlein, | Deßgleichen noch nie zuvor in Teut|scher sprach gesehen. | Durch | Den Ehrw.: P. Fridericvm Spee, | Priestern der Gesellschaft | Jesv. | Jetzo / nach vieler wunsch vnd langem | anhalten / zum erstenmahl in Truck | verfertiget. | Cum Facultate & approbatione superiorum. Köln: Friessem.]

Stieler, Kaspar (1691/1968): Der | Teutschen Sprache | Stammbaum und Fortwachs | oder | Teutscher | Sprachschatz / | Worinnen | alle und iede teutsche Wurzeln oder Stammwörter / | so viel deren annoch bekant und ietzo im Gebrauch seyn / | nebst ihrer Ankunft / abgeleiteten / duppelungen / und vornemsten | Redarten / mit guter lateinischen Tolmetschung und | kunstgegründeten Anmerkungen befindlich. | Samt einer | Hochteutschen Letterkunst / Nachschuß | und teutschem Register. | So Lehrenden als Lernenden / zu beider Sprachen | Kundigkeit / nötig und nützlich / | durch unermüdeten Fleiß in vielen Jahren gesamlet | von dem | Spaten. Nürnberg: Hofmann. Nachdruck mit einem Nachwort von Stefan Sonderegger. 3 Teile. München: Kösel.

Thieme, Karl Traugott (1789): Ueber die Mittel, bei der Jugend das latei= | nische Sprachstudium zu befördern, von | Herrn Rector Thieme in Merseburg. In: Braunschweigisches | Journal | philosophischen, philologischen und | pädagogischen Inhalts, | Herausgegeben | von E. Chr. Trapp, Joh. Stuve, | Conr. Heusinger, und J. Heinr. Campe. | Erster Band 1789. | Sechstes Stück. Junius 1789. O.O. 154–218.

Thomasius, Christian (1713): Herrn Christian Thomasens | Sr. Königl. Majestät in Preussen geheimden Raths/ | der Friederich Universität Directoris, Professoris Primarii | und der Juristen Facultaet Decani [etc.]. | Höchstnöthige | CAUTELEN | Welche ein | STUDIOSUS JURIS, | Der sich zu Erlernung | Der | Rechts=Gelahrheit | Auff eine kluge und geschickte Weise vorberei= | ten will/ zu beobachten hat. | Nebst einem dreyfachen und voll= | kommenen Register. | Mit Königlichen Polnischen und Churfürstlichen Säch= | sischen allergnädigsten Privilegio. Halle: Hemmerde.

Weise, Christian (1681/1974): Christian Weisens | Politischer | Redner / Das ist / | Kurtze und eigentliche Nachricht / | wie ein sorgfältiger Hofemeister seine Un|tergebene zu der Wolredenheit anführen | sol / damit selbige lernen | 1. Auf was vor ein Fund. eine Schul=Rede gesetzet ist / | 2. Worinn die Complimenten bestehen; 3. Was bürgerliche Reden sind; | 4. Was bey hohen Personen sonderlich zu Hofe vor | Gelegenheit zu reden vorfällt. | Alles mit gnugsamen Regeln / anständi|gen Exempeln und endlich mit einem nützlichen | Register ausgefertiget / | Auch bey dieser 3ten Edition in vielen | verbessert. | Mit Churfl. Sächs. Privilegio. Leipzig: Ritzsch. Faksimiledruck Kronberg i.Ts.: Scriptor.

Wolff, Christian (1733/1973): Christian Wolffens / | Königl. Schwedis. Hochfürstl. Hessis. Hof=Rath | und Prof. Math. & Phil. prim. zu Marburg, wie auch | Prof.honor. zu St. Petersburg / der Königl. Groß= | Brittannis. und Königl. Preußis. Socität der | Wissenschaften Mitgliedes | Ausführliche | Nachricht | von | seinen eigenen | Schrifften, | die er | in deutscher Sprache | von den | verschiedenen Theilen | der | Welt=Weißheit | heraus gegeben / | auf Verlangen ans Licht gestellet. | Die andere Auflage, hin und wieder vermehret. Frankfurt: Andreäische Buchhandlung. Nachdruck in: *Gesammelte Werke*. 1. Abt.: Deutsche Schriften. Bd. 9. Hrsg. von Hans Werner Arndt. Hildesheim, New York: Olms.

Zesen, Philipp von (1651/1974): *Filip Zesens Rosen=mänd*. In: *Sämtliche Werke*. Bd. 11: Spraach-Übung [u. a.]. Bearbeitet von Ulrich Maché. Berlin, New York: De Gruyter. [Originaltitelblatt: Filip Zesens | Rosen=mänd: | das ist | in ein und dreissig gesprächen | Eröfnete Wunder|schacht | zum unerschätzlichen | Steine der Weisen: | Darinnen unter andern ge|wiesen wird / wie das lautere gold | und der unaussprächliche schatz der | Hochdeutschen sprache / unsichtbarlich / | durch den trieb der Natur / von der Zun|gen; sichtbarlich aber durch den | trieb der kunst / aus der fe|der / und beiderseits / | jenes den ohren / | dieses den augen / | vernähmlich / | so wunderbahrerweise und so | reichlich entsprüßet. Hamburg: Pape.]

Denis Thouard

Muss (auch) die Philosophie populär werden?

Hâtons-nous de rendre la philosophie populaire!
Denis Diderot

Festina lente
Aldo Manuzio

1 Die Herausforderung der Philosophie

Der große Wunsch der Aufklärung war die Verbreitung des Wissens und damit einhergehend die Errichtung einer gerechteren Gesellschaft. Das war die Zeit der *philosophes*. Wir bleiben bis heute vielfach auf die Idee der Gerechtigkeit fixiert, wissen aber nicht unbedingt, was sie für das Wissen und die Philosophie noch bedeuten kann. Und wenn wir uns trotz vieler Schwierigkeiten nach wie vor für ein derartiges Projekt erwärmen: Sollen wir uns wirklich *beeilen*, die Philosophie populär zu machen?

Die Welt wird immer komplexer, differenzierter, bunter – wir sehen immer mehr Bezüge, Vernetzungen, Horizonte (die sogenannte Globalisierung) und drohen dabei leicht die Übersicht zu verlieren. Auch was wir tagtäglich an technischem Gerät benutzen, verstehen wir kaum. Wir erwarten von solchen Gegenständen, dass sie einfach zu gebrauchen sind. Wir wollen nicht wissen, wie sie funktionieren, sondern mit ihnen unmittelbar bestimmte Wirkungen erzielen, meist indem wir auf einen Knopf drücken oder auf etwas klicken.

Die Welt wird komplexer zwischen dem Globalen und dem Lokalen, dem Politischen und dem Wirtschaftlichen, dem Virtuellen und dem Handhabbaren. Das Bedürfnis nach einem einfachen Bild und nach einfachen Lösungen wächst. Wenn schon die Politik die Komplexität der gesellschaftlichen Situation eines Landes ihren Wählern nicht mehr erklären kann, darf man dann eigentlich

Anmerkung: Diese Ausführungen sind ein Versuch, die Gedanken und Bedenken über das Verhältnis der Philosophie zu ihrer Sprache, die in dem Buch *Geteilte Ideen. Philosophische Versuche, den Leser zum Verstehen zu bringen* vorgelegt worden sind (Thouard 2016), darzustellen und weiterzuführen. Das Problem beschäftigt mich seit dem Band *Popularité de la philosophie*, den ich 1995 zusammen mit Philippe Beck herausgegeben habe (Beck & Thouard 1995). Auf Gelehrsamkeit wurde weitgehend verzichtet, der Popularität hingegen Tribut gezollt.

https://doi.org/10.1515/9783110676631-003

fordern, dass die Wissenschaft, die weit weniger übersichtlich scheint, so anschaulich oder vereinfachend erklärt wird, dass sie allen zugänglich ist? Lässt sich die Wissenschaft überhaupt popularisieren?

Das Problem stellt sich für die Philosophie in besonderer und verschärfter Form, weil sie mit der Religion den Anspruch teilt, eine *Rede über das Ganze* zu liefern. Sie hat aber im Vergleich zu dieser den großen Nachteil, dass sie traditionell nicht an den Glauben appelliert, sondern an den Verstand, sie will *verstanden* werden. Nur ‚geglaubte' Philosophie ist keine Philosophie. Aber indem sie sich diesem Anspruch mit mehr oder weniger Erfolg verschreibt, ist die Philosophie eine *besondere Disziplin* geworden. Sie hat eine bestimmte Sprache, bestimmte Themen und Gegenstände, eine eigene institutionelle Organisation, eine Geschichte.

Die fortschreitende Differenzierung der Gesellschaften verschärft zwangsläufig die Spannung zwischen dem *Ganzheitsanspruch* und der tatsächlichen *Spezialisierung* einer akademischen Disziplin. Wie kann der Wunsch nach Orientierung, nach Lebensführung, nach Sinngebung oder nach Hilfe von der Philosophie als einer akademischen Disziplin erfüllt werden? Und wenn sie es versuchen würden, wie könnten Philosophen jemals sicher sein, dass sie auch verstanden werden?

Trotz ihrer disziplinären Zurückgezogenheit sind die Philosophen in der Öffentlichkeit nicht völlig abwesend. Einige schaffen es sehr wohl, sich einem breiteren Publikum zu empfehlen. Die Frage ist aber, ob sie dies noch als Philosophen tun oder bereits als Intellektuelle, als Stars, als moralische Autoritäten, als engagierte Aktivisten. Die Gestaltung möglicher Öffentlichkeiten oder Kreise ist freilich je nach Gesellschaft eine andere.

Geradezu topisch ist die Ferne des Philosophen vom alltäglichen Leben, von der Gesellschaft. Die von Platon nacherzählte Geschichte von Thales, der in den Brunnen fällt, als er den Himmel beobachtete, ist bis heute paradigmatisch.

> Wie auch den Thales, o Theodoros, als er, um die Sterne zu beschauen, den Blick nach oben gerichtet in den Brunnen fiel, eine artige und witzige thrakische Magd soll verspottet haben, daß er, was am Himmel wäre, wohl strebte zu erfahren, was aber vor ihm läge und zu seinen Füßen, ihm unbekannt bliebe, – mit diesem nämlichen Spotte nun reicht man noch immer aus gegen alle, welche in der Philosophie leben. Denn in der Tat, ein solcher weiß nichts von seinem Nächsten und Nachbar, nicht nur nicht, was er betreibt, sondern kaum, ob er ein Mensch ist oder etwa irgend ein anderes Geschöpf.[1]

Von der Magd wird er zu Recht ausgelacht. An diesem Lachen kann man die ganze Distanz und das ganze Missverständnis zwischen den Philosophen und

1 Platon 1958.

dem ‚Volk' ermessen. Dem „Lachen der Thrakerin" hat Hans Blumenberg ein feinsinniges Buch gewidmet. Der theoretische Blick droht immer, das Naheliegende zu vernachlässigen, was sich allerdings unmittelbar rächt.[2]

Die kleine Komödie, die der *Theaitetos* uns erzählt, liefert aber mitnichten die letzte Weisheit über die Unverständlichkeit der Philosophie.

Von Anfang an war das Praktizieren der Philosophie eine Tätigkeit, die nur einem bestimmten kleinen Kreis zukam. Wenigstens Geometer musste man sein, um aufgenommen zu werden. In dieser Spezialisierung musste man gleichwohl in der Lage sein, sich an andere zu richten, zuerst an die Beginnenden, an die Anfänger. Man musste kommunizieren, aber nicht die Wahrheiten, die man suchte, sondern die Art und Weise, wie man zu solchen gelangen konnte. Es wurde eine Form der Verständigung angestrebt, die gewissermaßen als Filter wirkte zwischen denen, die sich Eingang verschaffen konnten, und denen, die sich damit schwer taten.

Man hat dieses Problem unter unterschiedlichen Begriffsbestimmungen zu behandeln versucht: In der Antike unter dem Gegensatz zwischen dem Esoterischen, das für eine kleine Gruppe bestimmt war, und dem Exoterischen, das sich einem zwar breiteren, aber doch noch begrenzten Publikum verschreiben sollte. Diese Unterscheidung blieb allerdings von untergeordneter Bedeutung für unser Verständnis der antiken Philosophie: Man kennt Platon aus seinen exoterischen, Aristoteles aus seinen esoterischen Schriften, aber man meint den einen ebenso gut (oder ebenso schlecht) zu kennen wie den anderen.

In der Neuzeit und bis heute wurde die Frage nach der Vermittlung der Philosophie wieder besonders akut, nicht zuletzt, weil sich demokratische Prinzipien zusehends zu behaupten vermochten. Man fragte nicht mehr, ob es *möglich* sei, die Philosophie allgemein zu verbreiten, sondern *forderte* es förmlich – man denke an die eingangs zitierten Worte von Diderot. Die Philosophie sollte sich an alle richten und träumte sogar davon, von allen verstanden zu werden. Das ist das Programm der Aufklärung, das bei Fichte in dem Anspruch kulminierte, „den Leser zum Verstehen zu zwingen".[3]

Beide Perspektiven unterscheiden sich grundlegend. Wenn das *Publikum* im demokratischen Zeitalter für sein Recht auf Zugang zu den Wissenschaften und den Ideen kämpft, kann ein *Philosoph* sich wünschen, die Richtigkeit seines Systems allen aufzuzwingen. Wenn er sich im Besitz der Wahrheit wähnt – warum sollte er mit dieser geizen? Aber wie kann man überhaupt sicher sein,

---

2 Blumenberg 1987: 14: „Von Plato her gesehen, ist in jener Komödie am Brunnenrand [...] der Zusammenstoß von Welten, von Wirklichkeitsbegriffen thematisch, deren Unverständigkeit gegeneinander die Erscheinung der Lächerlichkeit [...] annehmen kann."

3 Fichte 1801.

dass man *die*, oder auch nur *eine*, Wahrheit jemals erreicht hat? Und ist diese Vorstellung für die Philosophie konstitutiv? Es ist gerade die Geschichte bestimmter Philosophen zu ihrem (oft imaginierten) Publikum oder Adressatenkreis, die zeigt, dass diese Frage alles andere als leicht zu beantworten ist.

Dafür gilt es, zunächst einen Blick auf die Vorgeschichte der Popularphilosophie in der Frühen Neuzeit zu werfen, zumal dort, wo sich diese mit Problemen der Zweisprachigkeit oder Diglossie konfrontiert sieht. Das Programm der Popularphilosophie erweist sich dann in einem zweiten Schritt als ein genuin aufklärerisches, was man nicht zuletzt an der Schlüsselstellung von Kant ablesen kann. Kant hat maßgeblich die praktische Philosophie ins Zentrum gestellt und dabei die ganze Architektonik der Philosophie als System neu gedacht. Dass er zentrale Spannungen innerhalb der vorherigen Philosophiegeschichte zu verabschieden suchte, bewirkte in seinem Fall eine völlig neue Sicht auf die Darstellung der Philosophie, die allerdings weniger Kant selbst als vielmehr seine Nachfolger wie Schelling, Hegel, Schleiermacher oder Schlegel beschäftigen sollte. Hegel wird dieses Problem vielfach auf die Spitze treiben.

2 Von der Vulgarisierung zur Popularisierung

Wenn wir uns zunächst einer anderen historischen Periode widmen, nämlich der Frühen Neuzeit und der viel gepriesenen *Res publica litteraria*, erblicken wir zwar einen internationalen Kreis, doch bleibt dieser ausgesprochen elitär. Man schrieb, von Erasmus bis zu Clericus oder Muratori, natürlich meist auf Latein. Aber die allmähliche Behauptung einer Philosophie *in volgare*, in den jeweiligen Landessprachen Europas, hat dem Lateinischen zusehends zugesetzt, so dass es im Laufe des 19. Jahrhunderts zumindest in philosophischen Texten kaum mehr verwendet wurde.

Die Situation der Zweisprachigkeit hat unsere wissenschaftliche Vorgeschichte geprägt. Sie war in Griechenland unbekannt, was vielleicht die immer wiederkehrende Sehnsucht nach der griechischen Antike erklärt. Allerdings lassen sich in dieser sehr wohl bereits unterschiedliche Dialekte und stilistische Formate beobachten. In Rom begann dann aber etwas völlig anderes: Die gelehrte Welt sprach und schrieb dort auf Griechisch, die politische Welt hingegen auf Latein. Der Kampf Ciceros und anderer um die Bildung einer Wissenschaftssprache oder einer philosophischen Sprache ist bekannt. Er endete so erfolgreich, dass sich in der Wissenschaft mehr noch als in der Dichtung seit der Etablierung der Nationalsprachen eine Art Diglossie jahrhundertelang zu behaupten vermochte:

Im 14. Jahrhundert schrieb Boccaccio seine philosophischen Werke auf Latein, die anderen auf Italienisch.

Diese Diglossie blieb nicht auf die Renaissance beschränkt. Sie lässt sich bis weit in die Aufklärung hinein verfolgen, in der sich neben dem Lateinischen differenzierte philosophische Nationalsprachen herausbildeten. Trotzdem bleibt der Unterschied der Register offenkundig, sei es bei Bacon oder Hobbes (*De Cive* versus *Leviathan*) oder bei Descartes, der den *Discours de la méthode* auf Französisch schreibt, damit ‚alle' ihn lesen können, für die *Meditationes* aber am Lateinischen festhält und diese nicht einmal selbst übersetzt. Die erwähnten Schriften sind an jeweils unterschiedliche Adressaten gerichtet. Die Notwendigkeit einer ‚leichten' Fassung in der Nationalsprache wird in der Regel mit der Allgemeinheit der Vernunft in Beziehung gesetzt, was sich bereits am Incipit des *Discours* zeigt: „Le bon sens est la chose du monde la mieux partagée".

Nun scheint die Popularisierung der Lehre die Produktion der Ideen aber zusehends und nachhaltig unter Druck zu setzen. Die verständlichste Formulierung einer Theorie wird allmählich als die wichtigste betrachtet. Das Lateinische hingegen bleibt akademischen Konventionen und Konzessionen vorbehalten. Die *dissertatio* muss man gemacht haben, um der akademischen Welt zugehörig zu sein, sie verliert aber inhaltlich an Gewicht. Bis ins 20. Jahrhundert hinein wurden noch Dissertationen auf Latein geschrieben, sie haben dabei aber bezeichnenderweise an Umfang wie an Relevanz verloren.

Die Struktur der Netzwerke der *République des lettres* sowie die Beständigkeit akademischer Usancen an der Universität lässt beide Sprachen und beide Darstellungsformen gelten: die Philosophie richtet sich einerseits an die Kollegen, andererseits wird aber mitunter zusätzlich eine zugänglichere Fassung aufgeboten, die der angestrebten Allgemeingültigkeit der Philosophie Rechnung trägt.

Die Entwicklung, die sich hier beobachten lässt, ist eine langsame Verschiebung des philosophischen Gewichts von der gelehrten Sprache zur jeweiligen Nationalsprache. Diese Verschiebung ist keine rein technische Angelegenheit, sondern zeugt darüber hinaus von einem neuen Anspruch. Die Form, die für ein breites Publikum gewählt wurde, also die populäre Darstellung, die sich an ein Volk richtete, übt jetzt auf den Inhalt der Philosophie selbst einen erheblichen Einfluss, wo nicht sogar Zwang aus. Das Volk erscheint nun mehr und mehr als eine konkrete Form von ‚Allgemeinheit'. *Populariter* bedeutet nicht mehr nur die Anpassung an ein bestimmtes Publikum, *ad populum*, sondern enthält nach und nach den Anspruch, für alle möglichen Adressaten gültig und zugänglich zu sein. Es ist auch die Botschaft der Aufklärung, daran zu erinnern, dass die Philosophie *alle Welt* betrifft (oder, nach Kants Bestimmung des Weltbegriffs der

Philosophie, das, „was jedermann notwendig interessiert").[4] Auch in Deutschland, wo der Gegensatz von ‚Schul-' und ‚Weltphilosophie' meist ausgeprägt war, zeichnet sich diese Tendenz ab. Sie wird schließlich die Ablösung der einen durch die andere bewirken.

Die allgemeine Mitteilbarkeit wirkt also auf die Ansprüche der Philosophie zurück, indem sie sich an diesem Prüfstein nunmehr messen (lassen) muss. Mit Kant:

> Wenn aber, nach Shaftesbury's Behauptung, es ein nicht zu verachtender Probierstein für die Wahrheit einer (vornehmlich praktischen) Lehre ist, wenn sie das Belachen aushält, so müßte wohl an den kritischen Philosophen mit der Zeit die Reihe kommen, *zuletzt* und auch *am besten* zu lachen.[5]

So hätte am Ende doch die thrakische Magd recht gehabt. Das Lachen hat den Vorrang der Theorie durch den der Praxis ersetzt.

Mehr als eine rein innere Dialektik im jeweiligen Sprachgebrauch ist die Durchsetzung des Praktischen vor dem Theoretischen im Laufe der Aufklärung das, was die Frage nach dem Adressaten der Philosophie grundsätzlich anders stellt. Eine gewisse Rhetorisierung der Philosophie lässt sich bereits in der Renaissance beobachten, als eine Vielzahl von literarischen Gattungen wie Essays und Dialoge philosophisches Allgemeingut wurde. Aber mit der Aufklärung erst wird die Überzeugung topisch, dass die Vernunft, als praktische Vernunft, *alle* betrifft, und dass folglich alle Zugang zu ihren Produkten haben dürfen, so sehr die politische Zensur oder auch die Hochnäsigkeit der Gelehrten sich dagegen auch stemmen mögen.

Das Verständnis der Philosophie hat sich seit der Aufklärung dahingehend geändert, dass ihre allgemeine Mitteilung und Verbreitung, letztlich ihre Verwirklichung, zu einem unabdingbaren Teil ihrer Aufgabe wurde.

3 Popularisierung als Imperativ

Die zu Beginn zitierten Worte Diderots über eine nunmehr unverzichtbare Popularisierung der Philosophie stammen aber aus einem anderen Kontext. Die Schrift *De l'interprétation de la nature*, die 1754 erschien, ist eine Abhandlung über die Methode der experimentellen Wissenschaften und bewegt sich im

4 Kant 1998: A 840/B 868: *Weltbegriff* heißt hier derjenige, der das betrifft, was jedermann notwendig interessiert.

5 Kant 2009: VI, 209.

Fahrwasser von Bacon. Philosophie hieß Naturphilosophie, ihre Verbreitung war ganz im Sinn des Projekts der *Enzyklopädie*. Trotzdem setzte Diderot damit einen rhetorischen Maßstab für die gesamte Philosophie seiner Zeit. Er hatte das Motto der Aufklärung, wörtlich genommen, so formuliert: „Hâtons-nous de rendre la philosophie populaire!" Bemühen wir uns, oder genauer, *beeilen* wir uns, die Philosophie populär zu machen![6]

Diderot erklärt in diesem Kontext auch, was er mit der Enthüllung der Wahrheit genau meint:

> Das Enthüllen an sich reicht noch nicht aus; die Enthüllung muß auch vollständig und klar sein. Es gibt eine Art von Dunkelheit, welche man die Affectation der großen Meister nennen könnte. Man liebt, zwischen dem Volk und der Natur einen Schleier zu ziehen.[7]

Nicht nur dieses Vorhaben Diderots scheint bemerkenswert, neu sind auch die Energie und das Engagement, mit denen er es ausruft. Vielleicht sollte man sich dennoch *nicht allzu sehr beeilen*, zumal man nicht unbedingt weiß, *was* Philosophie überhaupt ist. Immerhin wurde der kommunikative Imperativ Diderots bald in Deutschland rezipiert, wo er erheblich zur Erscheinung der sogenannten Popularphilosophie beitrug.

Johann August Ernesti (1707–1781), Sohn eines Pastors, selbst Theologe und Philologe, war seit 1742 Professor für Alte Literatur an der Universität Leipzig. Ernesti hat zahlreiche antike Texte ediert, eine große Vorliebe hatte er für Cicero. In einer 1745 an der Thomasschule gehaltenen Rede mit dem Titel *De philosophia populari* nimmt Ernesti nicht nur Diderots Parole auf, er integriert sie auch in das Programm einer anderen Art der Philosophie, die sich an Sokrates anlehnt, „qui de coelo deductam philosophiam in urbibus collocavit, et in curias, in forum, in domos etiam privatas introduxit", und dabei auch auf Cicero rekurriert, der die griechischen Philosopheme in Rom eingebürgert hatte.[8] Ernesti folgt Cicero, indem er Diderot in die damalige Wissenschaftssprache übersetzt: *studeamus philosophiam popularem efficere*!

Christian Garve (1742–1798) hat wie kein anderer das Programm einer Popularphilosophie durchgeführt und verkörpert. Er schrieb konsequent auf Deutsch. Der Essay wurde dabei zur philosophischen Leitgattung und die Klarheit des Ausdrucks das geeignete Mittel, Philosophie zu betreiben. *Von der Popularität des Vortrags* kann als Beschreibung von Garves eigener Darstellung und Methode

---

6 Diderot 1961: 216, Abschnitt XL.

7 „Ce n'est pas assez de révéler; il faut encore que la révélation soit entière et claire. Il est une sorte d'obscurité que l'on pourrait définir l'affection des grands maîtres. C'est un voile qu'ils se plaisent à tirer entre le peuple et la nature." (Ebd.: 215; Übers. U. Kunzmann)

8 Ernesti 1767: 190.

gelten.[9] Diese zielen sehr bewusst auf die Bildung einer öffentlichen Meinung, die es damals im strengen Sinn noch gar nicht gab. Sein Ziel ist wohl eine aufgeklärte Republik, die einer bürgerlichen Öffentlichkeit entspricht.

> Es wird der jetzt herrschenden Partey der Philosophen [...] nicht entgangen seyn, daß ich ein populärer Philosoph, im schlimmsten Sinne des Wortes, oder vielmehr, daß ich ein Prediger des allgemeinen Menschensinnes – des Feindes aller ächten Philosophie, sey.[10]

Das Plädoyer für Klarheit und Verständlichkeit nimmt bei Garve einen besonders pathetischen Ton an, denn es kollidiert ständig mit der Unmöglichkeit der eigenen Realisierung. Obwohl er zweifellos einen scharfen analytischen Verstand besitzt, der bestimmte moralische oder soziale Erscheinungen feinsinnig zu beschreiben versteht, scheint Garve oft der Sinn für Zusammenhänge und Beziehungen zu fehlen. Bei umfassenden Konstruktionen hört sein Verständnis auf, und er durchschaut offenbar nicht immer, was er tut. Er leidet bereits unter den Änderungen einer fortschreitenden philosophischen Arbeitsteilung, die die neue Welt, an der er mitwirkt, überhaupt erst ermöglicht und sein eigenes Philosophieren sicher auch fördert. Garve konzentriert sich deshalb auf die Form der Allgemeinheit.

Die Rhetorik der Klarheit zeigt dennoch gemeinsame Züge bei allen Philosophen, die sich auf eine Evidenz der Vernunft berufen. Wenn das, was klar ist, zugleich unhintergehbar auch *wahr* ist, muss der Hörer oder Leser notwendig von der Argumentation der Vernunft überzeugt werden. Die Rhetorik der Philosophen orientiert sich an der Forderung Quintilians, dass die Rede nicht nur verständlich sei, sondern auch so gestaltet, dass keiner sie nicht verstehen könne, *sed ne omnino possit non intelligere curandum.*[11] Diese ‚Rhetorik der Vernunft' wird typisch für den Anspruch mancher Philosophen, die meinen, sie müssten immer und geradezu zwangsläufig verstanden werden: von Descartes bis Fichte.

4 Zwischenbemerkung

Die Popularphilosophie sagt nicht zuletzt etwas über die Erwartungen aus, die wir in sie setzen können. Natürlich kann ‚populär' hier verschiedene Dinge meinen. Es geht aber im Grunde um die Inkarnation der Philosophie durch das Volk in einem denkbar weiten Sinn. Die Philosophie, die Anspruch auf Allgemeinheit

---

9 Garve 1796.
10 Garve 1798: 1.
11 Quintilian 1997: 1286.

erhebt, muss sich auch als allgemeingültig bewähren. Das Mittel dieser Bewährung ist aber ihre Mitteilbarkeit, die zugleich den ‚Probierstein' der Freiheit zu denken bildet.[12] Dieser wechselseitige Zwang des Denkens muss natürlich die Fähigkeit besitzen, das Lachen der ‚anderen' auszuhalten.

Inwieweit es möglich ist, einem solchen Anspruch auf Mittelbarkeit konsequent zu folgen, wird sich noch herausstellen. Ob es überhaupt sinnvoll ist, wurde früh bezweifelt. Man berief sich dabei gerne auf die tiefen Geheimnisse der Philosophie, zitierte Heraklit, wetterte gegen die Verstandesphilosophie. Herder, Hamann, Jacobi bedauern die durch eine Rhetorik der Klarheit verursachte Verarmung. Die Ausdruckspotentialitäten der Sprache würden auf diese Art und Weise regelrecht verkümmern. Die Individualität verblasse, wenn alle sich auf dieselbe Weise verständigen müssen. Einige Philosophen gehen in ihrem Protest gegen die Tyrannei der Klarheit so weit, dass sie sagen können: „Das Mißverstandendste wäre der Versuch des Denkens, sich verständlich zu machen [. . .]. Die hartnäckigste Gefahr für das Denken ist die Bemühung, verständlich zu sein."[13]

Es geht hier um mehr als einen gleichsam fachinternen Streit, der nur prüfen soll, ob die Allgemeinheit sich mittels einer klaren Rede als Allgemeingültigkeit konstituiert. Es handelt sich um einen zutiefst politischen Streit, der sich um die Frage dreht, ob und inwiefern die Philosophie, die nicht nur einen *theoretischen* allgemeinen Anspruch hat, sondern seit der Aufklärung eben auch einen *praktischen*, auf die konkrete Verwirklichung der Gleichheit und Gerechtigkeit unter den Menschen hinwirken kann.

Beide Dimensionen, die theoretische bzw. epistemische und die praktische, haben jeweils eigene Bedingungen und Ziele, die nicht unbedingt zusammenpassen, sondern möglicherweise kollidieren. Vielleicht ist es eine Illusion der Aufklärung, beide zugleich verwirklichen zu wollen. Anders formuliert: Wenn Freiheit der Inhalt wie das Ziel der Philosophie ist, oder kantisch gesprochen, wenn die praktische Vernunft die Grundlage der Vernunft ist, muss dies Folgen für jede philosophische Darstellung haben. Aber welche?

Die erste Konsequenz einer praktischen Wende der Philosophie ist der Anspruch, verständlich zu sein. Diesen Anspruch erhebt ein Philosoph, der nicht nur die *Wahrheit* sucht und manchmal vielleicht sogar besitzt, sondern der vor allem die *Freiheit* im Visier hat. Die Allgemeinheit der Freiheit bekommt mit der Aufklärung den Vorrang vor der Allgemeinheit der Wahrheit bzw. der

12 Das übernimmt sogar Kant selbst: „Allein, wie viel und mit welcher Richtigkeit würden wir wohl denken, wenn wir nicht gleichsam in Gemeinschaft mit andern, denen wir unsere und die uns ihre Gedanken mitteilen, dächten!" (Kant 1999: 58)

13 Heidegger 2015: 488.

Wissenschaft. In anderen Worten: Es wird nicht mehr hauptsächlich die *Wahrheit*, sondern die *Freiheit* als leitende Idee der philosophischen Tätigkeit betrachtet. Nicht jeder muss natürlich die *Kritik der Vernunft* oder gar die Mathematik kennen, aber da das unter ihnen waltende Gesetz doch das Sittengesetz ist, sollte sie auch niemand ignorieren. Es ist der praktische Vorrang der Freiheit, der auf diese Weise die gelehrten Formen der Philosophie infrage stellt.

Wenn die Vernunft allgemein ist, muss sie sich konkret behaupten, *allgemeingültig* werden, sie gilt für jeden und jeder hat an ihr teil. Was für die Denker des Rationalismus noch abstrakt geblieben war, wurde allmählich zu einer Herausforderung für die Vernunft selbst. Diese allgemeine Bewegung lässt sich nirgends präzise verorten, sie behauptet sich aber zwischen Bayle oder Thomasius und Kant. Es wird indes kein Philosoph diesen Anspruch der Freiheit so perfekt zusammenfassen wie Rousseau, der nicht zufällig gerade Kant tief erschüttern sollte. Rousseau war kein Schulphilosoph, hat aber möglicherweise größere Wirkung gehabt als alle Schulphilosophen zusammen. Seine Botschaft war im Grunde die richtige. Daraus entstand Kants Problem: Wie kann man diese allgemeine Freiheit philosophisch begründen und allgemein mitteilen?

5 Kant und die Forderungen der Freiheit

Wie auf anderen Gebieten und in anderen Problemzusammenhängen ist auch hier die Rolle Kants zentral. Es ist üblich geworden, ihm eine Missachtung der Sprache vorzuwerfen, und zwar unter gleich drei Gesichtspunkten: als *Vermittlung des Denkens*: Kant habe nur die ‚reine' Vernunft behandelt; des *Stils*: sein Ausdruck sei schlecht und größtenteils unverständlich; der *Form der Philosophie*: er habe sein eigenes Versprechen eines philosophischen Systems selbst nicht eingelöst. Es handelt sich in allen drei Fällen um voreilige Urteile, so sehr sie sich durch Wiederholung und Tradition auch gefestigt haben mögen.

Man könnte sogar ganz im Gegenteil zeigen, dass Kant die Zusammenführung der Welt- und der Schulphilosophie ohne Vermischungen und Verluste durchgeführt hat; dass er der Erfinder der deutschen Philosophie, d. h. der Philosophie in deutscher Sprache war und als solcher in die europäische Geschichtsschreibung auch eingegangen ist; ferner, dass er die Frage nach der Form der Philosophie als die Frage vom System und vom Zugang zum System überhaupt als Erster formuliert und als Problem betrachtet hat, ohne dafür vielleicht die passende Lösung gefunden zu haben.

a) Kant ist es gelungen, die Diglossie von gelehrter und ‚gemeiner' Sprache zu überwinden. Wie kann das sein, wo Kants Unfähigkeit zu einer verständlichen Rede doch geradezu sprichwörtlich geworden ist und ihm oft eine völlige Vernachlässigung der Rolle der Sprache für das Denken vorgeworfen wurde?

Einerseits gilt Kant als Purist der reinen Vernunft, was zu dem Einwand führte, er habe in seinen Kritiken die Sprache nicht mitbedacht. Früh kam dieses Urteil von Zeitgenossen wie Hamann, Herder, Hegel oder Humboldt auf, die Kant mit einer *Metakritik* konfrontierten, die als konkrete Basis der Kritik fungieren sollte, so wie die Sprache überhaupt erst die Basis des Denkens bilde. Dieser Protest gegen die Vernachlässigung einer genuin sprachlichen Vermittlung der Vernunft führte zu einer Auffassung der Philosophie als *Sprachkritik*, die in Auseinandersetzung mit Kant selbst traditionsbildend wurde.

Angesichts der Tatsache, dass Kant im Ruf stand (nicht zuletzt durch einen von Garve geäußerten Vorwurf), überhaupt nicht schreiben zu können, mag das paradox anmuten. Gleichwohl: Das Erstaunliche an Kant besteht darin, dass sich seit und mit ihm eine Versöhnung der gelehrten und der vermittelnden Sprache beobachten lässt. Er hat als Erster die Schulphilosophie der Weltphilosophie zugeordnet, ohne dabei jene dieser zu opfern, was ihn von der Popularphilosophie fundamental unterscheidet. Die *Grundlegung der Metaphysik der Sitten* ist eine meisterhafte Widerlegung dieser Vorwürfe: Diese klare und allgemein verständliche Schrift führt mustergültig in das System ein.

b) Andererseits wurde der erbärmliche Stil Kants beklagt, als wäre er ein geradezu sinnliches Zeichen für seine Vernachlässigung oder Geringschätzung der Sprache. Schon die Frühromantiker haben sich darüber lustig gemacht, und es ist für das Bild von Kant charakteristisch geblieben. Es ist sogar zum Topos geworden, dass Kant schlecht schreibt, dass er vielleicht sogar der erste Philosoph gewesen ist, der schlecht schreibt. Friedrich Schlegel, Jean Paul, auch Heine wollten es so sehen.[14]

Bevor man dies zu widerlegen versucht, scheint es angebracht, Beispiele für Kants schlechten Ruf genauer zu belegen. Solche finden sich zahlreich in dem Werk des englischen Dichters Thomas De Quincey, dem Kant so wichtig war, dass er sogar seine Autobiographie mit einer Auseinandersetzung mit ihm beschloss und Kants ‚letzten Tagen', *last days*, eine eigene Schrift widmete. De Quincey schreibt: „Kant was a great man, but he was obtuse and deaf as an antediluvian boulder with regard to language and its capacities."[15] De Quinceys Erklärung dafür ist zunächst quantitativer Art; Kant schreibe zu lange Sätze:

14 Bis hin zu Nancy 1975.
15 De Quincey 1890b: 259.

„He has sentences which have been measured by a carpenter, and some of them run two feet eight by six inches.“[16] Dabei müsse der Leser den Faden verlieren, was seine Texte dunkel mache:

> Parts so remote as the beginning and the end of such a sentence can have no sensible relation to each other: not much as regards their logic, but none at all as regards their more *sensuous* qualities – rythms, for instance, or the continuity of metaphor.[17]

An anderer Stelle heißt es:

> A sentence is viewed by him, and by the most of his countrymen, as a rude mould or elastic form admitting of expansion to any possible extent: it is laid down as a rough outline, and then by superstruction and epi-struction it is gradually reared to a giddy altitude which no eye can follow.[18]

Bei solch langen Sätzen könne das Bewusstsein nicht mehr alles aufnehmen. Der Geist des Rezipienten zeigt sich schlechterdings überfordert. De Quincey spricht noch nicht von *multitasking*, wohl aber von *overtasking*.[19] Dies verstößt gegen das psychologische Prinzip einer *narrowness of mind*, wie es von Locke etabliert worden war.[20]

Ist unter solchen Bedingungen eine Synthesis überhaupt noch möglich? De Quincey berührt hier den Kern der Kant'schen Lehre. Die Sätze, vor allem wenn sie so lang sind, bauen Synthesen auf. Aber sind sie wirklich zu lang?

Kant hat die Erfahrung als ein Lesen bezeichnet, das die Daten der Sinnlichkeit als Buchstaben zu einer Einheit erhebt.[21] Die Sätze können zwar recht lang sein, wie De Quincey bemerkt, aber sie betrachten den jeweiligen Gegenstand unter einem besonderen Licht, schlagen ihn einer bestimmten Kategorie zu. Die Perspektivierung der Begriffe wird stets mitberücksichtigt.[22] Die Frage ist immer: Was für eine Synthesis und was für eine Einheit lässt sich anstreben?

c) Diese Perspektivierung, die man oft bis in kleinste Verästelungen der Sätze nachweisen kann, ja diese Modalisierung der Sprache ist nicht der einzige Ertrag von Kants umfassender Leistung. Kant hat auch die verschiedenen philosophischen Diskurse perspektivisch betrachtet. Das Wechselspiel zwischen

---

16 Ebd.

17 Ebd.

18 De Quincey 1890a: 160.

19 „The mind finds itself overtasked“ (ebd.: 161).

20 Vgl. Locke 1975: II, 10.

21 Vgl. Kant 1998: A 314.

22 Diesen Aspekt hat das große Kant-Buch von Josef Simon sehr subtil akzentuiert, vgl. Simon 2003.

dem Dogmatismus und dem Skeptizismus etwa hat er in seiner inneren Logik verfolgt. Es ist dies sogar eine mögliche Definition der Kritik: dass sie nach den Bedingungen der Möglichkeit philosophischer Diskurse fragt. Sie will selbst keine weitere Philosophie sein, sondern eine philosophische Reflexion der Bedingungen philosophischen Wissens.

Mehr noch: Kant fragt nach der Möglichkeit eines philosophischen Systems, das auf der Vernunft gründet und seine eigene Grundlage auch selbst zu erklären vermag. Das System kann nicht mehr nur objektiv und von außen beschrieben werden, wie etwa noch bei Spinoza, sondern muss in seinem Entstehen nachvollziehbar sein. Der Philosoph muss deswegen seine eigene Handlung auf- und nachweisen. Dieser Anspruch machte sich bereits in den Anfängen der neuzeitlichen Philosophie bei Descartes geltend, weil hier zum ersten Mal die Selbstvergewisserung des Geistes als Voraussetzung der ‚Wahrheit' fungierte. Seitdem muss alles im Denken im Sinn einer zeitlichen Erfahrung produziert werden. Prinzipiell erhält eine solche Bestrebung jedoch erst ausgehend von der kantischen Philosophie ihren wirklichen Anstoß, und das aus mindestens einem wesentlichen Grund: *Diese erlegt sich die Pflicht auf, die Subjektivität bei der Entstehung des Systems selbst zu berücksichtigen.* Sie sieht dieses System nicht mehr als unmittelbar im Verstand gegeben an. Der Geist entdeckt die Formen der Dinge nicht mehr einfach in sich selbst und nicht einmal außerhalb von sich. Er muss sie durch eine Erfahrung hervorbringen. Er muss sich im Selbstbewusstsein erkennen und untrennbar damit verbunden auch die Welt erkennen, denn das eine ist nicht ohne das andere vorhanden.

Dies wurde spätestens mit dem Streit um Spinoza klar, den Jacobi gegen die Vernachlässigung der Subjektivität in der rationalistischen Philosophie der *Ethica* entfacht hatte.[23] Die objektive Darstellung des Wissens im System der Kenntnisse würde stets einen blinden Fleck aufweisen, nämlich die Stelle der Subjektivität selbst, des geistigen Urhebers des Systems. Das angeblich systematische Wissen reflektierte sich selbst nicht angemessen, und dieses Defizit an Reflexivität ließ sich nicht mehr übersehen, sobald man Kant zugestand, dass kein ‚Gegebenes' als solches einen Ausgangspunkt für die Philosophie bilden könne, unabhängig von den (subjektiven) Bedingungen, unter denen dieses ‚Gegebene' *uns* ‚gegeben' ist. Daher kann man die Ansicht vertreten, das Problem der Philosophie nach Kant sei durchaus die Frage nach einem System, das auf seine eigenen Möglichkeitsbedingungen zurückzugehen vermag, anders gesagt, das die subjektive Instanz einbeziehen und

23 Vgl. Jacobi 1998.

legitimieren kann, indem es sie als Wissenssystem oder System des Absoluten darstellt.[24] Eine derartige Versöhnung von System und Subjektivität besagt auch, dass der Leser (wieder) leichter den Zugang zum System findet: Das System sorgt nunmehr für seine eigene Pädagogik, die eine bessere Popularisierung verspricht.

Die kategorische Einbeziehung der subjektiven Tätigkeit im Aufbau der Erkenntnis hat Kant in seiner Lehre vom Schematismus dargestellt. In seiner eher technischen Bestimmung hat er die Funktion der Begriffe *Form* und *Materie* anerkannt, denn er sah in ihnen „zwei Begriffe, welche aller andern Reflexion zugrunde gelegt werden, so sehr sind sie mit jedem Gebrauch des Verstandes unzertrennlich verbunden", wobei das eine die Bestimmung des anderen als bestimmbar bedeutet.[25] Die Form geht aller Materie voran, die Erkenntnis ist an und für sich eine *Formgebung* des Mannigfaltigen. Dies ist die Wirkung des transzendentalen Schematismus, der die Formung des sinnlich Mannigfaltigen vollzieht, wobei er es in Übereinstimmung mit einer der Kategorien festlegt.

Die Form führt die Tätigkeit der Synthesis des Subjekts aus, indem sie die Begriffe verzeitlicht. Sie ermöglicht, dass sie im Kontext einer Erfahrung angewandt werden. Die Form in dieser technischen Bedeutung ist das ‚Schema', also nicht das Bild, das empirisch und räumlich ist, sondern die Formungs- und Vorstellungs*bewegung*, das strukturierende Prinzip eines Bildes. Als Verzeitlichung führt das Schema eine differenzierte Einheit ein, die Regel, die ein Mannigfaltiges in die Zeit einordnet. Die Einbildungskraft produziert das Schema und ermöglicht das Eindringen des reinen Begriffs in das Sinnliche. Indem die Schematisierung seinen Umfang einschränkt, verschafft sie der Kategorie „Sinn und Bedeutung",[26] wobei die Form das bestimmbare Sinnliche bestimmt. Der Begriff wird versinnlicht, das Sinnliche wird nunmehr sinnvoll. Kant vergleicht das Schema mit einem „Monogramm der reinen Einbildungskraft *a priori*",[27] das heißt mit einer Signatur oder einem Namenszug, die das Subjekt auf das Sinnliche setzt. Der reine Verstand (anders gesagt, die Subjektivität) drückt der Erfahrung seinen Stempel auf, indem er die Kategorien in dem doppelten Sinn, wie er sie für seinen Gebrauch benötigt und wie er sie in Bewegung setzt, *mobilisiert*. Das Allgemeine bestimmt so das Besondere. Doch bei dieser Formgebung, bei

---

24 Kant wurde freilich bald von Fichte wie von Hegel vorgeworfen, dass er die Rückführung der Inhalte des Philosophierens auf den Akt des Denkens nur ungenügend geleistet hätte, indem er die reinen Verstandesbegriffe als ‚gegeben' anerkannte, statt sie herzuleiten.

25 Kant 1998: A 266/B 322. Zur die Vorgeschichte des Begriffspaars bei Kants Vorläufern vgl. Sgarbi 2010: 103–128; Tommasi 2008: 77 f.

26 Kant 1998: B 299.

27 Kant 1998: A 142/B 181; vgl. A 570/B 598, A 834/B 862.

welcher der Verstand in die Sinnlichkeit eindringt, unterscheidet sich die letzte Einheit. Diese ermöglicht die Synthesis der Synthesen, die Vereinigung der Kategorien und des sinnlich Mannigfaltigen in einer einzigen Erfahrung. Kant bezeichnet sie als transzendentale Einheit der Apperzeption. Sie unterscheidet sich zwangsläufig von der durch die Synthesen produzierten Einheit. Der Schematismus der Kategorie der Quantität produziert die numerische Einheit des Objekts der Erfahrung, das als ‚eines' erfasst wird. Aber die Kategorie lässt sich nur unter der Bedingung anwenden, dass sie in einem transzendentalen Akt, der diese Formgebung im Voraus ordnet, synthetisiert wird. Kant schlägt vor, die Einheit des Begriffs bei der Erkenntnis eines Objekts die *qualitative* Einheit zu nennen, nämlich, wie er erklärt, „die Einheit der Zusammenfassung des Mannigfaltigen, wie etwa die Einheit des Themas in einem Schauspiel, einer Rede, einer Fabel".[28]

Das ist genau besehen eine erstaunliche Erklärung. Hat man sich das so vorzustellen, dass die Gliederung der Schematisierungen, die den Kategorien einen Sinn geben, sich nach den verborgenen Regeln einer transzendentalen thematischen *inventio* vollzieht? Der Philosoph würde dann die Anschauung der Zeit teilen, wie es der Rhetor oder der Dichter zu tun pflegen, wenn sie ihre Argumente erfinden und ihre Figuren – oder ihre Schemata – anordnen. Diese Dimension wird jedenfalls bei den späteren Philosophen wie bei den Romantikern ihren Widerhall finden. Die Bestimmung des Sinnlichen durch eine Form nach dem kantischen Modell des Schematismus beherrscht nicht nur die Frage nach der *Bedeutung*, denn die Begriffe erhalten erst einen Sinn, wenn sie sich versinnlichen, sondern auch die der *Darstellung* des Denkens in einer Form. Dabei stellt sich die Subjektivität dar, indem sie sich verzeitlicht, und gleichzeitig muss sie als sie selbst erkennbar sein. Kant hat damit eine neue Aufgabe für die philosophische Darstellung erfunden, die nicht er, sondern die Nachfolger zu erfüllen versuchten.

6 Ausblicke

Die Perspektivierung der philosophischen Diskurse sowie der Sprache nach Kant macht es sowohl möglich als auch zwingend, an verschiedenen Darstellungsformen zu experimentieren. Die Frühromantik tat dies radikal und erfreulich bunt, aber auch die zeitgenössischen Philosophen haben ihrerseits versucht, sich individuell möglichst verständlich zu machen. Auch sie haben Fragmente verfasst, wie Schleiermacher oder Hegel, oder Aphorismen, wie Schelling, die immer

28 Kant 1998: B 114.

in einem ganz konkreten Verhältnis zu dem aufzubauenden System stehen; manche haben Dialoge geschrieben (Schelling, Solger), die teilweise auf einer Auseinandersetzung mit Platon beruhen, sich teilweise aber auch mit entsprechenden Versuchen der Aufklärung, wie denen Diderots, vergleichen lassen. Ihre komplexe Logik ist dabei oft auf die Beziehung zwischen Dialektik und Dialog zurückzuführen. Wichtig wurde auch das Experimentieren mit der Form des Epos: ein interessanter Fall wäre bei Schelling die Werkstatt der *Weltalter*, die aber nie zur Vollendung gebracht wurde.[29] Hegel hat dagegen in seiner *Phänomenologie des Geistes* eine völlig neue Form erfunden, die man als solche würdigen sollte: Er hat diese Schrift ebenso als *Einleitung in das System* wie als *Darstellung des Systems* selbst konzipiert.[30] Er hat also für zwei Sorten von Lesern gleichzeitig zu schreiben versucht, für die Anfänger, die noch der Form der ‚Entgegensetzung', der ‚Spaltung', des Bewusstseins verhaftet sind, und für die, die bereits wissen, dass jede Gestalt vom Standpunkt des ‚Geistes', der reflektierten Substanz, zu beurteilen ist. Selten hat man bemerkt, dass Hegels Ausführungen zum Epos in der Analyse des ‚geistigen Kunstwerks' die Art und Weise darlegten, wie sein eigenes Buch angemessen zu lesen sei. Danach wird er sich nie wieder an eine solche Bearbeitung der Form wagen. Es blieb ein einmaliger Versuch, populär und philosophisch zugleich zu bleiben. Dieser Versuch wurde aber meist als gescheitert betrachtet, Hegel galt bald als der dunkle Philosoph par excellence: *Skoteinos*.

***

Muss und kann die Philosophie demnach überhaupt populär werden?

Die Fragestellung führt leicht zu Missverständnissen. Von ihr aus, in ihrer Differenziertheit, kann nichts beobachtet werden, was den Bedarf einer großen Öffentlichkeit für die philosophische Analyse begründen könnte. Philosophen versuchen mit Genauigkeit und einer möglichst scharfen Begrifflichkeit zu hoher Komplexität vorzustoßen. Sie wollen erst einmal verstehen und brauchen Zeit. Wer wird ihnen dabei wohl folgen (wollen)?

In der Neuzeit erlebt sich aber prinzipiell jeder Mensch als freies Wesen. Der Weltbegriff der Philosophie, der alles betrifft, was für jedermann notwendig interessant ist, fordert zu Recht, dass die Philosophie, in ihren wesentlichen Zügen, zugänglich bleibt. Die Universalität des freien Menschen erstreckt sich auf die Kunst, wenn alle Menschen Künstler sind (Schleiermacher), und auf die Ideen gleichermaßen, denn alle denken auch. Die Philosophie hat dies in der Aufklärung durch verschiedene Strategien und literarische Gattungen zu beweisen versucht. Mit und nach Kant erfand man eine Philosophie, die in der Gestalt des

29 Vgl. Schelling 2002.
30 Hegel 1980.

Systems sich selbst und alles begründen wollte und dabei spekulative Akrobatik nie scheute. Trotz ihres oft esoterischen Anscheins bleiben die Schriften, die unter diesen Bedingungen geschrieben wurden, nicht selten dem Versuch verpflichtet, eine Art ‚höherer Popularität' zu erlangen, wie Schlegel dies nannte. Es wurde mit verschiedenen Formen, Gattungen und Kommunikationsstrategien experimentiert, was für sich schon darauf schließen lässt, dass die Philosophie das Problem der Zugänglichkeit oder gar der Einführung nicht kategorisch verabschieden wollte. Die freie Bearbeitung verschiedener Darstellungsformen um 1800 zeugt von dem immer erneuerten Versuch, dem Denken bzw. Wissen einen adäquaten Ausdruck zu verleihen, und zwar im Hinblick sowohl auf die Leser als auch auf die jeweiligen philosophischen Anforderungen selbst.

Insofern kann man hier zwar keine radikal demokratische Wende der Philosophie erkennen, aber doch den leisen, versteckten Versuch, eine Art Popularisierung mit anderen Mitteln zu betreiben. Vielleicht scheitert jeder Versuch einer Popularisierung, aber das besagt keineswegs, dass die Philosophie es nicht wagen sollte, dass sie es sogar tun muss – aber ohne Eile ...

Literatur

Beck, Philippe & Denis Thouard (Hrsg.) (1995): *Popularité de la philosophie*. Fontenay, Saint-Cloud: E.N.S. Éditions.

Blumenberg, Hans (1987): *Das Lachen der Thrakerin*. Frankfurt a.M.: Suhrkamp.

De Quincey, Thomas (1890a): Style. In: *The Collected Writings of Thomas De Quincey*. Hrsg. von David Masson. Bd. 10: *Literary Theory and Criticism*. Edinburgh: Black, 134–245.

De Quincey, Thomas (1890b): Language. In: *The Collected Writings of Thomas De Quincey*. Hrsg. von David Masson. Bd. 10. *Literary Theory and Criticism*. Edinburgh: Black, 246–263.

Diderot, Denis (1961): Pensées sur l'interprétation de la nature. In: *Œuvres philosophiques. Textes établis avec introductions, bibliographies et notes*. Hrsg. von Paul Vernière. Paris: Garnier.

Ernesti, Johann August (1767): De philosophia populari. In: Ders., *Opuscula oratoria. Orationes, prolusiones et elogia*. 2. Ausgabe. Editio secunda multis partibus auctior & emendatior. Lugduni Batavorum: Luchtmans, 189–197.

Fichte, Johann Gottlieb (1801): *Sonnenklarer Bericht an das größere Publikum über das eigentliche Wesen der neuen Philosophie. Ein Versuch, die Leser zum Verstehen zu zwingen*. Berlin: Realschulbuchhandlung.

Garve, Christian (1796): Von der Popularität des Vortrags. In: *Vermischte Aufsätze, welche einzeln oder in Zeitschriften erschienen sind*. Neuherausgegeben und verbessert von Christian Garve. Erster Theil. Breslau: Wilhelm Gottlieb Korn, 331–358.

Garve, Christian (1798): *Eigene Betrachtungen über die allgemeinen Grundsätze der Sittenlehre. Ein Anhang zu der Uebersicht der verschiednen Moralsysteme von Christian Garve*. Breslau: Wilhelm Gottlieb Korn.

Hegel, Georg Wilhelm Friedrich (1980): Phänomenologie des Geistes. In: *Gesammelte Werke*. Bd. 9. Hrsg. von Wolfgang Bonsiepen & Reinhard Heede. Hamburg: Meiner.

Heidegger, Martin (2015): Anmerkungen V. In: *Gesamtausgabe*. Bd. 97, Abt. 4: *Hinweise und Aufzeichnungen, Anmerkungen I–V (Schwarze Hefte 1942–1948)*. Hrsg. von Peter Trawny. Frankfurt a.M.: Vittorio Klostermann, 431–518.

Jacobi, Friedrich Heinrich (1998): *Werke*. Bd. 1: *Schriften zum Spinozastreit*. Hrsg. von Klaus Hammacher & Irmgard-Maria Piske. Hamburg: Meiner.

Kant, Immanuel (1998): *Kritik der reinen Vernunft*. Nach der 1. und 2. Orig.-Ausg. hrsg. von Jens Timmermann. Mit einer Bibliogr. von Heiner Klemme. Hamburg: Meiner.

Kant, Immanuel (1999): Was heißt: sich im Denken orientieren? In: Ders., *Was ist Aufklärung? Ausgewählte kleine Schriften*. Hrsg. von Horst Brandt. Hamburg: Meiner, 45–61.

Kant, Immanuel (2009): Vorrede. In: Ders., *Metaphysik der Sitten*. Teil 1: *Metaphysische Anfangsgründe der Rechtslehre*. Hrsg. von Bernd Ludwig. Hamburg: Meiner.

Locke, John (1975): *An Essay concerning Human Understanding*. Hrsg. von Peter Harold Nidditch. Oxford: Clarendon.

Nancy, Jean-Luc (1975): Logodaedalus (Kant écrivain). In: *Poétique* 21, 24–52.

Platon (1958): Theaitetos. In: *Sämtliche Werke*. Bd. 4: *Phaidros, Parmenides, Theaitetos, Sophistes*. In der Übers. von Friedrich Schleiermacher mit der Stephanus-Numerierung hrsg. von Walter F. Otto, Ernesto Grassi & Gert Plamböck. Hamburg: Rowohlt, 147–251.

Quintilian, Marcus Fabius (1997): *Institutio oratoria, Lib. VIII*. Hrsg. von Cesare Marco Calcante. Mailand: Rizzoli, 1256–1411.

Schelling, Friedrich Wilhelm Joseph (2002): *Schellingiana*. Bd. 13, 1–2: *Weltalter-Fragmente*. Hrsg. von Klaus Grotsch. Stuttgart-Bad Cannstatt: Frommann-Holzboog.

Sgarbi, Marco (2010): *La* Kritik der reinen Vernunft *nel contesto della tradizione logica aristotelica*. Hildesheim u.a.: Olms.

Simon, Josef (2003): *Kant. Die fremde Vernunft und die Sprache der Philosophie*. Berlin, New York: De Gruyter.

Thouard, Denis (2016): *Geteilte Ideen. Philosophische Versuche, den Leser zum Verstehen zu bringen*. Aus dem Franz. von Ulrich Kunzmann. Berlin: Matthes & Seitz.

Tommasi, Francesco Valerio (2008): *Philosophia transcendentalis. La questione antepredicativa e l'analogia tra la Scolastica e Kant*. Florenz: Olschki.

Ernst Müller

‚Deutschland als Mittelpunkt der Bildung'. Zum Verhältnis von Sprache, Wissenschaft und Universität bei Schleiermacher

„Wir errichten eine neue Schöpfung, die so viel als möglich Muster für die künftigen Zeitalter werden soll."[1] Diese kühne Prognose, die Johann Gottlieb Fichte der Berliner Universität bereits einige Tage vor ihrer Eröffnung im Oktober 1810 stellte, hat sich auf bemerkenswerte Weise bewahrheitet. Tatsächlich ist das – allerdings vor allem mit den Namen Friedrich Schleiermacher und Wilhelm von Humboldt verbundene – Universitätsmodell nicht nur zum Muster deutscher, sondern auch anderer europäischer und amerikanischer Universitäten geworden.[2] Und es ist zu beobachten, dass dieser Export und der Siegeszug des preußisch-deutschen Universitätsmodells damit verbunden ist, dass Deutsch im 19. Jahrhundert für viele Jahrzehnte und unterschiedliche Disziplinen zur Wissenschaftssprache wird; noch 1937 wurde den Studenten der Sorbonne vermittelt, Deutsch sei die wesentliche Wissenschaftssprache.[3] Dabei ist kaum noch genau zu unterscheiden, ob die Faszination von den hochgestimmten neuhumanistisch-idealistischen Reformentwürfen, von der – eher defizitär – realisierten Institution selbst oder von den großen Namen derjenigen ausging, die gerade in den ersten Jahrzehnten an dieser Universität lehrten.[4] Universitätshistoriker sind sich relativ einig, dass ein Grund für die Überlegenheit des deutschen Universitätsmodells darin bestand, dass es eine Forschungsuniversität etablierte. Ein anderer Aspekt aber, der wenigstens in den Reformschriften einen wesentlichen Raum einnimmt, tritt dabei zurück: dass in ihnen nämlich das Verhältnis der Sprache (und auch der Nationalsprache) zur Wissenschaft und zu ihren Institutionen sowie die sprachliche Darlegung des Wissens selbst zum Gegenstand gemacht wird.

1 Fichte 1997a: 339.

2 Vgl. Rüegg 2004; Schwinges 2001.

3 Vgl. Rüegg 2004: 345.

4 Zum ‚Mythos Humboldt' vgl. Rüdiger vom Bruchs nüchterne Kartierung der Universitätslandschaft um 1800 und die These, dass es sich bei der Berliner Universität eher um eine ‚geglückte Aufholjagd' gegenüber Göttingen als um ein neues Modell handele, Bruch 2001: 63 ff.

https://doi.org/10.1515/9783110676631-004

Bekanntlich waren um 1800 viele Universitäten in einer solchen Krise, dass die Euphorie, die ihre Neugründung begleitete, höchst erstaunlich ist. Die meisten Reformer wollten sie zukünftig nicht einmal mehr Universität nennen und sprachen stattdessen von höherer Lehranstalt (Fichte) oder Akademie (Schelling). Die Zustände des akademischen Lebens (fehlende Innovation, Klage über wenige, moralisch verdorbene Studenten, mittelalterliche Strukturen) ließen im 18. Jahrhundert in Deutschland – nicht anders in Frankreich oder England – Rufe weniger nach einer bloßen Reform, sondern nach der Abschaffung der Universität laut werden.[5] Freilich gilt das nur cum grano salis, waren doch die Universitäten Halle, Göttingen oder auch Jena sehr wohl innovativ und wenigstens zeitweise sehr erfolgreich. Gerade die Popularaufklärung, zumal in Berlin, forderte aber um 1800, statt der traditionellen Gelehrsamkeit sollten den Studenten an höheren Lehranstalten praktische Berufe vermittelt werden. In Schwung kam die Reform oder Neugründung der Berliner Universität erst nach 1806, als mit der napoleonischen Besatzung auch eine der wichtigsten preußischen Universitäten, nämlich die Hallenser, geschlossen worden war: „ein rechtes Miniaturbild unserer Nationalvernichtung", wie Schleiermacher kommentierte.[6] Es waren dann vor allem aus Halle vertriebene Professoren (neben Friedrich August Wolf und Johann Christian Reil insbesondere Friedrich Schleiermacher), die auf eine Neugründung der Universität in Berlin setzten. Damit ist bereits ein historisches Umfeld umrissen, bei dem es nicht verwundert, dass nationale Konnotationen hineinspielen; eine der bekannten Geschichten oder Mythen ist die von den nach Königsberg abgesandten Professoren, die von dem dort vor Napoleon geflüchteten Friedrich Wilhelm II. einen positiven Bescheid für die Neugründung mit den Worten erhielten: „Das ist recht, das ist brav! Der Staat muß durch geistige Kräfte ersetzen, was er an physischen verloren hat."[7] Die Universitätsgründung im liberalen Geist war also eher ein Zugeständnis des militärisch und politisch geschwächten Königshauses gegenüber patriotisch gesinnten Gelehrten und Bürokratie, das nach dem Sieg über Napoleon und im Zuge der Karlsbader Beschlüsse dann auch schnell wieder eingeschränkt wurde. Während vormals Universitäten nicht ohne Kalkül in den Provinzen gegründet worden waren, weil man ihren kritischen Geist ebenso fürchtete wie das studentische Leben, war die Berliner Universität nicht nur die erste protestantische Gründung in einer königlichen Residenzstadt, sondern zugleich das erste

5 In Deutschland etwa der Popularaufklärer Johann Jakob Engel, vgl. Engel 1990: insb. 15 f.

6 Schleiermacher 2017: 413.

7 Köpke 1860: 37.

Beispiel dafür, dass sich eine europäische Residenzstadt mit einer solchen Institution und mit der Wissenschaft schmückte.

Geht man davon aus, dass das Humboldt'sche Universitätsideal vielleicht eher als ein Mythos auf dem Papier als in der Realität existierte, sieht man sich sogleich mit der Schwierigkeit konfrontiert, dass seinerzeit fast alle Reformentwürfe unpubliziert blieben. Das hat mit der Adressierungsstruktur dieser Art von Wissenschaftsprosa zu tun. Viele der Universitätsschriften waren mehr oder minder geheime, auch taktisch miteinander konkurrierende Expertisen für Humboldts Vorgänger im Amt für Religions- und Unterrichtsangelegenheiten Karl Friedrich von Beyme, so etwa die des Altphilologen Friedrich August Wolf, und auch Fichtes ausführlicher *Deduzierter Plan einer in Berlin zu errichtenden Lehranstalt* von 1807, der „für das Publikum ein Geheimnis“ bleiben sollte. Fichte wagte es nicht einmal, dafür einen Abschreiber zu beauftragen, erschienen ist die Schrift posthum erst 1817, also zehn Jahre später.[8] Humboldts einschlägige Schriften wurden sogar erst Anfang des 20. Jahrhunderts aus den Archiven geholt, um gegenläufige Entwicklungstendenzen abzuwehren. Abgesehen von einigen Streitschriften, in denen es vor allem um den Standort Berlin ging, ist es im Vorfeld der Universitätsgründung im Wesentlichen nur eine monographische Schrift, die zeitgenössisch veröffentlicht wurde: die 1808 publizierten *Gelegentlichen Gedanken über Universitäten in deutschem Sinn. Nebst einem Anhang über eine neu zu errichtende* von Schleiermacher. Anders als Fichte und Wolf zählte Schleiermacher nicht zu den Gelehrten, die Beyme aufgefordert hatte, ihre Pläne zur Universität darzulegen. Bekanntlich ist es dann aber Schleiermachers Konzept gewesen, das in Humboldts dann wieder jenseits der Öffentlichkeit agierenden Institutionalisierungsversuchen am stärksten berücksichtigt wurde.

Walter Rüeggs vom 19. Jahrhundert bis zum Zweiten Weltkrieg reichende Universitätsgeschichte operiert konzeptionell mit der entscheidenden Konkurrenz zwischen dem deutschen, wesentlich mit dem Namen Schleiermacher verbundenen, und dem französischen Modell der Universität.[9] Dabei zeigt Rüeggs eigenes Material, dass die Nationalisierung von Typen höherer Lehranstalten nur retrospektiv funktionieren kann: Weder war die typische Universität deutsch, noch waren Spezialschulen auf Frankreich beschränkt.[10] Dabei ist es zunächst erstaunlich, dass überhaupt von so etwas wie einem deutschen Universitätsmodell gesprochen werden konnte. Wenn Schleiermacher sich auf die Geschichte der Universitäten in Deutschland beruft und sie an die deutsche

8 Vgl. Fichte 1997b: 178.

9 Vgl. Rüegg 2004: 18–20. Zu Schleiermacher und der Bedeutung seiner Theologie für die Geisteswissenschaft an der Humboldt-Universität vgl. ebd.: 336.

10 Vgl. Rüegg 1996: 64.

Sprache koppeln will, dann liegt dazwischen ein wesentlicher Bruch. Einen nationalen Charakter im modernen Sinne konnten die Universitäten erst nach dem Zusammenbruch des Heiligen Römischen Reiches Deutscher Nation 1806 gewinnen. Zuvor waren sie europaweit weithin ähnlich organisiert, vor allem aber machten die an ihnen gesprochenen Nationalsprachen dabei nicht den Unterschied aus. Denn bis ins 18. Jahrhundert waren es an vielen Universitäten die studentischen *nationes*, auf deren korporativen Zusammenschluss (zusammen mit den *professores* in der *universitas magistrorum et scholarium*) sich der Name der Universität überhaupt bezog, die mit der ersten Gründung einer Universität auf deutschem Reichsgebiet 1348 in Prag im Heiligen Römischen Reich Einzug hielten. Dazu zählten die böhmische (zu der tschechisch- und deutschsprachige Scholaren zählten), die bayerische, die sächsische sowie die polnische Nation. Die *nationes* waren nicht nach Sprachen gegliedert, die verbindliche Sprache für Scholaren und Professoren war Latein.[11] Das System der vier Fakultäten (Artes, Jurisprudenz, Medizin und Theologie) und das Erstarken konfessioneller Bindungen nach der Reformation begrenzten den Einfluss der *nationes* als Sozialisationsform innerhalb der Universitäten. Es ist der Abschluss eines umfassenden semantischen Umbaus des Universitätsbegriffs, wenn sich die mit ihm intendierte Einheit vom Zusammenschluss der *magistri et scholares* hin auf die Einheit der Wissenschaften verschob. Denn sie geht einher mit der Entstehung des modernen Nationalstaates und mit der Umcodierung der europäisch-konfessionellen in eine national-säkulare Bestimmung der Universität. Die universitären *nationes* aber waren für die Entstehung der modernen Nation nicht unwichtig, wie die Rolle der Burschenschaften – im Gegensatz zu den an die *nationes* anknüpfenden Landsmannschaften – bei der Etablierung des deutschen Nationalstaates zeigt. Die Burschenschaften, die etwa gleichzeitig mit der preußischen Universitätsreform entstanden, waren im 19. Jahrhundert ganz wesentliche Akteure der deutschen Einheit.

Wenn von der weltweiten Wirkung des Schleiermacher-Humboldt'schen Modells der Universität die Rede ist, dann wird meist in erster Linie – und auch zu Recht – auf das Prinzip der Freiheit der Lehre und ihrer Einheit mit der Forschung (Forschungsuniversität) sowie auf die Verbindung von Philosophie und Bildung verwiesen.[12] Ein anderer, bislang kaum thematisierter Aspekt tritt dabei zurück, nämlich dass insbesondere bei Schleiermacher das Universitätskonzept in eine Verhältnisbestimmung von Sprache, Staat und Nation eingebunden ist.

---

11 Vgl. Dierse 1971: 407.

12 Auch der Freiheitsbegriff, der sich in der mittelalterlichen Universität vor allem auf korporativ-juristische Rechte bezog, erfährt mit Gedanken der Lehrfreiheit eine gravierende Umcodierung.

Dabei zeigt sich das Paradox, dass Schleiermacher einerseits seine Universität im nationalen Rahmen plante, es andererseits aber gerade sein von Humboldt verwirklichtes Konzept war, das dann weltweit als Modell von Universität übernommen wurde und das zudem in vielen internationalen Wissenschaften bis ins 20. Jahrhundert Deutsch als Wissenschaftssprache etablierte. Man muss dabei betonen, dass Schleiermacher die Universität zwar an die deutsche Nation bindet, er aber, weil er jede Verbindung der Universität zum Staat negiert, sie konzeptionell gerade nicht an den (entstehenden) National*staat* koppeln will.

1 Adressierung und Sprache

Schleiermacher hatte zunächst geplant, seine Universitätsschrift anonym herauszugeben, und sie auch dementsprechend verfasst.[13] Erst der Verleger überzeugte ihn davon, die *Gelegentlichen Gedanken* unter seinem Namen zu veröffentlichen, um ihre Wirksamkeit zu steigern. Schleiermacher adressierte seine Schrift ausdrücklich weder an die Regierung noch an Wissenschaftler. Obwohl, wie er im Vorwort hervorhebt, eine erschöpfende Behandlung des Gegenstandes ins wissenschaftliche, genauer: philosophische Feld gehöre, versteht Schleiermacher seine Ansicht, „leicht hingeworfen als ein verständliches Wort", als „öffentlichste[ ] Mittheilung".[14] Die Frage der Adressierung betrifft ganz zentral das Verhältnis zwischen Staat und Universität, das die gesamte Schrift strukturiert: Sie richtet sich nicht an den preußischen Staat, sondern an die davon unterschiedene, von Schleiermacher vor allem durch die Besonderheit der Sprache bestimmte Nation und Öffentlichkeit.

Gefährdet sieht Schleiermacher die Entfaltung der Wissenschaften einzig durch die äußere Einwirkung des Staates. Die *Gelegentlichen Gedanken* heben mit dem Interessenantagonismus zwischen Wissenschaft und Staat an und begründen die Notwendigkeit ihrer Trennung. Der Staat fördere aus praktischen, utilitaristischen Interessen zwar einzelne, unmittelbar verwertbare Kenntnisse und Fakten, misstraue damit aber gerade dem und zerstöre das Wesen von Wissenschaft, das in der inneren Einheit des Wissens und damit in der Philosophie begründet sei. Schleiermacher bindet die Einheit der Wissenschaft konsequent an die jeweilige Sprache, nicht an die politisch-staatliche Einheit. Wesentlich sei die Nationalsprache, nicht der Nationalstaat. Eine Einheit der Wissenschaft gebe es danach im Englischen, Französischen oder Deutschen. Mit den Sprachgrenzen

13 Vgl. Schleiermacher 2017: 413.

14 Schleiermacher 1998: 19 f.

stimmten nun aber die Grenzen des Staates nicht überein, daraus könnten Konflikte entstehen. Insbesondere kollidierten die Wissenschaften, die nach Schleiermacher an die einheitliche Sprache und Nation gebunden seien, mit dem Staat, weil dessen historische Grenzen von den nationalen abwichen. Der Staat erweise sich als selbstsüchtig, indem er entweder die Unterstützung der Wissenschaft nicht über seine Grenzen hinaus wirksam sein lasse oder die Ansprüche über seine nationalsprachlichen Grenzen hinaus ausdehne. Zeitgenössisch hat der Bezug auf das Sprachgebiet dabei eine wenigstens doppelte Stoßrichtung: er richtet sich gegen die deutsche Kleinstaaterei und gegen die napoleonische Fremdherrschaft.

Für Schleiermacher ist es eine Selbstverständlichkeit, dass Latein nicht mehr die Gelehrtensprache der Universitäten ist. Im Zusammenhang mit der Verteilung der akademischen Würden, bei der zeitgenössisch das Lateinische noch Disputationssprache war, schreibt er:

> Je mehr wir auch Fortschritte machen, um desto mehr muß gewiß jene schon längst abgeschlossene Sprache sich zur wissenschaftlichen Darstellung für uns, außer auf dem philologischen und vielleicht mathematischen Gebiet, unbrauchbar zeigen. Was für Gewinn soll auch entstehn, wenn, was deutsch vortreflich gesagt werden könnte, in römischer Sprache mittelmäßig auftritt? Es ist genug, wenn außer jenen Gebieten die römische Sprache rein und zierlich bei solchen öffentlichen Gelegenheiten erscheint welche mehr eine populäre und schöne, als eine wissenschaftliche und gründliche Darstellung fordern, und wo sich der Redner nach Belieben in dem Gebiet antiker Gesinnung und Ansicht halten darf.[15]

Die überlegene Sprache der Wissenschaft ist die lebendige Nationalsprache, Latein wird allein als erbauliche Festsprache geduldet. Der Wechsel von der lateinischen Gelehrtensprache zur nationalen oder Volkssprache wird also von Schleiermacher über die Metapher des Lebendigen mit der Idee der Forschungsuniversität, also mit der auf das Wissen bezogen fortschrittsorientierten Wissenschaft verbunden.

Dringender stellt sich Schleiermacher das Problem der Sprache auf anderer Ebene, nämlich der Spracheinheit, wobei er sehr genau die Bedeutung der sprachlichen Verfasstheit von Wissen reflektiert.

> Alle wissenschaftlichen Thätigkeiten, welche sich in dem Gebiet Einer Sprache bilden, haben eine natürliche genaue Verwandtschaft, vermöge deren sie näher unter sich, als mit irgend anderen zusammenhängen, und daher ein eignes gewissermaßen abgeschlossenes

15 Ebd.: 83f.

> Ganzes in dem größeren Ganzen bilden. Denn was in Einer Sprache wissenschaftlich erzeugt und dargestellt ist, hat Theil an der besonderen Natur dieser Sprache [...].[16]

Was nicht, wie die Mathematik und experimentelle Naturlehre, auf identische Erfahrungen und Verrichtungen beziehbar ist, lasse sich „nicht genau eben so in eine andere Sprache übertragen, und bildet daher unter sich vermöge des Zusammenhanges mit der Sprache ein gleichartiges Ganzes".[17] Schleiermacher fordert daher:

> Für die Wissenden bleibt es allerdings eine nothwendige Aufgabe auch die Trennung zwischen diesen verschiedenen [sprachlichen] Gebieten wieder aufzuheben, die Schranken der Sprache zu durchbrechen, und was durch sie geschieden zu sein scheint, vergleichend auf einander zurückzuführen; eine Aufgabe, in welcher vielleicht die wissenschaftliche Beschäftigung mit den Sprachen ihr höchstes Ziel findet.[18]

Da dieses Ziel aber nie ganz zu erreichen sei, werde der „wissenschaftliche Verein" sich „zunächst so weit zu vereinigen streben als das Gebiet einer und derselben Sprache reicht".[19] Es sind nach Schleiermacher die Gelehrten, die die Bildung der Nation vorantreiben. Entsprechend dem zeitgenössischen semantischen Wandel schillert bei Schleiermacher der Begriff der Nation, weil er ihn einerseits und in Anknüpfung an eine frühe Phase der Französischen Revolution als Volk (wenn auch vielleicht nicht als Dritten Stand), also politisch und sozial im Gegensatz zu dem den Staat repräsentierenden Adel und Königshaus fasst, zum anderen aber ihre Einheit vor allem sprachlich und kulturell bestimmt. Schleiermacher knüpft damit auch an ältere semantische Schichten des Begriffs an, in denen vornehmlich Völkerschaften und Stämme als *nationes* bezeichnet wurden, die durch unterschiedliche kulturelle Attribute, nicht aber durch eine gemeinsame politische Organisation miteinander verbunden waren. Schleiermachers Ansatz, die Universitäten abseits des absolutistischen Staates zu konzipieren, lässt sich durchaus auf die *res publica literaria* beziehen. Auch diese ‚Gelehrtenrepublik' agierte abseits der Monarchien, sie war aber europäisch gedacht, nicht national und nationalsprachlich wie bei Schleiermacher. Die liberale Fundierung der Universität nimmt bei Schleiermacher 1808 geradezu anarchische Formen an, wenn er, weil der König die Gründung verschleppt, anregt, die Universität doch einfach unabhängig vom König als gegründet zu verkündigen. In der Frage, wie sich Staat und Nation zueinander verhalten, unterscheiden sich die zeitgenössischen Universitätskonzepte. Während bei Humboldt, ähnlich wie

16 Ebd.: 23.
17 Ebd.
18 Ebd.
19 Ebd.

bei Schleiermacher, Staat und Nation getrennt gedacht werden und Letztere sich im freien Zusammenwirken der Individuen bilden soll, identifiziert Henrik Steffens, der norwegisch-deutsche Anhänger der Schelling'schen Naturphilosophie und Freund Schleiermachers in Halle, in seiner *Idee der Universitäten* (1809) Staat und Nation bezogen auf die Universität.[20] Weil Fichte als hohes Ziel seiner Lehranstalt die Ausbildung von Staatsbeamten ins Auge fasst, begründet er sein ‚Nationalbildungsinstitut' letztlich in stärkerer Einheit mit dem Staat als Schleiermacher. Und rigoroser als dieser zieht er auch nationalistische Grenzen der Universität: Während Fichte die „*deutschen* Ausländer" an die Universität aufnehmen will, weist er nichtdeutsche ab: „wer von anderer Nation wäre, qualifiziert sich wegen Abgangs der Sprache nicht zum Wechselleben mit uns".[21]

Lassen sich bezogen auf das Verhältnis der Wissenschaften zum Staat durchaus Analogien zur Gelehrtenrepublik des 18. Jahrhunderts erkennen, so wird an Schleiermachers an der Nationalsprache orientierten Begründung des Wissens und der Universität deutlich, wie stark er die intendierte Institution zugleich im Gegensatz zur Gelehrtenrepublik entwarf. An die Stelle der jenseits der europäischen Monarchien agierenden, im unmittelbaren wissenschaftlichen Austausch stehenden Gelehrten tritt bei Schleiermacher eine Organisation der Wissenschaften im Rahmen der Nation. Überschritten wird diese Partikularität vor allem durch eine Praxis des – für Schleiermacher vielleicht durch Herder, sicher durch Friedrich Schlegel mitangeregten – ‚Vergleichs'. Maßstab ist die „Eine[ ] Sprache" – und es ist sicher kein Zufall, dass Schleiermacher dieses Eine großschreibt. Während der umfassende Austausch unter den europäischen Gelehrten im 18. Jahrhundert fast der Normalfall war, sie in einem extensiven Gelehrtenbriefwechsel standen und in reger Reisetätigkeit einander in den europäischen Städten besuchten, agierte zumindest in der Philosophie die Generation Schleiermachers, wie schon sein Briefwechsel zeigt, kaum außerhalb des deutschen Sprachgebiets.

Schleiermachers Reflexion des Sprachproblems (als Sprachgebiet) hängt konsequenterweise nicht nur unmittelbar mit seinem Modell der Universität als Ort der Kommunikation (Mitteilung) zusammen, sondern auch mit dem Konzept seiner *prima philosophia*, einer stark an Platon orientierten dialogischen Dialektik (Ähnliches gilt auch für die später stärker rezipierte Kunstlehre der Hermeneutik): Denn zumindest in der späten Fassung seiner Dialektik bestimmt Schleiermacher diese als Gesprächsführung im reinen Denken: „Dialektik ist Darlegung der Grundsätze für die kunstmäßige Gesprächsführung im Gebiet des

20 Vgl. Steffens 1910: 205–280.
21 Fichte 1910: § 47.

reinen Denkens."[22] Das reine Denken ist nach Schleiermacher – im Gegensatz zum geschäftlichen und künstlerischen – ein Denken rein um des Wissens willen. Die Form ist das ‚freie Gespräch'. Sie ist auch als Selbstgespräch oder innere Rede möglich (womit auch der universitäre Kathedervortrag philosophisch begründet ist). Die Dialektik kann nicht in allgemeiner Gestalt geltend gemacht werden, sondern zunächst nur für einen „Sprachkreis" (das können sowohl „alle Sprachen der westeuropäischen Völker" sein als auch die Eigentümlichkeit individuellen Sprechens).[23] „Denn die Eigentümlichkeit einer Sprache wirkt auch bei der Auffassung jeder anderen mit; und schon wenn wir Engländer und Franzosen beobachten, wie sie sich die wissenschaftliche Sprache der Alten aneignen, werden wir finden, daß ihr Resultat nicht ganz dasselbe ist wie das unserige".[24] Es gibt Elemente in der Sprache, die gegen andere Sprachen irrational sind und eine untilgbare Differenz im Denken setzen. Als Kontrastfolie des Deutschen dienen Schleiermacher in der Dialektik nationale Stereotype. „Das natürliche also ist, daß wir an der Lösung unserer Aufgabe nur für unsere Sprachgenossen arbeiten".[25] Bei Schleiermacher bestätigt sich die These, dass die Umstellung auf nationale Sprachen mit einer epistemologischen Zäsur einhergeht, in der die Erkenntnistheorie sprachlich fundiert wird.

2 Philosophische Universität vs. französische Spezialschulen

Der Gegensatz zwischen Wissenschaft, wissenschaftlicher Sprache und Nation auf der einen und dem Staat auf der anderen Seite spiegelt sich für Schleiermacher strukturell innerhalb der Universität. Denn während die Wissenschaft, die insbesondere von der Philosophie (als der eigentlichen Universität) repräsentiert ist, auf Bildung zielt und das Ganze des Wissens in der oder *einer* Sprache darstellt, ist es der Staat, dem nur an einzelnen nützlichen und verwertbaren Kenntnissen gelegen ist und der damit die Wissenschaft immer schon bedroht. Die Fakultäten repräsentieren also innerhalb der Universität den Staat, die Philosophie dagegen die Nation. Dieser Gegensatz lässt sich bis auf Johann David Michaelis (‚brodtbringende Studii') und Friedrich Schiller zurückführen (‚Brotgelehrter' – ‚philosophischer Kopf'); Schellings Vorlesungen über das akademische Studium übertragen

22 Schleiermacher 1988: 117.
23 Ebd.: 126.
24 Ebd.: 127.
25 Ebd.: 128.

den Gegensatz auf das Verhältnis von philosophischer Wissenschaft einerseits, und Staat und ‚Nützlichkeitsaposteln' der (vor allem französischen) Aufklärung andererseits. „Insofern die Wissenschaften durch den Staat und in ihm eine wirklich objektive Existenz erlangen, eine Macht zu werden, heißen die Verbindungen derselben insbesondere *Fakultäten.*"[26] Moderne und antimoderne Aspekte verbinden sich in diesem polaren Modell der Universität: Einerseits wird in der Tradition von Kants *Streit der Fakultäten* gefordert, dass auch die höheren, machtkonformen Fakultäten sich den reinen Maßstäben der (philosophisch gedachten) Wissenschaft zu unterwerfen haben – wobei der Maßstab der Kritik um 1810 durch den der organischen Einheit abgelöst wird. Andererseits wird das Gegengewicht der Philosophie aber auch gegenüber den sich ausdifferenzierenden Wissenschaften betont, deren intrinsische Ausdifferenzierung ebenfalls als Kennzeichen des modernen Wissenschaftssystems angesehen werden kann.[27]

Doch erst bei Schleiermacher nimmt die Unterscheidung nationale Züge an. Kurz nach Erscheinen der *Gelegentlichen Gedanken* schrieb er an seinen Freund Brinckmann: „Meine Hauptabsicht indeß war nur den Gegensaz zwischen den deutschen Universitäten und den französischen Spezialschulen recht anschaulich und den Werth unserer einheimischen Form einleuchtend zu machen ohne eben gegen die andere direct zu polemisiren."[28] Nur und allein bezogen auf die Unterscheidung zwischen Schulen, Universitäten und Akademien erscheinen in Schleiermachers Schrift deutschnationale oder nationalistische Töne und Untertöne:

> [A]ber auch deshalb könnte man wol Deutschland als den Mittelpunkt der Bildung ansehn, weil in anderen Ländern zwar einzelne dieser Formen, Schulen besonders und Akademien, in einem größeren Styl vorkommen, alle drei neben einander aber nirgends so rein heraustreten als bei uns. Auch könnte man wol sagen, der ganze Typus der sich darin zeigt, sei ursprünglich deutsch, und schließe sich genau der Bildung anderer auch aus Deutschland hervorgegangener Verhältnisse an.[29]

„Unüberlegt handeln diejenigen, oder sind von einem undeutschen verderblichen Geiste angesteckt, die uns eine Umbildung und Zerstreuung der Universitäten in Specialschulen vorschlagen".[30] Und:

> Ja, wo ein Staat die Universitäten, den Mittelpunkt die Pflanzschule aller Erkenntniß zerstörte, und alle dann nur noch gleichsam wissenschaftliche Bestrebungen zu vereinzeln

26 Schelling 1990: 77.
27 Vgl. Stichweh 1984.
28 Schleiermacher 2016: 67.
29 Schleiermacher 1998: 30 f.
30 Ebd.: 46.

> und aus ihrem lebendigen Zusammenhang herauszureißen suchte: da darf man nicht zweifeln, die Absicht oder wenigstens die unbewußte Wirkung eines solchen Verfahrens ist Unterdrückung der höchsten freiesten Bildung und alles wissenschaftlichen Geistes, und die unfehlbare Folge das Ueberhandnehmen eines handwerksmäßigen Wesens, und einer kläglichen Beschränktheit in allen Fächern.[31]

> So urtheilen auch gewiß Manche unter uns, schwerlich mit ächt deutschem Sinn; denn diese Ansicht ist ja die herrschende eines anderen Volkes, welchem, je mehr es sich in sich selbst consolidirte, um so mehr alles ausgegangen ist was einer Universität ähnlich sieht [...].[32]

Auch sind es diese Passagen, in denen überhaupt ein emphatischer Begriff von Bildung bei Schleiermacher zu erkennen ist. Eine religiöse oder gar mystische Konnotation, die etwa Gadamer später dem Bildungsbegriff unterstellt, ist in Schleiermachers Schriften gleichwohl nicht zu erkennen. Die Hochschätzung der Universität ist vorrangig politisch begründet, erscheint sie doch als die Institution, in der Freiheit vom Staat wenigstens punktuell möglich ist. Dieses Verständnis von Freiheit allerdings, das Schleiermacher mehrfach als spezifisch deutsch bezeichnet, ist für ihn offensichtlich zugleich protestantisch, genauer: durch Luther geprägt.

Für Schleiermacher stand vor allem Napoleon für das System der Spezialschulen. Die politische Brisanz des Universitätskonzeptes Schleiermachers für die Gründung einer Universität im napoleonisch besetzten Berlin wird mit Blick auf die Bildungspolitik des revolutionären und postrevolutionären Frankreich deutlich. 1793 hatte der Nationalkonvent die als Verkörperung des Ancien Régime angesehenen Collèges und Universitäten aufgelöst und durch Écoles spéciales ersetzt. Diese auf einzelne Fächer spezialisierten Schulen sollten eine höhere Berufsausbildung gewährleisten. In diesem Punkt ähnelten die englischen Universitäten (wie Oxford und Cambridge) den französischen; auch sie erlaubten nur eine Erweiterung der Schulausbildung. Die École polytechnique für technische Wissenschaften und Ingenieurswesen eröffnete 1794; in napoleonischer Zeit war sie eine Militärakademie. Die École normale supérieure für Lehrer wurde 1794 projektiert, doch erst 1831 eingerichtet. Mit der Betonung einer höheren Schulbildung, die dem Staat eine loyale und kompetente Führungselite liefern sollte, war die Erziehung unmittelbar auf die praktischen Bedürfnisse des Staates ausgerichtet. Unter Napoleon allerdings wurden 1808, chronologisch gesehen also nachdem Schleiermacher seine Universitätsschrift verfasst hatte, in 12 Städten Universitäten mit Fakultäten neu gegründet und parallel die Écoles spéciales nach einem umfassenden hierarchischen

---

31 Ebd.: 45.
32 Ebd.: 34.

System gegliedert. Die literarische und wissenschaftliche Forschung indes verantworteten die drei Klassen des Institut national, der Nachfolgeorganisation der Académie française.

Bei Schleiermacher ist die Polemik gegen die Spezialschulen mit einem antietatistischen und antibourgeoisen Liberalismus verbunden: ganz im Sinne Humboldts will er den rechtlichen Einfluss des Staates begrenzen. Der liberale Ansatz, den Einfluss des Staates auf die Universität zu begrenzen, weist dabei Parallelen zu Gedanken auf, die Schleiermacher acht Jahre zuvor, in den an ein ähnliches Publikum, nämlich an die Gebildeten gerichteten Reden *Über die Religion* (1799) bereits für das Verhältnis von Kirche und Staat durchgespielt hatte. Dort wurde das Verderben sowohl der Kirche wie des Staates ebenfalls aus ihrer Vermischung erklärt: „Hinweg also mit jeder solchen Verbindung zwischen Kirche und Staat! – das bleibt mein Catonischer Ratsspruch bis ans Ende [...]. Ein Privatgeschäft ist nach den Grundsätzen der wahren Kirche die Mission eines Priesters in der Welt."[33] Es handelt sich hier offenbar nicht nur um eine Analogie, zumal wenigstens das untere Erziehungswesen vor den Stein-Hardenberg'schen Reformen tatsächlich noch weitgehend der Macht der Kirche unterworfen war – wie eben auch das Amt, in der Person Beymes, später Humboldts, noch die Funktionen der Erziehung und Kirche miteinander vereinte; in den *Gelegentlichen Gedanken* betont Schleiermacher in einem Atemzug, dass der Einfluss sowohl der Kirche wie des Staates auf die Universität verhindert werden müsse.[34] In beiden Fällen plädiert er für eine Ausdifferenzierung der Kultursphären (Staat, Wissenschaft, Religion, Kunst), wie er sie dann auch theoretisch in seiner philosophischen Ethik begründet.

Schleiermachers Universitätsmodell ist von Beginn an getragen vom Widerspruch zwischen der beanspruchten Universalkompetenz einer emanzipatorischen Philosophie, die mit ihrem enzyklopädischen und historisch-philologischen Wissen noch Züge der Universalgelehrtheit trägt und sich der Disziplinenbildung widersetzt, und der im Schoße der traditionellen Fakultäten beginnenden Ausdifferenzierung moderner Wissenschaften, die für Schleiermacher in isolierte Spezialschulen zu zerfallen drohen. Zugleich muss man sehen, dass das, was Schleiermacher hier als Gegensatz von Deutsch und Französisch tituliert oder konnotiert, selbst durchaus ein älterer innerpreußischer Streit war, der Modernisierungsfragen der Universität betraf: nämlich der zwischen einer utilitaristischen Aufklärung einerseits und einem nachkantischen Idealismus und

33 Schleiermacher 1984: 287.
34 Vgl. Schleiermacher 1998: 22.

Neuhumanismus andererseits – die beide zwei Momente der Modernisierung betonten: Einheit von Lehre und Forschung und Spezialisierung.

Die Rolle der Philosophie im Verhältnis zu den Fakultäten ist wiederholt als das Kennzeichen der ‚deutschen' Universität hervorgehoben worden. 50 Jahre nach seinem Lehrer Schleiermacher betont Adolf Trendelenburg: Wenn „einsichtige Auslander die eigentümlichen Bildungsstätten unserer deutschen Universitäten bewunderten", so liege der „tiefste Grund" dafür „in der dem deutschen Geist bis dahin eigenen Verbindung des Allgemeinen und Besonderen":

> Es liegt das eigentümliche Wesen der deutschen Universitätsbildung in dem stetigen Zusammenhang der übrigen Fakultäten mit der philosophischen [...]. Wenn überhaupt in neuerer Zeit – die fortschreitende Teilung der Arbeit bringt es mit sich – die Ausbildung von ‚Spezialitäten' herrschend wird, so ist es nötig, in jeder Fakultät *die* Wissenschaften nachdrücklich zu betonen, welche in ihr die allgemeinern sind. Sonst droht die Universität über kurz oder lang in Spezialschulen zu zerfallen.[35]

Die Universität bildet für Schleiermacher die Mitte zwischen Schule und Akademie. Die Philosophie, Garantin der Einheit des Wissens und der Bildung, vermittelt zwischen beiden. Schleiermacher bietet hier die typische romantische Metaphorik auf, um den Wertunterschied zu verdeutlichen: Die Spezialschulen seien bloßer Mechanismus, sie würden das Wissen aus seinem „lebendigen Zusammenhang heraus[ ]reißen",[36] dagegen seien „die Universitäten [...] die Pfanzschule aller Erkenntniß".[37] Das, so Schleiermacher, ist „unstreitig das Wesen der deutschen Universitäten, wie sie seit langer Zeit wirklich sind".[38] Die deutsche Universität erscheint damit für Schleiermacher zumindest implizit auch als vermittelndes Konzept zwischen den Epistemologien Frankreichs und Englands. Der Erfolg des Universitätsmodells, das er entwirft und Humboldt umsetzt, besteht nicht zuletzt darin, dass die Dichotomie, die aufgerissen wird, zugleich wieder versöhnt wird. Denn Schleiermacher will die Universität durchaus als Ort der Vermittlung zwischen philosophischer Bildung, ausbildungsorientierten Spezialschulen und der reinen Forschung an den Akademien, zwischen Vernunft und Erfahrung, Empirie und Spekulation verstanden wissen.

35 Trendelenburg 1960: 385 f.
36 Schleiermacher 1998: 45.
37 Ebd.
38 Ebd.

3 Vorlesungen als Medium der Selbstvergewisserung. Diskursmodell Jena

Wie der amerikanische Germanist Theodore Ziolkowski in seinem Buch über die Institutionen der Romantik, *Das Amt der Poeten*, recht überzeugend aufgezeigt hat, geht das Schleiermacher-Humboldt'sche Universitätskonzept mit seinen Begriffen und Entgegensetzungen auf das zurück, was er ‚Diskursmodell Jena' nennt und was auch heuristisch als Kristallisation einer *extraordinären Universität* im Schoße und am Rande der sehr traditionellen regulären diskutiert wurde und darauf anspielt, wie stark die Rolle außerordentlicher Professoren und außeruniversitärer Sozietäten für dieses neue Modell war.[39] An der Jenaer Universität, von August Boeckh rückblickend „Hauptsitz der deutschen Philosophie" genannt,[40] war unter sehr spezifischen wissenschaftspolitischen Bedingungen (Einfluss Goethes, Machtvakuum zwischen sich nicht zuständig fühlenden Landesregierungen, Umgehung der fürstlichen Macht durch Extraordinarien etc.) für die Dauer eines Jahrzehnts so etwas wie eine Forschungsuniversität entstanden. Sie reichte von Schiller über Fichte, Reinhold und Schelling über Naturwissenschaftler und Mediziner wie Hufeland und Oken bis hin zu der – sich um die Jenaer Universität herum organisierenden – Frühromantik (Novalis, Friedrich und August Wilhelm Schlegel) und den Gebrüdern Humboldt. Die Universitäten waren bis dahin nicht der Ort, an dem sich emanzipatorische philosophische Bewegungen etablieren konnten. Auch in Frankreich hatten sie sich durchweg außerhalb der Universitäten, in privaten Gesellschaften, Salons und anderen Kreisen institutionalisiert. In Deutschland war es immerhin an einigen protestantischen Universitäten möglich, dass Christian Wolff und seine Schüler eine – freilich sehr entpolitisierte – Variante der Aufklärung vertraten. Aber typischer ist doch Kant, der gleichsam ein intellektuelles Doppelleben geführt hatte, indem er an der Universität keineswegs seine neue Transzendentalphilosophie lehrte, sondern Metaphysik nach den Büchern kanonischer Autoren; seine kontraintuitive Unterscheidung zwischen privatem und öffentlichem Gebrauch der Vernunft reflektiert seine eigene Situation. Als Orte der innovativen Forschung dagegen waren – man denke an Friedrich II. und die französische Aufklärung – die Akademien, staatlich geförderte Gelehrtenkolloquien

39 Vgl. die Diskussion dieses Begriffes bei Müller 2001. Eine andere für das Humboldt'sche Modell wesentliche Praxis, das Seminargespräch, das auch in Schleiermachers Konzept anklingt, hatte vor allem der Altphilologe Friedrich August Wolf für die klassische Philologie in Halle erprobt.

40 Boeckh 1960: 367.

abseits der universitären Lehre, als oberste, mit gewissen Freiheiten versehene kulturelle Instanzen der Monarchie vorgesehen.

Ziolkowski fragt nicht nur, wie Romantik und Idealismus auf die Institutionenbildung der Universität gewirkt haben, er untersucht umgekehrt auch, wie sich eine sich verändernde Institution in formalen Strukturen der Kernschriften dieser intellektuellen Gruppe niederschlägt. „Die von den Frühromantikern bevorzugten Genres lassen den nachhaltigen Einfluß des Vorlesungssaals wie des Seminarraums erkennen".[41] August Wilhelm Schlegels Gespräch *Die Gemählde* oder Friedrich Schlegels *Gespräch über die Poesie* spiegeln demnach weniger die Salonkultur, Ziolkowski sieht in ihnen ein streng geplantes Seminar mit vorbereiteten Referaten (zum Beispiel über Epochen der Dichtkunst, über die Mythologie) und anschließenden Diskussionen. Und auch Novalis' *Lehrlinge zu Sais* erscheinen wie ein Bildungskurs einer höheren Lehranstalt. Liest man die Erinnerungen von Henrik Steffens, so war Jena das gelungene Modell dafür, dass sich aus der Philosophie heraus die Universität erneuern und dabei eine moralische Verbesserung dieser verrufenen Anstalt erreichen ließ.[42] Zu beobachten ist zugleich, dass sich die maßgeblichen universitären Disziplinen seit dem 18. Jahrhundert verschieben: Ist in Halle die Theologie zentral, in Göttingen die Jurisprudenz und Kameralistik, so rückt an deren Stelle in Jena und zunächst auch in Berlin die Philosophie; im 19. Jahrhundert übernehmen dann – in den entstehenden Geisteswissenschaften und parallel zu den erfolgreichen Naturwissenschaften – zugleich die Philologien diese maßgebliche Rolle.

Bereits Kant hatte die Funktion und die Möglichkeiten der Philosophie an den Universitäten reflektiert (*Der Streit der Fakultäten*, 1798), und es gingen nirgends zuvor neue akademische Formen so eng mit philosophisch reflektierten Überlegungen zusammen wie in Jena. Merkwürdig und für ihre Selbsterhöhung wesentlich war, dass die neue universitäre Praxis bei vielen Protagonisten in den Theorien selbst reflektiert und verankert, und umgekehrt, dass sie zugleich in universitärer Form, nämlich als Vorlesungen dargelegt wurden; diese Selbstreflexionen der akademischen Existenz sind in dieser Generation die erfolgreichsten und wirkungsvollsten Arbeiten. Dazu gehören Fichtes Antrittsvorlesung über den Gelehrten, Schellings Vorlesungen über das akademische Studium, schließlich auch Hegels als Bildungsgeschichte entwickelte *Phänomenologie des Geistes* (1807). Epistemologie, Sprachverständnis und Darstellungsform gehen auf eine ganz spezifische Weise zusammen: die Idee des *enzyklopädischen Wissens*

41 Ziolkowski 1992: 325. Vgl. auch Ziolkowski 1998; Müller 2001; insb. Hammerstein 2001: 22; Bruch 2001: 28.

42 Vgl. Steffens 1842: 266–276.

im geschichtlichen Zusammenhang wird in engem Zusammenhang mit der Form ihrer Darlegung gedacht.

Das Grundmodell für die Konzeption des Idealgelehrten aber ist Schillers akademische Antrittsrede in Jena im Mai 1789, *Was heißt und zu welchem Ende studiert man Universalgeschichte?* Die strikte Adressierung des universitären Wissens an den vom ‚Brotgelehrten' unterschiedenen ‚philosophischen Kopf' erweist sich als so universell, dass sie sich auf unterschiedliche epistemische, wissenssoziologische und institutionelle Strukturen übertragen lässt. Gab es traditionell eine Spannung zwischen Student und Philister, so überträgt Schiller den moralischen Gegensatz in die geistige, an kantische Dualismen anknüpfende Sphäre. Epistemische und moralische, theoretische und soziale Typisierungen werden von Schiller kurzgeschlossen. Dem Brotgelehrten gehe es darum, seinen sinnlichen Zustand zu verbessern, seine kleinliche Ruhmsucht zu befriedigen, er studiert (Schiller nennt die oberen Fakultäten Recht, Theologie, Medizin) nur, um seinem künftigen Herrn gerecht zu werden. Fortschritt des Wissens sei ihm ein Graus, der Zusammenhang der Dinge bleibe ihm unerkannt, er häufe Gedächtnisschätze an, Zwecklosigkeit könne er nicht ertragen. Ein Tagelöhner, eine „Sclavenseele", die ihren Lohn von fremder Anerkennung erwarte.

> Wie ganz anders verhält sich der philosophische Kopf! – Eben so sorgfältig, als der Brodgelehrte seine Wissenschaft von allen übrigen absondert, bestrebt sich jener, ihr Gebiet zu erweitern, und ihren Bund mit den übrigen wieder herzustellen – herzustellen, sage ich, denn nur der abstrahirende Verstand hat jene Grenzen gemacht, hat jene Wissenschaften von einander geschieden. Wo der Brodgelehrte trennt, vereinigt der philosophische Geist. Frühe hat er sich überzeugt, daß im Gebiete des Verstandes, wie in der Sinnenwelt, alles in einander greife, und sein reger Trieb nach Uebereinstimmung kann sich mit Bruchstücken nicht begnügen. Alle seine Bestrebungen sind auf Vollendung seines Wissens gerichtet; seine edle Ungeduld kann nicht ruhen, bis alle seine Begriffe zu einem harmonischen Ganzen sich geordnet haben, bis er im Mittelpunkt seiner Kunst, seiner Wissenschaft steht, und von hier aus ihr Gebiet mit befriedigtem Blick überschauet. Neue Entdeckungen im Kreise seiner Thätigkeit, die den Brodgelehrten niederschlagen, entzücken den philosophischen Geist.[43]

Vielleicht kommt die Verve in der Kritik Schillers, der noch von den älteren Professoren angefeindet wurde, weil er nicht in der Lage war, seine Vorlesungen auf Latein zu halten, auch daher, dass die Fachvertreter sich mit ihrer Forderung durchsetzen konnten, Schillers Professur dem Titel nach von einer historischen in eine philosophische umzuwandeln. Scheinbar nur von anekdotischem, tatsächlich aber von symptomatischem Wert ist daher der Titularstreit um Schillers Professur: Als Schiller seine Antrittsvorlesung mit dem Titelvermerk ‚Professor

43 Schiller 1970: 362.

der Geschichte in Jena‘ drucken ließ, vermerkt Christoph Gottlob Heinrich, Professor für Moral und Politik und in Schillers Augen sicher Brotgelehrter par excellence, süffisant, ‚Signore Schiller‘ solle künftig ‚ähnliche Streiche‘ unterlassen, da er an der Universität eine außerordentliche Professur für Philosophie und kein Ordinariat für Geschichte innehabe. Dem Brotgelehrten wird es einiges Vergnügen bereitet haben, dem Theaterdichter und philosophischen Kopf die Regeln alter akademischer Observanz darzulegen. Wenn Schiller aber wenig später verkündet, „[z]um academischen Leben ist Jena der beste Ort“, so zeigt sich, dass die alte Universität durch die Universalkompetenz der Philosophie unterminiert werden konnte und im Schoße der traditionellen eine im wahrsten Sinne ‚extraordinäre‘ Universität im Entstehen war.[44]

Schillers Modell findet sich in seinen Grundstrukturen – trotz aller Unterschiede im Einzelnen – bei nahezu allen Vertretern des deutschen Idealismus und der deutschen Romantik. Fichte nimmt in seinen Jenaer Vorlesungen *Über die Bestimmung des Gelehrten* Schillers ‚philosophischen Kopf‘ auf. Höher als Fichte es tut, kann vom Gelehrtenstand kaum gedacht werden: „[E]s ist die *oberste Aufsicht über den wirklichen Fortgang des Menschengeschlechts im allgemeinen, und die stete Beförderung dieses Fortgangs.*“[45] Auch für Fichte ist die (allerdings eher preußisch drillende) Nationalerziehung der wesentliche Zweck der Lehranstalt. In seinem Universitätsplan unterscheidet er die *regulares* (die ausschließlich nach Wissenschaft streben) von den *irregulares*, die ein Studium geringerer Intensität und Reinheit absolvieren. Schelling fasst unter dem „Ekelnamen der Brotwissenschaft“ eine solche, deren Zweck allein darin besteht, „daß man die bloßen Resultate kennenlernt, [...] mit gänzlicher Vernachlässigung der Gründe“.[46]

Und noch Hegel verortet das Schreiben, in dem er sich beim königlich-preußischen Regierungsrat Friedrich von Raumer 1816 für die Berliner Universität empfehlen will, zwischen den Polen der reinen Philosophie und der Spezialschule. Er macht darin zugleich deutlich, wie die Darstellung der Philosophie in Form mehrstündiger Vorlesungen auf ihren Inhalt wirkt: „daß die Wissenschaft hiernach zu strecken und zusammenzuziehen erforderlich sei“.[47] Der erste Teil des Briefes handelt dann auch davon, dass Hegels Konkurrenten nicht einmal in der Lage seien, die Vorlesungszeit zu füllen: Baader sei in München immer schon nach einer Stunde, Schlegel in Jena „in sechs Wochen mit seinem Kollegium fertig“ gewesen, obwohl die Zuhörer für ein

44 Zur These der Jenaer Universität als extraordinäre vgl. Müller 2001: 191–195.

45 Fichte 1966: 54.

46 Schelling 1990: 36.

47 Hegel 1990: 284.

halbjähriges bezahlt hatten.[48] Das Selbstverständnis der Berliner Universität bedient Hegel, wenn er Preußen und Berlin als Mittelpunkt der Wissenschaft und Bildung anspricht.

Während Fichte gerade die *regulares* für die höchsten Ämter des Staates vorsieht, erscheint bei Schleiermacher dagegen der Brotgelehrte dort, wo der Staat sein Interesse in die Universität mengt. Bei ihm wird, was bei Schiller noch eher ein Charaktertyp ist, gleichsam wissenssoziologisch oder funktional gefasst. Es sei das innere Prinzip der Wissenschaft, dass sie zur zweckfreien Einheit strebt, während es im Interesse des absolutistisch-bourgeoisen Staates liege, einzelne Kenntnisse aus dem Ganzen herauszulösen. Und dieses Modell wird bei Schleiermacher zugleich national konnotiert, wobei es immer zwei Länder bzw. Kulturen sind, gegen die es abgehoben wird: England und Frankreich. Als zwei geistige Pole spielen diese beiden Länder bereits in Schleiermachers Reden *Über die Religion* eine Rolle (wobei sich seine Sätze, die sich hier auf die Religion beziehen, ebenso auf Philosophie und Universität beziehen ließen):

> Jene stolzen Insulaner, welche viele unter Euch so ungebührlich verehren, kennen keine andere Losung als *gewinnen* und *genießen*, ihr Eifer für die Wissenschaften, für die Weisheit des Lebens und für die heilige Freiheit ist nur leeres Spielgefecht. [...] So gehen sie auf Kenntnisse aus, so ist ihre Weisheit nur auf jämmerliche Empirie gerichtet.[49]

In allen Universitätsschriften der Zeit wird die universitäre Wissenschaft als Problem der Medien und der Vermittlung von Wissen thematisiert. Die tradierte Form, an Universitäten lediglich gedruckte Bücher vorzulesen und zu kommentieren, wird einem vergangenen Medienzeitalter zugerechnet. Ein besonders ausgefeiltes Programm, die Archive der Universität mit dem Fortschritt des Wissens in Einklang zu bringen, indem die alten Archive des gedruckten Wissens zu eliminieren seien, findet sich bei Fichte. Für Schleiermacher ist das wichtigste Medium universitärer Kommunikation der Kathedervortrag, dessen Idealform er offenbar auch in Analogie zur protestantischen Kanzelpredigt entwickelt. Der Kathedervortrag bildet nach Schleiermacher das „Heiligtum" der Universität, er erscheint als Kunst, als „Ausströmung aus den Gebildetern", wie ein „Wunder", wenige verstehen es, wenige können es.[50] Wenn ‚Gelehrsamkeit' vor allem als Praktik beschrieben wurde,[51] so ist die paradigmatische Praxis der neuen Philosophie die Vorlesung. Die Rhetorik mag hier anders begründet sein, um Darstellungsformen und Gattungen geht es allemal:

48 Ebd.: 286.
49 Schleiermacher 1984: 195.
50 Schleiermacher 1998: 48.
51 Vgl. Mulsow & Zedelmaier 2001.

> Der Lehrer muß alles was er sagt, vor den Zuhörern entstehen lassen; er muß nicht erzählen was er weiß, sondern sein eignes Erkennen, die That selbst, reproduciren, damit sie beständig nicht etwa nur Kenntnisse sammeln, sondern die Thätigkeit der Vernunft im Hervorbringen der Erkenntniß unmittelbar anschauen und anschauend nachbilden. Der Hauptsitz dieser Kunst des Vortrags ist freilich die Philosophie [. . .].[52]

So wie Schleiermacher ihn charakterisiert, stimmt der Kathedervortrag mit der zentralen These der Jenaer Philosophie zusammen: *vereinigtes oder enzyklopädisches Wissen im genetischen Zusammenhang*, keine äußerliche Sammlung von Kenntnis, sondern den Dingen auf den Grund gehen – wobei genau dieser Punkt mit dem Bildungsbegriff und der Selbstreflexion der erkennenden Subjektivität zu tun hat.

Gegen die bloße Überlieferung in geschriebenen Handbüchern hatte schon Schelling den „lebendige[n] Vortrag auf Akademien" und „wirkliches Nacherfinden" herausgestellt.[53] Die besondere Bestimmung des akademischen Vortrags, eines „göttliche[n] Vermögen[s] der Produktion",[54] besteht darin, dass er in jedem Augenblick Gedanken neu aus sich zu erzeugen vermag. Ganz ähnlich wie später Schleiermacher formuliert er:

> Dies ist der wahre Vorzug der lebendigen Lehrart, daß der Lehrer nicht Resultate hinstellt, wie es der Schriftsteller pflegt, sondern daß er, in allen höheren Szienzen wenigstens, die Art zu ihnen zu gelangen selbst darstellt und in jedem Fall das Ganze der Wissenschaft gleichsam erst vor den Augen des Lehrlings entstehen läßt.[55]

Die neue Kommunikationsform ist tatsächlich nicht nur Idee geblieben: Gerade die Universität in der ersten Hälfte des 19. Jahrhunderts ist geprägt durch die Umstellung auf Mündlichkeit, genauer: auf Formen, die Mündlichkeit suggerieren, bei der es sich zumeist aber um eine im Medium der Schriftlichkeit erzeugte bloße Fiktion von Mündlichkeit handelt. Man denke an Fichtes Wissenschaftslehre, an die Brüder Schlegel, die wichtige literarhistorische Arbeiten als Vorlesungen veröffentlichten, umgekehrt aber auch an Hegels Freundesausgabe oder an Schleiermachers Philosophie in Form veröffentlichter Vorlesungen, die noch 40 Jahre nach seinem Tod erschienen. Mündlichkeit erscheint dabei mit Authentizität und Lebendigkeit verbunden, und Lebendigkeit, die nur in der je eigenen Sprache erreicht werden kann, mit Fortschritt des Wissens. Noch in den späten 1870er Jahren sieht Helmholtz in der Form der Vorlesung eine Besonderheit der deutschen Universität: Hier gelte, dass wer „seinen Zuhörern volle Überzeugung

---

52 Schleiermacher 1998: 48.
53 Schelling 1990: 27.
54 Ebd.: 36.
55 Ebd.: 28.

von der Richtigkeit seiner Sätze geben will, [...] vor allem aus eigener Erfahrung" sprechen müsse, während Engländer und Franzosen häufig Mittel der Rhetorik verwenden und „mehr Gewicht als die Deutschen auf das sogenannte Lehrtalent" legen,

> das heißt auf die Fähigkeit, in wohlgeordneter, klarer Form, und wo möglich in beredter, die Aufmerksamkeit fesselnder und unterhaltender Weise die Gegenstände des Unterrichts auseinanderzusetzen. Vorlesungen berühmter Redner am Collège de France am Jardin des Plantes, ebenso wie in Oxford und Cambridge, sind häufig Sammelpunkte der eleganten und gebildeten Welt. In Deutschland ist man nicht nur gleichgiltig, sondern sogar mißtrauisch gegen oratorischen Schmuck, und oft nachlässig in der äußeren Form des Vortrages.[56]

Gerade die liberalen Universitätsgründer Schleiermacher und Humboldt hatten einen besonderen Sinn für den Zusammenhang zwischen (nationaler) Sprache und Wissen. Schleiermacher hatte mit seinem polaren Denken bestimmte Spannungen noch zusammengehalten, die später auseinanderbrechen sollten. Sein Nationalismus bleibt weitgehend gebändigt, weil er Staat und Nation trennt und gleichsam jeder Nation ihre Sprache zugesteht. Letztlich war es wohl der sich verselbständigende Nationalismus, der auch das Ende des Vorbilds der deutschen Universität und der deutschen Sprache als Wissenschaftssprache bewirkte. Und auch eine weitere Spannung wusste Schleiermacher noch auszuhalten, von der die Faszination des Berliner Universitätsmodells ausging: die weitgehende Trennung zwischen einer zweckfreien Forschung und Bildung einerseits und dem instrumentalisierbaren Wissen der zunächst in den Fakultäten gesehenen Einzelwissenschaften andererseits. Doch bereits im 19. Jahrhundert wird unverkennbar, dass sich eine bürokratisch geregelte und sich professionalisierende Naturwissenschaft von der Philosophie emanzipiert und die damit verbundene Trennung zu den Geisteswissenschaften nur umso schärfer vollzieht. Die Synthese zerbricht mit der ersten Kulmination der empirisch arbeitenden Naturwissenschaften im Deutschland des 19. Jahrhunderts (v. a. Helmholtz) und ist mit einer Absage an die Philosophie im Sinne Schleiermachers verbunden. Im 20. Jahrhundert bilden die Universitäten für die vom Staat in ihren Anwendungen benötigten Naturwissenschaften (vgl. etwa das militärische Interesse bei der Gründung der Kaiser-Wilhelm-Gesellschaft) zunehmend nicht mehr den zentralen Ort der Forschung.

56 Helmholtz 1960: 398.

Literatur

Boeckh, August (1960): Rektoratsrede gehalten am 3. 8.1847. In: Wilhelm Weischedel (Hrsg.), *Idee und Wirklichkeit einer Universität. Dokumente zur Geschichte der Friedrich-Wilhelms-Universität zu Berlin*. Berlin: De Gruyter, 366–374.

Bruch, Rüdiger vom (2001): Zur Gründung der Berliner Universität im Kontext der deutschen Universitätslandschaft um 1800. In: Gerhard Müller, Klaus Ries & Paul Ziche (Hrsg.), *Die Universität Jena. Tradition und Innovation um 1800*. Tagung des Sonderforschungsbereichs 482: Ereignis Weimar-Jena. Kultur um 1800. Stuttgart: Franz Steiner, 63–77.

Dierse, Ulrich & Helmut Rath (1971): Nation, Nationalismus, Nationalität. In: Joachim Ritter et al. (Hrsg.), *Historisches Wörterbuch der Philosophie*. Bd. 6. Basel, Stuttgart: Schwabe, 406–414.

Engel, Johann Jakob (1990): Denkschrift über Begründung einer großen Lehranstalt in Berlin (13. März 1802). In: Ernst Müller (Hrsg.), *Gelegentliche Gedanken über Universitäten von J.J. Engel, J.B. Erhard, F.A. Wolf, J.G. Fichte, F.D.E. Schleiermacher, K.F. Savigny, W. v. Humboldt, G.W.F. Hegel*. Leipzig: Reclam, 6–17.

Fichte, Johann Gottlieb (1910): Deduzierter Plan einer zu Berlin zu errichtenden höhern Lehranstalt, die in gehöriger Verbindung mit einer Akademie der Wissenschaften stehe. In: Eduard Spranger (Hrsg.), *Fichte, Schleiermacher, Steffens über das Wesen der Universität*. Leipzig: Dürr'sche Buchhandlung, § 47.

Fichte, Johann Gottlieb (1966): Vierte Vorlesung. Ueber die Bestimmung des Gelehrten. In: *Gesamtausgabe der Bayerischen Akademie der Wissenschaften*. Reihe I, Bd. 3. Stuttgart, Bad Cannstatt: Frommann-Holzboog, 50–59.

Fichte, Johann Gottlieb (1997a): Fichte an Johann Jakob Griesbach, Brief v. 4. Oktober 1810. In: *Gesamtausgabe der Bayerischen Akademie der Wissenschaften*. Reihe III, Bd. 6. Stuttgart-Bad Cannstatt: Frommann-Holzboog, 339 f.

Fichte, Johann Gottlieb (1997b): Fichte an den Geheimen Kabinettsrat Karl Friedrich Beyme, Brief vom 29. September 1807. In: *Gesamtausgabe der Bayerischen Akademie der Wissenschaften*. Reihe III, Bd. 6. Stuttgart-Bad Cannstatt: Frommann-Holzboog, 178–180.

Hammerstein, Notker (2001): Die deutsche Universitätslandschaft im ausgehenden 18. Jahrhundert. In: Gerhard Müller, Klaus Ries & Paul Ziche (Hrsg.), *Die Universität Jena. Tradition und Innovation um 1800*. Tagung des Sonderforschungsbereichs 482: Ereignis Weimar-Jena. Kultur um 1800. Stuttgart: Franz Steiner, 13–25.

Hegel, Georg Wilhelm Friedrich (1990): Über den Vortrag der Philosophie auf Universitäten, Schreiben an den Königlich Preußischen Regierungsrat und Professor Friedrich v. Raumer (1816). In: Ernst Müller (Hrsg.), *Gelegentliche Gedanken über Universitäten von J.J. Engel, J.B. Erhard, F.A. Wolf, J.G. Fichte, F.D.E. Schleiermacher, K.F. Savigny, W. v. Humboldt, G.W.F. Hegel*. Leipzig: Reclam, 284–290.

Helmholtz, Hermann von (1960): Über die akademische Freiheit der deutschen Universität. Rede beim Antritt des Rektorats, gehalten am 15. Oktober 1877. In: Wilhelm Weischedel (Hrsg.), *Idee und Wirklichkeit einer Universität. Dokumente zur Geschichte der Friedrich-Wilhelms-Universität zu Berlin*. Berlin: De Gruyter, 391–402.

Köpke, Rudolf (1860): *Die Gründung der Friedrich Wilhelms-Universität zu Berlin. Nebst Anhängen über die Geschichte der Institute und den Personalbestand*. Berlin: Dümmler.

Müller, Gerhard (2001): Die extrauniversitäre Universität – Jenas Modernisierungsweg. In: Gerhard Müller, Klaus Ries & Paul Ziche (Hrsg.), *Die Universität Jena. Tradition und Innovation um 1800*. Tagung des Sonderforschungsbereichs 482: Ereignis Weimar-Jena. Kultur um 1800. Stuttgart: Franz Steiner, 191–195.

Mulsow, Martin & Helmut Zedelmaier (Hrsg.) (2001): *Die Praktiken der Gelehrsamkeit in der frühen Neuzeit*. Tübingen: Niemeyer.

Rüegg, Walter (Hrsg.) (1996): Von der Reformation zur Französischen Revolution (1500–1800). In: *Geschichte der Universität in Europa*. Bd. 2. München: C.H. Beck.

Rüegg, Walter (Hrsg.) (2004): Vom 19. Jh. bis zum Zweiten Weltkrieg (1800–1945). In: *Geschichte der Universität in Europa*. Bd. 3. München: C.H. Beck.

Schelling, Friedrich Wilhelm Joseph (1990): *Vorlesungen über die Methode (Lehrart) des akademischen Studiums*. Auf der Grundlage des Textes der Ausgabe von Otto Weiss neu mit Einl. und Anmerk. hrsg. von Walter E. Ehrhardt. Hamburg: Meiner.

Schiller, Friedrich (1970): Was heißt und zu welchem Ende studiert man Universalgeschichte? In: *Schillers Werke*. Nationalausgabe Bd. 17: *Historische Schriften, 1. Teil*. Hrsg. von Karl-Heinz Hahn. Weimar: Böhlau, 359–376.

Schleiermacher, Friedrich (1984): Über die Religion. In: *Kritische Schleiermacher Gesamtausgabe*. Abt. I., Bd. 2: *Schriften aus der Berliner Zeit 1796–1799*. Hrsg. Günter von Meckenstock. Berlin, New York: De Gruyter, 185–326.

Schleiermacher, Friedrich (1988): Einleitung zur Dialektik 1833. In: Ders., *Dialektik (1814/15)*. Hrsg. von Andreas Arndt. Hamburg: Meiner, 117.

Schleiermacher, Friedrich (1998): Gelegentliche Gedanken über Universitäten in deutschem Sinn. Nebst einem Anhang über eine neu zu errichtende. In: *Kritische Schleiermacher Gesamtausgabe*. Abt. I, Bd. 6: *Universitätsschriften. Herakleitos. Kurze Darstellung des theologischen Studiums*. Hrsg. von Dirk Schmid. Berlin, New York: De Gruyter, 15–100.

Schleiermacher Friedrich (2016): Schleiermacher an Gustav Brinckmann, Brief vom 1. März 1808. In: *Kritische Schleiermacher Gesamtausgabe*. Abt. III, Bd. 10: *Predigten der Jahre 1826–1827*. Hrsg. von Michael Pietsch. Berlin, New York: De Gruyter, 66–69.

Schleiermacher Friedrich (2017): Schleiermacher an Brinckmann, Brief vom April 1807. In: *Kritische Schleiermacher Gesamtausgabe*. Abt. III, Bd. 9: *Predigten des Jahres 1825*. Hrsg. von Kirsten Maria Christine Kunz. Berlin, New York: De Gruyter, 411–414.

Schwinges, Rainer Christoph (Hrsg.) (2001): *Humboldt International. Der Export des deutschen Universitätsmodells im 19. und 20. Jahrhunderts* (Veröffentlichungen der Gesellschaft für Universitäts- und Wissenschaftsgeschichte 3). Basel: Schwabe.

Steffens, Henrik (1842): *Was ich erlebte*. Bd. IV. Breslau: Max.

Steffens, Henrik (1910): Über die Idee der Universitäten. In: Eduard Spranger (Hrsg.), *Fichte, Schleiermacher, Steffens über das Wesen der Universität*. Leipzig: Dürr'sche Buchhandlung, 205–280.

Stichweh, Rudolf (1984): *Zur Entstehung des modernen Systems wissenschaftlicher Differenzierung. Physik in Deutschland 1740–1890*. Frankfurt a.M.: Suhrkamp.

Trendelenburg, Adolf (1960): Die überkommene Aufgabe unserer Universität. Aus der Rektoratsrede gehalten am 3. 8.1857. In: Wilhelm Weischedel (Hrsg.), *Idee und Wirklichkeit einer Universität. Dokumente zur Geschichte der Friedrich-Wilhelms-Universität zu Berlin*. Berlin: De Gruyter, 380–391.

Ziolkowski, Theodore (1992): *Das Amt der Poeten*. Stuttgart: Klett-Cotta.Ziolkowski, Theodore (1998): *Das Wunderjahr in Jena. Geist und Gesellschaft 1894/95*. Stuttgart: Klett-Cotta.

Daniel Weidner

Berufung, Erweckung und lebendige Lehrart. Johann Gottlieb Fichtes Reden über Wissenschaft

Im Sommersemester 1794 hält der frisch an die Universität Jena berufene Professor Johann Gottlieb Fichte eine öffentliche Vorlesung, die als *De officiis Eruditorum Moral für Gelehrte* im Vorlesungsverzeichnis angekündigt wird. Sie erweist sich als großer Erfolg: Während Fichtes Privatvorlesung über *Wissenschaftslehre* nur mäßig besucht ist, zieht die *Moral für Gelehrte* zahlreiche Hörer an, wie Fichte in einem Brief an seine Frau zufrieden feststellt: „Die Laufbahn ist gut eröffnet."

> Meine öffentlichen Vorlesungen halte ich in dem grösten Auditorium, das es in Jena giebt, und dennoch stehen noch immer eine Menge Menschen vor der Thüre; gestern Abend hat mir die halbe Universität eine sehr sollenne Musik, u. ein Vivat gebracht; u. es ist sehr glaublich, daß ich gegenwärtig wohl der geliebteste unter allen hiesigen Profeßoren bin [...]. Mithin werden meine Privat-Vorlesungen ins künftige auch sehr stark besetzt seyn.[1]

Die ersten vier seiner Vorträge veröffentlicht Fichte im Herbst desselben Jahres unter dem Titel *Einige Vorlesungen über die Bestimmung des Gelehrten*, unter anderem, um Gerüchten entgegenzutreten, er verbreite in seinen Vorlesungen revolutionäre Propaganda; wie er im Vorbericht betont, erscheint der Text „gerade so, wie er sie gehalten, ohne daran ein Wort zu ändern".[2] Er entwickelt zunächst die Bestimmung des Menschen als solchen, dann seine Bestimmung in der Gesellschaft, bespricht die Verschiedenheit der Stände, um schließlich in der vierten Vorlesung den Stand des Gelehrten zu thematisieren, den man eben aus seinem Bezug zur Gesellschaft verstehen müsse:

> Der Gelehrte ist ganz vorzüglich für die Gesellschaft bestimmt: er ist, insofern er Gelehrter ist, mehr als irgend ein Stand, ganz eigentlich nur durch die Gesellschaft und für die Gesellschaft da; er hat demnach ganz besonders die Pflicht, die gesellschaftlichen Talente, *Empfänglichkeit* und *Mittheilungsfertigkeit*, vorzüglich und in dem höchstmöglichen Grade in sich auszubilden.[3]

---

1 Fichte 1970e: 134.

2 Fichte 1966a: 25. Vgl. zum Kontext der Vorlesungen Oesterreich & Traub 2006: 20 ff.; Ries 2007: 126 ff.; Schippan 2017: 154 ff.

3 Fichte 1966a: 55.

https://doi.org/10.1515/9783110676631-005

Der Gelehrte hat also, modern gesprochen, eine gesellschaftliche ‚Funktion', er ist „Lehrer des Menschengeschlechtes", der das Wissen weitergibt, und zugleich „Erzieher der Menschheit", die in beständigem Fortschritt begriffen sei: „Er sieht nicht bloß das Gegenwärtige, er sieht auch das Künftige; er sieht nicht blos den jetzigen Standpunkt, er sieht auch, wohin das Menschengeschlecht nunmehr schreiten muß".[4] Der Fortschritt der Wissenschaft und derjenige des Menschengeschlechts stehen also in enger Korrelation, die entscheidend für die Bestimmung des Gelehrten ist:

> Es ist ein stärkender seelenerhebender Gedanke, den jeder unter Ihnen haben kann, welcher seiner Bestimmung werth ist: auch mir an meinem Theile ist die Kultur meines Zeitalters und der folgenden Zeitalter anvertraut [...]. Ich bin dazu berufen, der Wahrheit Zeugniß zu geben; an meinem Leben, und an meinen Schicksalen liegt nichts; an den Wirkungen meines Lebens liegt unendlich viel. Ich bin ein Priester der Wahrheit; ich bin in ihrem Solde; ich habe mich verbindlich gemacht, alles für sie zu thun und zu wagen, und zu leiden.[5]

Die Topoi, die hier aufgerufen werden, sind alle schon bekannt und unterscheiden sich nicht grundsätzlich von denen anderer akademischer Einführungsreden, wie sie bereits in der humanistischen Universität Tradition haben, allenfalls ist das Pathos des Zeugen der Wahrheit noch gesteigert. Doch das ist nicht zufällig der Fall: Denn die Assoziation der Wissenschaft mit dem Fortschritt, die zentral für Fichtes Idee der Wissenschaft und überhaupt für ein modernes, forschungsorientiertes Wissenschaftsverständnis ist, stellt das Subjekt der Wissenschaft vor ein Problem. Dass „an meinem Leben und an meinen Schicksalen nichts liegt", ist ja nicht nur eine Anspielung auf eine mögliche Verfolgung des Wissenschaftlers – Fichte sollte das selber wenig später im Zusammenhang mit dem Atheismusstreit erleben[6] –, es liegt auch in der Eigenlogik der so gedachten Wissenschaft, dass ihre Resultate von vornherein dazu bestimmt sind, überholt zu werden, dass das Wissen, das ich erworben habe, nicht mehr ein Schatz von Gelehrsamkeit ist, den man anhäufen und besitzen kann, sondern immer nur ein Durchgangsstadium, wie Fichte schon am Schluss seines Aufsatzes *Über den Begriff der Wissenschaftslehre* ausgeführt hatte: „Jeder Zuwachs, den die Wissenschaft erhält, vermehrt die Pflichten ihrer Diener".[7] Gerade deshalb bedarf der Gelehrte auch einer besonderen „Moral", muss um

4 Ebd.: 56f.

5 Ebd.: 58.

6 Zum Atheismusstreit vgl. Ries 2007: 139–154, zu dessen Auswirkungen auf Fichte vgl. auch Oesterreich & Traub 2006: 142ff.

7 Fichte 1965: 153.

seine ‚Berufung' wissen und muss über die Gegenwart hinweg in die Zukunft schauen.

Die zukunftsorientierte Wissenschaft stellt aber nicht nur moralische, sondern auch epistemologische Probleme, oder genauer: ihr moralisches Problem hat epistemologische Konsequenzen. Denn selbst wenn vorausgesetzt wird, dass Wissenschaft sich immer voraus ist, dass gemäß dem Forschungsimperativ jedes Wissen auf seine eigene Überwindung drängt, so gilt das zunächst nur *innerhalb* der Wissenschaft. Wie ist es aber möglich, dieses Wissen auch außerhalb der Wissenschaft zu kommunizieren, und wie ist es möglich, von außen in die Wissenschaft einzutreten? Denn offensichtlich kann es für eine wesentlich von der Zukunft her gedachte und in stetigem Wandel begriffene Wissenschaft nicht einfach eine Propädeutik geben, die gewissermaßen das Resultat des Wissens im Umriss zeichnet. Die Einführung muss anders vor sich gehen, sie kann nicht einfach selbständig sein, sich aber auch noch nicht als Wissenschaft voraussetzen – wie denn der Ausdruck ‚Wissenschaft' in *Über die Bestimmungen der Gelehrten* auch verhältnismäßig selten ist. Möglich ist der Vorgriff auf die Wissenschaft nur durch ein Zusammenspiel von Gattungen, denn wie der anfangs zitierte Brief zeigt, betrachtet Fichte die Wissenschaftslehre und die öffentlichen Vorlesungen als zwei parallele Projekte, als zwei Seiten derselben Sache: Die öffentlichen Vorlesungen richten sich allgemein an Jünglinge und eben an *zukünftige* Gelehrte, die später, konkret im nächsten Semester, überhaupt erst verstehen können, was Wissenschaft ist, wenn sie die Wissenschaftslehre besuchen. Das Wissen hat hier gewissermaßen eine Außen- und eine Innenseite, eine öffentliche und eine private oder eine exoterische und eine esoterische Dimension.

Dieses Nebeneinander und doch Ineinander zweier Vortragsweisen, so die These der folgenden Ausführungen, ist charakteristisch für die deutsche Universität des langen 19. Jahrhunderts, in der in zwei formal, institutionell und auch medial markant unterschiedenen Formen gesprochen wird: einerseits im mündlichen Vortrag vor Anfängern und andererseits im privateren Seminar oder in den jeweiligen Fachpublikationen. Es gibt zwei Adressierungen, die sich im Idealfall wechselseitig unterstützen, so dass die wissenschaftliche Autorität in öffentliche konvertiert werden kann und vice versa, deren Differenz aber auch einen weiten Spielraum, ja eine Notwendigkeit für verschiedene Rhetoriken der Wissenschaft lässt, die von entscheidender Bedeutung für die Entwicklung, das Selbstbild und die gesellschaftliche Verortung dieser neuen Wissenschaft sind. Im Raum dieser beiden Modi entfaltet sich eine *Rede über Wissenschaft*, die sich weniger in bestimmten Terminologien, Nomenklaturen oder sprachlichen Konventionen manifestiert als in einem rhetorischen und pragmatischen Modus des Sprechens, der für die Wissenschaftssprache umso wichtiger ist, als dieser gewissermaßen ‚unbegriffliche' Teil wissenschaftlichen

Sprechens gerade dessen Vorverständnis von Wissenschaft bestimmt: Was die Begriffe selbst bereits voraussetzen, kann nicht mehr begrifflich artikuliert werden, sondern wird durch Metaphern oder rhetorische Operationen umschrieben, zu denen auch das Zusammenspiel verschiedener Vortragsweisen gehört.[8] Dabei ist die Rede *über* Wissenschaft immer in einer gewissermaßen unbestimmten Randposition situiert, weil konstitutiv offen bleibt, ob sie selbst wissenschaftlich ist oder nicht, ob sie die Wissenschaft von ‚innen' oder ‚außen' (oder gar von ‚oben' oder ‚unten') beschreibt.

Im Folgenden soll zunächst kurz Fichtes Verhältnis zur Kant'schen Philosophie beleuchtet werden (1.), um dann Fichtes Programm einer ‚Verlebendigung' der Philosophie auf rhetorischer Grundlage (2.) sowie seine öffentliche Anwendung in den *Reden an die deutsche Nation* (3.) zu untersuchen. Denn wie schon die Vorlesung *Über die Bestimmung des Gelehrten* zeigt, kommt die spezifische Rhetorik und Politik der Wissenschaft in der öffentlichen und propädeutischen Rede besonders deutlich zum Ausdruck.

1

Fichtes Vorlesungen verstehen sich auch als Reaktion auf ein Dilemma der eigenen Wissenschaftslehre, das zugleich charakteristisch ist für die Neuerfindung der Universität, die um 1800 in Jena beginnt. Die Würde der Forschungen an dieser Universität, so werden die zahlreichen Programmschriften betonen, liegt in ihrem programmatisch ‚wissenschaftlichen' Charakter, der sie von der bloßen ‚Gelehrsamkeit' der alten Universität unterscheide. Ihre Wissenschaftlichkeit wiederum liege in ihrem Zusammenhang mit der Philosophie, die durch die Kant'sche Transzendentalphilosophie neu begründet worden sei, und zwar eben als transzendentalphilosophische Reflexion der Bedingungen der Möglichkeit von Wissenschaft, oder in Fichtes Worten: als ‚Wissenschaftslehre'. Wissenschaft ist also dort, wo ein (philosophisches) Reden über Wissenschaft möglich ist – und dieses Reden hat eine strukturelle Funktion für die Universität.

Allerdings erweist sich diese Funktion sofort als problematisch, wenn es um ihre konkrete, und das heißt auch: sprachliche Realisierung geht. Kant hatte sich dezidiert gegen eine Esoterik der Philosophie gewandt und den „Schulbegriff" der Philosophie als eines isolierten Diskurses von deren „Weltbegriff" als Anleiterin des Wissens unterschieden.[9] Der Anspruch allgemeiner Mitteilung wurde aber von

8 Zur ‚Unbegrifflichkeit' vgl. Blumenberg 1979: 87 ff.
9 Kant 1958: 444 ff.

vornherein durch die Unverständlichkeit der kritischen Philosophie konterkariert, die von vielen Zeitgenossen beklagt wurde und die auch Kant selbst zugab, als er in der Vorrede zur zweiten Auflage der *Kritik der reinen Vernunft* einräumte, es sei ihm nicht gelungen, verständlich zu schreiben.[10] Um dieser Unverständlichkeit Abhilfe zu schaffen, verfasst er in den 1780er und 1790er Jahren eine Reihe von exoterischen Schriften, etwa die geschichtsphilosophischen Aufsätze in der *Berlinischen Monatsschrift* (*Idee zu einer allgemeinen Geschichte in weltbürgerlicher Absicht*, *Beantwortung der Frage: Was ist Aufklärung?*) sowie später insbesondere *Der Streit der Fakultäten*. All diese Texte kreisen um den „öffentliche[n] Gebrauch seiner [eigenen] Vernunft", nämlich „denjenigen, den jemand als Gelehrter von ihr vor dem ganzen Publikum der Lesewelt macht";[11] sie versuchen also, eine im eigentlichen Sinne populäre Philosophie zu entwickeln. Aber sie wenden sich nicht nur an die Öffentlichkeit, sondern denken auch über diese nach, denn in diesen Texten entfaltet Kant auch seine politische Philosophie. Die Frage nach der Mitteilbarkeit des Wissens, die rein philosophisch keine befriedigende Antwort fand, lässt sich für Kant nur durch den Umweg eines Nachdenkens über die Orte und Institutionen einer solchen Mitteilung beantworten: über die Öffentlichkeit und – in der Fakultätsschrift – über die Universität. Damit die Philosophie zur Welt kommt, muss sie über die Orte nachdenken, an denen sie die Welt berührt, genauer, sie muss die Orte so bestimmen, dass ihr der Kontakt zur Welt möglich wird, sie aber zugleich vor ihr geschützt wird. Denn ein solches Nachdenken impliziert auch eine Auseinandersetzung mit dem absolutistischen Staat einerseits, der als treibende Kraft hinter der neuen Universität steht, und mit der Theologie andererseits, die traditionell als ‚höchste' Wissenschaft auch den Führungsanspruch innerhalb der Universität beansprucht.

Kant ist dabei durchaus vorsichtig und spielt den Staat gegen die Theologie aus und umgekehrt.[12] Denn er denkt die Öffentlichkeit nicht schrankenlos, sondern hält an der Unterscheidung von öffentlichem und gelehrtem Vernunftgebrauch fest, die insbesondere sein Konzept der Universität prägt. In *Der Streit der Fakultäten* wird das Verhältnis zwischen Staat und Vernunft, zwischen Macht und Wahrheit durch eine Art institutionelle Topologie stabilisiert, in der die oberen Fakultäten – Medizin, Theologie, Jurisprudenz – unmittelbar mit der Welt und damit auch mit staatlicher Autorität zu tun haben, während die Philosophische Fakultät sich zunächst an die inneruniversitäre Öffentlichkeit

10 Vgl. dazu Thouard 2016.
11 Kant 1964a: 55.
12 Vgl. dazu Weidner 2007.

richtet.[13] Weil dieser gelehrte Vernunftgebrauch den Staat gar nicht unmittelbar betreffe, sei der „Streit der Fakultäten“ frei von staatlichem Einfluss zu halten; umgekehrt dürfe sich freilich auch die Philosophie nicht unmittelbar an die allgemeine Öffentlichkeit wenden, wie das die Theologie von der Kanzel aus tue: „[W]enn der Streit vor dem bürgerlichen gemeinen Wesen (öffentlich z. B. auf Kanzeln) geführt würde [. . .], so wird er unbefugterweise für den Richterstuhl des Volks (dem in Sachen der Gelehrsamkeit gar kein Urteil zusteht) gezogen und hört auf, ein gelehrter Streit zu sein“.[14] Die Unverständlichkeit der Philosophie hat hier also auch eine politische Funktion, denn sie erlaubt es, die Philosophie von staatlicher Aufsicht freizustellen und ihr damit zugleich die Rolle der Richterin im innerakademischen Streit zu geben.

Allerdings ist dieses Modell nur scheinbar stabil. Denn Kant lässt durchblicken, dass auch der öffentliche Vernunftgebrauch und insbesondere die Aufgabe der Theologie, nämlich die Erziehung und Belehrung des Volkes, auf lange Sicht bei der Philosophie in besseren Händen wäre, weil eine philosophische Vernunftreligion den Zwecken des Staates besser diene als die ewig zerstrittenen Kirchen. Signifikanterweise bedient er sich dabei selbst einer religiösen Analogie: „Auf diese Weise könnte es wohl dereinst dahin kommen, daß die Letzten die Ersten (die untere Fakultät die obere) würden, zwar nicht in der Machthabung, aber doch in Beratung des Machthabenden (der Regierung)“.[15] Hier wird indirekt die gerade etablierte Hierarchie wieder infrage gestellt, indem die Philosophie sich am inneruniversitären Forum vorbei an die staatlichen Autortäten wendet und diesen ausgerechnet mit einer Anspielung auf Matthäus 19,30 suggeriert, nützlicher zu sein als die Theologie – jedenfalls in Zukunft. Im Kant’schen Modell der Universität herrscht daher eine permanente Spannung nicht nur zwischen der öffentlichen und der gelehrten und der offenen und verdeckten Rede, sondern auch zwischen der Gegenwart und der Zukunft. Mithilfe der religiösen Metaphorik kann der philosophische Diskurs die Theologie beerben und unter der Hand seinen eigenen Führungsanspruch sowohl innerhalb der Universität als auch über ihre Grenzen hinweg für eine zukünftige Öffentlichkeit etablieren.[16] Denn der theologische Diskurs des Übernatürlichen und Übervernünftigen, der mit der Kant’schen Kritik der

---

13 Zum Kontext der Fakultätsschrift vgl. Howard 2006: 121 ff. Howard betont auch die Bedeutung pädagogischer Überlegungen zum Konzept der Universität, vgl. ebd.: 138 ff.

14 Kant 1964b: 298.

15 Ebd.: 299 f.

16 Nicht zufällig hatte Kant auch die Öffentlichkeit mit der religiösen Figur der unsichtbaren Kirche figuriert. Ähnlich wie in den zeitgenössischen kunstreligiösen Diskursen erlaubt auch hier der Rückgriff auf religiöse Rede, die nun ‚Autonomie‘ beanspruchenden neuen Diskurse zu situieren, gerade weil diese Rede selbst fluide geworden ist.

rationalen Theologie seinen epistemischen Ort verloren hat, verfügt immer noch über Metaphern und Denkfiguren, die es möglich machen, auch über die Grenzen der neu gefassten Wissenschaft zu sprechen.

2

Für Fichte wird die Darstellungsproblematik zum eigentlichen Anstoß des Philosophierens, die eigene Philosophie versteht er lange nur als verbesserte Darstellung der Kant'schen Lehre. Dabei geht es nicht nur um die argumentative Abfolge, vor allem die Anwendung des deduktiven Prinzips, etwa dort, wo er Kants *Kritik der reinen Vernunft* vorwirft, sie enthalte zu viele Abschweifungen und müsse verdichtet werden. Ebenso geht es nicht ausschließlich um die Einführung einer neuen Begrifflichkeit der Philosophie – bei Fichte etwa der emphatische Begriff des ‚Ich' und eben auch derjenige der ‚Wissenschaft'. Beide Bemühungen sind einem umfassenderen Bestreben untergeordnet, die sprachliche Performanz der Philosophie überhaupt zu erneuern – am deutlichsten im Medienwechsel zu einer gesprochenen Philosophie. Denn wo Kant – gerade in seinen exoterischen Schriften – ganz auf den gelehrten Schriftsteller setzt, zieht Fichte die lebendige Rede der toten Schrift vor, weil nur jene es erlaube, das Gedachte immer wieder neu und aktuell entstehen zu lassen. „Der Buchstabe tödtet ganz besonders in der Wissenschaftslehre."[17]

Diese ‚Verlebendigung' des Denkens hat verschiedene Quellen und verschiedene Folgen. Erstens hat Fichte ein deutlich positiveres Verhältnis zur Rhetorik als Kant oder die Tradition der Aufklärung insgesamt. Fichte schreibt im Rückblick, er habe sich in seiner Jugend für die Kanzel bestimmt gesehen, und trägt sich eine Weile mit dem Plan, in der Schweiz eine Rednerschule zu gründen.[18] Die Rhetorik wird dabei auch epistemologisch und anthropologisch begründet: Ihre Funktion ist es, das unmittelbare Gefühl oder die Anschauung der Wahrheit auszudrücken, und dieser Ausdruck ist nicht nur in der Anwendung begründet, sondern in der vorreflexiven Natur der unmittelbaren Einsicht in das Selbstbewusstsein, das eben als Anschauung vorhanden ist, bevor es begrifflich artikuliert werden kann. Dem entspricht auch eine dezidiert instrumentalistische Auffassung der Sprache, die Fichte in einem frühen Aufsatz von 1795 (*Von der Sprachfähigkeit und dem*

---

17 Fichte 1971: 325. Vgl. dazu Villacañas 1993.

18 Zu Fichtes früher Beschäftigung mit der Rhetorik vgl. Schippan 2017: 165 ff. sowie Oesterreich & Traub 2006: 70 ff.; hier wird insbesondere der „Ausfall" der Ästhetik (ebd.: 81) in Fichtes Denken betont, deren Rolle wesentlich die Rhetorik übernimmt.

Ursprung der Sprache) als „Ausdruck unserer Gedanken durch willkürliche Zeichen" bestimmt.[19]

Die Vorliebe für das lebendige Wort ist zweitens im Primat der praktischen Vernunft begründet, das Fichtes Philosophie noch stärker prägt als die Kants. Dabei wird dieses Primat bereits selbstkritisch auch gegen die Philosophie gewendet, wie etwa in einem kleinen Text von 1798, *Ascetik als Anhang zur Moral*, in dem Fichte nach einem „Gegenmittel gegen das Verderben der bloß spekulativen Stimmung insbesondere"[20] sucht: Eine solche Stimmung entstehe aus dem Missbrauch der Reflexion, führe zu grenzenlosem Sichverlieren in die subjektive Selbstbetrachtung, in den unendlichen Regress – und gegen sie helfe nur das praktische Tätigsein, die Wendung nach außen. Insofern ist die exoterische Seite der Philosophie hier nicht mehr einfach ihre Anwendung auf die Wirklichkeit, sondern ein notwendiges Korrektiv der Spekulation.

Schließlich beruht Fichtes Projekt einer Verlebendigung der Philosophie drittens auf einer Kritik der literarischen Öffentlichkeit. Im Anschluss an die aufklärerische Kritik an der Lesesucht behauptet Fichte, das viele Lesen habe zur Lethargie geführt, die auch das Denken lähme, so etwa in *Die Grundzüge des gegenwärtigen Zeitalters*:

> [D]as Zeitalter kann nicht mehr lesen, und darum ist alles Schreiben vergeblich. Dann wird es hohe Zeit, etwas neues zu beginnen. Dieses Neue ist nun meines Erachtens dies, daß man, von der Einen Seite, wiederum das Mittel der mündlichen Mittheilung ergreife, und diese zur Fertigkeit, und Kunst ausbilde; von der andern, sich Empfänglichkeit für diese Art der Mittheilung zu erwerben suche.[21]

Alle drei Faktoren machen Fichte äußerst sensibel für Darstellungsprobleme und tragen zu seiner Absicht bei, im Deutschen „eine philosophische Sprache zu schaffen", also „der Philosophie auch eine geschmeidigere, u. besonders eine teutsche Mundart zu verschaffen".[22] Schon früh will Fichte, „statt die trokne Speculation fortzusetzen, Pläne zur Mittheilung derselben in meinen Vorlesungen entwerfen".[23] Die verschiedenen Fassungen der Wissenschaftslehre versuchen, immer bessere Darstellungen zu finden, da diese Lehre „auf

19 Fichte 1966b: 97. Zu Fichtes in der Rezeption weitgehend vernachlässigter Sprachauffassung vgl. auch Surber 1996.

20 Fichte 1979: 73.

21 Fichte 1991: 263 f.

22 Fichte 1970b: 47 f.

23 Fichte 1970c: 55.

unendlich mannigfaltige Art vorzutragen" sei.[24] Sie werden allerdings zugleich vom deutlichen – und wachsenden – selbstkritischen Bewusstsein getragen, auch selbst unverständlich zu bleiben. Schon 1797 eröffnet er den *Versuch einer neuen Darstellung der Wissenschaftslehre* mit der Betonung, dass die Sprache hier unzureichend sei: „Die SprachZeichen nämlich sind durch die Hände der Gedankenlosigkeit gegangen, und haben etwas von der Unbestimmtheit derselben angenommen; man kann durch sie sich nicht sattsam verständigen."[25] 1801, im *Sonnenklaren Bericht an das größere Publikum über das Wesen der neuesten Philosophie*, klagt Fichte noch ausführlicher, seine Philosophie werde missverstanden; der Grund dafür liege darin,

> daß die Wissenschaftslehre mit einem Vortrage in der vorhandenen Wörtersprache anheben mußte. Hätte sie sogleich anfangen können, wie sie freilich endigen wird, dadurch, daß sie sich ein ihr durchaus eigenthümliches Zeichen-System geschaffen hätte, dessen Zeichen nur ihre Anschauungen, und die Verhältnisse derselben zu einander, und schlechthin nichts außer diesen, bedeuten, so hätte sie freilich nicht mißverstanden werden können, aber sie würde auch nie verstanden worden, und aus dem Geiste ihres ersten Urhebers in andere Geister übergegangen seyn. Jetzt aber hat sie das schwierige Unternehmen zu bestehen, von der Verworrenheit der Wörter aus [...] andere zur Anschauung zu leiten.[26]

Allerdings zieht Fichte aus der Missverständlichkeit der „vorhandenen Wörtersprache" keineswegs den Schluss, man müsse eine eindeutige Terminologie entwickeln – im Gegenteil bedient sich seine Spätphilosophie vermehrt der Alltagssprache und der bildhaften Rede.[27] Auch hier betont Fichte zwar immer wieder die Beschränktheit der Sprache: Der Lehrinhalt „muß eben mit Einem Schlage begriffen werden; um so weniger lassen sich über ihn Worte machen, noch durch sie dem Verständniß nachhelfen" [28]Aber dieser Begrenztheit der Sprache lässt sich eben nicht mit terminologischen Mitteln abhelfen, sondern nur durch eine andere Praxis der Sprache, und zwar eine solche, in der der Rezipient die Gedankenhandlung selbst nachvollzieht. Ein solcher Nachvollzug lässt sich aber weniger durch eine wie auch immer verbesserte systematische

24 Fichte 1972: 57. Die „Uneinigkeit" in der Frage, ob es sich hier um sachliche Modifikationen oder ‚nur' solche der Darstellungsfragen handele „gehört schon zur Tradition der Fichte Forschung" (Zahn 1981: 157).

25 Fichte 1970a: 272.

26 Fichte 1988: 236 f.

27 Zu Fichtes „Wende" in der „Abkehr vom systembezogenen, kontextautonomen Fachterminus und die Zuwendung zum gemeinsprachlichen kontextbedingten Wort" vgl. Siegel 2009: 69.

28 Fichte 1985: 228.

Darstellungsweise als durch den mündlichen Vortrag erzeugen. Das geschieht vor allem durch den sogenannten genetischen Vortragsstil, der erheblich zum Lehrerfolg der idealistischen Philosophie in Jena beigetragen hat und der auch entscheidend für das Reden über Wissenschaft ist, weil er die Spannungen und Paradoxien der neuen, forschungsorientierten Wissenschaft und ihrer Institution, der Universität, auf markante Weise sprachlich ausdrückt.

Fichtes Vorlesungen sind ein großer Erfolg und ziehen bald eine ganze Fülle von Hörern an. Dabei sind sie, wie er an Schiller schreibt, sorgefältig geplant:

> Ich sezte die Popularität vorzüglich in den Gang, den ich nehme [...]. Nachdem die streng philosophische Disposition fertig ist, mache ich ihn nach ganz andern Grundsätzen: knüpfe an eine sehr gemeine Erfahrung an, und führe so den Faden, scheinbar nach der bloßen Ideen-Aßociation, über die aber unsichtbar das System wacht, fort, bestimme nirgends schärfer, als vor der Hand nöthig ist, bis zulezt die scharfe Bestimmung sich von selbst ergiebt.[29]

Der Vortrag geht also von einer philosophischen Disposition aus, nimmt dann aber einen Umweg über die Unschärfe der Ideenassoziation, um erst am Schluss wieder zu scharfer Bestimmung zu kommen. Paradoxerweise ist dabei Fichtes Vorlesungsweise zunächst *weniger* mündlich, da er nicht mehr wie noch Kant ein gegebenes Lehrbuch mündlich kommentiert, sondern seine Vorlesungen schriftlich ausformuliert, dabei aber bemüht ist, das Denken im Entstehen zu präsentieren:

> Mein Vortrag ist immer synthetisch; ich werfe meine Gedanken nie hin, wie ich sie unsichtbar in meiner Studirstube gedacht habe, sondern ich denke sie, finde sie, entwikle sie vor den Augen der Hörer, und mit Ihnen [...]. Da ich fast alles wörtlich niederschreiben werde, so hoffe ich diese Art des Vortrags dann so ziemlich in der Gewalt zu haben.[30]

Der Vortrag wird also als mündlicher geschrieben und soll auch so rezipiert werden: Fichte insistiert darauf, dass die Schüler nicht mitschreiben, sondern allenfalls Stichworte notieren, um ohne Ablenkung seine Vorlesung mitvollziehen zu können.[31] Die Stimme wird hier in der Tat zum entscheidenden Anreger des Denkvollzuges und zum Medium einer Gemeinschaft, die Fichte dann auch in anderen sozialen Formen zu instituieren sucht: in ‚Conservatorien', in denen er mit den Studenten als gleichberechtigten Partnern diskutiert und die als Vorform des Seminars betrachtet werden können, in der Tischgesellschaft, an der

---

29 Fichte 1970f: 339.
30 Fichte 1970d: 60f.
31 Vgl. Fichte 1985: 25.

sowohl andere Professoren als auch Studenten teilnehmen, und in der „Gesellschaft der freien Männer“, einer akademischen Vereinigung, in der oft Fichtes Texte verlesen und dann auch diskutiert werden.[32]

Fichte ist nicht der Einzige, der eine neue Form der Vorlesung praktiziert. Einige Jahre später hält Friedrich Wilhelm Joseph Schelling seine Vorlesungen *Über die Methode des akademischen Studiums* (1802), welche die neue Form nicht nur verwenden, sondern auch programmatisch begründen. Schelling betont dabei den philosophischen Zusammenhang allen Wissens, den es in der Mitteilung hervorzuheben gelte. Es sei

> der wahre Vorzug der lebendigen Lehrart, daß der Lehrer nicht Resultate hinstellt, wie es der Schriftsteller pflegt, sondern daß er, in allen höhren Szienzen wenigstens, die Art zu ihnen zu gelangen selbst darstellt und in jedem Fall das Ganze der Wissenschaft gleichsam erst vor den Augen des Lehrlings entstehen läßt. Wie soll nun derjenige, der seine Wissenschaft nicht selbst aus eigener Konstruktion besitzt, fähig sein, sie nicht als ein Gegebenes, sondern als ein zu Erfindendes darzustellen?[33]

Auch hier wird die Wissenschaft vor allem als Tätigkeit bestimmt, auch hier vollzieht sich die Bestimmung als *Einführung* in die Wissenschaft, in der die Hörer immer doppelt adressiert werden: als Noch-nicht-Philosophen und als doch Schon-mögliche-Philosophen. In einer Art „doppelten Brechung“ wird noch nicht philosophiert, aber auch nicht einfach propädeutisch von den Resultaten der Philosophie gesprochen, sondern diese Resultate entstehen im Vortrag.[34] Das Problem des Anfangs der Philosophie, das für die systematischen Entwürfe des deutschen Idealismus von zentraler Bedeutung sein wird, hat hier sozusagen seine konkrete, sprachlich-didaktische Form gefunden.

Der genetische Vortragsstil trägt entscheidend dazu bei, dass die Vorlesung, die bis vor Kurzem noch als antiquierte Form der Wiederholung galt, einen festen Platz in den Entwürfen zu einer Erneuerung der Universität erhält. So betont etwa Friedrich Schleiermacher in *Gelegentliche Gedanken über Universitäten im Deutschen Sinn* (1808), dass alle Wissenschaft auf Mitteilungen beruhe, dass die Mitteilung alle wissenschaftlichen Tätigkeiten miteinander zu einer Einheit verbinde, und dass sich diese Einheit insbesondere im Kathedervortrag vollziehe:

---

32 Vgl. dazu Ries 2007: 133 ff.

33 Schelling 1990: 28.

34 Von einer „doppelten Brechung“ spricht Ziche 2008: 152. „Schelling holt die Propädeutik, die als Lehre von den Wissenschaften überhaupt in den Rubrizierungen der ALZ aus der Philosophie herausgelöst war und damit Philosophie verfachlicht und aufgewertet hatte, wieder in die Philosophie zurück, ohne damit Philosophie wieder sozusagen propädeutisieren zu wollen.“ (153)

> Zwei Elemente sind daher in dieser Art des Vortrages unentbehrlich und bilden sein eigentliches Wesen. Das eine möchte ich das populäre nennen; die Darlegung des muthmaßlichen Zustandes, in welchem sich die Zuhörer befinden, die Kunst sie auf das Dürftige in demselben hinzuweisen und auf den lezten Grund alles Nichtigen im Nichtwissen. Dies ist die wahre dialektische Kunst, und je strenger dialektisch, desto populärer. Das andere möchte ich das productive nennen. Der Lehrer muß alles was er sagt, vor den Zuhörern entstehen lassen; er muß nicht erzählen was er weiß, sondern sein eignes Erkennen, die That selbst, reproduciren, damit sie beständig nicht etwa nur Kenntnisse sammeln, sondern die Thätigkeit der Vernunft im Hervorbringen der Erkenntniß unmittelbar anschauen und anschauend nachbilden.[35]

Die hervorbringende, produktive Wissenschaft ebenso wie die Dialektik finden für Schleiermacher ihren angemessenen Ausdruck in der Form der Vorlesung, die eine Art Selbstgespräch des Forschers sei und daher zugleich das Hervorbringen des Wissens darstellen könne und die richtige Gesinnung der Forschung produziere:

> Jede Gesinnung, die wissenschaftliche wie die religiöse, bildet und vervollkommnet sich nur im Leben, in der Gemeinschaft Mehrerer. Durch Ausströmung aus den Gebildetern, Vollkommenern, wird sie zuerst aufgeregt und aus ihrem Schlummer erwekt in den Neulingen; durch gegenseitige Mittheilung wächst sie und stärkt sich in denen die einander gleich sind. Wie nun die ganze Universität ein solches wissenschaftliches Zusammenleben ist: so sind die Vorlesungen insbesondere das Heiligthum desselben.[36]

Der mündliche Vortrag hat nicht nur propädeutische Bedeutung oder didaktische Funktionen, vielmehr bringt er unmittelbar eine ‚Gesinnung' hervor, die für die Wissenschaft notwendig ist. Durch den Vergleich mit der Religion erscheint die Vorlesung hier als Ritual, das alle Züge der protestantischen Wortverkündigung trägt. Die Universität wird zu einem Ort des Sprechens, freilich weniger des Dialogs unter Gleichen als des Selbstgesprächs des charismatischen Lehrers, der durch sein Wort die Gemeinde erzeugt.[37] Dass diese Gemeinde – wie die protestantische Kirche – tendenziell nicht exklusiv ist, sondern auch Laien aufnimmt, unterscheidet Schleiermachers Entwurf von Fichtes *Deduziertem Plan einer Universität*, der zwar ebenfalls die Bedeutung des gesprochenen Wortes betont, aber an die Stelle der Vorlesung den Dialog unter Eingeweihten treten lassen will und die Universität überhaupt eher als von der bürgerlichen Welt isolierte Gegenwelt konzipiert.[38] Den rhetorischen Vortrag reserviert Fichte dagegen jetzt für eine eigene Gattung, die angewandte Philosophie.

---

35 Schleiermacher 1998: 48f.
36 Ebd.: 48.
37 Vgl. dazu allgemein: Clark 2006.
38 Vgl. Zöller 2008.

3

Fichte, Schelling und Schleiermacher gehen selbstverständlich davon aus, dass der lebendige Vortrag sich auf Deutsch vollzieht. Das hat auch politische Implikationen, denn schon für Kant wurde die Universität zu dem Ort, an dem der philosophische Deutungsanspruch auf die Wirklichkeit trifft. Politisch ist die Frage der Sprache aber auch, weil die Universität nun einen nationalen Auftrag erhält: Als Einheit von Gelehrten und Laien bildet sie die Einheit der Nation ab – und zwar als sprachliche, weil die Sprache als Grund der Nation gedacht wird und dieser Grund in der Universität in Vollzug gesetzt wird bzw. sich mit dem allgemeinen Charisma einer höheren Wahrheit auflädt. Die spezifische Politik der Professoren, die hier ihren Ausgang nimmt, wird im langen 19. Jahrhundert über die liberalen Proteste etwa der Göttinger Sieben bis hin zu den nationalen Erweckungsreden der deutschen Professoren im Ersten Weltkrieg reichen.[39]

Der Anspruch auf geistige Führung, der in diesen Reden erhoben wird, ist freilich prekär. Denn er gründet auf der Wissenschaft, die ja unsichtbar und dem Laien unverständlich ist. Erneut spielt daher die *Form* der Mitteilung eine entscheidende Rolle. Nachdem Fichte im Zuge des Atheismusstreits aus Jena vertrieben worden ist, greift er erneut auf die Form der exoterischen Rede mit ihrer gesteigerten Mündlichkeit zurück und entwirft die sogenannte ‚Angewandte Philosophie', eine Reihe von öffentlichen Vorträgen, die er in Berlin hält: *Die Grundzüge des gegenwärtigen Zeitalters* (1804/05), *Anweisung zum seligen Leben* (1806) und *Reden an die deutsche Nation* (1807/08). Diese in der philosophischen Rezeption oft vernachlässigten Texte sind in vieler Hinsicht stilbildend für die universitäre Rhetorik geworden und zeigen noch einmal die appellative und performative Struktur des Redens über Wissenschaft.

Der rhetorische Zweck und das rhetorische Format dieser öffentlichen Reden sind dabei von vornherein bewusst und auch explizit: Er habe sich, so Fichte in seinem Vorwort zu *Die Grundzüge des gegenwärtigen Zeitalters*, an ein gebildetes Publikum gewandt, daher „hielt ich sie [die Vorlesungen] in der bekannten Büchersprache, und an dem Faden der Metapher, der dieser zu Grunde liegt. Ich hätte ganz dasselbe, auch als Prediger, von der Kanzel für das Volk insbesondere vortragen können; nur hätte ich es sodann in der Bibelsprache thun müssen".[40] Die Vorlesungen folgen also dem bekannten rhetorischen Modell der Vorlesung *Über die Bestimmung des Gelehrten*, in dem der Gedanken-

39 Vgl. Ries 2007. Zu 1914 vgl. die klassische Studie von Lübbe 1974.
40 Fichte 1991: 276 f.

gang in eine anschauliche Sprache gekleidet wird. Dabei wird der politische Gehalt der Gedanken gerade erst in dieser Einkleidung deutlich, weil das Publikum eben kein gelehrtes, sondern ein nationales ist, und weil der Ausgangszustand, in dem es angesprochen wird, kein neutraler mehr ist, sondern einer der höchsten Entfernung von der Wahrheit:

> Die Grundsätze derselben sind freilich kopfbrechende Speculationen, die keinen unmittelbaren Einfluß auf's menschliche Leben haben; aber ihre Folgen sind äußerst wichtig für ein Zeitalter, dessen Moral bis in seine Quellen verdorben ist; und diese Folgen der Welt in einem anschaulichen Lichte darzustellen, wäre, glaube ich, Verdienst um sie.[41]

Die Gegenwart befinde sich im „Stand der vollendeten Sündhaftigkeit",[42] Aufgabe des Redners ist es, seine Hörer aus diesem Zustand zu befreien und wieder zu freien Individuen zu machen. Damit wird das rhetorische Modell recht eigentlich zu einem homiletischen: Wie der protestantische Prediger spricht auch Fichte seine Hörer im Stand der „Sündhaftigkeit" an, also als Hörer, die konstitutiv gar nicht in der Lage sind zu hören, sondern erst zu Hörern gemacht werden müssen. Die religiösen Erweckungsfiguren, die schon in der *Bestimmung des Gelehrten* die Zukunft der Wissenschaft vorwegnehmen sollten, sind daher hier noch stärker ausgeprägt, besonders deutlich in den *Reden an die deutsche Nation*.

Fichte hält die *Reden an die deutsche Nation* im von französischen Truppen besetzten Berlin, und bald rankt sich um sie eine reiche Mythologie – so habe er etwa gegen den Marschtritt der französischen Truppen ansprechen müssen. Zur Mythisierung und eben besonders zur religiösen Aufladung greifen aber auch die Texte selbst. Fichte ruft nun nicht mehr einzelne religiöse Metaphern wie die „Priester der Wahrheit" auf, sondern entwickelt lang ausgesponnene religiöse Bilder. Die erste Vorlesung beschließt Fichte mit einer breit entfalteten Allegorie: Heute erscheine die Zeit wie ein Schatten, der sich über den Leichnam beugt, aber die Morgenröte sei schon angebrochen: „Ich will, so ich es kann, die Strahlen dieser Morgenröthe fassen, und sie verdichten zu einem Spiegel, in welchem die trostlose Zeit sich erblicke".[43] Die dritte Vorlesung entwickelt eine lange Mahnung, ihm allen Zweifeln zum Trotz Glauben zu schenken: „Jetzt vermag es das Zeitalter noch gar nicht, unsern Worten zu glauben, und es ist nothwendig, daß ihm dieselben vorkommen, wie Mährchen."[44] Dieser Unglauben gehöre

---

41 Fichte 1968: 171.

42 Fichte 1991: 201.

43 Fichte 2005: 116. Vgl. allgemein zur allegorischen Übergangsrhetorik Oesterreich & Traub 2006: 344.

44 Fichte 2005: 141.

eben zur Natur der ‚vollendeten Sündhaftigkeit'; ihm gegenüber figuriert sich Fichte als Prophet, der angesichts des ‚Todes' und gegenüber ‚Toten' vom ‚Leben' spricht: „Höre dieses Zeitalter ein Gesicht eines alten Sehers, das auf eine wohl nicht weniger beklagenswerthe Lage berechnet war."[45] Gemeint ist damit das dann im Folgenden lang paraphrasierte 37. Kapitel des Hesekielbuches, in dem der Prophet durch das Wort des Herrn die toten Gebeine wieder lebendig macht – wie eben die gegenwärtige Rede die Hörer wieder erweckt:

> Lasset immer die Bestandtheile unsres höhern geistigen Lebens eben so ausgedorret, und eben darum auch die Bande unserer National-Einheit eben so zerrissen, und in wilder Unordnung durcheinander zerstreut herumliegen, wie die Todtengebeine des Sehers [...]; – der belebende Odem der Geisterwelt hat noch nicht aufgehört zu wehen. Er wird auch unsers Nationalkörpers erstorbene Gebeine ergreifen, und sie aneinanderfügen [...].[46]

Das Zusammenfügen und Wiederbeleben des Nationalkörpers wird nun – ganz wie die Prophetie selbst – wesentlich als sprachlicher Vollzug verstanden. Dabei thematisiert Fichte nicht nur sein eigenes sprachliches Handeln, sondern macht auch die Sprache selbst zum Gegenstand der Reflexion. Denn sie ist nicht nur der Anschauungskern einer Nation, die auch im Verborgenen existiert und sich durch ihre Sprache aus der Verborgenheit heraus wieder erheben kann. Auch die wichtigen Kategorien und Unterscheidungen wie die zentrale Unterscheidung von ‚Leben' und ‚Tod' werden als sprachliche gefasst. In der berühmten vierten Vorlesung erklärt Fichte die deutsche Sprache zu dem, was die Deutschen eigentlich zur Nation mache. Zugleich bestimmt er sie inhaltlich, und zwar durch die Unterscheidung von anderen, romanischen Sprachen. Während nämlich die romanischen Völker ihre Sprache einmal gewechselt hätten und latinisiert wurden, hätten die Deutschen ihre ursprüngliche Sprache fortgesprochen. Dieser Unterschied, wohl von August Wilhelm Schlegel übernommen, wird dann im Folgenden nicht nur zu einer so schematischen wie polemischen Theorie der Sprachnation ausgebaut, die ganz auf der Gegenüberstellung von lebendigem Deutschen und totem „Neulatein" beruht.[47] Er ist auch entscheidend für die Wirkung, die Fichtes *Reden* für sich imaginieren, weil er das jeweilige nationale Verhältnis zur Bildung betrifft, wie Fichte in immer neuen Anläufen ausführt:

> Beim Volke der lebendigen Sprache greift die Geistesbildung ein ins Leben; beim Gegentheile geht geistige Bildung, und Leben jedes seinen Gang für sich fort. [...] Aus demselben Grunde ist es einem Volke der ersten Art mit aller Geistesbildung rechter eigentlicher

45 Ebd.
46 Ebd.: 142.
47 Vgl. dazu Müller-Vollmer 1981.

> Ernst, und es will, daß dieselbe ins Leben eingreife; dagegen einem von der letztern Art diese vielmehr ein genialisches Spiel ist, mit dem sie nichts weiter wollen. Die letztern haben Geist; die erstern haben zum Geiste auch noch Gemüth.[48]

Die politische Wirkung des eigenen Sprechens wird damit begründet, dass in der lebendigen Sprache auch die abstrakten Ausdrücke auf konkrete Bedeutungen zurückzuführen sind, während sie in der toten Sprache abgeschnitten von ihrer lebendigen Wurzel, ohne Anschauung und daher eigentlich leer seien – Fichtes berühmte Beispiele sind „Humanität", „Popularität", „Liberalität", die für den Deutschen als Fremdwörter nichts bedeuten und eigentlich auch für den Franzosen gelehrt abgeleitet werden müssten. Dabei sei es nicht nur und nicht einmal primär die politische Sprache, die durch die Abgrenzung vom Sprachgebrauch erstarre, sondern noch deutlicher die Sprache der Bildung. In den neulateinischen Sprachen gebe es eine Trennwand zwischen Gelehrsamkeit und Alltag, Bildung und Leben. Ihre Bildungssprache entwickele sich für sich und könne wie bei den Alten zu einem ‚goldenen Zeitalter' führen, in dem das Wissen vollständig formuliert sei. Aber gerade das, so Fichte, werde ein ‚geistiger Betrachter' als Erstarrung wahrnehmen:

> Goldene Zeitalter in jeder Rüksicht sind ihm eine Beschränktheit der Erstorbenheit. Das Gold möge zwar das edelste seyn im Schooße der erstorbenen Erde, meint er, aber des lebendigen Geistes Stoff sey jenseit der Sonne, und jenseit aller Sonnen, und sei ihre Quelle. Ihm wikelt sich die Geschichte, und mit ihr das Menschengeschlecht, nicht ab nach dem verborgenen und wunderlichen Gesetze eines Kreistanzes, sondern nach ihm macht der eigentliche und rechte Mensch sie selbst, nicht etwa nur wiederholend das schon dagewesene, sondern in die Zeit hinein erschaffend das durchaus neue.[49]

Die radikale Zukünftigkeit der Wissenschaftskonzeption, die nicht auf ein festes Wissen oder einen Schatz von Gelehrsamkeit setzt, sondern auf Wissenschaftlichkeit als Prinzip der Hervorbringung des Neuen, fordert also eine Sprache in Bewegung. Fichte begründet diese Bewegung auf doppelte Weise: Die lebendige Sprache sei mit der Vergangenheit verbunden und verändere sich aus dieser heraus immer wieder neu; und sie sei die Sprache der Nation, in der die verschiedenen Stände zusammenleben und sich befruchten. Dabei ist auch jene Sprache wie diese Gemeinschaft etwas zuallererst Hervorzubringendes, und zwar durch eine Rede, deren Anschaulichkeit das gelehrte und das ungelehrte Publikum verbinden kann und die sich zugleich auch nach außen abgrenzt und politisiert, indem sie sich von dem her versteht, was sie nicht ist: hier eben das Französische. Beides, Vorgriff und Abgrenzung, ist freilich nur

48 Fichte 2005: 155 f.
49 Ebd.: 190.

im Vollzug möglich, nur darin, dass die Sprache zum Sprechen gebracht wird, dass die Verbindung vollzogen wird, und dass auch die Adressaten in diese Verbindung einbezogen werden.

Die wesentliche Adressiertheit dieses Sprechens wird nirgendwo deutlicher als in der vierzehnten, abschließenden Rede, in der die Situation noch einmal ausgestaltet wird und die Hörer noch einmal zum Hören aufgefordert werden:

> Die Reden, welche ich hierdurch beschließe, haben freilich ihre laute Stimme zunächst an Sie gerichtet, aber sie haben im Auge gehabt die ganze deutsche Nation [. . .]. Merket ihr jetzo nicht auf, und gehet in euch, lasset ihr auch diese Reden wieder als einen leeren Kützel der Ohren, oder als ein wunderliches Ungethüm an euch vorüber gehen, so wird kein Mensch mehr auf euch rechnen. Endlich einmal höret, endlich einmal besinnt Euch. Geht nur dieses mal nicht von der Stelle, ohne einen festen Entschluß gefaßt zu haben [. . .].[50]

Öffentlichkeit wird hier nicht durch deliberatives Aushandeln oder durch dialogische Kommunikation hergestellt, sondern als eine Gemeinschaft von Hörern, die freilich erst zu Hörern erweckt werden müssen, indem sie ihre Verblendung ablegen, um sich dann frei zum Handeln zu entschließen.[51] Freiheit wie auch Zukunft sind dabei das Produkt des rhetorischen Appells – wie in dem Erziehungsprogramm der Vorlesung *Über die Bestimmung des Gelehrten* soll auch hier der Zuhörer ein Subjekt allererst werden. Wie die Wissenschaft wird auch die Nation frei und autonom, wenn sie vor die Alternative gestellt wird, was sie werden will: „Es hängt von euch ab, ob ihr das Ende seyn wollt [. . .] oder ob ihr der Anfang seyn wollt und der Entwiklungspunkt einer neuen, über alle eure Vorstellungen herrlichen Zeit".[52]

4

Trotz der großen Bemühungen Fichtes, zum Verständnis seiner Philosophie anzuleiten, ist vielfach überliefert worden, wie überfordert seine Hörer waren. So etwa von Henrik Steffens:

> „Meine Herren", sprach er, „fassen Sie sich zusammen, gehen sie in sich ein, es ist hier von keinem Äußern die Rede, sondern lediglich von uns selbst." – Die Zuhörer scheinen so aufgefordert, wirklich in sich zu gehen. Einige veränderten die Stellung und richteten sich auf, andere sanken in sich zusammen und schlugen die Augen nieder; offenbar aber erwarteten alle mit großer Spannung, was nun auf diese Aufforderung folgen sollte.

50 Ebd.: 285.
51 Zur Unterscheidung von deliberativer und prophetischer Rhetorik hilfreich: Kaveny 2016.
52 Fichte 2005: 288.

> „Meine Herren", fuhr darauf Fichte fort, „denken Sie die Wand", – ich sah es, die Zuhörer dachten wirklich die Wand und es schien ihnen allen zu gelingen. – „Haben Sie die Wand gedacht?" fragte Fichte. „Nun, meine Herren, so denken Sie denjenigen, der die Wand gedacht hat." – Es war seltsam, wie jetzt offenbar eine Verwirrung und Verlegenheit zu entstehen schien. Viele Zuhörer schienen in der Tat denjenigen, der die Wand gedacht hatte, nirgends entdecken zu können, und ich begriff nun, wie es wohl geschehen könnte, daß junge Männer, die über den ersten Versuch zur Spekulation auf eine so bedenkliche Weise stolperten, bei ihren ferneren Bemühungen in eine sehr gefährliche Gemütsstimmung geraten konnten.[53]

Dieses Scheitern der Vermittlung der spekulativen Philosophie, die, so etwa Jean Paul in seiner Vorrede zur *Clavis Fichteana*, „mehr in den Ohren als in den Köpfen gewesen" sei,[54] bezeugt freilich nicht notwendig das Scheitern des gesamten Unternehmens. Im Gegenteil wird dieses ja gerade durch die Verschränkung von Unverständlichkeit und behaupteter Evidenz, von Entrücktheit und Überlegenheitsanspruch gegenüber der Welt angetrieben. Herrschend kann diese Philosophie gerade darum werden, weil sie nicht sofort verstanden wird – exoterische und esoterische Seite bedingen einander und resultieren in einer neuen Strategie der Wahrheit, die für die deutsche Universität des 19. Jahrhunderts charakteristisch bleiben wird, in der der Geist der reinen Forschung einhergeht mit dem Anspruch auf kulturelle Überlegenheit und die daher auch immer eine Fülle von Anekdoten von jenen überliefert, die diesem Anspruch nicht gerecht werden.

Für Fichte war das öffentliche Reden über Wissenschaft zunächst eine „Publikumsstrategie" zur Herstellung einer philosophischen Öffentlichkeit für die neue Philosophie, nicht zuletzt auch in seiner Auseinandersetzung mit der Staatsmacht.[55] Schnell wird diese Strategie allerdings weit mehr als ein Mittel – sie wird zum essentiellen Bestandteil einer Philosophie, die sich wesentlich in die Zukunft hinein entwirft. In der Evokation einer zukünftigen Hörerschaft vollzieht sich dabei ein doppelter Anspruch: ein wissenschaftlicher, der dem zukunftsbezogenen Imperativ der Forschung folgt und dabei ein radikal neues Wissen als bereits existent vorstellt; und ein politischer, der dieses Wissen gerade in seiner Reinheit als mit dem Gemeinwesen verflochten denkt und nicht nur aus der freien Forschung auf eine freie Gesellschaft schließt, sondern auch bestimmte Herrschaftsansprüche der Philosophie transportiert: den Herrschaftsanspruch einer zukünftigen deutschen Nation über die anderen Völker ebenso wie denjenigen der Philosophie über diese Nation.

53 Steffens 1841: 79.
54 Jean Paul 1966: 1013.
55 Schippan 2017: 160.

Literatur

Blumenberg, Hans (1979): *Schiffbruch mit Zuschauer*. Frankfurt a.M.: Suhrkamp.

Clark, William (2006): *Academic Charisma and the Origins of the Research University*. Chicago, London: University of Chicago Press.

Fichte, Johann Gottlieb (1965): Über den Begriff der Wissenschaftslehre oder der sogenannten Philosophie, als Einladungsschrift zu seinen Vorlesungen über die Wissenschaft. In: *Gesamtausgabe der Bayerischen Akademie der Wissenschaften*. Reihe I, Bd. 2: *Werke 1793–1795*. Hrsg. von Reinhard Lauth & Hans Jacob unter Mitw. von Manfred Zahn. Stuttgart-Bad Cannstatt: Frommann-Holzboog, 91–172.

Fichte, Johann Gottlieb (1966a): Einige Vorlesungen über die Bestimmung des Gelehrten. In: *Gesamtausgabe der Bayerischen Akademie der Wissenschaften*. Reihe I, Bd. 3: *Werke 1794–1796*. Hrsg. von Reinhard Lauth & Hans Jakob unter Mitw. von Richard Schottky. Stuttgart-Bad Cannstatt: Frommann-Holzboog, 1–74.

Fichte, Johann Gottlieb (1966b): Von der Sprachfähigkeit und dem Ursprung der Sprache. In: *Gesamtausgabe der Bayerischen Akademie der Wissenschaften*. Reihe I, Bd. 3: *Werke 1794–1796*. Hrsg. von Reinhard Lauth & Hans Jakob unter Mitw. von Richard Schottky. Stuttgart-Bad Cannstatt: Frommann-Holzboog, 91–128.

Fichte, Johann Gottlieb (1968): Fichte an Marie Johanne Rahn am 5. 9.1790. In: *Gesamtausgabe der Bayerischen Akademie der Wissenschaften*. Reihe III, Bd. 1: *Briefwechsel 1775–1793*. Hrsg. von Hans Jacob & Reinhard Lauth. Stuttgart-Bad Cannstatt: Frommann-Holzboog, 169–174.

Fichte, Johann Gottlieb (1970a): Versuch einer neuen Darstellung der Wissenschaftslehre. In: *Gesamtausgabe der Bayerischen Akademie der Wissenschaften*. Reihe I, Bd. 4: *Werke 1797–1798*. Hrsg. von Reinhart Lauth & Hans Gliwitzky unter Mitw. von Richard Schottky. Stuttgart-Bad Cannstatt: Frommann-Holzboog, 167–282.

Fichte, Johann Gottlieb (1970b): Fichte an Anna Henriette Schütz am 15. 1.1794. In: *Gesamtausgabe der Bayerischen Akademie der Wissenschaften*. Reihe III, Bd. 2: *Briefwechsel 1793–1795*. Hrsg. von Hans Jacob & Reinhard Lauth. Stuttgart-Bad Cannstatt: Frommann-Holzboog, 49–51.

Fichte, Johann Gottlieb (1970c): Fichte an Karl August Böttiger am 4. 2.1794. In: *Gesamtausgabe der Bayerischen Akademie der Wissenschaften*. Reihe III, Bd. 2: *Briefwechsel 1793–1795*. Hrsg. von Hans Jacob & Reinhard Lauth. Stuttgart-Bad Cannstatt: Frommann-Holzboog, 54–56.

Fichte, Johann Gottlieb (1970d): Fichte an Johann Kaspar Lavater im Februar 1794. In: *Gesamtausgabe der Bayerischen Akademie der Wissenschaften*. Reihe III, Bd. 2: *Briefwechsel 1793–1795*. Hrsg. von Hans Jacob & Reinhard Lauth. Stuttgart-Bad Cannstatt: Frommann-Holzboog, 60–62.

Fichte, Johann Gottlieb (1970e): Fichte an Marie Johanne Fichte am 14.–17.6.1794. In: *Gesamtausgabe der Bayerischen Akademie der Wissenschaften*. Reihe III, Bd. 2: *Briefwechsel 1793–1795*. Hrsg. von Hans Jacob & Reinhard Lauth. Stuttgart-Bad Cannstatt: Frommann-Holzboog, 133–137.

Fichte, Johann Gottlieb (1970 f): Fichte an Johann Christoph Friedrich Schiller am 27. 6.1795. In: *Gesamtausgabe der Bayerischen Akademie der Wissenschaften*. Reihe III, Bd. 2: *Briefwechsel 1793–1795*. Hrsg. von Hans Jacob & Reinhard Lauth. Stuttgart-Bad Cannstatt: Frommann-Holzboog, 336–340.

Fichte, Johann Gottlieb (1971): Ueber den Unterschied des Geistes, u. des Buchstabens in der Philosophie. In: *Gesamtausgabe der Bayerischen Akademie der Wissenschaften*. Reihe II, Bd. 3: *Nachgelassene Schriften 1793–1795*. Hrsg. von Reinhard Lauth & Hans Jacob unter Mitw. von Hans Gliwitzky & Peter Schneider. Stuttgart-Bad Cannstatt: Frommann-Holzboog, 323–333.

Fichte, Johann Gottlieb (1972): Fichte an Karl Leonhard Reinhold am 21. 3.1797. In: *Gesamtausgabe der Bayerischen Akademie der Wissenschaften*. Reihe III, Bd. 3: *Briefwechsel 1796–1799*. Hrsg. von Reinhard Lauth & Hans Gliwitzky unter Mitw. von Manfred Zahn & Peter Schneider. Stuttgart-Bad Cannstatt: Frommann-Holzboog, 56–58.

Fichte, Johann Gottlieb (1979): Ascetik als Anhang zur Moral. In: *Gesamtausgabe der Bayerischen Akademie der Wissenschaften*. Reihe II, Bd. 5: *Nachgelassene Schriften 1796–1801*. Stuttgart-Bad Cannstatt: Frommann-Holzboog, 55–78.

Fichte, Johann Gottlieb (1985): Die Wissenschaftslehre. In: *Gesamtausgabe der Bayerischen Akademie der Wissenschaften*. Reihe II, Bd .8: *Nachgelassene Schriften 1804*. Hrsg. von Reinhard Lauth & Hans Gliwitzky unter Mitw. von Erich Fuchs. Stuttgart-Bad Cannstatt: Frommann-Holzboog.

Fichte, Johann Gottlieb (1988): Sonnenklarer Bericht an das größere Publikum über das eigentliche Wesen der neuesten Philosophie. In: *Gesamtausgabe der Bayerischen Akademie der Wissenschaften*. Reihe I, Bd. 7: *Werke 1800–1801*. Hrsg. von Reinhard Lauth & Hans Gliwitzky. Unter Mitw. von Erich Fuchs & Peter K. Schneider. Stuttgart-Bad Cannstatt: Frommann-Holzboog, 165–274.

Fichte, Johann Gottlieb (1991): Die Grundzüge des gegenwärtigen Zeitalters. In: *Gesamtausgabe der Bayerischen Akademie der Wissenschaften*. Reihe I, Bd. 8: *Werke 1801–1806*. Hrsg. von Reinhard Lauth & Hans Gliwitzky. Unter Mitw. von Josef Beeler. Stuttgart-Bad Cannstatt: Frommann-Holzboog, 141–398.

Fichte, Johann Gottlieb (2005): Reden an die deutsche Nation. In: *Gesamtausgabe der Bayerischen Akademie der Wissenschaften*. Reihe I, Bd. 10: *Werke 1808–1812*. Hrsg. von Erich Fuchs et al. Stuttgart-Bad Cannstatt: Frommann-Holzboog, 1–454.

Howard, Thomas Albert (2006): *Protestant Theology and the Making of the Modern German University*. Oxford, New York: Oxford University Press.

Jean Paul (1966): Clavis Fichtiana, Vorrede. In: *Sämtliche Werke*. Hrsg. von Norbert Miller. Abt. 1, Bd. III. München: Hanser, 1011–1018.

Kant, Immanuel (1958): Logik. In: *Theorie-Werkausgabe*. Hrsg. von Wilhelm Weischedel. Bd. VI. Frankfurt a.M.: Suhrkamp, 419–584.

Kant, Immanuel (1964a): Beantwortung der Frage: Was ist Aufklärung? In: *Theorie-Werkausgabe*. Hrsg. von Wilhelm Weischedel. Bd. 11. Frankfurt a.M.: Suhrkamp, 53–62.

Kant, Immanuel (1964b): Der Streit der Fakultäten. In: *Theorie-Werkausgabe*. Hrsg. von Wilhelm Weischedel. Bd. 11. Frankfurt a.M.: Suhrkamp, 265–393.

Kaveny, Cathleen (2016): *Prophecy without Contempt. Religious Discourse in the Public Square*. Cambridge (Mass.): Harvard University Press.

Lübbe, Hermann (1974): Die philosophischen Ideen von 1914. In: Ders., *Politische Philosophie in Deutschland*. München: DTV, 173–238.

Müller-Vollmer, Kurt (1981): Fichte und die romantische Sprachtheorie. In: Klaus Hammacher (Hrsg.), *Der transzendentale Gedanke. Die gegenwärtige Darstellung der Philosophie Fichtes*. Hamburg: Meiner, 442–459.

Oesterreich, Peter & Hartmut Traub (2006): *Der ganze Fichte. Die populäre, wissenschaftliche und metaphilosophische Erschließung der Welt*. Stuttgart: Kohlhammer.

Ries, Klaus (2007): *Wort und Tat. Das politische Professorentum der Universität Jena im frühen 19. Jahrhundert*. Stuttgart: Steiner.

Schelling, Friedrich W.J. (1990): *Vorlesung über die Methode (Lehrart) des akademischen Studiums*. Auf der Grundlage des Textes der Ausgabe von Otto Weiss mit Einleitung und Anmerkungen und einer Beilage „Schellings philosophisches Testament" neu hrsg. von Walter E. Ehrhardt. Hamburg: Meiner.

Schippan, Martin (2017): *Die Akademische Antrittsrede um 1800. Literarische Konstitution der philosophischen Öffentlichkeit*. Heidelberg: Winter.

Schleiermacher, Friedrich (1998): Gelegentliche Gedanken über Universitäten in deutschem Sinn. Nebst einem Anhang über eine neu zu errichtende. In: *Kritische Schleiermacher Gesamtausgabe*. Abt. I., Bd. 6: *Universitätsschriften. Herakleitos. Kurze Darstellung des theologischen Studiums*. Hrsg. von Dirk Schmid. Berlin, New York: De Gruyter, 15–100.

Siegel, Martin (2009): Die Einforderung eines lebendigen Sprachvollzuges als Kennzeichen der späten Wissenschaftslehre Fichtes. In: *Fichte Studien* 32, 67–78.

Steffens, Henrik (1841): *Was ich erlebte. Aus den Erinnerungen niedergeschrieben*. Bd. 4. Breslau: Max.

Surber, Jere Paul (1996): *Language and German Idealism. Fichte's Linguistic Philosophy*. Amherst, New York: Humanities Press.

Thouard, Denis (2016): *Geteilte Ideen. Philosophische Versuche, den Leser zum Verstehen zu bringen*. Aus dem Französischen von Ulrich Kunzmann. Berlin: Matthes & Seitz.

Villacañas, José L. (1993): Fichte und die charismatische Verklärung der Vernunft. In: *Fichte Studien* 5, 117–148.

Weidner, Daniel (2007): Kants Säkularisierung der Philosophie, die politische Theologie der bürgerlichen Gesellschaft und die Kritik der Bibel. In: *Zeitschrift für Religions- und Geistesgeschichte* 59 (2), 97–120.

Zahn, Manfred (1981): Fichtes Sprachproblem und die Darstellung der Wissenschaftslehre. In: Klaus Hammacher (Hrsg.), *Der transzendentale Gedanke. Die gegenwärtige Darstellung der Philosophie Fichtes*. Hamburg: Meiner, 155–167.

Ziche, Paul (2008): Philosophie als Propädeutik und Grundlage akademischer Wissenschaft. Schellings Vorlesungen über die Methode des akademischen Studiums im Kontext der Universität Jena um 1800. In: Istvan Fehér & Peter Oesterreich (Hrsg.), *Philosophie und Gestalt der Europäischen Universität* (Schellingiana 18). Stuttgart-Bad Cannstatt: Frommann-Holzboog, 147–168.

Zöller, Günter (2008): „Veredelung des Menschengeschlechts durch wissenschaftliche Bildung". Die Universität als Kunstschule des Wissenschaftlichen Verstandesgebrauches bei J.G. Fichte. In: Istvan Fehér & Peter Oesterreich (Hrsg.), *Philosophie und Gestalt der Europäischen Universität* (Schellingiana 18). Stuttgart-Bad Cannstatt: Frommann-Holzboog, 103–122.

Andrea Polaschegg

Unbotmäßige Literaturgeschichtsschreibung deutsch. Friedrich Schlegels Wiener Vorlesungen *Geschichte der alten und neuen Literatur* (1812)

Bereits vier Jahre, nachdem Friedrich Schlegel seine Wiener Vorlesungen *Geschichte der alten und neuen Literatur* 1814 in den Druck gegeben hatte,[1] erschien in Edinburgh ihre englische Übersetzung.[2] Unter dem Titel *Lectures on the History of Literature, Ancient and Modern* erfuhr diese Übersetzung in den folgenden Jahrzehnten zahlreiche Neuauflagen und -ausgaben,[3] im Jahre 1841 auch die erste US-amerikanische: „We may be allowed to add", so schließt der New Yorker Herausgeber seine Vorrede, „that we possess few works, not written in our own vernacular, which discover the ornaments of a more polished rhetoric, or one characterized by greater felicity of expression and style", was zwar nicht zuletzt dem begnadeten Übersetzer zuzurechnen sei, doch im selben Maße eben auch „the genius of the original, and the rich exuberance of German idiom".[4] Dass es sich bei Schlegels Literaturgeschichtsvorlesungen um ein „work of permanent value" handelt, steht für den amerikanischen Editor außer Frage. Entsprechend versieht er seinen Neudruck der Edinburgher Übertragung zusätzlich mit einem Namens- und Schlagwortregister, „with the view of facilitating reference, and rendering it more complete as a standard synoptical book on all subjects connected with our literary annals".[5]

Es ist nicht ohne Signifikanz, dass es einer Vermittlung durch die englischsprachige Publikations- und Rezeptionsgeschichte bedarf, um in Deutschland überhaupt auf die Idee zu kommen, Friedrich Schlegels *Geschichte der alten*

---

1 Die Vorlesungen sind, datiert auf das Folgejahr, 1814 erschienen: Schlegel 1815.

2 Schlegel 1818. 1819 folgte eine zweite Auflage.

3 Auf Grundlage der Daten des Karlsruher Virtuellen Katalogs habe ich bis in die 1880er Jahre zehn Ausgaben im Vereinigten Königreich gezählt, vgl. https://kvk.bibliothek.kit.edu (19.07.2019). Eine Forschung zur Rezeption der Vorlesungen im englischsprachigen Raum existiert nicht.

4 Schlegel 1841b: vi f. Die Übersetzung stammt von John Gibson Lockhart, Esq. aus dem Jahre 1818.

5 Ebd.: vii. Die Londoner Ausgabe von 1859 publiziert die Vorlesungen dann ebenfalls mit einem Register: Schlegel 1859.

https://doi.org/10.1515/9783110676631-006

und neuen Literatur als ein literaturhistorisches Grundlagenwerk und zugleich als ein Eckdatum der deutschen Wissenschaftssprache zu begreifen. Wie ich im Folgenden darlegen will, schreibt sich dieser doppelte Statuszuweis an Schlegels Vorlesungen nämlich keineswegs aus einem wie auch immer gearteten Spleen unserer anglophonen Nachbarn her. Vielmehr resultiert umgekehrt die anhaltende und teils programmatische Dekanonisierung der *Geschichte der alten und neuen Literatur* hierzulande[6] aus einer sehr deutschen und überdies sehr nationalphilologischen Idiosynkrasie gegenüber diesem traditionell ungelesenen Text, seinem Autor und seinem konkreten Entstehungskontext.

Eine eingehendere Beschäftigung mit Schlegels Wiener Literaturgeschichtsvorlesungen verspricht somit nicht allein Aufschluss über die Entwicklungsgeschichte des Deutschen als Wissenschaftssprache, sondern auch über die weltanschauliche Grundierung der gegenwärtigen Literaturwissenschaft samt ihrer disziplinären und politischen Traditionslinien. Beides kulminiert, soviel sei vorweggenommen, in der zentralen Bezugsgröße der ‚Nation(alliteratur)', deren staatspolitische und konfessionskulturelle Implikationen das Gegenstandsverständnis der heutigen Germanistik in Deutschland nicht weniger stark prägen, als sie diejenige Öffentlichkeit bestimmt haben, der Friedrich Schlegel in den 1810er Jahren seine Vorlesungen präsentierte – wenngleich unter umgekehrtem Vorzeichen.

1 Erinnerung und Bewusstsein: performativ

Als Vortragender war Friedrich Schlegel in Wien kein Unbekannter mehr, als er vom 27. Februar bis zum 30. April 1812 im Tanz- und Konzertsaal des renommierten Gasthofs „Zum römischen Kaiser" auf der Freyung seine insgesamt 16 literaturgeschichtlichen Vorlesungen hielt. Schon im Frühjahr 1810 hatte er öffentlich *Über die neuere Geschichte* gelesen, was in der Wiener Gesellschaft großen Anklang fand, und diese Vorlesungen im Folgejahr schließlich „ganz so, wie sie gehalten wurden", mit enormer Resonanz publiziert.[7] So kann es nicht

---

6 Nach der Aufnahme der Vorlesungen in die von Schlegel selbst besorgte Werkausgabe (1822–1846), wo sie bezeichnenderweise die ersten beiden Bände füllen, hat die *Geschichte der alten und neuen Literatur* in Deutschland bis heute nur zwei weitere Ausgaben mit je einer Auflage erfahren: Schlegel 1841a und Schlegel 1911.

7 Schlegel 1811: Vorrede, o.P. Umgekehrt proportional zum, im Übrigen auch internationalen, Erfolg dieser Wiener Geschichtsvorlesungen verhält sich die Forschung zu den Texten. Das *Friedrich Schlegel Handbuch* widmet ihnen eine magere Spalte im Segment „Werke und Werkgruppen" ohne eigenes Lemma (Schöning 2017: 250 f.) sowie eine gute halbe Spalte im biogra-

verwundern, dass auch Schlegels Vortrag seiner *Geschichte der alten und neuen Literatur* zu einem gesellschaftlichen Ereignis wurde und rund 200 überwiegend adelige Wienerinnen und Wiener[8] Karten erwarben, um sich – wie es in der Ankündigung der Veranstaltung im *Oesterreichischen Beobachter* vom 19. Februar 1812 zu lesen stand – „[d]ie Litteratur in ihrem vielfachen Einflusse auf das wirkliche Leben, auf das Schicksal der Nationen und den Gang der Zeiten dar[ ]stellen" zu lassen.[9] Der junge Joseph von Eichendorff war ebenfalls dabei und notierte zur ersten Vorlesung in sein Tagebuch: „Großes Publikum. Vorn Kreis von Damen, Fürstin Liechtenstein mit ihren Prinzessinnen, Lichnowsky, etc. 29 Fürsten. Unten großes Gedränge von Equipagen, wie auf einem Ball. Sehr brillant."[10]

Wie kurz nach ihm auch Adam Müller zielte Schlegel mit seinen Wiener Vorlesungen auf ein gesellschaftlich und politisch einflussreiches Publikum außerhalb der institutionalisierten Gelehrsamkeit und ihrer Räume ab[11] und folgte damit auf der Ebene der rhetorischen *actio* demselben Kalkül wie in der Behandlung und Darstellung seines literarischen Gegenstandes. Er habe es sich zur Aufgabe gemacht, so heißt es in der Widmungsvorrede der Druckfassung an den Fürsten von Metternich 1814 noch einmal pointiert, mit seiner *Geschichte der alten und neuen Literatur* „der großen Kluft, welche immer noch die literarische Welt und das intellektuelle Leben des Menschen von der praktischen Wirklichkeit trennt, entgegen zu wirken", und zwar durch „das darin aufgestellte Gemälde von der Geistesbildung der merkwürdigsten Völker Europas".[12]

Anders als die Vollmundigkeit dieses Anspruchs und die holistische Formulierung des Vorlesungstitels vermuten lassen könnten, löst Friedrich Schlegel sein Versprechen, in der *Geschichte der alten und neuen Literatur* „den Geist der Literatur in jedem Zeitalter, das Ganze derselben, und den Gang ihrer Entwicklung bei

---

phischen Segment (Breuer 2017), deren Darstellung auf die immerhin ein wenig umfangreicheren Ausführungen in Ernst Behlers Biographie zurückgeht, vgl. Behler 1996: 112–117.

8 Zum Publikum vgl. die Einleitung von Hans Eichner in der *Kritischen Friedrich-Schlegel-Ausgabe*: Eichner 1961: XXIII.

9 O.A. 1812.

10 Eichendorff 1980: 700.

11 Zur Diskurspolitik und Gattungspoetik von Müllers Vorlesungen (Müller 1967) vgl. den differenzierten Beitrag von Peter Schnyder in diesem Band. Die kulturpolitischen Strategien von Müllers und Schlegels Wiener Vorlesungen vergleichend herausgearbeitet hat Herrmann 2015: 227–248.

12 Schlegel 1961: 4. Nachweise hieraus im Folgenden mit Angabe der Seitenzahl direkt im Text. Zur Bedeutung dieses Programms eines gestaltenden Einflusses der Literatur auf das „Leben" bei Schlegel vgl. Marquardt 1995: 28 f.

den wichtigsten Nationen" (6) darzustellen, tatsächlich ein: Die 16 Vorlesungen enthalten nicht weniger als die erste gesamteuropäische Literaturgeschichte, die von der Antike bis in die Schlegel'sche Gegenwart reicht und über die Einbeziehung der orientalischen Literaturgeschichte in einen welthistorischen Horizont eingestellt wird, wobei unter ‚Literatur' keineswegs allein Dichtung, sondern gleichermaßen Philosophie, Historiographie und Rhetorik – also die *litterae* in ihrer Gesamtheit – gefasst und in ihrer Wechselwirkung mit dem „Schicksal der Nationen und de[m] Gang der Zeiten" (9) sichtbar gemacht werden.

Für das Verständnis sowohl der historiographischen Konzeption und induktiven Epistemologie als auch der politischen und kulturellen Wirkungsabsicht der Vorlesungen[13] besonders entscheidend ist der weite Literaturbegriff, der ihnen zugrunde liegt, zusammen mit dem Umstand, dass Schlegel seine *europäische* Literaturgeschichte *welthistorischer* Abmessung eben in *deutscher* Sprache vorgetragen und publiziert hat,[14] und dies beides in *Wien*. Wenn seine Vorlesungen, so heißt es in der Vorrede zur Druckfassung, unter „Literatur" weit mehr verhandelten, „als man sonst wohl unter jener Überschrift zu erwarten gewohnt ist", so sei dies weder „Auswuchs" noch Frucht des Zufalls, sondern es resultiere aus dem „in diesem Werke durchgehends herrschenden Begriff von Literatur, als dem Inbegriff des intellektuellen Lebens einer Nation" (7).

Nur unter dieser Voraussetzung gewinnt das Projekt einer Literaturgeschichtsschreibung für Schlegel überhaupt Relevanz, und ihr verdankt die *Geschichte der alten und neuen Literatur* auch ihre genuin politische Pointe, die in der eigentümlich rekursiven Bewegung der Vorlesungen liegt:

Die zentrale Ordnungskategorie der Schlegel'schen Weltliteraturgeschichtsschreibung – Jürgen Fohrmann nennt sie ihre „klassifikatorische Dominante"[15] – ist, wie bereits erwähnt, die Nation. Als konstitutiv für die Entwicklung jeglicher Nation behauptet Schlegel nun einerseits die Existenz „große[r] National-Erinnerungen" eines Volkes (15), für deren Bewahrung und Tradierung die Dichtkunst zuständig ist (59), zum anderen das Vorhandensein eines „klaren Bewußtsein[s] seiner eigenen Taten und Schicksale" (16) in Form der Ge-

13 Eine ausführliche Darstellung dieser Konzeption und der Strategien, nach denen Schlegel sein immenses Material zu einer geschlossenen historiographischen Erzählung ordnet, findet sich in Polaschegg 2017: 224–233.

14 Nicht zuletzt in dieser Spannung zwischen europäischem Gegenstand und deutscher Sprache unterscheiden sich Schlegels Literaturgeschichtsvorlesungen nicht nur kategorial von denen Adam Müllers, sondern auch von den nachfolgenden deutschsprachigen Literaturgeschichten, namentlich von Georg Gottfried Gervinus' *Geschichte der poetischen National-Literatur der Deutschen* (5 Bde. Leipzig 1835–1842) und Joseph von Eichendorffs *Geschichte der poetischen Literatur Deutschlands* (2 Bde. Paderborn 1857).

15 Fohrmann 1989: 111.

schichtsschreibung. Ohne Nationalerinnerungen im Speicher der Dichtung und ohne Geschichtsschreibung als reflektierende Produktionsinstanz von Selbstbewusstsein im Wortsinne können Völker, dieser Logik folgend, keine Nationen werden.

Mit seiner *Geschichte der alten und neuen Literatur* reiht Schlegel sich selbst also zunächst performativ in eben diejenige Literaturgeschichte ein, die seine Vorlesungen *als* Literatur allererst schreiben.[16] Und weil es sich dabei um Geschichtsschreibung handelt, produziert der Verfasser zugleich und ebenfalls performativ historiographisches Selbstbewusstsein und arbeitet somit tatsächlich ganz praktisch an der Konstitution einer deutschen Nation mit.[17]

Als erste Literaturgeschichte in deutscher Sprache sind Schlegels Wiener Vorlesungen also per se bereits ein nationalpolitisches Projekt, und dies gerade nicht aufgrund ihres Gegenstandsbereichs, der ein ausgewiesen transnationaler ist, sondern wegen ihres historiographischen Formats und ihres Charakters als deutschsprachige Literatur.

2 Literaturgeschichte in der „preußisch-kleindeutschen Schule"

Seine besondere Kontur gewinnt dieses Projekt – und gewinnt auch dessen Diskussion im Rahmen einer Auseinandersetzung mit dem Deutschen als Wissenschaftssprache – allerdings dadurch, dass Friedrich Schlegel seine Vorlesungen eben in Wien hält und sie auch dort publiziert. Der Zusammenhang von deutscher Sprache, Literatur und Nation präsentiert sich aus der Perspektive der Hauptstadt des Habsburger Vielvölkerreichs im Jahre 1812 nämlich als ein ungleich spannungsreicherer und auch ungleich spannenderer als in einem Horizont, der auf den Raum um Weimar, Leipzig, Göttingen, Frankfurt oder Berlin beschränkt ist: Im Herrschaftsgebiet des seit 1804 bestehenden österreichischen Kaisertums (dem nach Russland zweitgrößten Staat Europas) war das Deutsche – trotz der entsprechenden Reformversuche Josephs II. – weder Schulsprache noch Amts-

16 Auf den performativen Charakter der Vorlesungen hat auch Christopher Busch hingewiesen, der darin eine „Reminiszenz frühromantischer Versuche" sieht, „den Prozesscharakter der Dichtung reflexiv zu beschreiben" (Busch 2011: 38).

17 Zwar gebe ich Britta Herrmann recht, wenn sie auf den wichtigen Beitrag von Schlegels Zeitschriften – darunter auch das ebenfalls 1812 in Wien gegründete *Deutsche Museum* – für den Brückenschlag zwischen Literatur und Leben im Zeichen der Nation hinweist (vgl. Herrmann 2015: 229, 235 f.), doch das Potential der historiographischen Darstellungsform als Generator nationalen Selbstbwusstseins geht noch weit darüber hinaus.

sprache, und aufgrund der Dominanz des Katholizismus in den Kronländern spielte es auch in der religiösen Kultur und Praxis nur eine untergeordnete Rolle. Stattdessen diente das Lateinische in diesem Vielvölkerreich als eine *lingua franca* und erfüllte wichtige staats- und gesellschaftskulturelle Integrationsfunktionen. Eine deutschsprachige Dichtung eigener poetischer Dignität begann sich hier entsprechend erst Mitte des 18. Jahrhunderts langsam zu formieren und sich noch langsamer gegen die lateinische Dichtung durchzusetzen.[18]

Welches Textkorpus zu welcher Zeit eine Geschichte der deutschsprachigen *litterae* eigentlich umfasst und vor allem, welche konkreten Abmessungen die Nation besitzt oder besitzen soll, die diese Literatur zu einer ‚Nationalliteratur' macht und *vice versa*, ist mit Blick auf die deutschsprachigen Teile Habsburgs also eine durchaus neuralgische Frage – und dies nicht allein für Friedrich Schlegel und auch nicht allein während der Jahrzehnte um 1800.

Auf die weitreichenden Differenzen zwischen Wien als Hauptstadt eines Kaiserreichs, dessen Grenzen jede wie auch immer zugeschnittene deutsche Nation weit überstiegen, und den deutschen Staaten(bünden), die allesamt kleiner waren als eine solche Nation, eigens hinzuweisen, erscheint mit Blick auf die etablierten Parameter germanistischer Forschung und Historiographie alles andere als obsolet. Schließlich tendiert die deutsche Literatur- und Kulturwissenschaft traditionell dazu, selbst in der historischen Rückschau terminologisch und konzeptuell das ‚Deutschsprachige' mit dem ‚Deutschen' und beides derart selbstverständlich mit ‚Deutschland' als Referenzgröße der ‚Nationalliteratur' kurzzuschließen, als hätte es Habsburg bzw. Österreich und die Schweiz als eigenständige staatspolitische und gesellschaftliche Größen nie gegeben – oder zumindest nicht in literatur- und kulturgeschichtlich relevanter Weise. Aller diskurs- und systemtheoretischen Schulung zum Trotz wird österreichische und schweizerische Literatur, wenn sie sich (wie etwa im Falle des realistischen Romans und der klassischen Moderne) als kanonkonstitutiv präsentiert, von der deutschen Literaturwissenschaft jedenfalls durchweg wie deutsche Literatur behandelt oder, wo dies nicht der Fall ist, ausgeblendet.

Michael Böhler hat diese bemerkenswerte Fachtendenz zur wechselseitigen Überblendung des ‚Deutschsprachigen' mit dem ‚Deutschen' in seiner erhellenden Analyse germanistischer Literaturgeschichten seit der Nachkriegszeit auf den schönen Begriff des „synekdochische[n] Glissando[s]" gebracht[19] und auf die starken kulturhegemonialen Kräfte hingewiesen, die dabei wirken. Ein wenig überpointiert könnte man somit konstatieren, dass die literatur- und kultur-

18 Vgl. den Überblick in Zeyringer 2012: 45–126; differenziert: Michler 2011: 187–206.
19 Böhler 2002: insb. 20–23.

wissenschaftliche Fachpraxis in Deutschland mit ihrem synekdochischen Konzept des ‚Deutsch(sprachig)en' sich insgesamt im Rahmen einer „preußisch-kleindeutschen Schule" bewegt. Unter dieser Rubrik hatten Friedrich Jaeger und Jörn Rüsen in ihrer *Geschichte des Historismus* Historiker wie Mommsen, Droysen, Treischke und Gervinus zusammengefasst und von anderen historiographischen Ansätzen des 19. Jahrhunderts – etwa denen Rankes oder Niebuhrs – abgegrenzt, deren Horizont Habsburg und die Schweiz selbstverständlich mit umfasste.[20]

Wenn Friedrich Schlegel 1812 in Wien bei seinem Projekt einer nationalkonstituierenden Literaturgeschichtsschreibung europäischer Provenienz die deutsche Sprache performativ zum alles entscheidenden Medium wählt, dann reagiert er damit auf eben jenes zutiefst ambivalente Verhältnis von Sprache, Nation, Gesellschaft und Staat, das die deutschsprachige Literatur von jeher geprägt hat und bis heute prägt, während es die deutsche Literaturwissenschaft durch ihr „synekdochisches Glissando" zwischen dem ‚Deutschsprachigen' und dem ‚Deutschen' traditionell blind macht.

Dass diese literaturwissenschaftliche Blindheit tatsächlich eine „preußisch-kleindeutsche" Prägung besitzt und durchaus kulturhegemoniale Züge trägt, lässt sich an der Rezeption der *Geschichte der alten und neuen Literatur* gut ablesen, die innerhalb des Fachs bekanntlich kaum stattgefunden hat, obwohl an der exzeptionellen Bedeutung des Werks für die Literaturgeschichtsschreibung kein Zweifel bestehen kann.[21] Besonders augenfällig wird dies am konfessionspolitischen Kalkül, dem die Dekanonisierung von Schlegels Literaturgeschichte in guter preußischer Tradition folgt, insofern mit der Konversion des Autors zum Katholizismus im Jahr 1808 eine kategoriale werkgeschichtliche Zäsur gesetzt wird, die das ‚progressive', ‚kosmopolitische' und ‚liberale' Frühwerk vom ‚restaurativen', ‚patriotisch-nationalistischen' und ‚reaktionären' Spätwerk trennt.[22] „Anstößig wirkt", so formuliert es Stefan Matuschek stellvertretend für viele andere deutsche Fachvertreter, „der Katholizismus seiner späten Jahre, der das am jüngeren Schlegel bewunderte kritische Urteilsvermögen und die historische Kenntnisweite zu einseitiger, extremer Religiosität verschiebt. Der Pionier kritischer historischer Wissenschaft wird zum konfessionellen Eiferer."[23] Zusammen mit Wien als ihrem Ereignisraum und Metternich als Adressat ihrer Widmungsvorrede fundiert dies die weithin geteilte Einschätzung, die *Geschichte der alten und neuen Literatur* sei

20 Jaeger & Rüsen 1992: 86–92.

21 Darauf hatte bereits René Wellek hingewiesen, vgl. Wellek 1978: 281–293; ebenso Marquart 1995: 27–31 und Fohrmann 1989: 110–114.

22 Vgl. dazu exemplarisch Bauer 2014: 161; Breuer 2010: 69.

23 Matuschek 2001: 194.

„eines der Gründungsdokumente wissenschaftlicher Literaturgeschichtsschreibung und zugleich ein Dokument katholisch restaurativer Tendenz",[24] was die Vorlesungen an den Rand des literaturwissenschaftlichen Lektürekanons verschoben hat, wo nicht darüber hinaus.

Die Mechanismen dieser bis heute erfolgreichen programmatischen Ignoranz gegenüber Schlegels Vorlesungen vor dem – sei es explizierten, sei es implizit bleibenden – Hintergrund seiner Konversion kann man im Übrigen am literaturwissenschaftlichen Umgang mit den Werken sämtlicher konvertierter Autorinnen und Autoren der deutschsprachigen Literatur verfolgen. Angefangen von Adam Müller, Clemens Brentano und Zacharias Werner über Hermann Bahr, Hugo Ball und Gertrud von le Fort bis hin zu Alfred Döblin: überall markiert der Übertritt der Autorinnen und Autoren zum Katholizismus die Grenze ihres literaturwissenschaftlich wahr- und ernstgenommenen Werks.[25] Die besondere Pointe liegt im Falle der *Geschichte der alten und neuen Literatur* indes darin, dass der literaturwissenschaftliche Kurzschluss von Schlegels Konversion mit dem Verlust „kritischer Urteilskraft" und „historischer Kenntnisweite"[26] ausgerechnet die kulturräumlich und -zeitlich mit Abstand umfänglichste Literaturgeschichte des gesamten 19. Jahrhunderts betrifft. Und wie im Folgenden zu zeigen sein wird, liegt in der tatsächlich katholischen Justierung der Schlegel'schen Vorlesungen zugleich die Bedingung der Möglichkeit ihres europäischen Ausgriffs im weltliterarischen Horizont, während Wien den konstitutiven Bezugspunkt für die performative Schaffung einer Nation in den Abmessungen des deutschsprachigen Raums bildet.

Dies sei nun genauer nachgezeichnet, wobei die Darstellung angesichts der ungeheuerlichen Menge an Sprachen, Texten und Zusammenhängen, die Schlegel auf den rund 400 Seiten seiner Vorlesungen durcharbeitet und historiographisch arrangiert, notwendig skizzenhaft bleiben muss.[27]

24 Ebd.

25 Die Geschichte dieser konfessionsgrundierten Dekanonisierungspolitik, ihrer nationalen Hintergründe und Folgen ist noch nicht geschrieben. Ansätze finden sich bei Osinski 1993; auf die Spur des Protestantismus der deutschen Literaturwissenschaft und seiner epistemologischen und politischen Effekte hat sich zuletzt Clemens Pornschlegel gesetzt: Pornschlegel 2017.

26 Vgl. dazu kritisch Wegmann 2017: insb. 156 f.

27 Vgl. dazu noch einmal ausführlicher Polaschegg 2017; Polaschegg 2019.

3 Sprache, Nation und Literatur: Ordnungsversuche

Das zentrale Medium sowohl der Schlegel'schen Vorlesungen selbst als auch ihres Gegenstandes ist die „Muttersprache" (9–11): Allein in ihr hätten sich die Nationalerinnerungen der Völker artikuliert, von denen die höfische Gesellschaft durch ihre Frankophonie und der Gelehrtenstand durch das Lateinische ebenso abgekoppelt gewesen seien wie voneinander getrennt. „Die Trennung des gelehrten Standes und der gesellschaftlichen Bildung unter sich und von dem Volke", so hält Schlegel gleich zu Beginn der ersten Vorlesung programmatisch fest, „ist das größte Hindernis einer allgemeinen Nationalbildung" (11). Denn hier gelte der Grundsatz: „[U]nzertrennlich ist Geist und Sprache, [. . .] wesentlich eins Gedanke und Wort" (14). Seit Mitte des 18. Jahrhunderts aber – und auf diese Datierung wird zurückzukommen sein – sei die Wertschätzung der deutschen Sprache und der in ihr verfassten Werke deutlich gestiegen, was nicht nur die Hoffnung auf eine ständeübergreifende Einheit nähre, sondern auch auf die Rückbesinnung der Gelehrten und Gebildeten auf die besagten Nationalerinnerungen (10).

An eben diesem Punkt setzt das performative Kalkül von Schlegels deutschsprachiger Literaturgeschichte an, die ihrem Selbstverständnis nach als gesellschaftliches Integral und als Brückenschlag zu den „vaterländischen Erinnerungen" (10) gleichermaßen dienen soll. Angesichts dieser starken Akzentuierung der Muttersprache ist es umso bemerkenswerter, dass der Verfasser die An- und Zuordnungen der europäischen und orientalischen Nationalliteraturen gerade nicht über die Verwandtschaftsbeziehungen ihrer Sprachen organisiert. Schließlich hatte Friedrich Schlegel nicht einmal sechs Jahre zuvor seine für die Entwicklung der vergleichenden Sprachwissenschaft so richtungsweisende Schrift *Über die Sprache und Weisheit der Indier*[28] vorgelegt und darin die bahnbrechende Erkenntnis formuliert, dass sich die Weltsprachen nach ihren jeweiligen Bildungsgesetzen zu verschiedenen Sprachfamilien gruppieren lassen, die untereinander wiederum keinerlei Verwandtschaft aufweisen:[29] Die germanischen Sprachen bildeten zusammen mit dem Sanskrit, dem Persischen, dem Griechischen und dem Lateinischen die indogermanische Sprachfamilie, der die nicht flektierenden Sprachen – allem voran das Chinesische – diametral gegenüberstanden und die auch

---

28 Schlegel 1975.

29 Zur Einordnung Friedrich Schlegels in die Geschichte der vergleichenden Sprachwissenschaft sowie der Frühindologie vgl. nach wie vor einschlägig Windisch 1992: 55–86.

von der semitischen Sprachfamilie mit dem Hebräischen und dem Arabischen kategorial unterschieden wurde.[30]

In Schlegels Literaturgeschichte dagegen finden die Sprachfamilien weder Erwähnung noch kompositorischen Niederschlag. Stattdessen stellt er die – sprach- und kulturgeschichtlich vergleichsweise junge – griechische Literatur an den Anfang seiner historiographischen Erzählung, gefolgt von der römischen, um beide dann mit der hebräischen zu flankieren, was nach den Gesetzen der Sprachverwandtschaft unmöglich wäre.

Die Initialstellung der Griechen begründet der Verfasser damit, dass sich deren „Geistesbildung [...] ganz aus sich selbst entwickelt" habe „und fast ganz unabhängig von der Bildung anderer Nationen entstanden" sei (19). Solche Formen kultureller Autarkie gelten Schlegel im Laufe seiner Vorlesungen immer wieder als besonderer Qualitätsausweis einzelner Nationalliteraturen, deren Niedergang umgekehrt mit der Übernahme fremder Gestaltungsprinzipien in Verbindung gebracht wird. Entsprechend prekär ist der Stand der römischen Literatur, die sich durch übermäßige „Nachkünstelung" (66) griechischer Gattungen und Formen ausgezeichnet und daher nie einen wirklichen „Originalgeist" entwickelt habe (66–68), abgesehen allerdings von einem für Schlegel wesentlichen Punkt: der Herausbildung der großen „Idee von Rom" (69) als zentraler Referenzgröße von Literatur, Staat und Gesellschaft. Auf diese vaterländische Idee sei sowohl die einzige originäre Gattung der Römer, die dezidiert urbane Satire, bezogen (82) als auch die *Aeneis* Virgils als „eigentliche[s] Nationalgedicht der Römer" (80). Mit dem Verlust der Stadt Rom als staatspolitischem und kulturellem Zentrum sowie als Inbegriff der *patria* habe, so Schlegel, dann auch der Verfall der römischen Literatur begonnen. Es ist also das kaiserliche Rom, das die Blüte seiner Literatur garantierte, während das republikanische ihren Niedergang einläutete.

Analog dazu hatte Schlegel bereits die griechische Literatur epochalisiert, an deren Anfang er Homer als „Bürge und Zeuge der alten Heldensage und Heldenzeit" (28) stellt, nicht ohne den königlichen Status sämtlicher Figuren der *Ilias* zu betonen. Auf den solcherart als Epiker und Historiker vorgestellten Homer folgen Pindar, Aischylos und Herodot, die eng mit den Perserkriegen verbunden werden, während nach Sophokles bereits der Verfall der griechischen Literatur einsetzt. Sophismus und Republikanismus sind die Faktoren, die Schlegel dafür verantwortlich macht und denen er auch das Erbe Platons und Aristoteles' zum Opfer fallen sieht, um zugleich Aristophanes als genialen literarischen Kommentator dieses Niedergangs zu würdigen (42–44).

---

30 Vgl. dazu noch einmal ausführlich Endres 2017.

Die politische und kulturgeschichtliche Stoßrichtung, die der Verfasser bei dieser Ordnung der literarhistorischen Dinge verfolgt, lässt sich an seiner Darstellung Pindars besonders gut beobachten. Denn dessen Affinität zu den Gegnern der Griechen in den Perserkriegen erklärt er aus seiner „Abneigung gegen die Volksherrschaft" und der „Vorliebe für die königliche Gewalt". „Diese Form der Verfassung aber", so heißt es bei Schlegel weiter, „die Monarchie und die Hoheit des Adels, erschien im Altertum [...] nirgends in einem so glänzenden und so milden Lichte, als in dem persischen Kaisertum" (31). Für seine Einschätzung der pindarischen Oden bleibt der unterstellte Monarchismus ihres Dichters nicht ohne Folgen. Letztlich seien die Siegeslieder Pindars nämlich keine rätselhaften lyrischen Texte, sondern „[h]eroische oder epische Gelegenheitsgedichte [...], welche von Musik und Tanz begleitet, nicht bloß abgesungen, sondern gewissermaßen dramatisch aufgeführt wurden" (32). Die kaiserliche Gesinnung des Dichters schließt Schlegel hier also sowohl mit dem Heldenepos – dem aus seiner Sicht prädestinierten Speicher aller Nationalerinnerungen – als auch mit einer öffentlichkeitswirksamen Dramatik kurz und schafft damit ein gattungspolitisches Dispositiv, das seine gesamte Literaturgeschichte durchzieht.

Allerdings basiert die historiographische Konzeption der *Geschichte der alten und neuen Literatur* auf der Grundannahme, dass die griechisch-römische Geisteskultur und die hebräisch-christliche kategorial verschieden seien (96). Für die Ausfaltung einer christlich-katholischen Genealogie der europäischen Literatur benötigt Schlegel also einen Fußpunkt jenseits der klassischen Antike. Und den setzt er mit den Hebräern. In unverkennbarem Anschluss an Herder,[31] der durchweg als wichtiger Gewährsmann fungiert, weist Schlegel die Hebräer als dasjenige Volk aus, dessen „heilige Schriften [...] zugleich den Inbegriff [seiner] Literatur und Dichtkunst ausmachen".[32] In Gestalt der „Mosaischen Urkunde" sowie in den „Gesängen Davids, den Sinnbildern Salomons, und den Weissagungen Jesajas" hätten die Hebräer die „ihnen anvertraute Wahrheit und höhere Erkenntnis" dann „rein und unverfälscht [...] auf die Nachwelt gebracht und erhalten",[33] und dies nicht zuletzt dank ihres ausgeprägten Originalgeistes, der sich – ähnlich dem der Griechen – gegen äußere Einflüsse abgeschlossen habe.

Das Alte Testament in seiner Ursprache so stark zu akzentuieren und es noch dazu als hebräische Dichtung zu lesen, schreibt sich nun aber unübersehbar aus

31 Herder 1993.
32 Ebd.: 146.
33 Ebd.: 100 f.

dem Protestantismus und seiner exegetischen Tradition her.[34] Und tatsächlich dürfte sich das Wiener Publikum verständnislos bis irritiert angesichts dieser Idee gezeigt haben, die im katholischen Habsburg keinerlei theologisch-philologische Fundierung besaß, geschweige denn publizistische Präsenz. Doch Schlegel versteht es, diesem entschieden protestantischen Ausgangspunkt einen konfessions- und staatspolitischen Dreh zu verleihen, der ihn für sein Projekt dienstbar macht. Zunächst behauptet er eine innige Verwandtschaft der persischen Lichtreligion mit dem Monotheismus der Hebräer,[35] in dessen Licht er auch „die Staatsverfassung des persischen Kaisertums" (99) sieht. Der persische Monarch habe nämlich, und mit der folgenden Metapher greift Schlegel kalkuliert auf eine Wendung aus den alttestamentlichen Propheten zurück, „als Sonne der Gerechtigkeit ein sichtbares Abbild des höchsten Gottes und des ewigen Lichts" (ebd.)[36] sein sollen. Mit dieser Analogiebehauptung zwischen persischem und hebräischem Kultus[37] ist also einmal mehr das Kaisertum als Herrschaftsmodell ins, jetzt allerdings genuin monotheistische, Spiel gebracht – eine Staatsform, die die Hebräer selbst nicht vorweisen können.

Gleichzeitig löst Schlegel mit dieser Suggestion einer kaiserlich-monotheistischen Synthese im frühen Altertum auf kulturgeschichtlicher Ebene das intrikate Problem, dass die spätere Einführung des Christentums als Staatsreligion im Römischen Reich gerade nicht aus dem römischen „Originalgeist" erwachsen war, sondern auf äußere, in diesem Fall orientalische, Einflüsse zurückging, was der Verfasser – wie erwähnt – grundsätzlich als Ausweis nationaler Schwäche wertet. Die historisch prominenteste Verbindung von Kaisertum und Monotheismus in Rom ist somit als potentieller Fußpunkt der Schlegel'schen Literaturhistoriographie desavouiert und wird funktional ersetzt durch die Behauptung jener persisch-hebräischen Kultuskonvergenz, die das persische Großreich mitsamt seiner kaiserlichen Herrschaftsform unter monotheistisches Vorzeichen stellt.

34 Zur Geschichte der protestantischen Exegese des Alten Testaments vgl. grundlegend Sheehan 2005; zum engen Wechselverhältnis dieser Tradition mit der deutschen Literatur vgl. ebenso grundlegend Weidner 2011.

35 „Die Perser verehrten und erkannten denselben Gott des Lichts und der Wahrheit, wie die Hebräer" (99).

36 Die Wendung stammt aus dem Propheten Malechai; der entsprechende Vers lautet in Luthers Übersetzung: „Euch aber, die ihr meinen Namen fürchtet, soll aufgehen die Sonne der Gerechtigkeit und Heil unter ihren Flügeln." (Mal 3,20) Das heute unter diesem Titel bekannte Kirchenlied datiert deutlich später als Schlegels Vorlesungen.

37 Historisch sichert Schlegel diese Nähe von hebräischem und persischem Kultus ab durch Verweis auf die biblische Überlieferung von der Befreiung des jüdischen Volkes aus der babylonischen Gefangenschaft durch den Perserkönig Cyrus (vgl. 99).

Wie stark Schlegel indes seinen welthistorischen Stoff tatsächlich *literatur*geschichtlich ordnet, zeigt sich an einer zweiten argumentativen Volte, in der er die historisch so neuralgische Verbindung des Römischen mit dem Christlichen durch eine originär literarische Kopplung des Hebräischen mit dem Römisch-Katholischen ersetzt und zugleich die Brücke zur Neuzeit schlägt.

Dazu definiert er zunächst das „römische" in ein „lateinisches" Christentum um und betont, dass mit der lateinischen Bibelübersetzung „eine ganz neue Epoche" der „römischen Sprache" begonnen habe, zusammen mit einem „Aufschwung [...] der Sprache und der Literatur" insgesamt, und zwar gerade nicht in Form einer Innovation, sondern einer ausgewiesenen *renovatio*: Allem voran in der Übersetzung der Psalmen habe die Vulgata den „orientalischen Ausdruck" der hebräischen Bibel derart formvollendet nachgebildet, dass „die lateinische Sprache nun für alle folgenden Zeiten" dessen „Spuren [...] behielt" (154). Denn hier habe letztlich – und die folgende Winckelmann-Allusion ist ebenfalls altertumspolitisch motiviert – eine lateinische „Annäherung zu der orientalischen Erhabenheit" stattgefunden, die „in den heiligen Schriften der Hebräer [...] durchgängig mit edler Einfalt gepaart" gewesen sei (155).

Das in dieser Form orientalisch renovierte Lateinische weist Schlegel dann nicht allein als entscheidenden Konnex zwischen Altertum und Neuzeit aus, der überdies den welt- und kulturgeschichtlichen Hiat zwischen antiker Philosophie und Christentum überbrückt habe (90), sondern er schreibt dieser in der Spätantike „noch lebenden" Sprache eben auch einen zentralen Einfluss auf „den poetischen Geist des Mittelalters" zu, und zwar durch „die aus ihr entsprungenen romanischen Sprachen" (154). Entsprechend groß ist der Raum, den die Darstellung der romanischen Literaturen innerhalb der Vorlesungen einnimmt – darunter neben der italienischen und spanischen Literatur auch die portugiesische und provenzalische.[38]

Selbstverständlich versäumt es Schlegel bei aller Apologie der literarischen Romania nicht, auch den nordischen Sprachen und Literaturen einen zentralen Stellenwert beizumessen, wozu er einmal mehr auf das Altertum zurückgeht. Bereits die römischen Historiographen hätten den nordischen Völkern nämlich nicht allein eine besondere Freiheitsliebe bescheinigt, sondern „[s]o früh als nur die Römer der germanischen Völker erwähnen, unterlassen sie auch fast nie, der besonderen Liebe derselben zur Poesie zu gedenken" (158). Entsprechend sei – und hier spricht wieder Herder aus dem Hintergrund – der eigentliche „Geist der Poesie" letztlich aus den „nordischen Quellen seiner Bildung"

38 Die neunte, elfte und zwölfte Vorlesung sind überwiegend der Literatur der Romania gewidmet.

nach Europa gelangt, wo er dann die mittelalterliche „Ritterpoesie" hervorgebracht habe (158 f.).

Eine dieser noch immer sprudelnden Quellen macht Schlegel in der isländischen *Edda* aus, wo er die nordische Götterlehre auf gattungspolitisch höchst signifikante Weise realisiert sieht. Die nämlich bilde, im Unterschied zur Mythologie der Griechen, selbst bereits eine „höhere Einheit", was genauso dramenpoetisch gemeint ist, wie es klingt. Denn „durch die letzte Katastrophe, auf die alles prophetisch hindeutet", so heißt es bei Schlegel im Verweis auf die Ragnarök, erhalte die nordische Götterlehre tatsächlich „einen vollkommenen Schluß [...]. Es ist das Ganze wie ein einziges Gedicht, ein [...] Trauerspiel." (165)

Wenn aber die nordische Mythologie als solche bereits die Form einer Tragödie besitzt, dann erübrigt sich das verzweifelte Ringen um eine eigene deutsche Tragödientradition, das seit Herders *Von deutscher Art und Kunst*[39] die deutsche – und zwar allein die deutsche, nicht die österreichische – Poetik und Geschichtsphilosophie bestimmt hat und in der Nachfolge von Hegels *Ästhetik* dann zu einer eigenen Tradition gerinnen sollte.[40] Die von seinen deutschen Zeitgenossen etablierte Gattungsgenealogie aus der attischen Tragödie einerseits und Shakespeare andererseits schreibt Schlegel also ebenso wenig fort, wie er die damit stets einhergehende Frontstellung zur französischen *tragédie classique* verlängert. Fernab der im deutschen Gattungsdiskurs gängigen antifranzösischen Ressentiments begegnet er Racine und Corneille mit ausgesprochener Wertschätzung und bescheinigt dem „Trauerspiel der Franzosen" insgesamt, „der glänzendste Teil ihrer poetischen Literatur" zu sein (297–303, hier 299).

Überhaupt verwendet Schlegel viel Mühe darauf, die europäische Literaturgeschichte als Synthese von nordischer und romanischer Tradition zu schreiben, woher auch seine große Zuneigung zur provenzalischen Dichtung – dem Hort des Minnesangs (183–185) – rührt, deren Sprache er als lateinisch-germanische Mischform rubriziert (183).

Doch gerade dieser europäische Horizont erlaubt es ihm, einen besonders spitzen Stachel ins Fleisch des deutschen tragödienpoetischen Narratems zu treiben: Das seinerzeit wortreich beklagte Fehlen einer großen deutschen Tragödie ist für Schlegel nämlich keineswegs, wie dies nicht allein bei den zeitgenössischen Hegelianern anklingt, durch den Umstand der unvollendeten *Nation* bedingt, sondern durch die Schwäche des *Staates*. Denn in der Geschichte der

39 Herder 1991.

40 Vgl. dazu die noch immer unerreichte Anthologie von Klaus Hammer (1987); darin das Vorwort des Herausgebers: 9–24.

Neuzeit, so argumentiert Schlegel nicht ohne historische Plausibilität, habe es große Tragödien eben ausschließlich in starken Monarchien gegeben: Calderón und Lope de Vega in der spanischen Monarchie, die *tragédie classique* unter Ludwig XIV. und Jonson, Marlowe und Shakespeare im elisabethanischen England. Entsprechend könne es nicht verwundern, dass aktuell weder die Deutschen noch die Italiener eine profilierte Gattungstradition besäßen (277–293). Friedrich der Große fällt als monarchischer Motor der deutschsprachigen dramatischen Literatur in der Logik der Vorlesungen freilich schon aufgrund seiner Frankophilie und der damit verbundenen Orientierung an äußeren Einflüssen aus (237).

Wenn Schlegel seine abschließende Darstellung der Gegenwartsliteratur also ausgerechnet mit dem österreichischen Dramatiker Heinrich Collin enden lässt (405), dessen Römertragödien – insbesondere der 1802 mit einer Ouvertüre von Ludwig van Beethoven am Wiener Burgtheater uraufgeführte *Coriolan*[41] – auf den Bühnen des gesamten deutschsprachigen Raums gespielt und gefeiert wurden,[42] dann zieht er damit die aktualisierende Konsequenz aus seinem gattungspolitischen Einsatz, die nur auf Habsburg zulaufen kann.

4 Konfession, Literatur und Europa: Lösungsversuche

Dieser genuin staats- und nationalpolitische Strang der *Geschichte der alten und neuen Literatur* wird von Schlegel nun eng mit dem besagten konfessionellen verbunden. Dabei zeigt sich schnell, dass sich die dezidiert katholische Ausrichtung seiner literarhistorischen Ordnung nicht einfach auf eine persönliche Marotte des Verfassers zurückführen lässt, sondern unmittelbar mit seinem Bestreben zusammenhängt, eine tatsächlich europäische Literaturgeschichte in welthistorischem Horizont zu schreiben anstelle einer bloß nationalen. Denn während sich für nationalliterarische Projekte „preußisch-kleindeutschen" Zuschnitts die Reformation, zumal in Gestalt Luthers, als integrale Bezugsgröße bekanntermaßen hervorragend eignet, markiert sie im europäischen Zusammenhang zunächst einmal das Moment einer weitreichenden Spaltung, das eben auch den deutschsprachigen Raum teilt. Dieses Moment spielt Schlegel

41 Collin 1804.

42 Zur Bedeutung Collins für die Konturierung der „Römertragödie" des 19. Jahrhunderts vgl. Reimers 2016: 40–58.

während der zweiten Hälfte seiner Vorlesungen immer wieder ein,[43] verteilt diese Hinweise aber auf die Darstellung der einzelnen Nationalliteraturen und verschiebt seine Auseinandersetzung mit der Bedeutung Luthers für die deutschsprachige Literatur – in klarem Verstoß gegen die eigene chronologische Ordnung – auf die vorletzte Vorlesung, der er noch dazu den Gestus eines „Rückblick[s]" verleiht (528).

Die deutsche Bibelübersetzung markiert für Schlegel freilich einen höchst neuralgischen Punkt, ruht die Gesamtanlage seiner Literaturgeschichte doch auf der unauflöslichen Verbindung von Nationalliteratur und Muttersprache auf, was eine Würdigung der *Biblia deudsch*, der protestantischen Umstellung des Gottesdienstes auf die Volkssprache sowie des lutherischen Liedguts als Dynamisierungsfaktoren der deutschsprachigen Literatur eigentlich unausweichlich machen müsste.

Doch Schlegel weiß Rat und legt den Grundstein seiner katholischen Gegenstrategie schon in der Spätantike, namentlich mit der bereits erwähnten Profilierung der Vulgata als kongenialer Übernahme des orientalischen Ausdrucks der alttestamentlichen Texte in die lateinische Sprache (150–161), die fortan als „Band" sowohl zwischen Orient und Okzident als auch zwischen Antike und Neuzeit gedient und überdies während des gesamten Mittelalters die Einheit der europäischen Literatur garantiert habe, wenngleich deren poetischer Teil volkssprachig gewesen sei (171–173). Und selbst diese volkssprachige Poesie versteht Schlegel mit einer altkirchlichen Klammer zu versehen, die eine besondere semiotische bzw. tropische Gestalt besitzt und mit der spezifischen Poetik der *Geschichte der alten und neuen Literatur* eng verzahnt ist.

Die gesamten Vorlesungen ventilieren nämlich ein Verständnis von Dichtung als *eo ipso* allegorisch-sinnbildlicher Kunst.[44] Schon in den biblischen Texten und den homerischen Epen sieht Schlegel einen „symbolischen Geist, und den daher erzeugten Hang zur Allegorie" walten (212),[45] der die mittelalterliche Dichtung in Europa dann durchweg und wesentlich bestimmt habe: vom Minnesang und den „Rittergedichte[n]" (192) insgesamt, ganz besonders ausgeprägt bei Wolfram von Eschenbach (201), bis zu Dante (214 ff.) und Calderón (286). Seinen altkirchlichen Anstrich gewinnt dieses Sinnbildlichkeitspostulat durch die zentrale Rolle, die Schlegel in diesem Zusammenhang der gotischen Baukunst zuweist, die er als vollkommen „[s]ymbolisch" bestimmt, in ihren wiederkehrenden Grundformen des Kreuzes, der Rose und der Dreizahl als genuin

---

43 Vgl. 239–244, 253–260, 307–311 u.ö.

44 Ausführlich diskutiert findet sich diese Dimension der Vorlesungen in Brauers 1996: 312 ff., 330 ff.

45 Zu Homer vgl. 44–48.

„bedeutend und sinnbildlich" ausweist (202–204) und über eben diese Eigenschaft mit der Dichtung des Mittelalters parallelisiert (202).

Tatsächlich laufen in Schlegels Apologie des Sinnbildlichen das konfessionspolitische, das nationalliterarische und das poetologische Kalkül der Vorlesungen zusammen: Da das sinnbildlich-allegorische Prinzip nicht nur die Differenz zwischen den Nationalsprachen übersteigt, sondern sogar transmedial wirksam ist, kann Schlegel es als ästhetischen Einheitsgaranten eines Europas setzen, dessen Dichtung von der Antike bis in die Gegenwart denselben Formgesetzen folgt, die allerdings in der mittelalterlichen Sakralkultur ihre reinste Ausprägung erfahren haben. Und im Horizont eben dieser langwelligen Kontinuität des Sinnbildlichen mit seiner translingualen und transmedialen Reichweite gelingt es Schlegel schließlich, die produktiven Auswirkungen der Reformation auf die deutsche Sprache als Literatursprache in einen kategorialen Bruch umzudefinieren:

„Das eigentliche Erwachen und Aufblühen der deutschen Sprache und alten Poesie", so steht in der achten Vorlesung zu lesen, „beginnt mit Kaiser Friedrich dem Ersten im zwölften Jahrhundert." Zwar habe, anders als die zunehmend besser ausgebildete Prosa, die Poesie im Laufe der folgenden Jahrhunderte „zu verwildern" begonnen, doch „Anfang des sechzehnten Jahrhunderts" sei dann „mit einer allgemeinen Erschütterung der Begriffe, auch die gänzliche Veränderung mit der Sprache vor[gegangen], die nun eine Art Scheidewand zwischen uns und jener ältern deutschen Art und Kunst auch in der Sprache und Dichtung bildet" (198). Schlegel deutet hier also – einmal mehr unter wirkmächtiger Einspielung Herders – die konfessionelle Ruptur der Reformation als endgültige Kappung des in doppeltem Wortsinn *begrifflichen* Bandes zwischen Mittelalter und Neuzeit und als Errichtung einer zumal literaturgeschichtlich höchst schmerzlichen „Scheidewand".[46]

Damit hat sich Schlegel selbst den Weg geebnet, um Luthers Bibelübersetzung in ihrer Bedeutung für die Entwicklung der deutschen Hochsprache letztlich doch Tribut zu zollen, ohne gleichzeitig der Reformation das Wort zu reden. Um diese Gefahr endgültig zu bannen, wird er dabei nicht müde zu betonen, dass Luther mit seiner Übertragung des Bibeltextes letztlich nur an einigen wenigen Stellen von den „alten Lehrer[n] der Kirche" (361) abgewichen, also größtenteils den Kirchenvätern gefolgt sei, was insofern nicht wunder nehmen könne, als die *Biblia deudsch* „bekanntlich nur durch Auswahl des Besten aus so vielen schon vor ihm vorhandenen Übersetzungen entstanden" (362) sei.

46 Die explizite Auseinandersetzung mit Luther kurz vor Ende der Vorlesungen muss entsprechend auch nicht mehr sonderlich ausführlich ausfallen (vgl. 363 f.).

Dem Sprachschöpfer Luther selbst schreibt Schlegel eine „große und starke Art des deutschen Ausdrucks" (ebd.) zu, die er als „Volksschriftsteller" entwickelt habe, von denen „kein anderes Land" derart „merkwürdige, umfassende, vielwirkende" besessen habe wie Deutschland (363 f.). Literarisch wird Luther auf diese Weise also ins Kollektiv der Nation eingerückt und an die katholische Lehre zurückgebunden, wodurch sich auch die von der Reformation errichtete „Scheidewand" zumindest ein wenig abschwächt.

Doch die eigentliche Kontinuität zwischen „uns" und der „ältern deutschen Art und Kunst" wird für Schlegel durch das Sinnbildliche garantiert, zu dem freilich – weil im Mittelalter zur höchsten Blüte gereift – die Dichter der katholischen Völker ungleich leichteren Zugang hatten und haben als die der protestantischen. So heißt es etwa zu Milton[47] angesichts seines *Paradise Lost*:

> Gegen die katholischen Dichter, Dante und Tasso, die seine Vorbilder waren, stand er als Protestant auch dadurch im Nachteil, daß er von so manchen sinnbildlichen Vorstellungsarten, Geschichten und Überlieferungen, die jenen für ihre Poesie zum reichen Schmuck zu Gebote standen, keinen Gebrauch machen konnte. [...] Der Wert dieses epischen Werks liegt daher nicht sowohl in dem Plan des Ganzen, als in einzelnen Schönheiten und Stellen [...]. (295)

Wie sich in diesem Zitat bereits andeutet, hat die Setzung des Sinnbildlichen als Garant literaturgeschichtlicher Kontinuität auch Konsequenzen für die Hermeneutik. Denn obwohl sich Schlegel an keiner Stelle der Vorlesungen explizit gegen die (freilich durch und durch protestantisch codierte) historisch-kritische Methode wendet, läuft diese Bestimmung der Dichtung als sinnbildliche Kunst doch notwendig auf eine Apologie der (gleichfalls durch und durch katholisch codierten) Allegorese als dem einzigen Deutungsverfahren zu, das die tradierten Texte zu entschlüsseln und ihnen vor allem ihre überzeitliche Bedeutung zu entlocken vermag.

Im Bereich der Poesie selbst zieht Schlegel allerdings ganz explizite Konsequenzen aus diesem Dichtungsverständnis, indem er den poetischen Teil der Literatur unmissverständlich auf das Prinzip der uneigentlichen, „indirekte[n] Darstellung" verpflichtet und dies folgendermaßen begründet:

> Die übersinnliche Welt, die Gottheit, und die reinen Geister können im ganzen nicht geradezu dargestellt werden; die Natur und die Menschheit sind die eigentlichen und nächsten Gegenstände der Poesie. Aber jene höhere und geistige Welt kann überall in diesen

47 Da Schlegel die anglikanische Kirche – mit Blick auf die Liturgik nicht ohne Plausibilität – der katholischen zuschlägt (290), trifft der Vorwurf mangelnder Empfänglichkeit für die sinnbildlich-allegorische Tradition unter den englischen Dichtern die elisabethanischen – und damit auch Shakespeare – nicht, die Puritaner dafür aber umso mehr.

> irdischen Stoff eingehüllt sein, und aus ihm hervorschimmern. Ebenso ist auch die indirekte Darstellung der Wirklichkeit und Gegenwart, die beste und angemessenste. (276)

Der eigentliche Gegenstand der poetischen Darstellung ist, daran lässt Schlegel keinen Zweifel, „nur das Ewige, das immer und überall Bedeutende und Schöne". Da sich dies allerdings nicht unmittelbar und „ganz ohne Hülle" zur Darstellung bringen lässt, „bedarf [die Poesie] dazu eines körperlichen Bodens, und diesen findet sie in ihrer eigenen Sphäre, der Sage oder der nationalen Erinnerung und Vergangenheit" (ebd.).

Und hier schließt sich der Kreis: Die eingangs erwähnte nationalkonstitutive Hauptaufgabe der Dichtung, als Speicher der vaterländischen Erinnerungen zu fungieren, wird selbst unter das Vorzeichen des Sinnbildlichen gestellt, insofern die poetische Darstellung von Mensch, Leben und Welt dergestalt eingerichtet werden soll, dass sich stets „eine höhere Verklärung aller Dinge in ihrem Zauberspiegel ahnen läßt" (ebd.). Dieses Verfahren nennt Schlegel „romantisch" und rechnet entsprechend nicht allein die homerischen Epen dazu, sondern „alles, was in indischen, persischen und andern alten orientalischen oder europäischen Gedichten wahrhaft poetisch ist" (285 f.). Im selben Zug justiert er auch die Frontlinien der *Querelle des Anciens et des Modernes* neu und hält fest:

> Nicht dem Alten und wahrhaft Antiken, sondern nur dem unter uns fälschlich wieder aufgestellten Antikischen allein, was ohne innre Liebe bloß die Form der Alten nachkünstelt, ist das Romantische entgegengesetzt; so wie auf der andern Seite dem Modernen, d. h. demjenigen, was die Wirkung auf das Leben fälschlich dadurch zu erreichen sucht, daß es sich ganz an die Gegenwart anschließt, und in die Wirklichkeit einengt, wodurch es denn [...] der Herrschaft der beschränkten Zeit und Mode unvermeidlich anheim fällt. (286)

Allein eine in diesem Verständnis romantische Dichtung, die auf dem Wege der Sinnbildlichkeit ihren historischen Stoff mit dem Aufschein der „höhere[n] und geistige[n] Welt" versieht, kann im Medium der Muttersprache über alle konfessionellen Differenzen und historische Distanzen hinweg die Nation mitformatieren.

Seit der Zersplitterung Deutschlands durch Reformation und Dreißigjährigen Krieg sowie der literarischen „Epoche der Barbarei" zwischen Westfälischem Frieden und der Mitte des 18. Jahrhunderts[48] sei, da ist sich Schlegel sicher, eine solche Literatur nun erstmals wieder im Aufgang begriffen. Begünstigt worden sei dies zweifellos durch das staatspolitische Wiedererstarken Österreichs, durch die Besteigung „mehrere[r] der ersten Throne[ ] in Europa von deutschen Fürs-

48 „[E]ine Art von Zwischenreich und chaotischem Mittelzustand in der deutschen Literatur, wo die Sprache selbst zwischen einem seinsollenden Halbfranzösisch, und einem verwilderten Deutsch schwankend, zugleich verkünstelt war und doch gemein" (367).

tenhäusern" und den Aufstieg von „eine[m] derselben" – der Verfasser hütet sich, Preußen beim Namen zu nennen – „zur königlichen Würde" (367).

Doch literaturgeschichtlich lässt Schlegel die neue deutsche Poesie letztlich mit einem emergenten Ereignis beginnen, namentlich mit dem Erscheinen Klopstocks, der „ganz einsam, und fast allein damals in der deutschen Welt mit seinem hohen Nationalgefühl" gewirkt habe, „welches nur von wenigen mitempfunden, von niemandem verstanden ward" (369).

Der für eine fruchtbare Nationalliteratur unverzichtbaren Verschränkung von Sinnbildlichkeit und historischem Grund eingedenk, kann die herausgehobene Bedeutung von Klopstocks Epen und Dramen[49] für die neue Blüte der deutschen Poesie ebenso wenig überraschen wie der Umstand, dass Schlegel weder dem bürgerlichen Trauerspiel noch dem Roman einen Anteil an diesem „Aufschwung der neueren deutschen Literatur" (369) zubilligt: Lessings Trauerspiele seien schließlich nichts weiter als „Familiengemälde in Prosa" (384), die dank Shakespeare dramengeschichtlich Episode geblieben seien. Und der Roman bleibe – von Cervantes abgesehen – so sehr in der Beschränktheit des Wirklichen befangen, dass ihm als Mittel zur vermeintlich poetischen Übersteigung desselben nur Fernreisen der Protagonisten zu Gebote stünden, oder der Rückgriff auf das, was Schlegel nicht ohne Sinn für Pointen das „Polizeiwidrige" (275) nennt.[50]

Und so teilt Schlegel zum Abschluss seiner Vorlesungen die eigene Gegenwartsliteratur – methodisch durchaus richtungsweisend – in drei „Generationen" ein:[51] Die erste umfasst neben Klopstock auch Gleim, Johann Elias Schlegel, Ewald von Kleist, Haller, Uz, Wieland und den österreichischen Jesuitendichter Michael Denis, unter den „Prosaisten" Lessing, Mendelssohn, Sulzer und Winckelmann (377 f.). In die zweite rechnet Schlegel den jungen Goethe sowie Stolberg, Bürger, Voß, Jacobi, Lavater, Herder und – für sein Konzept einer deutschen Nationalliteratur bezeichnend – den Schweizer Johannes Müller

---

49 Diese Stellung bei Schlegel verdankt Klopstock einzig seiner christlich-nordischen Stoffwahl. In seiner poetischen Gestaltung habe Klopstock dagegen zu stark auf fremde Formen zurückgegriffen, den Antiken nachgekünstelt und außerdem den in der deutschen Dichtung so tief verankerten Reim abgeschafft, vgl. 372–374.

50 Darunter subsumiert Schlegel Verstöße der Protagonisten gegen die rechtliche, öffentliche oder sittliche Ordnung, die er als sine qua non des Romans mit seinem in jeder Hinsicht prosaischen Gegenwarts- und Wirklichkeitsbezug ausmacht. Ohne dass hier Namen oder Titel genannt würden, lassen sich in Schlegels *exempla*-Reihe mühelos die großen englischen Romane des 18. Jahrhunderts, der *Wilhelm Meister* und Schlegels eigene *Lucinde* erkennen.

51 Zur Begründung dieser Einteilung vgl. 377.

(381–383).[52] Und zur dritten Generation zählt er unter den Philosophen Kant, Fichte, Schelling, unter den Dichtern Schiller, Jean Paul, den mittleren Goethe, Novalis und schließlich den bereits erwähnten Heinrich Joseph Collin (392–410).

Charakteristisch für diese dritte Generation, deren Angehörige Schlegel – von Georg Forster abgesehen – keineswegs als tatsächliche Revolutionäre verhandelt, sei ihre „revolutionäre Epoche“ gewesen (393), die alle Literaten dazu genötigt habe, sich auf die eine oder andere Weise intensiv mit ihrem Zeitalter auseinanderzusetzen (394) und dabei einen beispiellosen „Ideenreichtum“ zu entwickeln. Entsprechend hält der Verfasser auch mit Blick auf sich selber fest: „[W]essen Bildung und Entwicklung in diese Zeit von 1788–1802 fiel, der wird sie ungeachtet jener nachteiligen Verhältnisse nicht leicht aufgeben, oder mit einer andern vertauschen wollen.“ (396 f.)

So ist es für die literatur- und nationalpolitische Programmatik der Vorlesungen nicht ohne Signifikanz, dass Schlegel abschließend anmerkt, er „sehe […] eine neue Generation entstehen und sich bilden und ohne Zweifel wird das neunzehnte Jahrhundert auch in unserer Literatur sich ganz anders gestalten als das achtzehnte war“ (406). Und weiter heißt es:

> Wenn von dem Ganzen der deutschen Literatur die Rede ist, so zweifle ich auch keinen Augenblick daran, daß sie noch alle die großen Erwartungen erfüllen wird, welche sie bisher mehr nur lebhaft angeregt hat, als vollständig zu befriedigen vermochte. (407)

Jenes „Ganze[ ] der deutschen Literatur“ historiographisch zu formatieren und es zu nationalem (Selbst-)Bewusstsein zu bringen, hat Schlegel mit seiner *Geschichte der alten und neuen Literatur* unternommen, deren weltliterarischer Horizont mit europäischem Fokus zugleich die Bedingung der Möglichkeit darstellt, die deutsche Sprache als „für den höheren wissenschaftlichen Gebrauch“ prädestinierte (232) und somit als ideales Medium der „Geschichte als Wissenschaft“ (337) nicht allein zu behaupten, sondern sie in diesem Vermögen auch selbst vorzuführen.

---

52 Dem Verfasser der Schweizer Geschichte (1786 ff.), der seit 1792 in österreichischen Diensten stand, kommt für Schlegels Autorenauswahl eine wichtige Integrationsfunktion für die gesamtdeutsche Literatur zu. Seine alpine Herkunft wird an anderer Stelle sogar noch einmal eigens akzentuiert und als topographische Untersetzung politischer Weitsicht inszeniert. So heißt es von der zweiten Generation der neuen deutschen Literatur, ihre Angehörigen hätten „in einer uns fast sonderbar erscheinenden Sorglosigkeit“ gelebt und die „Symptome der herannahenden Gefahren und Erschütterungen“ verkannt. „Der einzige Johannes Müller macht hier eine Ausnahme, dessen Geist ganz auf diese Gegenstände gerichtet, von der einsamen Höhe seiner Alpen freilich die heraufziehenden Gewitterwolken früher und deutlicher erkennen mußte, als die unten im friedlichen Tal oder in dem Gewirre der Städte Wohnenden.“ (394)

Dass Heinrich Heine mit seinem viel zitierten Diktum, der „hohe Standpunkt“, von dem der Verfasser hier die ganze Literatur überblicke, sei „doch immer der Glockenturm einer katholischen Kirche“,[53] den Zuschnitt der Schlegel'schen Historiographie sehr präzise beschreibt, hat sich im Verlauf dieses Beitrags noch einmal in aller Deutlichkeit abgezeichnet. Tatsächlich präsentiert sich der Katholizismus der Vorlesungen als konstitutives Moment einer Literaturgeschichtsschreibung, die auf eine nordisch-romanische Einheit Europas vor dem Traditionshintergrund des östlichen wie westlichen Altertums ebenso abzielt wie auf die performative Hervorbringung einer deutschen Nation, die den gesamten deutschsprachigen Raum umfasst und in der staatlichen Fassung des österreichischen Kaisertums gedacht ist.

Die Relevanz der *Geschichte der alten und neuen Literatur* für ein gegenwärtiges Nachdenken über das Deutsche als Wissenschaftssprache, das mit Friedrich Schlegel als integraler Bestandteil des Deutschen als Literatursprache verstanden sein will, liegt freilich nicht in ihrer aktuellen weltanschaulichen Affirmierbarkeit, sondern darin, dass diese Vorlesungen einen programmatischen Gegenentwurf zur zeitgenössischen „preußisch-kleindeutschen“ Ordnung der historischen und nationalen Dinge unternehmen, in dessen kontrastierendem Licht die Warte der heutigen deutsch(sprachig)en Literaturgeschichtsschreibung unverkennbar Konturen eines Bismarckturms aufweist.

Man mag die Aussicht auf die wissenschafts- und literatursprachliche Landschaft, die sich von diesem speziellen Bauwerk aus bietet, mit Fug derjenigen von einem katholischen Glockenturm vorziehen, und sei es auch nur aus Gewohnheit. Doch um der literaturgeschichtlichen und wissenschaftssprachlichen Sache willen dürfte sich ein Umzug an einen dritten Ort lohnen, wo immer er liegt. Denn womöglich ließe sich von ihm aus – frei von aller (Auto-)Suggestion einer alternativlosen Perspektive – das so herrlich intrikate Verhältnis von deutscher Sprache, deutschsprachiger Literatur und Wissenschaft, einer wie auch immer gearteten deutschen Nation und den an ihrer Formatierung mitwirkenden Staaten in Vergangenheit und Gegenwart tatsächlich verstehen und wissenschaftlich wie gesellschaftlich fruchtbar machen. Langeweile würde bei einer solchen Unternehmung sicherlich nicht aufkommen.

53 Heine 1979: 167.

Literatur

Bauer, Manuel (2014): Konversionen in Friedrich Schlegels später Literaturkritik, Philologie und Hermeneutik. In: Winfried Eckel (Hrsg.), *Figuren der Konversion. Friedrich Schlegels Übertritt zum Katholizismus im Kontext*. Paderborn: Schöningh, 160–179.

Behler, Ernst (1996): *Friedrich Schlegel. Mit Selbstzeugnissen und Bilddokumenten*. Reinbek: Rowohlt.

Böhler, Michael (2002): Vom Umgang der Literaturwissenschaft mit kulturtopographischen Aspekten der deutschsprachigen Literatur. In: Ders. & Hans Otto Horch (Hrsg.), *Kulturtopographie deutschsprachiger Literaturen. Perspektivierungen im Spannungsfeld von Integration und Differenz*. Tübingen: De Gruyter, 11–44.

Brauers, Claudia (1996): *Perspektiven des Unendlichen. Friedrich Schlegels ästhetische Vermittlungstheorie. Die freie Religion der Kunst und ihre Umformung in eine Traditionsgeschichte der Kirche*. Berlin: Erich Schmidt.

Breuer, Ulrich (2010): Friedrich Schlegel. In: Wolfgang Bunzel (Hrsg.), *Romantik. Epoche – Autoren – Werke*. Darmstadt: WBG, 60–75.

Breuer, Ulrich (2017): Lebensstationen. In: Johannes Endres (Hrsg.), *Friedrich Schlegel Handbuch. Leben – Werk – Wirkung*. Stuttgart: J.B. Metzler, 29–32.

Busch, Christopher (2011): Kontinuität der Form? Zum Verhältnis von Philologie, Charakteristik und Literaturgeschichtsschreibung bei Friedrich Schlegel. In: *Athenäum* 21, 17–46.

Collin, Heinrich Joseph von (1804): *Coriolan. Ein Trauerspiel in fünf Aufzügen*. Berlin: Friedrich Unger.

Eichendorff, Joseph von (1980): *Werke*. Bd. 4: *Nachlese der Gedichte. Erzählerische und dramatische Fragmente. Tagebücher 1798–1815*. Hrsg. von Klaus-Dieter Krabiel & Marlies Korfsmeyer. München: Winkler.

Eichner, Hans (1961): Einleitung. In: *Kritische Friedrich-Schlegel-Ausgabe*. Bd. 6. Hrsg. u. eingel. von Hans Eichner. München, Paderborn, Wien: Schöningh, XI–XLVII.

Endres, Johannes (2017): Über die Sprache und Weisheit der Indier. In: Ders. (Hrsg.), *Friedrich Schlegel Handbuch. Leben – Werk – Wirkung*. Stuttgart: J.B. Metzler, 218–224.

Fohrmann, Jürgen (1989): *Das Projekt der deutschen Literaturgeschichte. Entstehung und Scheitern einer nationalen Poesiegeschichtsschreibung zwischen Humanismus und Deutschem Kaiserreich*. Stuttgart: J.B. Metzler.

Hammer, Klaus (Hrsg.) (1987): *Dramaturgische Schriften des 19. Jahrhunderts*. Berlin: Henschelverlag.

Heine, Heinrich (1979): Die romantische Schule. In: *Historisch-kritische Gesamtausgabe der Werke*. Bd. 8.1. Bearb. von Manfred Windfuhr. Hamburg: Hoffmann und Campe, 121–243.

Herder, Johann Gottfried (1991): Von deutscher Art und Kunst. In: *Werke in zehn Bänden*. Bd. 2: *Schriften zur Ästhetik und Literatur 1767–1781*. Hrsg. von Gunter E. Grimm. Frankfurt a.M.: Deutscher Klassiker Verlag, 498–521.

Herder, Johann Gottfried (1993): Vom Geist der Ebräischen Poesie. Eine Anleitung für die Liebhaber derselben und der ältesten Geschichte des menschlichen Geistes. In: *Werke in zehn Bänden*. Bd. 5: *Schriften zum Alten Testament*. Hrsg. von Rudolf Smend. Frankfurt a.M.: Deutscher Klassiker Verlag, 661–1301.

Herrmann, Britta (2015): Für eine wahrhaft deutsche Kunst und Rede. Friedrich Schlegel und Adam Müller. In: *Athenäum* 25, 227–248.

Jaeger, Friedrich & Jörn Rüsen (1992): *Geschichte des Historismus. Eine Einführung*. München: C.H. Beck.

Marquardt, Hans-Jochen (1995): Zur ästhetischen Theorie des deutschen Frühkonservatismus. Friedrich Schlegels und Adam Heinrich Müllers Wiener Vorlesungen von 1812. In: *Acta Germanica* 23, 21–39.

Matuschek, Stefan (2001): Poesie der Erinnerung. Friedrich Schlegels Wiener Literaturgeschichte. In: Günter Oesterle (Hrsg.), *Erinnern und Vergessen in der europäischen Romantik*. Würzburg: Königshausen & Neumann, 193–205.

Michler, Werner (2011): Austrian Literature of the 18th Century. In: Thomas Wallnig, Johannes Frimmel & Werner Telesko (Hrsg.), *18th Century Studies in Austria 1945–2010*. Bochum: Dieter Winkler, 187–206.

Müller, Adam (1967): Zwölf Reden über die Beredsamkeit und deren Verfall in Deutschland. Gehalten zu Wien im Frühlinge 1812. In: *Kritische, ästhetische und philosophische Schriften*. Bd. 1. Hrsg. von Walter Schroeder & Werner Siebert. Neuwied, Berlin: Luchterhand, 293–451.

o.A. (1812): *Oesterreichischer Beobachter* Nr. 50, 19. Februar 1812, Rubrik „Wissenschaftliche und Kunstnachrichten", o.P.

Osinski, Jutta (1993): *Katholizismus und deutsche Literatur im 19. Jahrhundert*. München, Paderborn, Wien: Schöningh.

Polaschegg, Andrea (2017): Geschichte der alten und neuen Literatur. In: Johannes Endres (Hrsg.), *Friedrich Schlegel Handbuch. Leben – Werk – Wirkung*. Stuttgart: J.B. Metzler, 224–233.

Polaschegg, Andrea (2019): Der konvertierte Meilenstein. Friedrich Schlegels *Geschichte der alten und neuen Literatur* (1812/14). In: *Publications of the English Goethe Society* 88 (1), 39–53.

Pornschlegel, Clemens (2017): *Allegorien des Unendlichen. Hyperchristen II. Studien zum religiösen Engagement in der literarischen Moderne. Kleist, Schlegel, Eichendorff, Hugo Ball*. Berlin, Wien: Turia + Kant.

Reimers, Timm (2016): *Gelehrsamkeit, Politik und Spektakel. Transformationen der deutschen Römertragödie 1800–1900*. Berlin, Boston: De Gruyter, 40–58.

Schlegel, Friedrich (1811): *Ueber die neuere Geschichte. Vorlesungen gehalten zu Wien im Jahre 1810 von Friedrich Schlegel*. Wien: Schaumburg.

Schlegel, Friedrich (1815): *Friedrich Schlegels Geschichte der alten und neuen Litteratur. Vorlesungen gehalten zu Wien im Jahre 1812*. 2 Bde. Wien: Schaumburg.

Schlegel, Friedrich (1818): *Lectures on the History of Literature, Ancient and Modern. From the German of Frederick Schlegel*. 2 Bde. Edinburgh: W. Blackwood.

Schlegel, Friedrich (1841a): *Friedrich von Schlegel's Geschichte der alten und neuen Literatur. Bis auf die neueste Zeit fortgeführt von Theodor Mundt*. 2 Bde. Berlin: M. Simion.

Schlegel, Friedrich (1841b): *Lectures on the History of Literature, Ancient and Modern. From the German of Frederick Schlegel*. Übers. von John Gibson Lockhart. New York: Langley.

Schlegel, Friedrich (1859): *Lectures on the History of Literature, Ancient and Modern. From the German of Frederick Schlegel. Now First Completely Translated and Accompanied by a General Index*. London: Bohn.

Schlegel, Friedrich (1911): *Geschichte der alten und neuen Literatur. Vorlesungen gehalten zu Wien im Jahre 1812*. Hrsg. von Marie Speyer. Mit einem ergänzenden Schlußkapitel von Wilhelm Kosch. Regensburg: J. Habbel.

Schlegel, Friedrich (1961): Geschichte der alten und neuen Literatur. In: *Kritische Friedrich-Schlegel-Ausgabe*. Bd. 6. Hrsg. u. eingel. von Hans Eichner. München, Paderborn, Wien: Schöningh.

Schlegel, Friedrich (1975): Über die Sprache und Weisheit der Indier. In: *Kritische Friedrich-Schlegel-Ausgabe*. Bd. 8: Studien zur Philosophie und Theologie [1796–1824]. Hrsg. von Ernst Behler. München, Paderborn, Wien: Schöningh, 105–433.

Schöning, Matthias (2017): Geschichte und Politik. In: Johannes Endres (Hrsg.), *Friedrich Schlegel Handbuch. Leben – Werk – Wirkung*. Stuttgart: J.B. Metzler, 238–263.

Sheehan, Jonathan (2005): *The Enlightenment Bible. Translation, Scholarship, Culture*. Princeton: Princeton University Press.

Wegmann, Nikolaus (2017): Schlegels intellektuelle Konversion. Eine Skizze. In: Winfried Eckel (Hrsg.), *Figuren der Konversion. Friedrich Schlegels Übertritt zum Katholizismus im Kontext*. Paderborn: Schöningh, 148–159.

Weidner, Daniel (2011): *Bibel und Literatur um 1800*. München: Wilhelm Fink.

Wellek, René (1978): *Geschichte der Literaturkritik*. Bd. 1: *Das späte 18. Jahrhundert. Das Zeitalter der Romantik*. Berlin, New York: De Gruyter.

Windisch, Ernst (1992): *Geschichte der Sanskrit-Philologie und Indischen Altertumskunde*. I., II. Teil sowie nachgelassene Kapitel des III. Teils. Um ein Namen- und Sachverzeichnis zum III. Teil erweiterter, ansonsten unveränderter Nachdruck der Ausgabe von 1917, 1920 und 1921. Berlin, New York: De Gruyter.

Zeyringer, Klaus & Helmut Gollner (2012): *Eine Literaturgeschichte. Österreich seit 1650*. Innsbruck, Wien, Bozen: Studienverlag.

Peter Schnyder

Geistes-Gegenwart. Rede und Vorlesung bei Adam Müller

Das 18. Jahrhundert entdeckte die Gegenwart. Oder genauer: Es gab dem Konzept der ‚Gegenwart' eine neue Bedeutung. Denn selbstverständlich sprach man schon zuvor von der ‚Gegenwart', doch damit wurde allein auf *räumliche* Relationen Bezug genommen. Gegenwärtig war das, was sich in unmittelbarer Nähe befand. Die *zeitliche* Dimension von Gegenwart aber – die für die moderne Semantik des „vielfach merkwürdige[n] wortes"[1] zentral geworden ist – spielte vor der zweiten Hälfte des 18. Jahrhunderts noch keine Rolle.[2] Dieser Befund lässt sich anschaulich belegen durch einen Blick in die zeitgenössischen Lexika und Wörterbücher, sei es nun Zedlers *Universal-Lexicon*[3] oder aber auch noch Adelungs *Wörterbuch*, wo als Äquivalent für „Gegenwart" das Wort „Anwesenheit" genannt wird.[4] Adelungs Beleg stammt aus den 1790er Jahren, was sogar darauf hindeuten würde, dass die Verzeitlichung der Gegenwart erst zu Beginn des 19. Jahrhunderts eingesetzt hätte. Denn erst dann wird tatsächlich auch in den Wörterbüchern die temporale Semantik von ‚Gegenwart' verbucht; so etwa bei Campe, der 1808 neben der räumlichen auch die zeitliche Bedeutung nennt und „Gegenwart" als „die gegenwärtige Zeit" bestimmt.[5]

Doch Lexika und Wörterbücher hinken der tatsächlichen semantischen Entwicklung der Sprache notorisch hinterher. Sie haben sozusagen ein problematisches Verhältnis zum Sprachgebrauch ihrer jeweiligen Gegenwart als „gegenwärtige[r] Zeit". Und entsprechend ist es auch im Falle des Konzepts der verzeitlichten Gegenwart so, dass schon rund 30 bis 40 Jahre vor Campe erste Belege für die neue Bedeutung des Wortes gefunden werden können.[6]

1 Grimm 1897: 2281.

2 Vgl. ebd.: 2291; ebenso Lehmann 2016: insb. 59–61; allgemeiner Oesterle 1985.

3 Vgl. o.A. 1735: 594.

4 Adelung 1796: 488.

5 Campe 1808: 265: „Die Gegenwart, [...] 1) Der Zustand, da man in eigner Person an einem Orte ist, die Anwesenheit. [...] 2) Die gegenwärtige Zeit." Belegt mit folgendem Schiller-Zitat: „Und blicket froher in die Gegenwart" (ebd.). Dieses Zitat stammt aus dem 1798 verfassten und 1800 publizierten Prolog der *Wallenstein*-Trilogie und lautet im Zusammenhang: „Noch einmal laßt des Dichters Phantasie / Die düstre Zeit [des Dreißigjährigen Krieges] an euch vorüberführen, / Und blicket froher in die Gegenwart / Und in der Zukunft hoffnungsreiche Ferne." (Schiller 1993a: 272, V. 75–78)

6 Ganz vereinzelt lassen sich auch noch ältere Belege finden. Doch das sind extreme Ausnahmen, die die Regel bestätigen, wonach das Substantiv ‚Gegenwart' erst seit den 1770er Jahren

https://doi.org/10.1515/9783110676631-007

So wird zum Beispiel in der 1776 erschienenen deutschen Übersetzung von Louis-Sébastien Merciers *Du théâtre, ou nouvel essai sur l'art dramatique* (1773) gefordert, dass Dramen einen „Karakter von Nützlichkeit für die Gegenwart [caractère d'utilité présente]" haben sollten,[7] was nur möglich sei, wenn die Autoren sich von den antiken Vorbildern lösten und sich auf ein vertieftes Studium „der jetzigen Menschen [des hommes actuels]" einließen.[8] Mit impliziert in dieser Forderung ist die für die zweite Hälfte des 18. Jahrhunderts grundlegende Erkenntnis, dass die historisch-soziale Entwicklung nicht mehr anhand tradierter Muster und Beispiele angemessen erfasst werden kann.[9] Vielmehr entwickeln sich Politik, Wirtschaft, Kultur und Gesellschaft in einem zukunftsoffenen Prozess, in dem jedes Zeitalter, jede Generation, sozusagen aus sich selbst heraus die Maßstäbe entwickeln muss, die eine Orientierung in der je eigenen, von allen früheren Epochen notwendig unterschiedenen Gegenwart ermöglichen. Für das Theater, von dem Mercier spricht, heißt das, dass es in seiner jeweiligen Gegenwart auf die Fragen, Nöte und Hoffnungen eben jener Gegenwart Bezug nehmen muss.

Was aber vom Theater gilt, gilt *mutatis mutandis* auch von der Wissenschaft. Oder anders gewendet: Wenn Schiller 1784 in Mannheim fragte: „Was kann eine gute stehende Schaubühne eigentlich wirken?",[10] so stellte sich auch für die Wissenschaft mit neuer Virulenz die Frage, *was* sie in ihrer jeweiligen Gegenwart – nun eben verstanden im emphatischen *zeitlichen* Sinne – wirken könne und *wie* sie es könne. Ja man kann im Grunde das ganze Ringen um eine angemessene Wissenschaftssprache und um geeignete Darstellungsformen für die Wissensvermittlung als ein Ringen um Gegenwärtigkeit im Sinne eines Gegenwartsbezugs deuten – und dies auf mehreren Ebenen, auf denen sich, wie zu zeigen sein wird, die neue zeitliche Bedeutungsdimension von Gegenwart

---

in zeitlichem Sinne benutzt wird. So verzeichnet *Trübners Deutsches Wörterbuch* einen Beleg von 1745, vgl. o.A. 1939: 59, und das *Frühneuhochdeutsche Wörterbuch* sogar einen von 1466, vgl. o.A. 2005: 517.

7 Mercier 1776: 199 resp. Mercier 1773: 149. Den Hinweis auf diesen Beleg verdanke ich Lehmann 2016: 57 f.

8 Mercier 1776: 198 resp. Mercier 1773: 149. Die entsprechende Passage lautet dort im Zusammenhang: „On a étudié les anciens, & l'on a bien fait; mais ce n'est pas chez eux qu'on trouvera une connoissance détaillée des hommes actuels: De nouvelles générations ont apporté de grands changemens dans cet être moral [d. h. im Menschen], dans ce prothée [Proteus], qui en échappant revêt toutes les formes [...]. / Il reste à imprimer au Drame un caractère d'utilité présente, la connoissance de l'homme & des choses avantageuses à la société."

9 Vgl. dazu prominent Koselleck 1989; ebenso Luhmann 1980.

10 Schiller 1993c.

auf unterschiedliche Art und Weise mit der älteren räumlichen Bedeutung amalgamieren konnte.

Relativ offensichtlich ist das Bemühen um Gegenwärtigkeit im Zusammenhang mit der im 18. Jahrhundert erfolgten Ablösung des Lateinischen als Wissenschaftssprache durch das Deutsche.[11] Wer von seinen Zeitgenossen gehört und gelesen werden wollte, durfte sich nicht mehr der Gelehrtensprache der Vergangenheit bedienen. Aber auch die in der Einleitung zum vorliegenden Band so konzis beschriebene epistemologische Zäsur, die sich im Wandel des Konzepts von Gelehrsamkeit beobachten lässt, steht in unmittelbarem Zusammenhang mit der damals mit Nachdruck gestellten Frage nach dem Gegenwartsbezug der Wissenschaft. Eine Wissenschaft, die für ihre Gegenwart einen – um mit Mercier zu sprechen – „Karakter von Nützlichkeit" haben wollte, konnte sich nicht mehr auf überlieferte Autoritäten verlassen, sondern musste dynamisch auf den stetigen und zukunftsoffenen Wandel im historischen Prozess reagieren. Das hieß, dass Vorlesungen sich nicht mehr in der Überlieferung von Lehrbuchwissen erschöpfen durften. Vielmehr sollte das tradierte Wissen – wie beispielsweise Schelling paradigmatisch formulierte – „durch eigne Erfindungen" bereichert und „mit Geist" in „lebendige[m] Vortrag" vermittelt werden.[12] Und zudem musste die Wissenschaft, wollte sie tatsächlich auf ihre Gegenwart wirken, immer wieder neu darum ringen, Darstellungsformen zu finden, die es ihr erlaubten, nicht nur den exklusiven Kreis der Gelehrten, sondern auch ein weiteres Publikum zu erreichen.

Was es brauchte, war eine neue Rhetorik. Das mag zunächst befremdlich klingen, da üblicherweise der ‚Tod der Rhetorik' auf das Ende des 18. Jahrhunderts datiert wird und sich das *movere* der klassischen Rhetorik zumindest nach Kant'schen Kriterien kaum mit dem *docere* des wissenschaftlichen Lehrvortrags vereinbaren lässt.[13] Doch eine Rhetorikgeschichtsschreibung, die sich, wie es so oft geschieht, zu stark an Kant als Dreh- und Angelpunkt orientiert, verfehlt wichtige Entwicklungen der Jahrzehnte um 1800.[14] Denn auch wenn

---

11 Vgl. zu diesem Übergang Hambsch 2009: 1195.

12 Schelling 1803: 46. Geschehe das nicht, fügt er an, sei nicht zu begreifen, „wofür nur überhaupt der lebendige Vortrag auf Academieen nothwendig wäre; man könnte alsdann den Lehrling unmittelbar nur an die ausdrücklich für ihn geschriebenen, gemeinfaßlichen Handbücher oder an die dicken Compilationen in allen Fächern verweisen" (ebd.). Vgl. z. B. auch Schleiermacher: „[I]hm [dem Meister der Wissenschaft] wird keine Wiederholung möglich sein, ohne daß eine neue Kombination ihn belebt, eine neue Entdeckung ihn an sich zieht; er wird lehrend immer lernen, und immer lebendig und wahrhaft hervorbringend dastehn vor seinen Zuhörern." (Schleiermacher 1996: 373)

13 Vgl. zu Kants Kritik an der *ars oratoria* v. a. Kant 1974: 258 f., 266 f. (§ 51 und 53).

14 Vgl. dazu Schnyder 2005.

die Rhetorik damals als umfassendes Lehrsystem zweifellos an Bedeutung verlor, erlebte sie doch in manchen Bereichen in den deutschsprachigen Ländern überhaupt erst nach 1800 einen Aufschwung; so etwa in der Rechtsprechung (mit den erst damals eingeführten öffentlich-mündlichen Verfahren), in der Politik, in der Homiletik – oder eben auch in der Wissenschaft.

Einer nun, der damals mit besonderer Verve für eine Erneuerung der deutschen Rhetorik eintrat, war Adam Müller, dessen *Zwölf Reden über die Beredsamkeit und deren Verfall in Deutschland* – gehalten 1812 in Wien, publiziert 1816 in Leipzig – im Fokus der folgenden Ausführungen stehen werden. Für Müller war die Redekunst, wie er mit einem auffallenden Superlativ formulierte, die „*gegenwärtigste* unter allen Künsten",[15] und es wird darum gehen, diesen Superlativ in vier Unterabschnitten näher zu erörtern und insbesondere im Hinblick auf das – gerade in der Romantik wichtige, aber in der Literaturwissenschaft bis heute stiefmütterlich behandelte – Genre der öffentlichen wissenschaftlichen Vorlesung hin zu profilieren:[16] Zunächst soll etwas über den konkreten historischen Ort und das performative Setting der *Zwölf Reden* gesagt werden (1. Die Gegenwart der *Zwölf Reden*). Danach wird das intrikate Verhältnis von Mündlichkeit und Schriftlichkeit in Müllers „gegenwärtigste[r]" Kunst thematisiert; ein Verhältnis, in dem auch die ältere räumliche Bedeutung von ‚Gegenwart' neu verhandelt wird (2. Das Medium der Gegenwart). Drittens wird die von Müller postulierte Fähigkeit des guten Redners behandelt, in jedem Augenblick seines Vortrags spontan auf die Reaktionen seines Publikums eingehen zu können (3. Geistesgegenwart). Und viertens schließlich soll die nicht nur von Müller geteilte Ansicht erörtert werden, wonach im lebendigen Vortrag neben den zwei Instanzen des Sprechers und des Publikums immer auch noch ein Dritter präsent sei, ein das Vortragsgeschehen durchwaltender und umfassender Geist, der in Müllers Konzept auf symptomatische Art und Weise zwischen dem Geist der Nation und dem Geist Gottes oszilliert (4. Die Gegenwart des Geistes).

---

15 Müller 1967a: 374, Hvh. P.S. Nachweise hieraus im Folgenden mit Angabe der Seitenzahl direkt im Text.

16 Symptomatisch für die Vernachlässigung dieses Genres in der Literaturwissenschaft ist zum Beispiel, dass es im in den Jahren 1997–2003 erschienenen *Reallexikon der deutschen Literaturwissenschaft* kein Lemma „Vorlesung" gibt. Ähnlich sieht es in den anderen Philologien aus. Vgl. allerdings (mit expliziter Benennung des Forschungsdesiderats) Dick & Esterhammer 2009. Wenn das Phänomen der öffentlichen Vorlesung im deutschsprachigen Kontext vereinzelt thematisiert wurde, geschah dies meist aus der Perspektive der Rhetorikforschung, vgl. Riedl 1997: 214–294; ebenso Hambsch 2009.

1 Die Gegenwart der *Zwölf Reden*

Als der 1779 geborene Adam Müller 1811, also 32-jährig, nach Wien kam, war er kein unbeschriebenes Blatt mehr:[17] Nach seinem Studium der Rechtswissenschaften und der Geschichte in Göttingen hatte er sich bald – auch dank der Unterstützung seines Freundes Friedrich Gentz – einen Namen gemacht mit Vorlesungszyklen in Dresden, wo er auch gemeinsam mit Heinrich von Kleist die Zeitschrift *Phöbus* herausgab. Daneben hatte er für einen handfesten gesellschaftlichen Skandal gesorgt, weil Sophie von Haza – die Frau von Peter Boguslaus von Haza-Radlitz, bei dem Müller in jenen Jahren als Hauslehrer angestellt war – sich scheiden ließ, um ihn zu heiraten. 1809 hatte er Sachsen dann aus politischen Gründen verlassen müssen und in Berlin eine rege politisch-publizistische Tätigkeit aufgenommen, nicht zuletzt wiederum zusammen mit Kleist als Mitherausgeber der *Berliner Abendblätter*. Nachdem er sich allerdings in eben jenen *Abendblättern* kritisch über die Stein-Hardenberg'schen Reformen geäußert hatte, war er nach Wien geschickt worden – und Kleists Zeitung wurde einer so strengen Zensur unterstellt, dass ihr Erscheinen schließlich eingestellt werden musste.[18]

Wien nun war der Ort, wo Müller bereits einige Jahre zuvor, 1805, vom Protestantismus zum Katholizismus konvertiert war; ein Umstand, der seinen Ambitionen in Österreich zweifellos förderlich war. Trotzdem hatte er als Preuße in Wien keinen leichten Stand. Von Anfang an wurde er von der Polizei bespitzelt,[19] und als er im Sommer 1811 bei den Behörden ein Gesuch einreichte, um „öffentliche Vorlesungen über das Ganze der Staatswissenschaften und die Lehre vom Gelde insbesondere" anzubieten, erhielt er einen abschlägigen Bescheid.[20] Das Thema war zu brisant für Österreich, das seit der Niederlage gegen Napoleon faktisch unter französischer Kontrolle stand und gerade einen Staatsbankrott hinter sich hatte. Im Frühling 1812 unternahm Müller dann – nicht zuletzt angeregt durch Friedrich Schlegels Vorlesungen über die *Geschichte der alten und neuen Litteratur*, die gerade damals in Wien stattfanden[21] – einen

17 Vgl. für einen knappen biographischen Überblick die Ausführungen im Kommentar zu Müller 1967c: 301–311; ausführlicher Koehler 1980: 32–211.

18 Vgl. zu diesem wesentlich durch Müller mitverschuldeten Ende der *Abendblätter* Köhler 1980: 125 f., 149 f.

19 Diese Bespitzelung erfolgte auf Geheiß des Kaisers. Müllers Hausmeister erstattete regelmäßig Bericht an die Polizei, vgl. Köhler 1980: 182–184.

20 Vgl. dazu die Ausführungen im Kommentar zu Müller 1967c: 456.

21 Schlegel hielt diese Vorlesungen in Wien in der Zeit vom 27. Februar bis zum 30. April 1812; veröffentlicht wurden sie 1814, datiert auf 1815: Schlegel 1815. Vgl. dazu Polaschegg 2017: 224.

neuen Versuch. Er wandte sich an die Polizeihofstelle und bat um die Erlaubnis, „außerordentliche Vorlesungen über die Rhetorik" halten zu dürfen, also über einen, wie Müller formulierte, „völlig unschuldigen Gegenstand".[22] Nicht zu Unrecht zweifelten die Behörden allerdings an der Unschuld dieses Themas, denn schließlich war die Verbindung von Rhetorik und Politik schon seit der Antike topisch. Sie hatte im Kontext der Französischen Revolution neue Aktualität gewonnen und betraf keineswegs nur die politische Rhetorik im engeren Sinne. Vielmehr war, zumal nach dem Zusammenbruch des Heiligen Römischen Reichs Deutscher Nation im Jahre 1806, jedes Reden *über* deutsche Sprache und *in* deutscher Sprache zum Politikum geworden.[23]

Nach einigem Hin und Her und der Intervention von Gentz wurde der Bitte Müllers dennoch stattgegeben – freilich mit der geheimen Auflage, dass ein Spitzel die Vorlesungen kritisch begleiten sollte.[24] So erschien im *Oesterreichischen Beobachter* vom 14. Mai 1812 die Ankündigung, dass der „Hofrat Adam Müller" mit „allergnädigster Bewilligung Sr. k. k. Majestät" am nächsten Tag „im k. k. Redoutengebäude" eine Vorlesungsreihe eröffnen werde, für die in der „Schaumburgische[n] Buchhandlung in der Wollzeile [...] Abonnements für 12 fl. W.W. [12 Gulden Wiener Währung]" erworben werden könnten.[25] Da Müller sich sorgte, dass der Wiener Adel, den er mit seinen Vorträgen vor allem im Blick hatte, die Stadt schon für die Sommerpause verlassen könnte, las er dann immer gleich dreimal pro Woche über die Mittagszeit von 12.15 bis 13 Uhr, „wobei", wie es in der Ankündigung hieß, „um den Differenzen des Uhrenganges zu begegnen, die Uhr des Michaelsturms zur Richtschnur genommen" wurde.[26]

---

22 Müller an Freiherrn von Hager, den Vizepräsidenten der Polizeihofstelle, 1. April 1812, zit. nach Müller 1967c: 457.

23 Diese politische Bedeutung der deutschen Sprache ist in vielen zeitgenössischen Schriften offensichtlich, nicht zuletzt in Adam Müllers im Winter 1806 in Dresden gehaltenen *Vorlesungen über die deutsche Wissenschaft und Literatur*: „Waffen können in unglücklichen Augenblicken versagen; die Waffen des Geistes, sonderlich unsre teure unzerstörbare Sprache in ihrer biegsamen Kraft, verbleiben uns, und mit ihnen in aller äußern Not die lebendigste Hoffnung." (Müller 1967b: 21)

24 Vgl. dazu den Kommentar in Müller 1967c: 461 f. Der abkommandierte Beamte erstattete dann tatsächlich mehrere geheime Berichte, die auf dem Dienstweg bis zu Metternich gelangten, der sie sogar an den Kaiser weiterleitete – freilich *à contre cœur* und nicht ohne darauf hinzuweisen, wie unqualifiziert ihm diese Berichte erschienen: „Warum unterlegt man endlich Allerhöchstdenselben [dem Kaiser Franz] solch elende Bruchstücke wie der vorliegende Polizei-Rapport." Zit. nach ebd.: 462.

25 O.A. 1812. Auch abgedruckt im Kommentar zu Müller 1967c: 458.

26 Ebd.

Weshalb lohnt es sich, auf all diese Details zur Organisation von Müllers Vorlesungen einzugehen? – Nur über sie wird jenes performative Setting erkennbar, das nicht nur für Müllers und Friedrich Schlegels Vorlesungen, sondern überhaupt für eine bestimmte zeittypische Form des Redens über Wissenschaft signifikant ist. Es ist dies ein Reden, das seinen Ort nicht (oder jedenfalls nicht zwingend) in der Institution der Universität hat, sondern durchaus programmatisch den Brückenschlag zu einem allgemeineren Publikum – im Falle Müllers und Schlegels zu gesellschaftlich einflussreichen, meist adligen und zahlungskräftigen Kreisen – versucht.[27] Programmatisch ist dieser Brückenschlag, weil damit eben die Isolation der gelehrten Kommunikation durchbrochen und der Versuch unternommen wird, auf die eigene Gegenwart zu wirken.

Von dieser Wirkung auf die zeitliche Gegenwart, die durch die räumliche Gegenwart eines gemischten, auch weiblichen Publikums gleichsam inzitiert wird, spricht Müller denn auch schon in seiner ersten Vorlesung und macht zugleich deutlich, inwiefern seine Hörerinnen und Hörer für ihn ein umfassenderes Publikum repräsentieren, also im wörtlichen Sinne ‚vergegenwärtigen': [28]

> [S]olche öffentlichen Vorlesungen über Gegenstände der Wissenschaft oder der Kunst vor einer Versammlung von Personen, die weniger die Absicht, zu erlernen oder Kenntnisse zu erkaufen, als ein allgemeines, wahrhaft menschliches und gesellschaftliches Interesse an den Fortschritten der Bildung vereinigt, [sind] förderlich für die Belebung unsrer Sprache

---

27 Beispielhaft kommt dies in der Widmung an Metternich zum Ausdruck, die Schlegel seinen Vorlesungen im Druck vorangestellt hat: „[M]ein vorzüglichster Wunsch war es, der großen Kluft, welche immer noch die litterarische Welt und das intellektuelle Leben des Menschen von der praktischen Wirklichkeit trennt, entgegen zu wirken, und zu zeigen, wie bedeutend eine nationale Geistesbildung oft auch in den Lauf der großen Weltbegebenheiten und in die Schicksale der Staaten eingreift." (Schlegel 1815: o.P.) Vgl. zur entsprechenden Parallele zwischen Schlegel und Müller Herrmann 2015. Herrmann geht es freilich v. a. um die Umsetzung des genannten Programms in den Zeitschriftenprojekten der beiden Autoren und nur um am Rande um die Gattungen der Rede und der Vorlesung.

28 Dieser Gedanke der Vergegenwärtigung eines weiteren (Lese-)Publikums in der konkreten Hörerschaft findet sich z. B. auch in Fichtes im Winter 1807/1808 gehaltenen *Reden an die deutsche Nation*: „Sie [die Hörer] [...] sind zwar meinem leiblichen Auge die ersten und unmittelbaren Stellvertreter, welche die geliebten Nationalzüge mir vergegenwärtigen, und der sichtbare Brennpunkt, in welchem die Flamme meiner Rede sich entzündet; aber mein Geist versammelt den gebildeten Teil der ganzen deutschen Nation, aus allen den Ländern, über welche er verbreitet ist, um sich her, bedenkt und beachtet unser aller gemeinsame Lage und Verhältnisse, und wünschet, daß ein Teil der lebendigen Kraft, mit welcher diese Reden vielleicht sie ergreifen, auch in dem stummen Abdrucke, welcher allein unter die Augen der Abwesenden kommen wird, verbleibe, und aus ihm atme, und an allen Orten deutsche Gemüter zu Entschluß und Tat entzünde." (Fichte 1997: 548)

> und überhaupt *eine neue, sehr ehrenwerte Gattung in Deutschland* [Hvh. P.S.]. Auch der [...] wissenschaftliche Teil unserer Literatur will also endlich gesellig werden: es soll nicht mehr ins Blaue und Unbestimmte hin, es soll nicht mehr den Wänden und Wüsten gepredigt werden, man will ein Lebendiges, ein Ganzes, eine würdige Stellvertretung des Publikums, zu dem man spricht, gegen sich über haben; [...] die deutsche Wissenschaft zeigt sich auf dem Wege nach einer großen Wahrheit, die bei uns mehr als irgendwo sonst vergessen worden ist, nämlich
>
> *daß es nur ein einziges Kennzeichen des Verständigen gebe, nämlich die Verständlichkeit, und daß man nur in demselben Grade selbst verstehe, als man verstanden wird.* (300 f.)

Das Medium der „deutsche[n] Wissenschaft" auf dem Weg zu dieser „großen Wahrheit" sind aber eben öffentliche Vorlesungen, eine „Gattung", deren Neuheit in Deutschland Müller in der Folge noch weiter spezifiziert und dabei übrigens in ganz typischer Weise die deutsche ‚Verspätung' gegenüber dem Westen mit einer Überbietungsgeste kompensiert: „Die größten wissenschaftlichen Autoritäten Deutschlands in und außer den hohen Schulen haben in den letzten zwanzig Jahren die Form solcher Vorlesungen gewählt und haben sie in dieser kurzen Zeit weiter ausgebildet, als es in Frankreich und England, wo sie längst in Gebrauch waren, gelungen ist" (301).

Die Tradition des Redens über Wissenschaft, in die sich Müller stellt, hat also nach seiner eigenen Aussage erst in den 1790er Jahren begonnen, wobei als erstes Beispiel wohl an Fichtes Vorlesungen über die „Bestimmung des Gelehrten" zu denken ist, die 1794 in Jena für Furore gesorgt hatten;[29] vielleicht könnte man auch schon die Antrittsvorlesung Schillers[30] von 1789 dazurechnen, den Müller in seinen *Zwölf Reden* als den „größten Redner" Deutschlands feiert (302). Neben Fichte, der dann noch verschiedentlich inner- und außerhalb der Universität mit öffentlichen Vorlesungen hervorgetreten ist – die *Reden an die deutsche Nation* sind da ja nur die berühmtesten – sind auch Schleiermacher und Schelling sowie Friedrich und August Wilhelm Schlegel zu nennen; und nicht zuletzt natürlich Adam Müller selbst, der schon 1806 in Dresden einen überaus erfolgreichen Zyklus von *Vorlesungen über die deutsche Wissenschaft und Literatur* durchgeführt und danach noch mehrfach in Dresden und Berlin über kulturelle, ökonomische und politische Themen gelesen

29 Zum Erfolg seiner Vorlesungen, die er im Sommersemester 1794 unter dem Titel „Moral für Gelehrte" zum ersten Mal hielt, schreibt Fichte am 26. Mai 1794 an seine Frau: „Verwichnen Freitag hielt ich meine erste öffentliche Vorlesung. Das gröste Auditorium in Jena war zu enge; der ganze Hausflur, der Hof stand voll, auf Tischen, u. Bänken standen sie einander auf den Köpfen." Zit. nach dem Kommentar in Fichte 1997: 931.

30 Schiller 1993b: 749–767.

hatte.[31] Alle diese Vorlesungen waren auch publiziert worden, doch entscheidend ist für Müller, dass sie ursprünglich tatsächlich vor Publikum gehalten wurden, dass sie ihre erste Wirkung nicht der Schrift, sondern der gesprochenen Sprache verdankten.

2 Das Medium der Gegenwart

Das Elend der deutschen Sprache besteht nach Müller darin, dass die öffentliche Kommunikation in den deutschsprachigen Ländern „stumm" (297) verläuft; zum einen, weil sie in die tote Schrift gebannt sei, zum andern, da das Deutsche neben dem im höheren gesellschaftlichen Verkehr gepflegten Französisch im eigentlichen Sinne nicht mehr zu Wort komme. So fragt er rhetorisch: „Können wir Deutsche von Beredsamkeit sprechen, nachdem längst aller höhere Verkehr bei uns stumm und schriftlich oder in einer auswärtigen Sprache getrieben wird?" (297) Unter solchen Bedingungen habe sich keine deutsche Beredsamkeit, sondern – wie Müller mit einem reizvollen Neologismus formuliert – nur eine deutsche „Beschreibsamkeit" (382) entwickeln können, eine Schreibkultur, die jeden Bezug zur lebendigen Rede verloren habe. Besonders dramatisch scheint Müller dieser Missstand auch in der deutschen Wissenschaft zu sein, wo die Kultur des gesprochenen Worts gänzlich verdrängt worden sei durch einen bloß noch „telegraphischen Verkehr, den die Philosophen und Gelehrten der einzelnen Sekten, jeder in seiner besonderen Terminologie, über die weite Fläche von Deutschland miteinander treiben" (298). Und schlimmer noch: Die deutschen Gelehrten haben mit dem Reden auch die Kunst der Adressierung eines Gegenübers verlernt, so dass sie in ihren Büchern, wie Müller bitter konstatiert, „eigentlich niemanden anreden, sondern in sich selbst hineinsprechen" (298). Das Reden über Wissenschaft sei gänzlich verdrängt worden durch ein autistisches Schreiben, durch „ein einförmiges Rauschen der Bücherblätter in einsamen Gemächern" (328).

Die Schuld aber an dieser Misere ist nach Müller in der Entwicklung des Buchdrucks zu suchen, dessen Auswirkungen in Deutschland, anders als in England und Frankreich, nicht durch gewisse Gegenkräfte einer weiterhin gepflegten Rhetorikkultur kompensiert worden seien. Die „Buchdruckerkunst" habe eine „Verwirrung und Verkehrung im Reiche der Geister" angerichtet

31 Vgl. allgemein zum Phänomen der Vorlesungen der genannten Autoren Riedl 1997: 214–294; für eine Übersicht zu Müllers Vorlesungstätigkeit vgl. den Kommentar in Müller 1967c: 674f.

(327), und zumal durch die ungeheure Zunahme an Publikationen im Laufe des 18. Jahrhunderts sei ein ganz „unnatürliche[r] Zustand" eingetreten, durch den „die Erziehung der ganzen gegenwärtigen Generation verwirrt worden ist" (410). Diesen „unnatürlichen Zustand" kontrastiert Müller mit der Zeit vor der Erfindung des Buchdrucks: „In den Zeiten vor dieser [...] Erfindung wurde die Kunst der Schrift nur angewendet für die Abwesenden und Nachkommen: für die *Gegenwärtigen* hingegen, für die Zeitgenossen, für alles, was man mit seiner Brust und Stimme erreichen konnte, galt die lebendige Rede" (327, Hvh. P.S.).

Damit wird mit phonozentristischem Einschlag eine Vergangenheit heraufbeschworen, in der die zeitliche Gegenwart noch mit der räumlichen kongruent war. Es kommt mithin – durchaus zeittypisch – zu einer affirmativen Bezugnahme auf die mittelalterliche Vorlesungskultur.[32] Und in der Idealisierung dieser Vergangenheit der Kommunikation scheint sich auch ein reaktionär-nostalgischer Zug in der Argumentation Müllers bemerkbar zu machen. Doch dass der Weg zurück in die idealisierte Vergangenheit in der Gegenwart des Jahres 1812 keine Option ist, ist Müller bewusst. Vielmehr geht es ihm darum, den unmittelbaren Gegenwartsbezug des Redens über Wissenschaft unter den irreversiblen Bedingungen des Buchdrucks, dessen Vorteile er durchaus kennt, wieder zur Geltung kommen zu lassen; und zwar dadurch, dass nun – wie er in einer normativen Wendung postuliert – nur noch gedruckt werden soll, was zuvor in der lebendigen, gesprochenen Sprache als dem eigentlichen Medium der Gegenwart und der Gegenwärtigkeit vorgetragen worden ist;[33] ein Postulat, das zugleich auch den drohenden performativen Widerspruch in seiner eigenen Kommunikationspraxis entkräften soll, in der er ja keineswegs darauf verzichtete, seine Vorlesungen und Reden *post festum* – zunächst auszugsweise in Zeitschriften und dann auch integral in Buchform – zu publizieren.[34]

---

32 Vgl. zu dieser, auch z. B. bei Fichte auszumachenden, positiven Bezugnahme auf den mittelalterlichen Vorlesungsbetrieb Hambsch 2009: 1199f. In diesen Zusammenhang gehört auch Müllers emphatische Forderung nach einer Aufwertung von Handschrift und Manuskript gegenüber dem Buchdruck, vgl. dazu Müller 1967a: 414–417.

33 Vgl. in diesem Zusammenhang z. B. auch 377: „Also wirf die Feder beiseite, wo sie nicht hingehört; denke nicht früher an die Nachwelt, als bis du die Gegenwart besorgt, schreibe nicht eher, bis du reden kannst, damit du zuletzt wenigstens Gesprochenes niederschreibst [...]." Vgl. allgemein zur Rolle der mündlichen Kommunikation für die Gemeinschaftsbildung bei Müller Matala de Mazza 1999: 298–339.

34 Im Falle der *Zwölf Reden* ist es so, dass die 2., 3., 6. und 9. Rede bereits in den Jahren 1814/15 in der Zeitschrift *Friedensblätter* publiziert wurden. Vgl. für die Einzelnachweise die Angaben im Kommentar zu Müller 1967c: 606–610. Vollständig erschienen die *Zwölf Reden*, wie erwähnt, erst 1816 bei Göschen in Leipzig.

Würde Müller in diesem Zusammenhang freilich nur ein normatives Postulat formulieren, stellte sich immer noch die Frage, ob er damit seine eigenen, in der „Verzauberung der Schrift" (365) gefangenen Zeitgenossen erreichen könne. Schließlich besteht für jeden ‚Unzeitgemäßen' die Gefahr, dass er unter den Bedingungen seiner Gegenwart nicht rezipiert werden kann – es sei denn, es gäbe eine Entwicklung in jener Gegenwart, die auch andere das Unzeitgemäße als zeitgemäße Avantgarde erkennen lässt. Und tatsächlich glaubt Müller, bereits Ansätze zu einer solchen Entwicklung im Reden und Schreiben über Wissenschaft ausmachen zu können. Denn wenn man genauer hinschaue, sei der Höhepunkt des chaotischen Publikationswesens ohnehin schon überschritten. Es sei zu einer „Antiquität" (411) geworden, da niemand mehr alles lesen könne, was geschrieben werde, und deshalb eine notwendige Selektion eingesetzt habe;[35] eine Entwicklung, die Müller in einem prophetischen Futur vorträgt, das die eigene Gegenwart und die jüngste Vergangenheit immer schon mit einbegreift:

> [I]n dem Maße, als sich die Anzahl der Schreibenden der Anzahl der Lesenden nähert oder als jene diese übertrifft, legt sich das Schreiben von selbst, [. . .] nur die ganz großen Autoritäten, die in allen Jahrhunderten haben sprechen dürfen, werden durchdringen und allein reden: ihnen werden die Vorteile der Buchdruckerkunst zugute kommen. [. . .] Durch die Buchdruckerkunst wird in der Folge der Zeiten nur wirken können, der, was er sagen wird, vorher ausgesprochen, erlitten, erlebt haben wird [. . .]. Es wird nur gedruckt werden, was gesprochen worden: die Druckerkunst wird nur gelten als eine dienende Beihilfe für die eigentliche rednerische Tat. (411 f.)

Die eigentliche rednerische Tat ist also, nach Müller, wieder an der Zeit; sie ist es, die auf die eigene Gegenwart zu wirken vermag, und zwar gerade deshalb, weil sie da vollbracht wird, wo ein Redner in Gegenwart eines ganz konkreten Publikums spricht, auf das er immer wieder neu aus dem Moment heraus zu reagieren vermag; kurz, wo er der Forderung nach Geistesgegenwart gerecht wird.

35 Vgl. auch 322: „Ich wünsche Deutschland Glück, daß jenes Schrift- und Formelwesen allmählich zerfällt, daß das Ansehn der Druckerpresse durch den Mißbrauch allmählich abnimmt, daß die Liebhaber dieses Unwesens von den Zeitumständen [den Auswirkungen der napoleonischen Kriege] mehr und mehr mit Auswahl zu kaufen und anstatt zu lesen lieber zu sprechen genötigt werden [. . .]."

3 Geistesgegenwart

Wenn von der (räumlichen) Gegenwart des Publikums die Rede ist, muss zugleich, und vielleicht sogar zuerst, auch von der (räumlichen) Gegenwart des Autors als Redner gesprochen werden. Denn gerade im Blick auf diesen Aspekt der Rhetorik als „gegenwärtigste[r]" Kunst wird eine Bedeutungsdimension des Gegenwartsbegriffs besonders gut sichtbar, die bis ins frühe 19. Jahrhundert noch eine wichtige Rolle spielte, dann aber verblasste. Die Gegenwart einer Person bedeutete bis dahin nicht nur – wie eingangs der Prägnanz halber gesagt – deren bloße räumliche Anwesenheit, sondern konnte auch eine besondere Wirkung und Ausstrahlung dieser Person implizieren.[36] Es ist dies eine Bedeutung, die heute nur noch im Wort ‚Präsenz' nachhallt, wenn zum Beispiel von der ‚Bühnenpräsenz' eines Schauspielers die Rede ist. Genau dieser semantische Aspekt des Gegenwartsbegriffs aber spielt in Müllers Konzept der Beredsamkeit noch eine zentrale Rolle. Der gute Redner *wirkt* unmittelbar durch seine schiere Gegenwart. Diese kommt freilich nur dann unverstellt zur Geltung, wenn er frei, aus dem Moment heraus spricht und sich nicht auf ein vorbereitetes Manuskript stützt. Seine Rede kann und soll erst in Gegenwart seines Publikums entstehen, wobei auch bei dessen Gegenwart das Moment der aktiven (Rück-) Wirkung auf den Redner mitzudenken ist. Die wahre Rede lebt also gleichsam von der Wechselwirkung zwischen der Gegenwart des Redners und derjenigen des Publikums, und nur wenn diese Wechselwirkung zustande kommt, entfaltet eine Rede ihre ganze Macht in der (zeitlichen) Gegenwart als dem Moment, in dem sie gehalten wird.

> [S]ie [die Rede] ist eigentlich nicht eher da, als bis sie leibhaftig vor denen ausgesprochen wird, die dadurch ergriffen werden sollen. *Pronunciatio* übersetzt Quintilian das Wort des Demosthenes [für das konkrete Halten einer Rede];[37] das deutsche Wort *Vortrag* bezeichnet nur unvollständig, was er meint. Seine eigentliche Meinung war: es redet ein Gott durch

---

36 Vgl. dazu Grimm 1897: 2285, wo es heißt, das Wort „gegenwart" habe nicht nur eine „blosze anwesenheit" gemeint, „wie es uns [am Ende des 19. Jahrhunderts] begrifflich eingeschrumpft, sondern zugleich de[n] bereich der lebendigen wirkung [ ]einer person und gewalt [...]". Nur vor diesem Hintergrund ist die Definition von ‚Gegenwart' bei Adelung verständlich: „Der Zustand, da man durch seine eigene Substanz ohne moralische Mittelursachen, ja ohne alle Werkzeuge an einem Orte wirken kann [...]." (Adelung 1796: 488)

37 Müller verweist hier auf die – unmittelbar zuvor (365) von ihm selbst zitierte – berühmte Stelle bei Quintilian, wo berichtet wird, dass jemand Demosthenes gefragt habe, was bei einer Rede das Wichtigste sei, und dieser geantwortet habe, es sei die Präsentation der Rede vor dem Publikum (*pronuntiatio*). Und am zweit- und drittwichtigsten sei ebenfalls der Vortrag. Quintilian 1970: 654 (XI, 3, 6): „[S]i quidem et Demosthenes, quid esset in toto dicendi opere primum interrogatus, pronuntiationi palmam dedit, eidemque secundum ac tertium locum [...]."

> den Mund des Menschen, wo dieser wirklich *redet*; und der Gott soll nicht etwa auf die Hörer warten, sondern diese müssen erst zugegen sein, dann erscheint er. – Das ist der Zauber jener unwillkürlichen Beredsamkeit, welche der große Moment selbst herbeiführt; wenige abgerissene Worte, weil sie recht in die Gegenwart hineinfallen, [...] können Wirkungen hervorbringen, welche die absichtliche Redekunst nie erreicht. (366 f.)

Die Voraussetzung für das Gelingen dieser „unwillkürlichen Beredsamkeit" des „improvisierenden Redners" (333) ist aber, wie Müller formuliert, eine „erhabene Gegenwart des Geistes wie der Organe" (367). Denn dieser Redner muss eben jederzeit dialogisch auf seine Hörer reagieren, das heißt auf ihre „leisen Bewegungen des Blickes oder der Augenbrauen", auf ihr „leise[s] Zucken der Muskeln", ihr „unmerkliche[s] Lächeln", ihre „Atemzüge[ ]" und ihre „Pulsschläge[ ]" (334). – Kurz: die im emphatischen Sinne *lebendige* Redekunst ist eine Kunst der „allmählichen Verfertigung der Gedanken beim Reden", bei der das „Zucken einer Oberlippe" eines Zuhörers oder dessen „zweideutiges Spiel an der Manschette" unter Umständen „den Umsturz der Ordnung der Dinge" bewirken kann.[38] Und tatsächlich ist dieser Anklang an Kleist kein Zufall, denn nur wenige Jahre zuvor hatte Müller (wahrscheinlich) den einschlägigen Aufsatz seines Freundes redigiert.[39]

Auch in diesem Punkt drohte Müller freilich ein performativer Selbstwiderspruch, denn in seinem Reden über die Wissenschaft vom Reden vertraute er selbst keineswegs auf die Inspiration des Augenblicks und auf seine Geistesgegenwart. Vielmehr las er, genau wie Friedrich Schlegel vor ihm, aus einem zuvor sorgfältig konzipierten Manuskript – freilich offenbar gekonnter als jener, wenn man dem Bericht der Schriftstellerin und Salonière Caroline Pichler glauben darf, die in jenem Frühjahr 1812 beide Romantiker gehört hat:

> Er [Müller] las mit gemäßigter, nicht ganz von Manier freier Stimme, zusammenhängend, in geregeltem Flusse aus seinem Manuscripte, das vollkommen vor der Lesung geordnet zu seyn schien. Schlegel hingegen, obwohl sein Vortrag lebendig und natürlicher als der Müller's war, mußte oft in seinen Blättern den Zusammenhang nachsuchen, die Einschiebsel nachholen, manchen Satz wiederholen. Das war nun freilich etwas störend, und dies wußte Müller zu vermeiden.[40]

38 Kleist 1985a: 321.

39 Vgl. dazu den Kommentar in Kleist 1985b: 925. Auch wenn die Redaktionsspuren in Kleists erst posthum publiziertem Text nicht von Müller stammen sollten, darf davon ausgegangen werden, dass dieser die Gedanken seines Freundes aus der gemeinsamen Dresdener Zeit kannte. Zur Parallele zwischen Kleist und Müller in dieser Hinsicht vgl. Riedl 1997: 123–154. Riedl arbeitet dann auch die Differenzen heraus, die sich in den Ausarbeitungen dieses gemeinsamen Grundkonzepts bei Kleist und Müller ergeben. Vgl. auch Mionskowski 2013.

40 Pichler 1844: 235 f. Einige Zeugnisse von Zeitgenossen wie Dorothea Schlegel, Theodor Körner und Wilhelm von Humboldt, die teilweise beide Vorlesungszyklen gehört haben, sind

Obschon Müller also mit seinem Manuskript – das übrigens später bei der Publikation, genau wie das Schlegels, mehr oder weniger unverändert abgedruckt wurde[41] – beim Vorlesen besser zurecht kam als sein Kollege, konnte er als Redner seinem eigenen Ideal nicht gerecht werden. Und das war ihm durchaus bewusst, wie mehrere Passagen in den *Zwölf Reden* zeigen, in denen er das Publikum bittet, „gütigst für den Augenblick uns lesende, schreibende Redner und alle gelehrte Barbarei und alle Stubenangewöhnungen unserer Zeit" zu vergessen (333), oder in denen er selbstkritisch von der „Verlegenheit" spricht, „die jeder empfindet, der eine vorbereitete Rede vor einer Versammlung aussprechen will" (365). Diese Verlegenheit rührt daher, dass das vorbereitete Manuskript die im lebendigen Reden über Wissenschaft notwendige Spontaneität verhindert; es hemmt gleichsam die Geistesgegenwart des Redners und verhindert so die Gegenwart eines die Redesituation durchwaltenden höheren Geistes.

4 Die Gegenwart des Geistes

Die deutsche Sprache wird, wie bereits angedeutet, spätestens nach der Schlacht bei Jena und Auerstedt im Jahre 1806 zum Politikum. Sie ist das, was den Besiegten geblieben ist, und wird zum emphatisch beschworenen Medium für einen deutschen Sprachnationalismus. Solange diese Sprache aber eben, wie Müller meint, eine stumme Büchersprache bleibt, taugt sie nicht für ein lebendiges Gemeinschaftsgefühl: „Es ist ein schlechter Trost, den wir auf allen Straßen hören müssen, daß uns nämlich statt Deutschland das Instrument der deutschen Sprache verblieben sei. Was ist diese tote Schriftsprache ohne das lebendige Gespräch und ohne die deutsche Rede, die daraus hervorwachsen sollte." (322)

Der enge Bezug zwischen deutschem Gespräch und deutscher Rede, der in diesem Zitat anklingt, ist von zentraler Bedeutung für Müllers Konzept

---

zusammengestellt im Kommentar zu Müller 1967c: 458–461. Alle drei Genannten urteilten kritisch über Müllers Vorlesungen, wobei im Urteil Dorothea Schlegels sehr deutlich der Ärger darüber zum Ausdruck kommt, dass Müller mit seiner „crême[!] fouettée" noch mehr Erfolg hatte beim Publikum als ihr Mann: Im Grunde seien Müllers Vorträge doch nur „*Nach*lesungen" zu den Vorlesungen Friedrich Schlegels (ebd.: 459). Für Humboldt waren beide Vorlesungszyklen nur „sophistische Rhetorik" (ebd.: 460).

41 Müller hat seinen Text im Druck von 1816 lediglich mit zwei Fußnoten ergänzt, die Stellen erklären, die unmittelbar auf Ereignisse des Jahres 1812 Bezug nehmen, vgl. 299, 323. Schlegel sagt in der Einleitung zur Buchfassung seiner Vorlesungen, er habe diese so geschrieben, dass sie auch für den Druck geeignet seien, vgl. Schlegel 1815: XII.

einer deutschen Beredsamkeit. Denn wie er schon in der zweiten und dritten seiner Reden darlegt, ist jede wahre Rede im Grunde ein Gespräch.[42] Sie lebt, wie gerade dargelegt, von der Wechselwirkung zwischen dem Redner und seinen Hörern, welch letztere durch ihre schiere Gegenwart die Entwicklung jeder Rede mitprägen. Das Gegenüber der Hörer regt den Redner dazu an, nicht nur seinen eigenen Standpunkt, sondern auch mögliche Einwände dagegen zu antizipieren. So tut der Redner, wie Müller ausführt, nichts anderes, als „was in jedem wahren Gespräch bewußtlos geschieht" (319):

> [E]r stellt dar 1. den Streit zweier ganz eigentümlichen und verschiedenartigen Naturen, 2. das Gemeinschaftliche, Höhere, was in dem lebendigen Gespräch unsichtbar wie ein Schutzgeist des Gesprächs oder wie die Grundharmonie in der Musik zwischen den beiden Sprechenden waltet. Eine Rede ist also nichts anders als ein abgeschlossenes Gespräch, welches in allen seinen wesentlichen sichtbaren und unsichtbaren Teilen durch den Mund Eines Menschen an die Welt tritt. Der Redner vereinigt drei Personen in sich, zuvörderst die beiden Sprecher des Gesprächs in ihrer eigentümlichen Farbe und Manier, dann aber beide gedämpft, veredelt sichtbar und unsichtbar versöhnt durch eine dritte höhere Person [...]. (319 f.)

Das ist gleichsam die rhetorische Applikation von Müllers einige Jahre zuvor entwickelter *Lehre vom Gegensatz* (1804). Was allerdings mit jener Figur des Dritten genau gemeint ist, ist zunächst nicht ganz klar erkennbar. Im Anschluss an die eben zitierte Passage nennt Müller sie die „Seele des Redners, die über dem Streite der Glieder thront" (319); an anderer Stelle, bei seinen anglophilen Ausführungen zur britischen Parlamentsrhetorik, ist jenes Dritte der ‚Geist der englischen Verfassung', die – was in diesem Zusammenhang wichtig ist – keine im Schriftmedium niedergelegte Konstitution ist.[43] Die wichtigste Bedeutung jenes Dritten für die deutsche Beredsamkeit wird aber in den abschließenden Reden deutlich, wo es als Geist der deutschen Nation und Geist des Christentums erkennbar wird. Die Beredsamkeit, die im Zeichen dieses Geistes steht, ist nach Müller nicht mehr eine, die – wie die heidnisch-antike Rhetorik – auf die gewaltsame Überwindung des Gegners angelegt ist, sondern eine, die ihr Gegenüber ernst nimmt und sich selbst demütig jener höheren Macht unterwirft (431); ganz im Sinne der paulinischen Beredsamkeit, die sich nicht „überredende[r] Worte menschlicher Weisheit"

42 Vgl. 310–336. Vgl. zu diesem Gedanken z. B. auch Schleiermacher 1996: 372: „[D]er Kathedervortrag der Universität muß allerdings, weil er Ideen zuerst zum Bewußtsein bringen soll, [...] die Natur des alten Dialogs haben, wenn auch nicht seine äußere Form [...]."

43 Vgl. dazu 314 sowie Müllers Ausführungen zu Edmund Burke, der in seinen Reden jenen Geist zur Erscheinung kommen lasse und insofern zum „Stellvertreter des *unsichtbaren* Englands" geworden sei (375).

bedienen will.[44] Und sie ist eine Rhetorik der Pastoralmacht, deren Adressierungsstruktur sich dadurch auszeichnet, dass durch sie alle gemeinsam und zugleich jeder als Einzelner angesprochen wird – *omnes et singulatim*, um es mit dem Titel von Michel Foucaults einschlägigen *Tanner Lectures* zu formulieren.[45] In den Worten Adam Müllers lautet diese pastorale Formel: „[I]n jedem einzelnen Menschen werden unendliche viele, ja alle angeredet" (443).

Die vom Geist des Christentums geprägte Rhetorik Müllers ist getragen von einem Gefühl von „Freiheit *in* dem Gehorsam, des Stolzes *in* der Unterwerfung" (432). Und gerade von dieser christlichen Denkfigur her ergibt sich nun für Müller eine glänzende Aussicht auf die Zukunft der deutschen Beredsamkeit und der von Napoleon gedemütigten deutschen Nation:

> Hat sich in allen Klagen über das Verstummen meines Jahrhunderts, zumal meines deutschen Vaterlandes, ein gewisses Gefühl der Freiheit, ich möchte sagen ein Vorgefühl künftiger Beredsamkeit, besonders aber ein Gefühl der Beruhigung in dem Schmerz, des Sieges in der Niederlage merken lassen? darauf kommt es an. Von dieser Seite, und es ist die einzige wesentliche, steht das Land, welches mich erzogen hat, über allen andern.
>
> Das Gefühl der freien Dienstbarkeit und des würdevollen Gehorsams ist das Palladium der Welt: Deutschland ist dessen Pflege anvertraut. (433)[46]

Doch wo ist für Müller in seiner Gegenwart der Ort, an dem im gedemütigten Deutschland jenes Palladium durch die geschilderte, im eigentlichen Sinne zukunftsträchtige Beredsamkeit gepflegt werden soll? Es ist nicht ein noch zu gründendes Parlament, wie man nach den enthusiastischen (und für Müller nicht ungefährlichen) Ausführungen zur politischen Rhetorik in England glauben könnte.[47] Vielmehr ist es – und damit schließt sich der Bogen zur

---

44 1. Kor 2,4: „[U]nd meine Predigt geschah nicht mit überredenden Worten menschlicher Weisheit [*ouk en peithois sophias logois*], sondern in Erweisung des Geistes und der Kraft [...]." Vgl. zur antipersuasiven christlichen Rhetorik Hagemann 2014: 715–723, zur Paulus-Stelle 715.

45 Foucault 1981: 223–254. Vgl. zum Begriff der „Pastoralmacht" als einer Macht, die auf pastoraler Seelenführung beruht, wie sie vor allem in der jüdisch-christlichen Tradition entwickelt wurde, Foucault 2006: 184–194, 201–330. Vgl. allgemein zur gouvernementalen Dimension der Rhetorik in der politischen Romantik Schnyder 2014: 663–679.

46 Vgl. auch 449: „Um dieses [christlichen] Geistes willen kann man festiglich glauben, daß die Sprache der Besiegten länger leben werde als die der Sieger, und in diesem Sinne dann dreist verkünden, daß, weil die Sprache fortdauern werde, auch das Volk nicht untergehen könne."

47 Zunächst meint Müller, „das britische Parlament" sei „der einzige Schauplatz echter Beredsamkeit, der diesem unserm stummen Jahrhundert verblieben ist" (374). Später fügt er aber vorsichtig an: „Ich spreche von England als einem Muster in Sachen der Beredsamkeit [...]:

Vorlesungsthematik – zwar nicht alleine, aber doch vor allem der Ort, wo über Wissenschaft und insbesondere über Sprache und Poesie geredet wird: Die Schule und die Universität. Denn

> [u]nter allen Anwendungen der Beredsamkeit, die in unserer Zeit vorkommen, ist keine wichtiger als die, welche die nächstfolgende Generation, ihre Bildung, Erziehung und Belehrung im Auge hat. [...] Der Erzieher der Jugend [...] hat grade jene Jahre des menschlichen Lebens in seiner Disposition, wo die Seele noch mit einer gewissen Frömmigkeit, mit Glauben und Ergebung hinnimmt, was ihr geboten wird, wo sie ein Bedürfnis hat zu empfangen. Das Studium der Sprachen, wie der Poesie und Beredsamkeit, füllt diese Jahre sehr natürlich aus [...]. (434 f.)

So wird das wissenschaftliche Reden über Sprache und Literatur bei Adam Müller zu jenem sprachlichen Geschehen, in dem die Gegenwart des christlich-nationalen Geistes am intensivsten erfahren werden kann. Und der Deutschunterricht an der Schule und die Vorlesung über deutsche Sprache und Literatur an der Universität werden damit zu einem herausgehobenen Ort pastoral-gouvernementaler Intervention.

Literatur

Adelung, Johann Christoph (1796): Gegenwart. In: Ders., *Grammatisch-kritisches Wörterbuch der Hochdeutschen Mundart*. Zweyte vermehrte und verbesserte Auflage, Zweyter Theil. Leipzig: Breitkopf, 488.

Campe, Johann Heinrich (1808): Gegenwart. In: *Wörterbuch der Deutschen Sprache*. Zweiter Theil. Braunschweig: Schulbuchhandlung, 265.

Dick, Alexander & Angela Esterhammer (Hrsg.) (2009): *Spheres of Action. Speech and Performance in Romantic Culture*. Toronto: University of Toronto Press.

Fichte, Johann Gottlieb (1997): Reden an die deutsche Nation. In: *Schriften zur angewandten Philosophie*. Bd. 2. Hrsg. von Peter Lothar Oesterreich. Frankfurt a.M.: Deutscher Klassiker Verlag, 539–788.

Foucault, Michel (1981): Omnes et singulatim. Towards a Critique of ‚Political Reason'. In: Sterling M. McMurrin (Hrsg.), *The Tanner Lectures on Human Values*. Bd. 2. Salt Lake City, Cambridge: University of Utah Press, 223–254.

aber wehe dem Staate, der die Äußerlichkeiten britischer Verfassung sich anzueignen suchte: er ist schlimmer daran als die, welche hartnäckig bei dem beharren, was sie aus sich selbst sind, wie wenig es auch sei." (428) Trotz dieser Vorsicht nahm der Polizeispitzel in Müllers Vorlesung Anstoß an Müllers Anglophilie (und der damit einhergehenden Frankreichkritik). Der Kaiser persönlich verfügte aufgrund der entsprechenden Berichte, dass Müller, „falls er neue Vorlesungen zu halten willens wäre, vor jeder Vorlesung die Handschrift der Polizei und Zensurhofstelle zur Durchsicht vorlegen soll", zit. nach dem Kommentar in Müller 1967c: 462. Dazu kam es nicht, da Müller keine weiteren Vorlesungen mehr hielt.

Foucault, Michel (2006): *Sicherheit, Territorium, Bevölkerung. Geschichte der Gouvernementalität I*. Hrsg. von Michel Sennelart. Übers. von Claudia Brede-Konersmann und Jürgen Schröder. Frankfurt a.M.: Suhrkamp.
Grimm, Jacob & Wilhelm Grimm (1897): gegenwart. In: Dies. (Hrsg.), *Deutsches Wörterbuch*. Bd. 5. Leipzig: S. Hirzel, 2281–2300.
Hambsch, Björn (2009): Vorlesung. In: Gert Ueding (Hrsg.), *Historisches Wörterbuch der Rhetorik*. Bd. 9. Berlin: De Gruyter 2009, 1194–1209.
Hagemann, Tim (2014): Antipersuasive und Aristotelische Rhetorik. In: Gregor Kalivoda & Gert Ueding (Hrsg.), *Wege moderner Rhetorikforschung. Klassische Fundamente und interdisziplinäre Entwicklung*. Berlin, Boston: De Gruyter, 715–723.
Herrmann, Britta (2015): Für eine wahrhaft deutsche Kunst und Rede. Friedrich Schlegel und Adam Müller. In: *Athenäum* 25, 227–248.
Kant, Immanuel (1974): Kritik der Urteilskraft. In: *Werkausgabe*. Bd. 10. Hrsg. von Wilhelm Weischedel. Frankfurt a.M.: Suhrkamp.
Kleist, Heinrich von (1985a): *Sämtliche Werke und Briefe*. Hrsg. von Helmut Sembdner. Bd. 2. 8. Aufl. München: Hanser.
Kleist, Heinrich von (1985b): Über die allmähliche Verfertigung der Gedanken beim Reden. In: *Sämtliche Werke und Briefe*. Hrsg. von Helmut Sembdner. Bd. 2. 8. Aufl. München: Hanser, 319–324.
Koehler, Benedikt (1980): *Ästhetik der Politik. Adam Müller und die politische Romantik*. Stuttgart: Klett-Cotta.
Koselleck, Reinhart (1989): *Vergangene Zukunft. Zur Semantik geschichtlicher Zeiten*. Frankfurt a.M.: Suhrkamp.
Lehmann, Johannes F. (2016): „Ändert sich nicht alles um uns herum? Ändern wir uns nicht selbst?" Zum Verhältnis von Leben, Zeit und Gegenwart um 1770. In: Benjamin Brückner, Judith Preiß & Peter Schnyder (Hrsg.), *Lebenswissen. Poetologien des Lebendigen im langen 19. Jahrhundert*. Freiburg i.Br.: Rombach, 51–73.
Luhmann, Niklas (1980): Temporalisierung von Komplexität. Zur Semantik neuzeitlicher Zeitbegriffe. In: Ders., *Gesellschaftsstruktur und Semantik. Studien zur Wissenssoziologie der modernen Gesellschaft*. Bd. 1. Frankfurt a.M.: Suhrkamp, 235–300.
Matala de Mazza, Ethel (1999): *Der verfaßte Körper. Zum Projekt einer organischen Gemeinschaft in der Politischen Romantik*. Freiburg i.Br.: Rombach.
Mercier, Louis-Sébastien (1773): *Du théâtre, ou nouvel essai sur l'art dramatique*. Amsterdam: Van Harrevelt.
Mercier, Louis-Sébastien (1776): *Neuer Versuch über die Schauspielkunst*. Aus dem Französischen [von Heinrich Leopold Wagner]. Mit einem Anhang aus Goethes Brieftasche. Leipzig: Schwickert.
Mionskowski, Alexander (2013): „Jedwede Kunst der Rede ward erschöpft". Heinrich von Kleist, Adam Müller und die Aporien der Beredsamkeit im Trauerspiel *Penthesilea*. In: Hans Richard Brittnacher & Irmela von der Lühe (Hrsg.), *Risiko – Experiment – Selbstentwurf. Kleists radikale Politik*. Göttingen: Wallstein, 56–82.
Müller, Adam (1967a): Zwölf Reden über die Beredsamkeit und deren Verfall in Deutschland. Gehalten zu Wien im Frühlinge 1812. In: *Kritische, ästhetische und philosophische Schriften*. Bd. 1. Hrsg. von Walter Schroeder & Werner Siebert. Neuwied, Berlin: Luchterhand, 293–451.

Müller, Adam (1967b): Vorlesungen über die deutsche Wissenschaft und Literatur. In: *Kritische, ästhetische und philosophische Schriften*. Bd. 1. Hrsg. von Walter Schroeder & Werner Siebert, Neuwied, Berlin: Luchterhand, 11–137.

Müller, Adam (1967c): *Kritische, ästhetische und philosophische Schriften*. Bd. 2. Hrsg. von Walter Schroeder & Werner Siebert, Neuwied, Berlin: Luchterhand.

o.A. (1735): Gegenwart. In: *Großes vollständiges Universal-Lexicon aller Wissenschaften und Künste*. Hrsg. von Johann Heinrich Zedler. Bd. 10. Halle: Zedler, 594.

o.A. (1812): Wissenschaftliche und Kunstnachrichten. In: *Oesterreichischer Beobachter* Nr. 135, 14. Mai 1812, 587 f.

o.A. (1939): Gegenwart. In: Alfred Götze & Walther Mitzka (Hrsg.), *Trübners Deutsches Wörterbuch*. Bd. 3. Berlin: De Gruyter, 58 f.

o.A. (2005): gegenwart, gegenwurt [Subst.]. In: Ulrich Goebel, Oskar Reichmann & Anja Lobenstein-Reichmann (Hrsg.), *Frühneuhochdeutsches Wörterbuch*. Bd. 6. Lieferung 2. Berlin: De Gruyter, 516 f.

Oesterle, Ingrid (1985): Der Führungswechsel der Zeithorizonte in der deutschen Literatur. Korrespondenzen aus Paris, der Hauptstadt der Menschheitsgeschichte, und die Ausbildung der geschichtlichen Zeit ‚Gegenwart'. In: Dirk Grathoff (Hrsg.), *Studien zur Ästhetik und Literaturgeschichte der Kunstperiode*. Frankfurt a.M.: Peter Lang, 11–76.

Quintilian (1970): *Institutionis oratoriae libri duodecim. Tomus II: Libri VII–XII*. Hrsg. von Michael Winterbottom. Oxford: Oxford University Press.

Pichler, Caroline (1844): *Denkwürdigkeiten aus meinem Leben*. Bd. 2: *1798–1813*. Wien: Pichler.

Polaschegg, Andrea (2017): Geschichte der alten und neuen Literatur. In: Johannes Endres (Hrsg.), *Friedrich Schlegel Handbuch. Leben – Werk – Wirkung*. Stuttgart: J.B. Metzler, 224–232.

Riedl, Peter Philipp (1997): *Öffentliche Rede in der Zeitenwende. Deutsche Literatur und Geschichte um 1800*. Tübingen: Niemeyer.

Schelling, Friedrich Wilhelm Joseph (1803): *Vorlesungen über die Methode des academischen Studiums* [gehalten 1802 in Jena]. Tübingen: Cotta.

Schiller, Friedrich (1993a): Wallenstein. In: *Sämtliche Werke*. Bd. 2: *Dramen 2*. Hrsg. von Gerhard Fricke & Herbert G. Göpfert. 9. Aufl. München: Hanser, 269–547.

Schiller, Friedrich (1993b): Was heißt und zu welchem Ende studiert man Universalgeschichte? Eine akademische Antrittsrede. In: *Sämtliche Werke*. Bd. 4: *Historische Schriften*. Hrsg. von Gerhard Fricke & Herbert G. Göpfert. 9. Aufl. München: Hanser, 749–767.

Schiller, Friedrich (1993c): Was kann eine gute stehende Schaubühne eigentlich wirken? In: *Sämtliche Werke*. Bd. 5: *Erzählungen, Theoretische Schriften*. Hrsg. von Gerhard Fricke & Herbert G. Göpfert. 9. Aufl. München: Hanser, 818–831.

Schlegel, Friedrich (1815): *Friedrich Schlegels Geschichte der alten und neuen Litteratur. Vorlesungen gehalten zu Wien im Jahre 1812*. Erster Theil. Wien: Schaumburg.

Schleiermacher, Friedrich (1996): Gelegentliche Gedanken über Universitäten in deutschem Sinn. Nebst einem Anhang über eine neu zu errichtende. In: *Schriften*. Hrsg. von Andreas Arndt. Frankfurt a.M.: Deutscher Klassiker Verlag, 335–438.

Schnyder, Peter (2005): Rhetorik [18./19. Jhdt.]. In: Gert Ueding (Hrsg.), *Historisches Wörterbuch der Rhetorik*. Bd. 7. Tübingen: Niemeyer, 1468–1472 und 1523–1529.

Schnyder, Peter (2014): Rhetorik und Gouvernementalität in der politischen Romantik. In: Gregor Kalivoda & Gert Ueding (Hrsg.), *Wege moderner Rhetorikforschung. Klassische Fundamente und interdisziplinäre Entwicklung*. Berlin, Boston: De Gruyter, 663–679.

Andreas Keller

Bildung als Ideal und Beredsamkeit als Praxis. Systemkollisionen um 1800

Die Vielfalt der Umschreibungen für das Schicksal der klassischen Rhetorik in der deutschen Spätaufklärung vermag durchaus zu faszinieren – vor allem aber bietet sich hier ein aussagekräftiger Indikator für die möglicherweise auch gewollte Unbestimmbarkeit dessen, was *ars oratoria* zwischen 1786 und 1848 bedeuten könnte. Eine entsprechende Analyse ihrer Theorie, Funktion und Wertung zwischen dem Ableben des frankophilen Absolutisten in Potsdam und den ersten parlamentarischen Debatten in der Paulskirche zu Frankfurt steht noch weitgehend aus. Tendenziös aber scheint sich eine Semantik des Niedergangs zu verdichten: schon ein Zeitgenosse verkündete ja 1812 ganz explizit den „Verfall" der Beredsamkeit[1] – was nuancenreich bis in die Terminologie der modernen Forschung nachklingt, wo etwa von einer fortschreitenden „Erosion"[2] oder einem völligen „Aufweichen"[3] die Rede ist. Gerne konstatiert man auch ganz rigoros das unwiderrufliche *Ende* der Rhetorik:[4] Die Vorstellung eines langen Siechtums des großen antiken Erbes mit der Aussicht auf eine greifbare finale Phase übte offenbar einen starken Reiz aus, bot sich damit doch wiederholt die Gelegenheit, auf die moralische Überlegenheit des Nordens zu verweisen, der eben für die Wahrheit anstelle der Lüge eintrete bzw. für die gesunde Natürlichkeit anstelle dekadenter Künstlichkeit. Die entsprechende Betrachtung gefiel sich darin, vorwiegend auf die noble pädagogische Sorge zu verweisen, die der deutsche Biedermann um den Adressaten walten lasse, ohne sich dabei der (welschen) fintenreichen ‚Überwältigung' eines wehrlosen Hörers schuldig zu machen. In diesem Zusammenhang lag es nahe, das vielstrapazierte Diktum Kants aus der *Kritik der Urteilskraft* unter besonderer Betonung des moralischen Impetus aufzubieten und den humanistischen Topos vom ‚guten Deutschen' zu erneuern, der eben ganz von germanischer Einfachheit sei und die „hinterlistig[e]" Kunst selbstverständlich verabscheue, „sich der

1 Müller 1967; vgl. im kritischen Überblick Hambsch 2011.

2 Von Rosen 2012. Andere Termini wie Überwindung, Abkehr oder Bruch finden sich ebenso.

3 Till 2004b: 105.

4 Peter Ptassek spricht sogar von einer umfassenden „Verdrängungsgeschichte" der Rhetorik „von der Antike bis zur Neuzeit", wonach es eine ‚moderne' Rhetorik überhaupt nie gegeben habe (Ptassek 1993). Vgl. zu einem Versuch, mit einer zeitspezifisch transformierten Rhetorik ein Epochenkriterium für die Frühe Neuzeit zu etablieren, Keller 2008.

https://doi.org/10.1515/9783110676631-008

Schwächen der Menschen zu seinen Absichten zu bedienen".[5] Die aus solcher Warte fraglos gebotene Ersetzung einer korrupten Beredsamkeit durch die edle, in ihrer Autonomie über alle materiellen Zwecke erhabene Dichtkunst schrieb sich insbesondere die deutschnational orientierte Philologie auf die Fahnen, die dann auch nicht müde wurde, das deutsche Originalgenie als idealistische Bezugs- und Exportgröße ins Feld zu führen. Differenziertere Beobachter bevorzugten dagegen das Modell einer *rhetorica latens*,[6] sprachen also vielmehr von einer dauerhaften Präsenz der (neutralen) Rhetorik, die aber gleichwohl unterschiedlichen historischen *Transformationen* unterworfen sein könne. So schlägt Dietmar Till zur Klärung des Problems sinnreich vor, eine diachrone Studie des jeweiligen Spannungsverhältnisses zwischen einer „strukturalistisch" und einer „anthropologisch" aufgefassten Rhetorik anzulegen.[7] Tatsächlich erscheint eine solche graduelle und sorgsam an den vielfältigen Quellen orientierte Untersuchung hilfreicher als der pauschalierende Rückzug in eine begrifflich eher verwirrende Diagnostik, die um 1800 eine „rhetorica contra rhetoricam",[8] eine „ingeniöse Anti-Rhetorik"[9] oder gar eine „Entrhetorisierung der Rhetorik"[10] zu erkennen glaubt.

1 Wahrheit, Rhetorik und Dichtkunst

Ein grundsätzliches Problem liegt ganz offensichtlich in der theoretischen Reduktion von Rhetorik auf die Frage einer parteigebundenen Darstellung von Wirklichkeit als einer lediglich *scheinbaren Wahrheit*. Die konkrete Anwendung des rhetorischen Systems im Sinne der sprachlichen Kommunikation in unterschiedlichen sozialen Anwendungsbereichen verliert dagegen an Seriosität. In der

---

5 Kant 1908: 327 f., Fußnote. Kant wirft der Beredsamkeit im Haupttext desselben Paragraphen auch vor, „durch den schönen Schein zu hintergehen", „Maschinen der Überredung" einzusetzen, „durch sinnliche Darstellung zu überschleichen" etc.

6 Vgl. Krause 2001: 6: „Das Weiterleben der Rhetorik kann nur behauptet werden dank einem sehr weiten Begriff von Rhetorik". Björn Hambsch verweist auf Johann Gottfried Herders im Blick auf die Homiletik unterschiedene „ganz andre Beredsamkeit", vgl. Hambsch 2007: 101–108. Vgl. umfassend zur *longue durée* dieser Fragen auch Fohrmann 2004. Fohrmann bietet neben seiner generellen „Vorbemerkung" auch ein wichtiges einleitendes Exposé (Fohrmann 2004: 323–326) zur Sektion „Writing Culture", das mit dem anschaulichen Bild einer „Schwelle der ‚Alten' Rhetorik" (ebd.: 324) arbeitet.

7 Vgl. Till 2004a.

8 Bornscheuer 1989: 13.

9 Ebd.: 17 („post-rhetorische Rhetorik").

10 Krause 2001: 301.

Nachfolge Kants dominiert der Imperativ einer überzeitlichen oder allgemeinmenschlichen Wahrheit – etwa im Sinne der allesumfassenden Vernunft –, an der dann natürlich die Parlaments-, die Kanzel- oder Kathederrede nur unzureichend und grundsätzlich irreführend partizipieren können. In dieser Weise geht aber auch jede situativ bedingte Ingebrauchnahme der Beredsamkeit bzw. die entsprechend sprachlich gebundene Postulierung von *Wahrheiten* in der Politik, in der Religion oder auch in der Wissenschaft als indikatorische Größe für die Historiographie verloren. Alle wichtigen und traditionell eng mit der Rhetorik verzahnten Referenzbereiche obliegen damit der Entwertung. Auch dies beklagte bereits Adam Müller,[11] der den „Verfall" der Beredsamkeit in Deutschland mit der hier ja seit jeher kaum vorhandenen Mündlichkeit konnotierte, ganz konkret im Blick auf die politische Rede. In umgekehrter Wertung sah Immanuel Kant aber die „höchste Stufe" der desavouierten Rhetorik immer dann erreicht, wenn der „Staat seinem Verderben zueilte und wahre patriotische Denkungsart erloschen war",[12] womit also gerade die Abwesenheit von Rhetorik als Voraussetzung für ein intaktes Staatswesen zu erachten sei. Politik als *Mündlichkeit* wird bereits hier, am Ursprung des Weges zur selbstverdienten *Mündigkeit*, folgenreich entwertet. Dies gilt nicht nur für Politik und Rhetorik – in ganz entsprechender Weise versuchten die verschiedenen Säkularisierungsdiskurse auch die Wirkungseinheit von Rhetorik und Theologie für erledigt zu erklären. Hier aber konnte jüngst Ernst Müller mit seiner eindrucksvollen Studie zu Hamann, Schleiermacher und Kierkegaard nachweisen, wie essentiell gerade zwischen 1759 und 1859 die Symbiose aus geistlichen und oratorischen Anteilen erschienen sein muss, so dass es just für diesen Zeitraum eine ganz besondere „Intensität", ja „ein fruchtbares Nachleben" der von der Aufklärung verworfenen Rhetorik „innerhalb der Theologie" zu konstatieren gelte.[13]

Immanuel Kant zeichnet nicht nur für die Verdrängung der Rhetorik aus den genannten gesellschaftlichen Praxisbereichen, sondern wohl auch für eine weitere folgenreiche Maßnahme verantwortlich: Zur Klärung seiner Position stellt er in der *Kritik der Urteilskraft* die *Beredsamkeit* in eine Opposition mit der *Dichtkunst*,[14] was konsequent auf die ethisch begründete Ersetzung der Ersteren durch Letztere hinausläuft. Während die Rhetorik im Sinne von Rednerkunst

---

11 Vor allem für die Wissenschaft sei eigentlich das Gespräch auf „gemeinschaftlichem Boden" bzw. „Himmel" und in „eine[r] und derselbe[n] Luft" die grundlegende Voraussetzung (Müller 1967: 59). Vgl. auch den Beitrag von Peter Schnyder im vorliegenden Band.

12 Kant 1908: 328, Fußnote.

13 Müller 2016: 6. Denn „Gott selbst ist es, der sich verstellt, verhüllt, verbirgt, herunterlässt, akkommodiert und sich des Autors als Griffel bedient" (ebd.: 8).

14 Vgl. Kant 1908: § 51.

nur einen vorgeblichen Nutzen verspreche, ohne diesen dann auch tatsächlich zu gewähren, verspreche die Dichtkunst ihrerseits zunächst nichts, eröffne dem Adressaten dann aber sehr wohl ganz besonders weite Möglichkeiten einer *freien* Erkenntnis. Die Dichtung stelle die dafür notwendige Verbindung zwischen Sinnlichkeit und Verstand *unabsichtlich* her und folge dabei keinen fremden Direktiven: Sie ist *autonom*, während die Rhetorik äußerst engen und zumeist rein materiellen Zwecken („Lohngeschäft") unterworfen sei und einzig auf ein kalkuliertes Ziel hinarbeite – nämlich dem schutzlosen Adressaten den Willen bzw. die subjektive ‚Wahrheit' des Produzenten aufzuzwingen. Dichtung hingegen gewähre Freiheit, weil sie die „Einbildungskraft in Freiheit versetzt".[15]

Die solcherart etablierte ethische Hierarchie der beiden Sprachleistungen erscheint noch nicht genug, gefordert wird vielmehr ein tatkräftiger Substitutionsvorgang. Mit der von Kant und seinen Fürsprechern angestrebten Tilgung der verdammungswürdigen Rhetorik zugunsten einer entsprechend verklärten Dichtkunst ist dann jedoch – neben der Politik und der Theologie – ein dritter lebenspraktischer Traditionsbereich der Redekunst berührt: die Erziehung. Auf diesem Feld gilt es nach Kant eine vorgeblich scholastische Gelehrsamkeit, ihre zwingende mechanische Didaktik und die damit verbundene autoritäre Pädagogik zugunsten des höherwertigen Prinzips der *Bildung* zu überwinden.[16] An diesem Konzeptbegriff partizipiert die Dichtkunst unmittelbar in Form eines zeitgenössischen Erfolgsmodells, des *Bildungsromans*,[17] vor allem aber basiert darauf die gesamte akademische Neuorientierung in dem bislang mächtigsten deutschsprachigen Staatswesen. Das außenpolitisch stark geschwächte Preußen tritt mit seiner Hauptstadt Berlin in diesem Sinne in eine diskursive Konkurrenz zu Weimar, um nun ein von Staats wegen einzurichtendes Bildungsinstrument auf den Plan zu rufen, das Kants Forderungen umzusetzen verspricht: eine von autoritärer, also monologischer Lehre befreite Universität als ‚Bildungsuniversität'. Wilhelm von Humboldt setzt „Bildung" mit „Wissenschaft" gleich und fordert von der neuen Institution, sich allein von der „reinen Idee der Wissenschaft" leiten zu lassen. Dies habe in einem „ungezwungene[n] und absichtslose[n] Zusammenwirken" aller Be-

15 Ebd.: § 53. Vgl. hierzu mit weiteren Hinweisen Bezzola 1993: 31.

16 Ob die von Ingrid Lohmann angeregte Vorstellung der vollständigen Transformation der Rhetorik zur Pädagogik zwischen 1750 und 1850 tragfähig bleibt, wäre anhand der genaueren Betrachtung der Verschiebung der Beredsamkeit in den Bereich der Bildung bzw. deren Spannungsverhältnis hinsichtlich ihrer Institutionalisierung zu diskutieren, vgl. Lohmann 1993.

17 Der Terminus geht wohl auf Karl Morgenstern (1820) zurück.

teiligten im Sinne einer „nicht abgeschlossenen Suche“ zu erfolgen.[18] Damit deutet sich die Vorstellung von einer *dynamisch* bzw. diskursiv zu klärenden Wahrheit an, die sowohl der negativ bewerteten, da allein der partiellen Zweckwahrheit eines einzelnen Redners dienenden, als auch der bereits vorab festgelegten und für absolut ausgegebenen dogmatischen Wahrheit entgegenstünde. Ausschließlich dieser ‚Wahrheitssuche‘ seien Lehrende wie Lernende verpflichtet,[19] und damit einer Wahrheit, die es ohne einschränkende präskriptive Muster zu ermitteln wie zu vermitteln gälte. Konsequent erwächst hieraus der Bedarf einer entsprechend offenen Sprachpraxis, deren Verhältnis zur traditionellen Beredsamkeit zu prüfen wäre: Neue Begrifflichkeiten, Gattungstypologien und performative Diskursformen scheinen jetzt erforderlich. Damit aber lastet eine mächtige Hypothek auf der neuen Lehranstalt in der preußischen Metropole.

2 Bildung und sprachbasierter Wissenstransfer

Sofern es sich um ein Parallelunternehmen handeln sollte, läge der Konnex zum *Bildungsroman* in der ‚Absichtslosigkeit‘ bzw. in der Vermeidung jeglichen Diktats außerindividueller Vorgaben, denn „alle Bildung hat ihren Ursprung allein in dem Innern der Seele, und kann durch äussere Veranstaltungen nur veranlasst, nie hervorgebracht werden“, so Humboldt.[20] Als das höchste Ziel der Bildung gälte demnach sowohl im Blick auf den stillen Leser in privater Umgebung als auch auf den stillen Hörer in einer staatlichen Bildungseinrichtung dessen lediglich anzuleitende Selbstfindung als Individuum. Diese aber wäre mit einer allgemeinen bzw. universalen Wahrheit zu synchronisieren, die eben nicht rhetorisch begründet zu sein braucht. Im Gegenteil könnte gerade diese universale Wahrheit durch einen autoritären Sprechakt, also eine perspektivisch zwingende Logik oder eine allzu suggestive Affektsteuerung, kurz: durch eine „äussere Veranstaltung“ verloren gehen. Die wahrheitskonforme *Bildung* wird demnach vollständig in die Innerlichkeit verschoben, in den autonomen Schutzraum individueller Vorstellungskraft. Das Ideal als eine übergreifende anthropologische Wahrheit kann individuell erkannt werden. Dagegen wäre jeder

---

18 So Humboldt in seinen Ausführungen zu den höheren wissenschaftlichen Anstalten: Humboldt 2010: 257. Vgl. zur Erläuterung der Phänomene in längerfristigen Phasen Zöllner 1989; Tschong 1991.

19 Vgl. im Kontext der Berliner Universitätsgründung 1810 die verschiedenen Beiträge in Tenorth 2012a, zur allgemeinen Orientierung Tenorth 2012b.

20 Humboldt 1851: 73.

Ansatz zu einer intentionalen Formulierung von Einzelwahrheit(en) durch einen Sprecher in der Spezifik eines Diskursraumes, also ihre Bestimmung durch jeweils situative, oratorisch zu entfaltende Bedingungen in der politischen Debatte, im heilsgeschichtlichen Mahn- bzw. Trostgespräch oder eben in der pädagogischen Unterweisung, per se ausgeklammert – im Bildungsroman wie in der Bildungsanstalt.[21] Sekundär bliebe somit ein quasi mechanisches Übermitteln von externem Faktenwissen, eine unterweisende Erziehung zur reinen ‚Nützlichkeit'. Die Formung des Schülers als zukünftiger Akteur einer effizienten und hierarchischen Gemeinschaft obläge nicht der Bildung. Folglich stünde der gebildete Mensch sogar außerhalb der Gesellschaft: Das „Ideal der Menschheit" erscheint nach Humboldt lediglich „in der Totalität der Individuen",[22] ganz im Sinne einer Addition von Einzelqualitäten, nicht jedoch in der gemeinschaftlich orientierten zweckgebundenen Unterordnung. Eine „normativ-allgemeinmenschliche Ausrichtung von Humboldts Bildungsideal" fehlt, so konstatiert Jürgen Kost. Im reformierten Preußen steht jedoch das Interesse an zukünftigen Funktionsträgern aus Gründen der Staatsräson weiterhin im Vordergrund, somit bliebe eine entsprechende Autonomie der Universität von Anfang an stark eingeschränkt.[23]

Für Wilhelm von Humboldt bleibt Bildung ein stabilisierendes Wechselspiel zwischen innen und außen, zwischen subjektiver Selbstformung und objektiven Gegebenheiten:

> Was verlangt man von einer Nation, einem Zeitalter, von dem ganzen Menschengeschlecht, wenn man ihm seine Achtung und seine Bewunderung schenken soll? Man verlangt, dass Bildung, Weisheit und Tugend so mächtig und allgemein verbreitet, als möglich, unter ihm herrschen [...]. Beschränken sich indess auch alle diese Forderungen nur auf das innere Wesen des Menschen, so dringt doch seine Natur beständig von sich aus zu den Gegenständen ausser ihm überzugehen, und hier kommt es nun darauf an, dass er in dieser Entfremdung nicht sich selbst verliere, sondern vielmehr von allem, was er ausser sich vornimmt, immer das erhellende Licht und die wohlthätige Wärme in sein Innres zurückstrale. Zu dieser Absicht aber muss er die Masse der Gegenstände sich selbst näher bringen, diesem Stoff die Gestalt seines Geistes aufdrücken und beide einander ähnlicher machen.[24]

---

21 Mit der Ersetzung einer zweckgebundenen Beredsamkeit durch die autonome Dichtkunst erfahren die entsprechenden Sekundärbereiche der Rhetorik als anthropologisch unverzichtbare Erkenntnisräume ihre Einbindung in die Poesie: der Bildungsroman hat die diplomatischen, spirituellen und didaktischen Herausforderungen mit seinen Mitteln abzudecken, was in den Texten der Zeit ja auch entsprechend nachweisbar ist.

22 Humboldt 1980: 339 f.

23 Kost 2004: 152; vgl. die entsprechenden Ausführungen ebd.: 140–152.

24 Humboldt 1968: 284.

Wie aber sind nun diese Maximen in die Konzeption der gemeinschaftlichen *Universitas* einzubinden? In dem um 1800/1810 entstandenen Organon aus theoretischen Möglichkeiten (Forschung als einsame und zweckfreie Reflexion) und praktischen Erfordernissen (Lehre als zweckorientierte Ausbildung von Staatsbediensteten) stehen sich Wissen und Bildung, Kollektivität und Individualität, Universität und Universalität, aber schließlich auch Subjekt und Staat bzw. Subjekt und Nation durchaus spannungsvoll gegenüber. Das zu belehrende Subjekt unterliegt der direkten Aufsicht des Staates und ist konkret für künftige Aufgaben in dessen Dienst (Gymnasiallehre, Verwaltung, Seelsorge) vorzubereiten. Deshalb kann Rhetorik zumindest in ihrer propädeutischen Variante nicht verschwinden, vielmehr liegt es in staatlichem Interesse, normgebende Inhalte weiterhin mit erprobten präskriptiven Vortragsmustern ohne Reibungsverluste zu tradieren, ganz im Sinne der gezielten Integration des Subjekts in ein staatliches Pflichtprinzip. Der Wissenstransfer in der Lehre bliebe deshalb notwendigerweise monologisch, autoritär und dogmatisch und obläge automatisch den entsprechenden rhetorischen Techniken. Der idealistische Anspruch der Universität, dem Freiheitsgedanken Kants verpflichtet, kann bezeichnenderweise trotz der Kant'schen Vorbehalte die Rhetorik nicht gänzlich ausschalten. Anstelle der wertenden Diskurse über ihre Wirkung und Gefahr gilt es deshalb besser den entsprechend differenzierten Grad ihres verbleibenden praktischen Einsatzes zu verfolgen. Das vieldimensionale Spannungsverhältnis ließe sich demnach hypothetisch als Systemkollision zwischen *Bildung* und *Beredsamkeit* zuspitzen. Am Ende bliebe ein Dilemma aus Idealismus und Pragmatismus, eine Dichotomie aus der seelesuchenden, aber eher weltflüchtigen Erhebung des isolierten Individuums und der Förderung des so sprachmächtigen wie tatkräftigen Subjekts mit seinem Anspruch auf Gestaltung der Welt – eine Dichotomie, die sich über das gesamte 19. Jahrhundert bis in die ihrerseits durchaus offensiven Formulierungen von Thomas Manns *Betrachtungen eines Unpolitischen* halten würde. Die Förderung einer autonomen *Bildung* würde damit automatisch auch den Anwendungsbereich der politischen Rede zurückdämmen, da das Individuum als solches ja frei bzw. seine Sprachkunst autonom sein soll.[25] *Beredsamkeit* aber bedeutet Eingriff in die Gestaltung der Wirklichkeit,

25 Der Königsberger Philosoph steht gegen die durchaus lange abendländische Tradition eines positiven Nexus aus Rhetorik und Politik, die eine Blüte des Staatswesens nämlich im Gegenteil gerade in Abhängigkeit von der Blüte der republikanischen Gesinnung erkennen will. Stichwort ist die allgemeine Redefreiheit in der öffentlichen Angelegenheit, in der *res publica*. Hier läge der bedeutende Zusammenhang mit einer nachhaltigen Demokratiekritik bzw. einer folgenreichen Abwertung der Parlamentsrede. Je mehr Rhetorik herrscht, desto weniger besteht die Freiheit des Einzelnen, so lautet die Gleichung, wie sie zwischen Platon und

Mitwirkung im Staat gemäß dem parlamentarischen Gedanken, in der öffentlichen Sache (*res publica*) mitzusprechen. Die Freiheit (der Rede) bedeutet in letzter Konsequenz, auch gegen die bestehende Ordnung anzugehen, während die Freiheit des idealistisch Gebildeten darin besteht, sich der freien Einbildungskraft hinzugeben, die den Staat nicht tangiert. Ein somit isolierter Funktionsträger verzichtet aber auf einen argumentativen, also rhetorisch vermittelten Vorbehalt und handelt im Sinne des autoritären Staates.

3 Institutionalisierung von Bildung im öffentlichen Raum

Es dürfte sich demnach lohnen, die entsprechenden Vorgänge nun anhand ausgewählter Protagonisten vertieft zu betrachten und entsprechende Indizien, Formulierungen und Konzepte zu sammeln – weniger in den poetischen Werken und großen systemischen Abhandlungen als gerade auch in den pragmatischen Kleinstformen vor Ort: in Paratexten und Unterweisungen, Anordnungen und Regulierungen, im Lehrmaterial selbst oder in der journalistischen Begleitung der Vorgänge durch lokale Medien, natürlich auch in den schriftlichen Korrespondenzen der beteiligten Personen. Die Grundfrage lautet: Welches Wissen wird in welchem Modus an die nächste Generation weitergegeben, wie ist es in das sprachliche Konstrukt eingebunden und welcher Stellenwert kommt in den anvisierten und praktizierten Übertragungsprozessen dabei dem Adressaten zu?

Bevor dies zumindest skizzenhaft geschehen soll, gilt es im Blick auf die stichhaltige These einer *rhetorica latens* zwei Voraussetzungen zu berücksichtigen: Erstens gibt es nicht die Rhetorik, sondern stets verschiedene, bereits seit der Antike immer wieder kontrovers gewertete Gewichtungen innerhalb eines idealtypischen Systems, etwa zwischen dessen gedanklich-logischen (*inventio*

Thomas Hobbes auch bereits vor Kant immer wieder in Anschlag gebracht wurde. Die Gefahr, dass einzelne skrupellose Rhetoren das ganze Volk manipulieren und damit in die Geschicke des Staates eingreifen, sucht Kant durch die Betonung des *vir bonus* zu entkräften, der eben aus natürlicher Veranlagung heraus allein zum Nutzen der Menschen rede und wirke, so dass Wahrheit und Moral sich tatsächlich *ohne* manipulative Rednerkunst durchsetzen. Nach idealistischer Vorstellung brauchen Aufklärung und Vernunft keine Rhetorik. *Bildung* darf dann als ‚unpolitisch' und damit ‚politikfern' und gerade deshalb als ‚patriotisch' gelten – die Termini Thomas Manns von 1918 sind hier längst in Kraft – weil der absichtsvoll isolierte Geist mit dem Anspruch auf eine höhere, allgemein menschliche und ewiggültige Wahrheit für die Nation wirkt: im autonomen Bereich der Dichtung.

und *dispositio*)[26] und stilistisch-sprachlichen (*elocutio*) Anteilen.[27] Gerade das 18. Jahrhundert unterscheidet mit Wolff, Gottsched oder Baumgarten bereits vor Kant sehr genau eine (eher akzeptierte) „Wohlredenheit" als herausragendes Sprachgebungsvermögen von der (tendenziell eher abgelehnten) „Beredsamkeit" als Überzeugungsfertigkeit.[28] Zweitens aber verschwindet Rhetorik per se niemals oder immer: Jede sprachliche Kommunikation kann unter den Spezifika der rhetorischen Systembildung, also unter den Rubriken *inventio*, *dispositio* und *elocutio*, *actio* und *memoria* betrachtet werden. Darüber hinaus liegt es ebenfalls in der systemimmanenten Logik der Rhetorik, dass sie als Kunst wie als Technik eben gerade nicht sichtbar bzw. wahrnehmbar sein darf, also verschwinden muss, um zu wirken.[29] Und diese besondere Unsichtbarkeit hängt durchaus von der zeitbedingten Wahrnehmungsfähigkeit des Adressaten ab, womit eine diachronische Veränderlichkeit von Form, Praxis oder Wertung zwangsläufig gegeben ist. Rhetorik als intentional strukturierte Sprachäußerung endet also nie, weil sie als *Faktur* eben nicht verschwinden kann. Lediglich der Wahrnehmungsgrad ihrer Auffälligkeit und Dominanz unterliegt historischem Wandel. Deshalb kann Peter D. Krause auch von einer eher „unbestimmte[n] Rhetorik" sprechen,[30] Martin Schierbaum mit gleicher Berechtigung von einer „poetisierte[n]"[31] oder Peter Schnyder gar von einer ‚magischen' Rhetorik.[32]

---

26 Dies führt in letzter Konsequenz bis zur Verselbständigung als „Dialektik".

27 Dies führt in letzter Konsequenz bis zur Verselbständigung als „Poetik".

28 Vgl. Kant 1908: § 53, dazu mit Erläuterungen Bezzola 1993: 30–33.

29 Die klassische Rhetorik betrachtet es tatsächlich als die höchste Tugend, sich selbst vollkommen vergessen zu machen, ohne auch nur im mindesten zu verschwinden: es ist die *dissimulatio artis*, die Wegtäuschung der künstlichen, das heißt allein die Regeln befolgenden Techniken der Redekunst. Die *sprezzatura* der Rede soll eine natürliche Leichtigkeit vortäuschen, die das mühevolle Fabrizieren strategischer Sprachbastionen unmerklich macht, eben damit der Transfer der Inhalte zum Adressaten umso störungsfreier verlaufen kann. Hier setzt die Kritik Kants an, mit seinem Vorwurf an die Beredsamkeit, die im Gegensatz zur ‚ehrlichen' Dichtkunst stehe. Nach Kant ist aber auch das Kunstwerk zweckmäßig organisiert, ohne dass dabei eine Absichtlichkeit oder Regelhörigkeit erkennbar sein darf, vgl. Kant 1908: § 45. Zu klären bliebe deshalb die konkret noch verbleibende Unterscheidbarkeit von ‚kunstvoller Natürlichkeit' eines intentionalen Gebildes (Rhetorik) und der ‚natürlichen Künstlichkeit' des vorgeblich ‚absichtslos' Gesagten (Dichtung).

30 Krause 2001: 289.

31 Schierbaum 2002.

32 Vgl. Schnyder 1999.

4 Beredsamkeit und Bildung in ihrer historischen Tiefendimension

Vor allem aber wäre die bisher nur skizzenhaft umrissene Systemkollision um 1800 präziser zu fassen, indem auch deren Vorgeschichte ins Blickfeld rückt. Stehen ‚Beredsamkeit' und ‚Bildung' hier bereits in einem Gegensatz? Seit der Antike ist die Geschichte der *Rhetorik* mit der Geschichte der *Pädagogik* sehr eng verbunden: Das oratorische System wurde nie als rein forensisches Wahrheits- oder als politisches Kampfmittel, sondern immer auch als eine reflektierte Schulung des Denk-, Sprach- und Urteilsvermögens verstanden.[33] Nach antiker, vor allem aber nach frühneuzeitlich-humanistischer Vorstellung ist Rhetorik sogar vorrangig ein Erziehungsmedium, um die junge Generation mit der Systematisierung und der praktischen Anwendung von überliefertem, aber zunehmend auch empirisch erworbenem Wissen vertraut zu machen. Durch Invention und Disposition werden prinzipielle Verbindungen hergestellt und sachlich angemessen dargestellt (*inneres aptum*) bzw. sprachlich angemessen an den Adressaten vermittelt (*äußeres aptum*). Rhetorik wirkt somit auch als Technik der Wissensgenese, wobei jedes gewonnene Wissen dann natürlich auch für die jeweiligen Interessen eines Redners eingesetzt werden kann. Das *genus deliberativum*, die Beratungsrede, ist sogar ausdrücklich dem Zweck der unterweisenden Vermittlung von Informationen verpflichtet, das allgemein menschliche Wissen wird stimmig in die Konditionen des aktuellen bzw. situativen Handelns eingebunden. Als beratende Sonderform tritt hier die geistliche Rede hervor, insbesondere die ermahnende Predigt, wie sie stets – von Melanchthon bis Fichte – entsprechend behandelt wurde. Aber auch poetische Formen wie das moralisierende Drama, die Kasuallyrik oder eine erbauliche Prosa wirken als didaktisch umgesetzte Beredsamkeit, ohne vorsätzlich zu täuschen oder unausweichlich ein einziges Verhalten zu diktieren. Im Gegenteil werden oftmals sogar Alternativen vorgestellt und bewertet, um das Urteilsvermögen (*iudicium*) des Adressaten zu schulen. Die resultierende *eruditio* steht seit Philipp Melanchthon zusammen mit *scientia* (Wissen)[34] und *sapientia* (Weisheit) für eine umfassende Bildung im Sinne von Gelehrsamkeit, aber auch bereits für eine ausgeprägte Persönlichkeit, die sich in der konkreten Herausforderung von

33 Fichte diskutiert im Anschluss an Herder die Sprachlichkeit des Denkens und die Denkschulung durch Rhetorik. Vgl. hierzu Bezzola 1993: 96, 98. Auch Humboldt („Über Sprechen und Denken") geht davon aus, dass der Mensch die einzelnen Sprachoperationen mit den Einheiten seines Denkens gleichsetzt.

34 Im Sinne von Wissenschaft, vor allem ein „handlungspragmatisch oder technisch anwendbares Wissen" (Wriedt 2017: 141).

den Lehrdogmen zu emanzipieren weiß. Im Blick auf die reformatorischen Ansätze Luthers entwickelt Philipp Melanchthon sogar ein eigenes rhetorisches Lehrgenre, das *genus didascalicon*, dessen Ziel nicht die inhaltliche Überzeugung, sondern allein die Einsicht in einen Sachverhalt ist. *Eruditio* als rhetorisch vermitteltes systematisches Wissen war in der Frühen Neuzeit jedoch untrennbar mit der *pietas*, mit Glauben und Frömmigkeit, verbunden.

In der Tradition des antiken Humanismus besteht demnach kein wesenhafter Gegensatz: Beredsamkeit gehört zur (Aus-)Bildung in Schule und Universität, der Redner bildet sich technisch, um moralisch am Gemeinwesen als *vir bonus* umso sicherer wirken zu können. Hier aber weicht der idealistische Bildungsbegriff um 1800 offenbar ab, da er keine öffentliche Rede in öffentlichen Angelegenheiten, schon gar nicht einen konkreten „Staatsredner“[35] in der Gegenwart erkennen *will* (Kant) oder *kann* (Fichte). Allerdings hatte sich im Zuge der frühneuzeitlichen Territorialisierung bzw. Konfessionalisierung die Figur des streitenden Redners herausgebildet, verbunden mit der Notwendigkeit zur Selbstbehauptung als Subjekt, ganz im Sinne einer engagierten Rednerschaft in eigenem Interesse (*homo politicus* bei Christian Weise) oder in sachlicher Gegnerschaft zu anderen Interessengruppen. Vor Gericht, in der Politik und in der Glaubenspropaganda verfestigte sich situationsbedingt die Vorstellung des Individuums als eines kämpferischen, defensiv wie offensiv zu sprachlicher Gewalt greifenden Opponenten, der nun eigens dafür ausgebildet werden muss. Nach der Reformation sind es bekanntlich die Jesuitenkollegs, die ihre Zöglinge geradezu abrichten, das erworbene Wissen und jede zu erlangende Kenntnis gezielt zur Schwächung des Gegners einzusetzen.[36] Hier treten die von Kant beklagten Negativzüge ganz massiv hervor. Erlaubt sind neben der parteigebundenen Formulierung der Wahrheit etwa auch parteidienliche Auslassungen in der Sache, bis hin zu scharfsinnigen Sinnkontraktionen, die sogar zu falschen Annahmen führen können oder als Trugschlüsse gelten müssen. Vor allem ist hier die Kategorie des *dubium*, des Zweifels, komplett getilgt, da es in Fragen der Rechtgläubigkeit keine diskussionswürdigen Einwände oder gar eine dialogische Sachklärung geben kann bzw. darf. Der Redner soll seinen Adressaten als kognitives wie mentales Subjekt exakt analysieren und diese Kenntnisse dann psychologisch gezielt ausspielen, ja mit komplexen Sprachfiguren, vor allem aber mit stimulierenden Affekten, eine vernunftgeleitete Auffassungsgabe schwächen. Das gesteigerte *movere* als emotionale Bewegung soll das Gegenüber dann zu einer ursprünglich nicht gewollten Handlung ‚bewegen‘. An diesem Punkt setzt

---

35 Fichte sieht die Predigt in einem direkten Zusammenhang mit einer noch zu erhoffenden politischen Rede in Deutschland, so dass sich der „heutige Kanzelredner in den alten Staatsredner verwandelt: vielleicht!“ (o.A. [i. e. Fichte] 1788: 36)

36 Noch immer das Grundlagenwerk: Bauer 1986; vgl. weitere Hinweise bei Eybl 1998.

die Aufklärung und vor allem eben Kant mit dem vernichtenden Verdikt an, dass hier neben der unterschwelligen Affektsteuerung durchaus vorsätzliche „Täuschung" bzw. eine „hinterlistig[e] Kunst" zu verzeichnen sei, „sich der Schwächen der Menschen zu seinen Absichten zu bedienen".[37] Die autonome Position des Adressaten wird im Redeverlauf reduziert, ja eliminiert, er wird zum ausschließlich empfangenden Objekt degradiert. Hier festigt sich eine Vorstellung der *rhetorica militans*, die tatsächlich mit Suggestion, Emotion und gesteuerter Imagination den Adressaten manipuliert und schließlich überwältigt. Für die Jesuiten erfolgt Rhetorik als ständige Übung und Selbstzucht, die im kämpferischen Einsatz (*ecclesia militans*) dogmatisches Wissen gehorsam übernimmt, mit darstellerischen Mitteln verstärkt und mit nicht selten sophistischen Techniken unangreifbar macht, um es dann ebenso gewaltsam einem ‚mundtot' gemachten Adressaten aufzuzwingen.

Auf protestantischer Seite herrschten jedoch nicht weniger Hierarchie und Gehorsam. Allerdings öffneten sich neben der linientreuen Zuarbeit für die Orthodoxie des 17. und 18. Jahrhunderts zunehmend auch poesiegetragene Spielräume für verschiedene Formen der Individualfrömmigkeit. Ausgehend von der evangelischen Betonung des Wortes bzw. dem Argumentationsgebot auf der Basis der Heiligen Schrift in der Muttersprache festigte sich eine Sensibilität für die sprachgetragene Selbstbeobachtung. Verbunden mit der subjektorientierten Gewissensfrage und der hochgewerteten Empirie des Einzelfalls steigerte sich die Selbstwahrnehmung zu einer Form von Individualität, die sich mit der gepflegten ‚Innerlichkeit' in den protestantischen Pfarrhäusern (Albrecht Schöne) als Gegentradition ausprägte. Nach der formellen Aufhebung des Jesuitenordens 1773 vollzog sich diese Entwicklung – rhetorisch gesehen – dann auch weitgehend konkurrenzfrei.[38] An die Stelle des tendenziell eher selbstverleugnenden Exerzitiums der Jesuiten im Kollektiv und die monastische Selbstabtötung trat nun, soweit die lokale Orthodoxie es zuließ, eine weltwahrnehmende Selbsterfüllung des Ich, die Kultivierung der eigenen Persönlichkeit. Gegen das Muster von einem dem Kollektiv untergeordneten Subjekt steht damit eine freie, vor allem der Verinnerlichung einer Person verpflichtete Individualität, die natürlich auch mit den entsprechenden sprachlichen Medien auszubilden bzw. zu ‚entwickeln' ist.

37 Kant 1908: 327 f. Kant sieht die Rhetorik auch als ‚Pathologie des Dichtungsvermögens', eine von Sinnlichkeit und Einbildungskraft getragene Rhetorik sei krank, vgl. Hambsch 2007: 157.

38 Es wäre ein interessanter Parallelfall, die von den Jesuiten maßgeblich geprägte Universität Freiburg zu betrachten, die um 1800 ganz eigene, noch durch die Zugehörigkeit zu Habsburg geprägte Reformperspektiven entwarf, vgl. Schiewe 1996.

Diese Verinnerlichung als Bildungsprinzip, die sich zwischen 1770 und 1810 im deutschsprachigen Raum fest etabliert, greift jedoch auch ihrerseits wieder weit zurück: ein erkennbarer Bezugspunkt sind die Vorgaben der mittelalterlichen Mystiker. Seit Meister Eckharts spirituellen Vorstellungen des göttlichen *Bildes*, nach dem sich die menschliche Seele *aus-bilden* bzw. imitierend *nach-bilden* soll, gilt Bildung als ein innerer und selbstbestimmter Prozess im biographischen Rahmen der einzelnen Person. Schon im 16. Jahrhundert aber wandelt sich diese Auffassung, und neben das theologisch-transzendente Muster treten erste Bestrebungen einer pädagogischen, säkularen Institutionalisierung. Bei Paracelsus heißt es noch in ausgewogener Zweigliedrigkeit, dass der Mensch sowohl aus dem Grundstoff der Welt als auch aus dem Bilde des göttlichen Geistes geschaffen sei. Das Individuum müsse im Laufe seines Lebens gegen teuflische Bedrohungen, vor allem aber auch gegen weltliche Widrigkeiten das Göttliche in sich stärken und *ausbilden*. Dieser Vorgang aber basiert eben gerade nicht auf aktiver professioneller Didaktik von außen, denn das „Lernen von Menschen ist kein lernen / es ist vorhin im Menschen". Es geht demnach „allein" um den auslösenden Vorgang von „erwecken und ermahnen",[39] so Paracelsus. Valentin Weigel (1533–1588), Spiritualist und lutherischer Pastor, geht ebenso davon aus, dass „alle Erkenntnis der Wahrheit und Weisheit zuvor im Menschen liege und nicht vom Obiecto, von aussen zu eingetragen werde". Und entsprechend erfolgt eine maßgebliche Rangerhöhung des eigenaktiven, autonomen und nach Selbstbildung strebenden Individuums – allerdings im festen Bezugsrahmen der Schöpfung, also der kosmischen Ordnung: „Lernen ist sich selber kennen [...] du lernst die Welt, du bist die Welt."[40]

Im 17. Jahrhundert erstarkte dagegen ein klerikales Normensystem bzw. die entsprechende Buchgelehrsamkeit, vorrangig vertreten durch die lutherische Orthodoxie bzw. deren Institutionen und Hierarchien. Diese beanspruchten das menschliche Wissen formal wie materiell als festen Besitz, um über dessen gesteuerte Weitergabe zu verfügen. Der Bildungsbegriff unterlag hier gänzlich der kirchlichen Administration und damit dem Prinzip der autoritär-dogmatischen, im Grunde aber fortgesetzt scholastischen Belehrung der jeweils folgenden Generation. Anstelle einer transzendentalen Heilsvermittlung stand jetzt die pädagogisch immanente Strukturkonservierung in ausschließlich regenerativer Absicht. Dagegen opponierte wiederum eine entschieden spirituell orientierte Strömung, die dann aufs Neue das Prinzip der Verinnerlichung vertrat. Nach Jakob Böhme ist der menschliche Geist ‚der im Spiegel gestaltete Geist Gottes',

39 Paracelsus 1590: 423.
40 Weigel 1695: o.P.

der sich dann im Menschen ‚selbst' beschauen kann. Durch die Imagination, durch die intensive Bildkraft des inneren Sehens soll der Mensch dann in der eigenständigen Abkehr vom falschen Weg, nämlich von den Folgen des Sündenfalls, zur Einheit mit Gott finden. Der Mensch kann sich dabei zum Guten wie zum Bösen entwickeln, er besitzt nach Böhme einen „eigenen Willen zur Bildung der Substantz, aus welchem Principio er will".[41] Er hat die Freiheit, sich „zu formen und zu bilden nach seiner Lust und Begierde".[42] Aber auch hier besteht eine direkte Bindung an Sprache und Wort: „Gleich wie der Geist der Ewigkeit hat alle Dinge gebildet, also bildets auch der Menschen Geist in seinem Wort."[43] Die *Bildung des Worts* ist die *Bildung ins Wort*, das menschliche Wort-bilden muss somit der wortgetragenen Schöpfung entsprechen. Nur so kann der sündhafte Mensch die ihn fesselnde Fleischlichkeit überwinden. Ein analoger Vorgang: Der göttliche Geist bildet alle Dinge (= Schöpfung), der menschliche aber das Geschaffene in das Wort. Die Wortmächtigkeit als Nachvollzug und zeitlich versetzte Wiederholung des göttlichen Schöpfungsaktes obliegt jedem Menschen, allein aus sich heraus und ohne institutionelle Anleitung. Die Gestaltung der Heilsgeschichte durch das menschliche Wort ist behaftet mit der Verantwortung für die Schöpfung, die als ‚gebildetes' Individuum konsequent jeder trägt.

5 Wissen, Bildung und Pädagogik um 1800

Hier knüpfen nun die Überlegungen um 1800 an. Die Tradition reicht somit von Böhme über Hamann und Herder bis zu Wilhelm von Humboldt, Schleiermacher oder Friedrich Schlegel. Als gemeinsame Bezugsgröße wäre der Begriff von der Bildung bzw. der Kunst als religiöser ‚Selbsterlösung' zu veranschlagen.[44] Das idealistische Erziehungsideal basiert wiederum auf dem Prinzip der Entwicklung des Einzelnen und betont damit das Prozessuale: Wesen, Person und Individuum sind als Idee und Plan bereits substantiell angelegt und müssen sich im Verlauf der individuellen Biographie zur Sichtbarkeit ‚entwickeln', d. h. realisieren. Von außen wird nichts Fremdes hinzugefügt, nur das bereits innerlich Angelegte ist zu enthüllen und zu stärken, immer in einer lebendigen Korrespondenz zwischen beiden Sphären. Dies hätte die neue Universität jetzt vor dem historischen

41 Böhme 1843: 280.
42 Ebd.
43 Ebd.
44 Vgl. hierzu Voßkamp 2004.

Hintergrund umzusetzen, als Ganzes wie auch in ihren Teilen, also in jedem einzelnen Fach. Demgemäß erklärt beispielsweise der Geograph Carl Ritter 1818 in seiner *Einleitung zu dem Versuche einer allgemeinen vergleichenden Geographie*, dass es vor allen fachlichen und methodischen Fragen notwendigerweise den „menschlichen Gesichtspunct" anzusprechen gelte, „um dessentwillen überhaupt sie [die Fachwissenschaft Geographie] nur als wünschenswert erscheint".

> Aber der rechte Wille des Menschen und die Erkenntniß des seiner eigenthümlichen Kraft Entsprechenden in dem außer ihm Gegebenen, so wie die gegenseitige Durchdringung und Steigerung von beiden, diese gehen nur aus dem ernsten Ringen nach der tieferen Erkenntniß des eignen Selbst hervor, und aus der Betrachtung des Menschlichen und alles dessen, was in der Geschichte der Menschheit sich offenbart hat.[45]

Ritter konstruiert hier auch umgehend eine direkte Entsprechung von Individualbildung und Nationenbildung:

> Es gehört zum Charakteristischen der menschlichen Natur, daß jedem einzelnen Menschen eine nur ihm angehörige Eigenthümlichkeit einwohnt, durch deren Entwicklung er zu einem vollkommeneren wird, und so und nicht anders wiederholt sich dies in jedem Volke. In der vollendeten Ausbildung dieser Eigenthümlichkeit liegt die sittliche und mit ihr jede andere Größe des Menschen, wie die Volksthümlichkeit und Nationalgröße der Völker.[46]

Eine vergleichbare Einbindung des Einzelfachs bzw. dessen Bedeutung für die Gesamtheit aller Studierenden zeigt sich in der universalen Aufwertung der antiken Mythologie als einer historischen Orientierungsgröße für den Menschen im Kosmos und damit als unverzichtbare Komponente „jeder liberalen Erziehung". Der Altphilologe Aloys Ludwig Hirt (1759–1837) begründet dies:

> Aus den ältesten Sagen bildete sich die Volksreligion, und aus dieser die Sitten, die Gebräuche, die Spiele, die Lebensweise. Sie waren die ewige Quelle, aus welcher die Dichter schöpften, und die sie immer in neuen Formen zeigten. Sie lieferten den Stoff zu den ersten rohen Versuchen der Kunst, welche dann, im Gange der Zeit sich fortbildend, jene Mannigfaltigkeit von Idealen schuf, wodurch die alte Welt zum Schauplatz des Schönen und Erhabenen wurde, und deren Überbleibsel noch die Nachwelt mit Bewunderung anstaunt. Aus diesen Gründen betrachtete man die Mythologie von jeher mit Recht als einen nöthigen Theil des Unterrichtes bey jeder liberalen Erziehung; und die Richtung, welche dieses Studium durch neuere Forscher in unsern Zeiten erhalten hat, zeigt die Wichtigkeit und das Anziehende desselben immer mehr.[47]

45 Ritter 1852: 4.
46 Ebd.
47 Hirt 1805: IV f.

Die Absolutsetzung des Individuums steht also immer noch in größeren Zusammenhängen. Die bei Humboldt aufscheinende Vorstellung von einer lediglich aus der Addition von gebildeten Individuen entstehenden Gemeinschaft wäre mit den geschichtlich überlieferten Kollektivvorstellungen im Sinne einer orientierenden Autorität abzugleichen, etwa mit der wesenhaften Verschmelzung zu einer höheren Einheit im Sinne von ‚Nation' oder gar ‚Weltseele'.

Welcher Status wird hierbei nun der Sprache zugewiesen? Was ist aus Böhmes Benennungskompetenz geworden bzw. jenem allein dem Menschen zugewiesenen Vermögen, die Schöpfung durch seine Sprache zu erhalten bzw. zu erhöhen? Die Selbsterfahrung der Seele als Lernprozess erfolgt auch bei Humboldt mit spezifisch zugerichteten sprachlichen Mitteln. Im Blick auf die *rhetorica latens* bliebe zu fragen, wie die Rhetorik als eine übergreifende Analyse- bzw. Produktionsfähigkeit auch hier noch in Kraft bleibt. Kann die Universität mit ihren Sprachformen und Textsorten, die die jahrhundertelange Tradition für den akademischen Unterricht bereitstellt, überhaupt ein konkurrenzfähiges Angebot für einen Adressaten machen, der seine umfassende Selbstbildung im Sinne Humboldts oder Goethes eher über die klassischen Genres wie Lehrgedicht, Fabel, Ballade, Erlebnislyrik, vor allem aber über den Bildungsroman selbst initiieren und völlig frei durchführen kann? Hier bieten sich doch außeruniversitär höchst anspruchsvolle und stark nachgefragte Textformate, die dafür sorgen, dass der Adressat in der imitierenden Nachfolge des genialen Dichters eben auch sich selbst ‚ausbildet'. Poetische Mittel der *Evokation* (wörtlich zu verstehen als das *Herausrufen aus*) oder des wirkungsstarken Fingierens von emotional aufgeladenen Situationen, aber auch Stimmungsschilderungen in der Natur und Landschaft als Stimulus religiöser Regungen (Naturmystik, Pantheismus) bieten höchst authentische Erlebnismomente für den rezipierenden Leser, abgesehen von dramatischen Konstellationen (beispielsweise Verlust-, Entbehrungs- und Wiedergewinnungserlebnis) und dem dispositorischen Ausgleich von Spannungen (Polarität und Steigerung). Diese Möglichkeiten sprechen die Einbildungskraft und das seelische Erlebnisvermögen des Lesers sehr stark an und animieren ihn zur Arbeit an sich selbst, zur Selbsterfahrung der Welt und zur Relativierung des Buchwissens. Wie stark können gerade hier die traditionell gegebenen Unterrichtsformen überhaupt gegenhalten? Können sich in der monologischen Vorlesung,[48] im monothematischen Lehrbuch oder auch in der mächtigen mehrbändigen enzyklopädischen Fachbilanz überhaupt noch ‚selbstbildende' Kräfte im Sinne der kosmischen Innerlichkeit entfalten? In den genannten Gattungen herrscht naturgemäß der postulierende Monolog vor, der einen passiven Rezipienten voraussetzt, dessen Einzelerfahrung durch das gesamte Wissen der

48 Vgl. generell Lingelbach 2006.

Tradition dann eher verdrängt zu werden droht. Per se ist die Universität in ihrer alten Form ja der Ort der versammelten Fremderfahrung:[49] Das Wissenskollektiv, das systemische und anwendungsbezogene Zusammenwirken der Fächer in der kollektivierenden und deutlich hermetischen *Universitas* ließe keinen Raum für die Einzelstimme, das Erlebnisinstitut des Individuums müsste hier eigentlich massiv gefährdet erscheinen. Wie kann es der Universität gelingen, ihre bisherige sprachliche Vermittlungspraxis zu überprüfen und entsprechend Ausgleich zu schaffen? Wie wirkt sich das auf die Verkehrs- als Lehrsprache, auf die Technik der gezielten Adressatenansprache und auf die jeweiligen Gattungen aus?

Zunächst: die Sprache, das konkret eingesetzte Idiom. Im Zentrum von Sprache steht nach Wilhelm von Humboldt „das individuelle Vorstellungsvermögen des Menschen".[50] Sprache muss also vertraut machen bzw. als vertraut erkennbar machen, was als Stoff von außen kommt, damit es im Inneren erkannt wird. Sprache muss latent Vorhandenes hervorrufen (Stichwort *Evokation*) bzw. *erwecken*. Schon 1780 fasst Fichte es wie folgt:

> [D]a feststeht, daß die Keime jeder Wissenschaft und Weisheit in den Geistesanlagen der Menschen eingepflanzt und eingeboren sind, und nichts anderes denn nur die Erweckung derselben erforderlich sei, auf die Art: daß wir die Sache mit unserer eigenen Vernunft selbst durchschaut und aufgefunden zu haben meinen, indem der Meister-Gelehrte dies schaut, damit er uns in die Wege leite, daß auch wir dies finden können.[51]

Der Erfolg dieses Prozesses basiert zunächst auf einem elementaren Wechsel der akademischen Gebrauchssprache: vom traditionellen, aber fremden und historisch fernen Lehridiom der Antike in die Nationalsprache. Fichte plädiert ganz entschieden für die „geschmeidigre u. besonders teutsche Mundart".[52] Mit der Ersetzung des Lateinischen durch die Muttersprache wäre eine Individualisierung also zumindest auf der Ebene der Nation vollzogen.[53] Indem Vorlesungen konsequent auf Deutsch gehalten werden, nähern sie sich idiomatisch dem Erlebnishorizont des

---

49 Vgl. die verschiedenen Schriften von Friedrich Paulsen über den gelehrten Unterricht oder die deutsche Universität in Paulsen 1912.

50 Humboldt 1994: 24.

51 Fichte 1919: 58 f.

52 Fichte 1970: 47–49. Adam Müller sieht die distanzgebietende „Fremdsprachigkeit" für genauso verderblich an für die Erkenntnisfindung wie die distanzgebietende „Schriftlichkeit", vgl. Müller 1967: 40.

53 Vgl. die entsprechenden Hinweise zu der bereits von Herder vertretenen Position bei Martyn 2014. Herder betont als Vorteil der Muttersprache die dortige ‚Untrennbarkeit' von Gedanken und Ausdruck, die uneingeschränkte ‚Gewalt' über die Worte und das nationale Zugehörigkeitsgefühl via Sprache.

Alltags an, der Abgleich mit dem Erfahrungshaushalt der eigenen Person wäre stufenlos möglich. Verschärfend hinzu kommt die Ablehnung des Französischen, das noch im 18. Jahrhundert als Kultur- und Diplomatensprache gegolten hatte, aktuell aber für die Sprache des Aggressors steht, der die Existenz des preußischen Staates wie der deutschen Nation insgesamt infrage stellt. Die Wissenschaftssprache entwickelt sich damit in deutlicher Distanz zur Sprache Roms, die im protestantischen Deutschland natürlich längst suspekt geworden war, und zur Sprache des westlichen Hegemonialanspruchs, von Ludwig XIV. bis zu Napoleon I. Entsprechend erfolgen Aktivitäten der Sprachpflege: In der Tradition Luthers und der protestantischen Sprachgesellschaften des 17. Jahrhunderts steht etwa der *Sprach- und Sittenanzeiger der Deutschen*, den der vaterländische Sprachwissenschaftler Theodor Heinsius (1770–1849) 1817 herausgibt. Heinsius hatte bereits 1814 zusammen mit Friedrich Ludwig Jahn die Berlinische Gesellschaft für Deutsche Sprache gegründet und bittet nun in „Plan und Einleitung" für den *Sprach- und Sittenanzeiger* „die Bewohner aller deutschen Lande[,] durch gegenseitige freie Mittheilung der Gedanken über ihr Heiligstes – ihre Sprache und Sitte" – fundierte Beiträge zum Erstarken der Nation zu leisten. Auch unter dem Blickwinkel der materiellen Substanzvermehrung der Wissenschaft regt er an, ihm nun aus allen deutschen Regionen entsprechend hilfreiche Materialien, also Untersuchungen, Beobachtungen und Einschätzungen zuzusenden, die der Verbesserung und Pflege der deutschen Sprache dienlich sein könnten, geht es doch um die „Verbesserung der vaterländischen Arbeit".[54] Der faktisch vorhandene Pluralismus der deutschen Länder soll als Ressource auch und vor allem für die Optimierung der Wissenschaftssprache genutzt werden. Heinsius bekräftigt hier die Gedanken, die fünf Jahre früher bereits Adam Müller in Wien in einer Reihe von Vorträgen entfaltet hatte: Im siebten Vortrag, *Von deutscher Sprache und Schrift*,[55] beschwor Müller den Reichtum der binnendeutschen Diversität, aus der nationales Potential zu gewinnen sei. Eine ausgewogene Dialogkonstellation mit den Regionen ohne eine dominante Kapitale (diese wäre allenfalls rein intellektuell-koordinativ als Bezugsadresse zu sehen, nicht etwa politisch!) unterbreitet geradezu föderale Perspektiven für eine zukünftige Wissenschaft. Müller spricht sich gegen eine „Vermischung" und für eine „Vermählung" aus, eine wechselseitige Veredelung im Dialog, die zu einer „dritten", d. h. „mittleren Sprache"[56] führen könnte. Denn das „Allgemeine entsteht nicht durch das Wegwerfen des Besonderen".[57]

54 Heinsius 1817: 1.
55 Müller 1967: 123–126.
56 Ebd.: 126.
57 Ebd.: 123f.

Keineswegs aber führt die Wendung zur Nationalsprache zu einem automatischen Verzicht auf die Rhetorik.

> Wie wäre es, und würde ich mich über diese Dialekte noch beschweren, wenn diese Sprache einen Mittelpunkt hätte, worin sich alle jene Besonderheiten begegnen könnten, [...] alle Bildung und alle Unschuld der verschiedenen deutschen Mundarten sich untereinander ausgleichen könnten [...] und alle schroffen Kontraste sich untereinander dämpfen und mildern möchten dadurch, daß sie einem und demselben harmonischen und philosophischen Gesetze untergeordnet würden?[58]

Doch der Sprachwechsel allein genügt nicht: Neben dem Idiom des Adressaten wäre es die konkrete Adressierungsstruktur, die glaubhaft zu machen hätte, dass es tatsächlich um die Entwicklung des Individuums geht. In der gezielten Anrede zeigt sich der respektgetragene Anspruch gegenüber dem Lernenden, und der didaktische Redner hätte diese sprachlichen Leistungen überzeugend zu erbringen.[59] Gilt der Adressat als ein zu unterweisender Schüler, der ohne Kenntnisse in der Sache antritt und folglich mit fremden Inhalten zu beladen ist, oder als das zu bildende Individuum, das alles zu Lernende latent bereits in sich trägt, das nach dem platonischen Anamneseprinzip dann gemeinsam sprachlich zu aktivieren wäre? Fichte zielt bereits 1780 auf eine performative Wiederholung des Erkenntnisaktes:

> [M]ein Vortrag ist immer synthetisch; ich werfe meine Gedanken nie hin, wie ich sie unsichtbar in meiner Studirstube gedacht haben, sondern ich denke sie, finde sie, entwikle sie vor den Augen der Hörer, und mit ihnen; ich bemühe mich dabei den strengsten logischen Gang auch in den kleinsten Theilen des Vortrags zu gehen [...] durch Vorzeichnung des Ganges der Spekulation an einer Tafel.[60]

6 Ethische Apologie und didaktische Praxis von Rhetorik nach 1800

Vor allem scheint die scholastische Aufbereitung von Sachverhalten und die präskriptive Klassifikation auf dem Prüfstand zu stehen, insbesondere in Gestalt

---

58 Ebd.: 123.

59 Auch hier steht eine rhetorische Kernkompetenz (*äußeres aptum*) dahinter, verbunden mit *attentum parare* (Offenheit) und *tua res agitur* (Betroffenheit).

60 Also neben auditiver auch visualisierte Sprache, vgl. Fichte 1970: 60 f. Zu verweisen wäre auch auf die entsprechenden Positionen Schellings (1802), hier läge bereits der Ansatz, etwa die Vorlesung als Lehrmedium und Vermittlungsform zu optimieren.

der monologischen Kathederrede. Die entsprechenden Debatten wären auf der Ebene einer Metagattung zu verfolgen, nämlich in der ‚Lehre über die Lehre'. Natürlich stehen hier zunächst die großen Systemschriften Fichtes, Schellings, Schleiermachers oder Humboldts zur Betrachtung an, aber einige wenige Stichproben können bereits zeigen, dass man sich gerade auch in weniger prominenten Kreisen höchst versiert und engagiert mit den anliegenden Aufgaben der didaktischen Kommunikation beschäftigt.[61] Ein auffälliger Befund vorweg: Die Rhetorik als Lehrgegenstand ist aus dem akademischen Curriculum faktisch verschwunden. Lehrveranstaltungen zur Redekunst sind zumindest bis 1834 äußerst selten. Die Altphilologen bieten sporadisch einzelne Übungen zu Quintilian an, aber auch nur über das X. Buch der *Institutio Oratoriae*, das die griechisch-römische Literaturgeschichte allein im Zusammenhang mit stilistischen Fragen rekapituliert. Schlecht besuchte Veranstaltungen[62] zu Demosthenes, Isokrates, Thukydides oder Cicero zeugen von einer deutlichen Randständigkeit der rhetorischen Lehre als solcher. Im Praxisbereich begegnet einzig die akademische Festrede, die ebenso ausschließlich in die Zuständigkeit der Altphilologie fällt und bis 1848 durchweg auf Latein gehalten wurde. Bemerkenswert ist dagegen die breit gefächerte und durchweg anhaltende Konjunktur gedruckter Lehrwerke zur Verbesserung der persönlichen Sprach- und Darstellungskompetenz. Diese zeigen deutlich das Bestreben, *Beredsamkeit* und *Bildung* in einem komplementär gedachten Gleichgewicht zu halten, das von ethischen wie formalen Aspekten geprägt ist. Das geht schon aus den Titeln hervor: 1807 publiziert Ludwig Purgold (1780–1821) Gedanken *Über die Bildung zur Poesie und Beredsamkeit auf Schulen*, 1831 formuliert Karl Justus Blochmann propädeutisch *Ein Wort über die Bildung unserer Jugend zur Wohlredenheit und öffentlichen Beredsamkeit*. Beide setzen bereits auf der gymnasialen Stufe an. 1836 schließt Wilhelm Wackernagel seine *Academischen Vorlesungen zu Poetik, Rhetorik und Stilistik* an. Darüber hinaus steht über Jahrzehnte eine breite Palette praktischer Hilfsmittel zum Selbststudium bereit: Titel wie *Die deutsche Beredsamkeit in der Ausübung oder: Sammlung deutscher Muster zur Bildung eines deutschen Redners* (anonym 1780) stehen neben einer *Mustersammlung für die Declamationsübungen der Jugend* (anonym 1818) oder Christian Friedrich Falkmanns *Hülfsbuch der deutschen Stylübungen* (1822) bzw. dessen *Methodik der deutschen Stylübungen* (1823). Seine *Praktische Rhetorik* (1831) bietet auch eine Vorrede für die Schüler mit einer

61 Inwieweit die betreffenden Werke als Popularisierung der prominenten Texte oder als originäre Leistung zu werten sind, bliebe zu untersuchen.
62 Vgl. Viermond 2011.

ausgearbeiteten „Abfassungslehre“ und „Vortragslehre“. 1831 sorgt ein *Rhetorisches Wörterbüchlein* für terminologische Klärung.

Exemplarisch zu betrachten wäre in diesem Zusammenhang der bereits genannte Theodor Heinsius. In *Der Redner und Dichter oder Anleitung zur Rede- und Dichtkunst* (1810) entscheidet er bereits im Titel die Frage einer Systemkollision mit auffallender Eindeutigkeit, indem er beide Sphären parallel ordnet – ohne Hierarchie und ethische Wertung.[63] Er geht davon aus, dass Redner wie Dichter neben den „besonderen Naturanlagen“ vor allem eine „nicht gemeine wissenschaftliche Bildung“ benötigen, weshalb schon die Schulen die Fächer Rhetorik und Poetik gleichermaßen anzubieten hätten.[64] In einer „Philosophie der Rhetorik“ unterscheidet er „verschiedene Seelenkräfte der Sprache und der Rede“, nämlich das „Vorstellungs-, Gefühls- und Begehrungsvermögen“.[65] Darüber hinaus erfolgt eine wichtige Begriffsbestimmung der „Beredsamkeit“ in einer Darlegung zweier genereller Ansprüche des Menschen: Entweder gilt es, „auf die Gegenstände der Außenwelt einzuwirken, oder: sein eigenes Gemüth im Hoffen und Glauben an das unendlich Wahre, Schöne und Gute zu erheben“.[66] Was für Kant in der qualitativen Wertung noch unvereinbar schien, definiert Heinsius kurzerhand als zwei anthropologisch gleichberechtigte Komplementärbereiche. Die Sprache steht neutral als Grundkompetenz für beide Anwendungen bereit: einmal strebt ihre Kraft nach außen, auf das handlungsbezogene Vorstellungsvermögen (Sprache des Verstands), einmal nach innen, auf das Empfindungsvermögen (Sprache des Gefühls). In systematischer, nicht aber in wertender Absicht trennt Heinsius Poesie und Prosa,[67] während die Letztere wieder zu unterteilen sei in einen *theoretischen* und einen *praktischen* Zweck, der eben jeweils in der *Erkenntnis* (Vorstellungen) wie auch in der *Handlung* (Begehren) liege. Um den höheren Zweck zu erreichen, nämlich „das Begehrungsvermögen in Thätigkeit zu setzen, oder den menschlichen Willen zu Handlungen zu bestimmen“, muss die Zusammenführung des „Vorstellungs- und Gefühlsvermögens für einen Gegenstand“ gelingen.[68] Beides soll also verbunden und ausgewogen sein, deshalb haben sich prosaische und poetische Darstellungskunst einander anzunähern. Aus ihrer

63 Vgl. auch Adam Müller zur Gleichrangigkeit von Poesie und Beredsamkeit im Bild der „Ehe“, was auf gegenseitige Hilfe und fruchtbare Wechselwirkung verweisen soll, Müller 1967: 88–90.

64 Heinsius 1810: vii ff. (Vorrede zur ersten Ausgabe).

65 Ebd.: 1–5.

66 Ebd.: 6–10.

67 Vgl. ebd.: 5.

68 Heinsius 1810: 6. Vgl. zum Gefühlsaspekt der Wissenschaft auch bei Savigny und Schleiermacher Treß 2012: 188 f. bzw. 192. Fichte vertrat schon 1780 eine Rhetorik, die auf einer ‚Lehre von den eingeborenen Gefühlen‘ basiert. Die rhetorischen Regeln sind allgemein-anthropolo-

Vereinigung bildet sich dann offenbar etwas Drittes, die „Sprache der Beredsamkeit".[69] Damit formuliert Heinsius ein integratives pragmatisches Synthesemodell, das keine Komponente ausgrenzt und vielmehr eine entsprechend wechselseitige Steigerung in Aussicht nimmt.[70]

Hier könnte sich der Ansatz für eine schulpraktische Unterweisung in Sachen einer *idealistischen* Beredsamkeit zeigen. Heinsius löst das Dilemma kurzerhand auf: Jedes Individuum soll pragmatisch handeln (auf die Gemeinschaft einwirken) und gleichzeitig innerlich reflektieren (auf das eigene Gemüt einwirken) und sich selbst dadurch nach idealistischen Kriterien *bilden*. In der sich anschließenden praktischen Betrachtung bietet der Autor dann neben den klassischen Teilen des rhetorischen Systems eine Gattungstypologie, die sich u. a. auch sehr eingehend der „beschreibenden"[71] und der „didaktischen"[72] Poesie widmet und hier insbesondere die „allegorische Poesie" mit Fabel, Parabel und Allegorie würdigt. Dann aber folgt als „die eigentliche didaktische" die „gnomische Poesie" und das „eigentliche Lehrgedicht".[73] Damit ist für ein breites begriffliches Spektrum nebst ganz konkreten Hinweisen an den didaktischen Redner gesorgt, der seinerseits immer auch über poetische Mittel verfügen darf, um den Adressaten dann mit besonders anschaulicher Darstellungskunst zu eigenem Handeln im wissenschaftlichen, nicht zuletzt aber auch im politischen Raum zu ermutigen.

Für die entschiedene Bekräftigung einer moralisch fest eingebetteten Rhetorik als Vermittlungskunst sorgt dann 1814 (bzw. in zweiter Auflage 1837) der Theologe Franz Theremin mit seinem Buch *Die Beredsamkeit ist eine Tugend, oder Grundlinien einer systematischen Rhetorik*. Für den protestantischen Pastor gilt naturgemäß die Predigt als zentrale Textsorte,[74] er formuliert seine Konzepte aber durchaus mit einem gattungsübergreifenden Gültigkeitsanspruch im idealistischen Sinne: „Das höchste Gesetz der Beredsamkeit, anwendbar auf alle Verhältnisse, worin der Redner sich befinden kann, hat in dieser Schrift den Ausdruck erhalten: Er suche seine jedesmalige Idee auf die beim Zuhörer nothwendig innewohnenden Ideen zurückzuführen [. . .]."[75] Mit der idealistischen Formel

gisch und stimmen mit den ‚geistigen Naturanlagen' des Menschen ‚auf das passendste' überein (Fichte 1919: 33).

69 Heinsius 1810: 7.

70 Damit könnte auch eine Motivation zum sprachlichen Handeln im politischen Raum gemeint sein, die aber zumindest im Preußen des frühen 19. Jahrhunderts keine Resonanz findet.

71 Heinsius 1810: 216 f.

72 Ebd.: 251 f.

73 Ebd.: 251–267.

74 Vgl. Conrad 2012: 25–29, 139–147, 162–164.

75 Theremin 1837: iv f.

der „innewohnenden Ideen" reformuliert Theremin die traditionelle Verpflichtung des Rhetors auf das *äußere aptum*: Jedem Menschen sind a priori idealtypische Orientierungsmuster gegeben, die der Redner kennen und im Blick auf seinen Redeerfolg berücksichtigen muss. Da es sich um anthropologische Konstanten handelt, kann der Redner diese natürlich auch an sich selbst erkennen: „[U]nd dies Gesetz, wie ebenfalls bemerkt worden ist, kann er nur erfüllen, wenn die sittlichen Ideen kräftig und lebendig in ihm wohnen. Diese Ideen in ihrer Gesammtheit sind der Wille Gottes, und der durch ihn dem Menschen, und namentlich dem Christen, vorgezeichnete Beruf."[76] Prädestination und göttlicher Heilsplan setzen einen festen Rahmen, in dem der Redner allerdings nach seiner eigenen Einschätzung wirken darf: Die Wortwahl im Einzelnen bleibt ebenso ins Belieben gestellt wie der Aufbau der gesamten Rede, diese hat etwa keiner strengen Geometrie oder formalen Disposition zu folgen. Damit reduziert Theremin deutlich ein mögliches systemphilosophisches Übergewicht der Sache im Sinne des *inneren aptum* zugunsten des allein adressatenorientierten *äußeren aptum*:

> [M]an hat, da die Idee in keine so bestimmte Schranken eingezwängt ist, eine größere Freiheit in den Wendungen, und wird durch keine Rücksichten auf Symmetrie verhindert, die Gedanken, die die wichtigsten sind, auch am meisten auszuführen, und einen jeden da hinzu stellen, wo er am kräftigsten erscheint. Es wäre jedoch wohl zu bemerken, daß man hier zwar scheinbar regellos, aber deshalb nur um so geregelter einherschreiten, und nicht minder streng als sonst den Hauptgedanken festhalten, und die Vorstellungen, die ihn ins Licht setzen, auswählen müßte.[77]

Rhetorisch gesprochen darf der Verfasser sich auf die Lizenzen des *ordo artificialis* berufen und in Sachen *dispositio* die größtmögliche Freiheit walten lassen, sofern er die *sprezzatura* achtet und „scheinbar regellos" verfährt.

In seinem 4. Kapitel kommt Theremin dann zum titelgebenden Problem und löst es kategorisch: „Die Beredsamkeit ist eine Tugend". Eigennutz oder Fremdbestimmung via Rhetorik stellen im Rahmen einer allgemein gefestigten Ethik keine Gefahr dar:

> Da aber alles Wirken des Menschen in seinen Verhältnissen, unter der Leitung des Sittengesetzes steht oder stehen soll, so kann die Ausübung der Beredsamkeit, da sie nichts andres ist als ein solches Wirken, auch keinen anderen Gesetzen unterworfen seyn, als den ethischen. Sie strebt in den Gesinnungen und der Handlungsweise anderer Menschen eine Veränderung hervorzubringen; die Frage nach ihren Principien verwandelt sich also

---

76 Ebd.
77 Ebd.: xxvii.

> ganz natürlich in diese: welches sind die Gesetze, nach welchen ein freies Wesen auf andere freie Wesen wirken darf? und diese Frage kann nur aus der Ethik beantwortet werden.[78]

Alle aus der „Rhetorik als Theorie der Beredsamkeit" abgeleiteten Regeln sind ethische Regeln und die „Theorie der Beredsamkeit ist also ein Teil der Ethik".[79]

Das 5. Kapitel („Von den Ideen") thematisiert die Frage der Adressatenansprache, indem Theremin nun ganz ausdrücklich das „Verhältniß" betrachtet, „worin sich der Redner mit dem Zuhörer befindet".[80] Ersterer hat Pläne und Absichten, die er aber zunächst gegen „die Trägheit der gleichgültigen Gemüther" aufseiten der Rezipienten durchsetzen muss, um diesen einen „Anstoß" zu geben, „wonach sie handeln" sollen. Ferner muss er auch die

> offenbar widerstrebenden besiegen und mit sich fortreißen. Es steht ihm aber durchaus kein Zwangsrecht über die Gemüther zu; er ist kein Gesetzgeber, der die Verhältnisse der Menschen ordnet, und sie so auf eine mittelbare, aber sichere unwiderstehliche Weise lenket; kein Herrscher, der ein ganzes Volk hier oder dorthin führet, weil er über Eigenthum, Leben und Ehre eines jeden gebietet. Er steht denen ganz gleich, auf die er wirken will.[81]

Die Doktrin der Gleichrangigkeit untersagt dem Redner jegliche, sowohl offene als auch unterschwellige, paternalistische Verfügung über den Adressaten. Er muss dessen „Freiheit achten" und darf selbige nicht etwa durch die Erregung von Leidenschaften oder gar „Bethörung" des Verstandes einschränken. Der Wille des Redners wie der des Angesprochenen müssen sich entsprechen. Eine einsichtige Ausführung des Gesagten muss die Folge sein. Der Hintergrund für eine solche gewaltfreie Kongruenz von Willen, Einsicht und Akzeptanz ist wiederum die idealistische Auffassung, dass alle Menschen etwas „ganz Allgemeines und Nothwendiges" wollen und ihrer „sittlichen Natur nach" wollen müssen, „dadurch daß die wahre Freiheit des Menschen stets nach der Realisirung gewisser Ideen strebt, die sich berechnen und deutlich aufzeigen lassen. [...] Denn so wird die Wirkung des Einen auf den Andern, die Freiheit des letztern nicht aufgehoben, und dieser erfüllt nur auf fremden Antrieb, was er aus innerem Trieb stets zu erfüllen trachtet."[82] Das Konzept der platonischen Erweckung allgemeinster Prinzipien schließt Fremdbestimmung per se aus. Mit dem Gleichheitsgrundsatz überwindet Theremin die Kant'schen Vorbehalte gegen den Sprecher als Hegemon und den Hörer

---

78 Ebd.: 22.
79 Ebd.: 23.
80 Ebd.: 26.
81 Ebd.
82 Ebd.: 27 f.

als unterjochtes Subjekt: „Ideen überhaupt sind produktive Gedanken, die zum Hervorbringen und Handeln antreiben, und selbst der Keim des Hervorzubringenden, so wie die Regeln der Form sind, die es erhalten soll."[83] Die ethischen Ideen, die bei jedem Menschen in seinem Vernunftbegriff liegen, müssen angesprochen, also mit sprachlichen Mitteln aktiviert werden, damit sie wirken und die entsprechende Handlung nach sich ziehen können. Die höchste ist die „Pflichtidee", gefolgt von der „Tugendidee" und der „Glücksidee", die durch fortlaufendes ideengerechtes Handeln verwirklicht wird. Der Redner muss lediglich für die „Belebung" dieser Ideen beim Adressaten sorgen, um ihn „zum höchsten Grad des Bewußtseyns und der Selbstständigkeit" zu erheben.[84] Das alles liest sich einerseits wie eine idealistische Apologie der Rhetorik, um sie vor ungerechten Vorwürfen als Täuschungsinstrument zu schützen, andererseits aber auch als Appell an alle Anwender, die oratorische Kunst verantwortungsbewusst einzusetzen.

7 Adressatenansprache als performative Gattung: Mündlichkeit, Dialog und Gespräch

Auf dieser Grundlage einer idealistisch verankerten und ethisch legitimierten Beredsamkeit konkretisiert der bereits mehrfach genannte Theodor Heinsius seine Überlegungen für ein entsprechend adressatengerechtes Bildungserlebnis. Unter der Rubrik „Die Lebhaftigkeit" diskutiert er die „Figuren der Aufmerksamkeit", die Funktion von „Phantasie", „Witz" und „Scharfsinn", aber auch die Rolle der unterschiedlichen Gemütsbewegungen. Vor allem liegt ihm an den eigenartigen „Formen des Gesprächsstyls" unter der Notwendigkeit des „Lehrstyl[s]".[85] Die entsprechenden Hinweise zum „mündlichen Styl" beziehen sich aber gerade nicht auf die Deklamatorik des Einzelredners, sondern auf einen lehrhaften Dialog im Rahmen des akademischen Unterrichts: Gesprächsstil als Lehrstil. Zwar kannte schon die klassische Rhetorik die Stilfigur der vorweggenommen Gegenrede des Adressaten, die als fester, vom Autor selbst formulierter Bestandteil einer Rede zugehörte. Die *Prolepsis* (oder *anticipatio*) ist aber rein fiktiver Natur, bedeutet also keineswegs den ergebnisbestimmenden Einwurf eines realen Zuhörers. Sie bleibt Kalkül des monologisierenden Akteurs. Die reale Mitwirkung am Erkenntnisprozess des Adressaten ist damit also noch nicht ermöglicht. Zwei

83 Ebd.: 28.
84 Ebd.: 29 f.
85 Heinsius 1810: 114.

Jahre nach Heinsius sollte Adam Müller diesen Aspekt mit einer Opposition aus *stummer Dichtkunst* und *lebendiger Mündlichkeit* noch verstärken. Gemäß einer gemeinschaftsbildenden Funktion weist er ihm sogar eine nationale Dimension zu. Bei Müller erschöpft sich die Beteiligung des Publikums jedoch in der inspirierenden Unterstützung, indem es an dem Gesagten reaktiv Anteil nimmt und den weiteren Fortgang mit Impulsen zwecks weiterer „Verfertigung der Gedanken" beim Reden mitbestimmt.[86] Müller formuliert eine Theorie des produktiven Dialogs und betont vor allem den Nutzen der konträren Meinung für eine gemeinsame Erkenntnisvermehrung: Das „Gegenteil" gilt es nicht nur formal anzuerkennen, sondern auch sprachlich aktiv nachzuvollziehen zwecks Annäherung an das Ganze.[87] Andere Autoren flankieren diese Position auf ihre Art, Wilhelm von Humboldt etwa handelt in seinem Vortrag *Über den Dualis* über ‚Geselligkeit' und ‚Sprache':[88]

> Alles Sprechen ruht auf der Wechselrede, in der, auch unter Mehreren, der Redende die Angeredeten immer sich als Einheit gegenüberstellt. Der Mensch spricht, sogar in Gedanken, nur mit einem Andren, oder mit sich, wie mit einem Andren, und zieht danach die Kreise seiner geistigen Verwandtschaft, sondiert die, wie er, Redenden von den anders Redenden ab. Diese, das Menschengeschlecht in zwei Classen, Einheimische und Fremde, theilende Absonderung ist die Grundlage aller ursprünglichen geselligen Verbindung.[89]

Schon die Sprache an sich ist Humboldt zufolge

> kein blosses Verständigungsmittel, sondern der Abdruck des Geistes und der Weltansicht der Redenden; die Geselligkeit ist das unentbehrliche Hülfsmittel zu ihrer Entfaltung, aber bei weitem nicht der einzige Zweck, auf den sie hinarbeitet, der vielmehr seinen Endpunkt doch in dem einzelnen findet, insofern der einzelne von der Menschheit getrennt werden kann.[90]

---

86 Ganz im Sinne der unmittelbaren Kontaktaufnahme mit einem gegenwärtigen Publikum auch im Sinne der ‚Geistesgegenwärtigkeit' Gottes, der durch den Mund des Redners spricht, vgl. Peter Schnyder im vorliegenden Band. Laut Müller erlebt Deutschland derzeit ein „stummes Jahrhundert", während er das britische Parlament als einen „Schauplatz wahrer Beredsamkeit" preist (Müller 1967: 118), auch „heiliger" Beredsamkeit dank Edmund Burke (ebd.: 120).

87 Vgl. Kapitel „II. Vom Gespräch" in Müller 1967: 87.

88 Humboldt 1907: 25. Vgl. dazu Burkhardt 1987; Lorenz 1973; umfassend: Hösle 2011.

89 Humboldt 1907: 25.

90 Ebd.

Auch Fichte[91] und Schelling werben, wie erwähnt, mit dem „genetischen Stil"[92] für eine dialogisch orientierte Lehre, ebenso Schleiermacher, der für das Entwickeln der Inhalte ‚vor den Augen' des Adressaten plädiert und damit nicht zuletzt an das rhetorische Instrument *ex evidentia* anknüpft.[93] Der Hofprediger Theremin bekräftigt 1837 in seinem Beredsamkeitsbuch durchweg die dialogische Methode, die er anstelle eines systematischen Vortrags zu praktizieren wünscht. In der Systemkonkurrenz mit dem Bildungsroman gälte es in Parenthese allerdings auch zu fragen, was etwa ein Dialog in diesem Medium tatsächlich bedeutet. Faktisch bleibt er ja ein Monolog des Dichters, der seine Meinung in den Figurengesprächen lediglich auf zwei Personen verteilt. Zu fragen wäre, bis zu welchem Grad hier ein echter Diskurs entsteht, ein lebhafter Disput mit ungelösten Dilemmata, eine Kontroverse, die eben zwecks Aktivierung des Lesers auch ungelöst im Raum stehen bleiben könnte? Gewinnt dagegen nicht die Universität einen wirklichen Vorteil, weil der Rezipient selbst, physisch präsent, den Gang des Dialogs mitbestimmen, also auch umlenken kann? Im Bildungsroman tritt der Autor nach seinem festen Plan und seiner festen Absicht hinter seine Figuren, als ein Exeget und letztlich Moderator, der harmonisiert, damit aber auch den Erkenntnisgang letztlich in seinem (Autor-)Horizont beendet. Ein Leser bleibt passiver Rezipient.

Hier gilt es sich nochmals Franz Theremin zuzuwenden, der im Jahre 1836 – vor dem Hintergrund einer langjährigen Berliner Hochschulerfahrung – eine Schrift mit dem Titel *Über die deutschen Universitäten. Ein Gespräch* vorlegt. Die „Einleitung" thematisiert Bedrohliches: „Die Jünglinge, welche die deutschen Universitäten besuchen, sind auf denselben stets großen Gefahren ausgesetzt gewesen, die sich in der letzten Zeit noch deutlich vermehrt haben." Aktuell mit Reformen anzusetzen, erschiene jedoch bedenklich, weil „diese Institute in ihrer jetzigen Gestalt zu sehr mit dem Leben und den Neigungen der Deutschen verflochten sind". Grundsätzlich habe „von der Wissenschaft selbst [...] der Antrieb zu einem sittlichen Leben" auszugehen.[94] Im Rekurs auf das idealistische Bildungskonzept, das auf die gesamte Persönlichkeit ziele, droht dem Studierenden laut Theremin vor allem eine konkrete Versuchung: dass er im falschen Glauben an seine persönliche Ehre dem gefährlichen Duellierungswahn verfalle. Damit begibt er sich nämlich außerhalb des bergenden Rechtsrahmens der Universität: Studentische Verbindungen können auf diese Weise sein Verhalten als Individuum fremdsteuern und destruktiv beeinflussen. Mit Blick auf

91 Fichte handelt in *Deduzierter Plan einer höheren Lehranstalt* (entstanden 1807) über „dialogische Formen" (Fichte 1817: § 7).

92 Oesterreich 1997: 451.

93 Vgl. den Beitrag von Ernst Müller im vorliegenden Band.

94 Theremin 1836: 23.

die programmatische Diskursförderung im Gespräch muss das Duell natürlich als fatale Verkehrung der bilateral gesteigerten Bildung erscheinen: Die Konfrontation wird nicht verbal, sondern durch die physische Vernichtung des Gegenredners ‚geklärt'. Theremin fordert hinsichtlich der Bildung einer sittlichen Persönlichkeit eine entsprechende Einhegung und unterbreitet einen Vorschlag, dessen Umsetzung nur „mit geringen Schwierigkeiten verbunden wäre, und von welchem sich für die wissenschaftliche Ausbildung und für die Sittlichkeit der Studierenden die heilsamsten Wirkungen erzielen ließen".[95] Vor allem formuliert Theremin seine Idee gleich in der praktischen Umsetzung: Auf 40 Seiten präsentiert er ein fiktives programmatisches Gespräch zwischen vier älteren Herren, die auf ihr eigenes Universitätsleben bereits zurückblicken. Der euphorische Reformer Adalbert disputiert mit zwei behäbigen, aber lernfähigen Skeptikern, Ludovico und Theophilus. Der Reformer spricht im Namen des Autors das Wundermittel aus und entkräftet gleich in dessen Vollzug die kritischen Gegenreden seiner Freunde, so lange, bis diese keine Einwände mehr haben. Der Vorschlag lautet in den Worten Adalberts wie folgt:

> Das Mittel wäre, daß die Professoren das Geschäft des Denkens nicht allein übernähmen, sondern es mit ihren Zuhörern theilten; daß die geistige Thätigkeit des Lehrers seine Schüler zu einer ähnlichen Thätigkeit heranzöge; und daß zu diesem Ende die monologische Form des Vortrags oft in die dialogische überginge.[96]

Das Ziel ist hier tatsächlich, Bildung als Prozess weitestgehend auf die studierenden Individuen selbst zu übertragen: „Man würde nicht ein so großes Pensum absolvieren; aber man würde die Selbstthätigkeit der Studierenden erwecken, und sie würden dann leicht das Fehlende ergänzen."[97] Der bloße „Vortrag des Lehrers" dagegen besitze „keine hinlänglich anregende Kraft", und nur mit der dialogischen Form könne „ein Funken wissenschaftlicher Begeisterung" in das „Innere" der Studierenden fallen, sie ‚entzünden' und somit zu eigenständigen Leistungen befähigen.[98] ‚Funke', ‚Entzündung' und ‚Begeisterung' können in ihrer vordergründigen metaphorischen Funktion kaum darüber hinwegtäuschen, dass es sich hier um eine explizite Wiederaufnahme mystischer Leitbegriffe handelt. In Rücksicht auf Hierarchie, Autorität und Fremdbestimmung als Rahmenbedingungen der Lehre liegt also eine eindeutige Präferenz der Autonomie und Selbstverwirklichung vor, dem verbalen Widerpart kommt aber eine wichtige impulsgebende Assistenzfunktion zu.

95 Ebd.: 10.
96 Ebd.
97 Ebd.: 11.
98 Ebd.

Gegen die kleinlichen Einwände seiner Partner stellt Adalbert dann deutlich den unabweisbaren Vorteil der Methode heraus:

> Weil der wissenschaftliche Sinn Selbstthätigkeit ist, weil ein einziger Gedanke, den ich in mir selbst hervorbringe, mehr Werth hat in Rücksicht auf meine Bildung, als tausend Gedanken, die ich von einem andern in mich aufnehme; und weil diese Thätigkeit für die Mehrzahl der Studierenden durch das ruhige, passive Anhören nicht erregt, sondern ertödtet wird.[99]

Nicht ohne ironischen Unterton spielt Adalbert dann auf jene bei seinen Freunden offenbar fehlende Erfahrung eines dialogisch aktivierenden Unterrichts an: „Oft ist während der Universitätsjahre der Geist verdunstet, und es ist nur ein Phlegma zurückgeblieben, welches, keiner Begeisterung, keiner eigenen Ideen = Erzeugung fähig, sich nur in einem mechanischen Geschäfts = Gange gefallen kann, ja vielleicht selbst für diesen keine Tüchtigkeit besitzt."[100]

Theremin hält in dieser eingängigen Gesprächsszene ein Plädoyer für ein aktivierendes Unterrichtsgespräch in Form eines vorbildlichen Sachdialogs, der durchaus fordert und sogar provoziert: Adalbert setzt mit seinen Partnern genau das anschaulich und prototypisch um, was sein Autor für die Reform des Unterrichts vorschlägt: eine adressatenaktivierende Bildungsrhetorik. Dies richtet sich gegen langweiligen Monolog[101] und ermüdende Kanzelrede wie auch gegen den allwissenden Erzähler als Autorinstanz im Bildungsroman. Die Autorisierung des Adressaten hat Vorrang, die Übertragung der anteiligen Mitwirkung am Lernprozess als Bildungsprozess ist eine prägende Selbsterfahrung, auf die der Studierende im Blick auf seine sittliche Reife, aber auch im Blick auf seine eigene Erkenntnisfähigkeit und damit auch auf mögliche eigene Forschung nicht verzichten kann. Statt passiv „von Anderen Gedachtes in sich auf[zu]nehmen", soll nun die Fähigkeit erworben werden, „selbst zu denken".[102]

Natürlich tritt auch hier wiederum das bewährte Medium des philosophischen Dialogs hervor, wie es als didaktisches Instrument bei Plato begründet liegt, in der Neuzeit u. a. bei Hutten, Harsdörffer, Thomasius, Diderot, Hume oder Mendelssohn praktiziert wurde und sich schließlich auch um 1800 großer Beliebtheit

99 Ebd.: 9.

100 Ebd.: 18 f.

101 Kontrovers diskutiert stehen hier zwei didaktische Mittel: das Gespräch gestattet Einwürfe, spontane Neuorientierung und plötzliche, inspirierte Zusätze. Die Vorlesung galt dagegen jedoch als langweilig, man war zum Schweigen und Stillsitzen verurteilt und sah sich als Nachschreiber den schlecht vorbereiteten Ergüssen eines Einzelnen ausgesetzt. Das traf nicht nur auf die Vorlesungen Hegels zu. Als sittliche Folgen wurden Stumpfsinn, Verweigerung, Faulheit und Schwänzereien beklagt.

102 Theremin 1836: 8.

erfreute: *Bruno oder über das göttliche und natürliche Prinzip der Dinge* (1802) zeigt sich als der Versuch Schellings, eine allgemeinverständliche Darlegung seines philosophischen Systems (Identitätsphilosophie, Ich und Natur), mit den Techniken der Wechselrede zu formulieren. Philipp Weber benennt die spezifischen Wirkungsqualitäten, etwa „lose Regeln des Absetzens, improvisierte Anschlüsse und willkürliche Abfolgen", und stellt darüber hinaus einen Zusammenhang mit dem Typus des „Begriffsdramas" (Alain Badiou) her, in dem nun aber anstelle der auftretenden Personen eigentlich die von ihnen genannten und in der ständigen Wiederaufnahme zunehmend differenzierten Begriffe als Akteure hervortreten. Das philosophisch abstrakte Thema findet sich somit „in einen dezidiert kontingenten Zusammenhang gestellt" und wächst darin als „kommunikatives Ereignis".[103] Bezüge zeigen sich auch zu Schleiermachers *Theorie des geselligen Betragens* (1799/1800), wo das Gespräch als „freies Spiel" der Kräfte gilt.[104] Seine „Dialektik"[105] bezeichnet Schleiermacher selbst noch als eine ‚kunstmäßige Gesprächsführung im Gebiet des reinen Denkens'. Wie Humboldt die Wissenschaft als permanenten Suchprozess umschreibt, so formuliert Schleiermacher mit seinem dialogischen Prinzip einen dynamischen Wissenschaftsbegriff, der in einem deutlichen Gegensatz etwa zur Systemphilosophie Hegels oder Schellings steht. Theremin zielt aber noch viel stärker auf die authentische, von physischer Koaktion getragene Vermittlungstechnik, die eine reale Wechselrede anstelle der literarischen, also schriftlich vorgegebenen fordert. An die Stelle des monologischen Frontalvortrags eines hierarchisch höher gestellten Dozenten setzt der Verfasser eine lebhaft antagonistisch agierende Performanz mit beiderseitigem Wissensgewinn.

In Theremins szenischer Verlebendigung seiner Bildungstheorie ist gleichzeitig aber auch, so unauffällig wie deutlich, die Wiederkehr der Beredsamkeit bzw. ihr ungebrochener Vollzug zu erkennen: In rhetorischer Terminologie handelt sich hier schlicht um eine *sermocinatio*, die Wiedergabe von Thesen durch fiktive Figuren, die mit Hilfe der Einbildungskraft möglichst authentisch zu gestalten sind und vom Rezipienten mit entsprechendem Vertrauenskredit aufgenommen werden. Speziell handelt es sich um die Prosopopöie, in der abstrakte Begriffe anschaulich, nämlich redend und handelnd, figuriert werden. Theremin praktiziert dies in der Tat mit einem deutlich poetisierenden Duktus: Er fingiert eine Realität und überzieht diese mit markanten anekdotischen, ja zotischen und durchaus

---

103 Weber 2017: 77.

104 Vgl. dazu Schmid 2006.

105 Als Vorlesung gehalten 1811, vgl. die Bemerkungen in der entsprechenden Einleitung des Drucks 1833: Schleiermacher 1988: 117.

zeitkritischen Zügen des Biedermeierlichen, ohne dabei aber die Brisanz des Gegenstands aus den Augen zu verlieren. Der Diskurs erfolgt damit stark ästhetisiert: Atmosphärische, sinnliche und sentimentale Werte animieren das Sensorium des Adressaten und steigern den Übermittlungserfolg. Der Vergleich etwa mit Wilhelm Raabe oder dem späteren Theodor Fontane liegt nahe, es ist die Poesie, die hier der Wissenschaft als Vermittlungsmedium dient. Aber es handelt sich keineswegs um eine Imitation des Romans als Fiktionsinstrument, sondern um ein im Kern entschieden traditionelles rhetorisches Standardmittel, um gerade das Abstrakte oder Sperrige für einen Adressaten rezipierbar zu machen.

8 Grundlegung einer Erfolgsgeschichte deutscher Universität und Wissenschaft

Damit aber offenbart sich bereits eine epochale Differenz zu den frühen Jahren um 1800: Nach Demagogenangst, Reaktion und zunehmend gefestigter Restauration erfolgt im Jahre 1836 ein energischer Widerstand gegen eine allzu liberale Unterrichtspraxis und die ‚Mitsprache' des Adressaten im wörtlichen Sinne. Außerhalb der Fiktion des Theremin'schen Dreiergesprächs pochte man nämlich ganz energisch auf die Beibehaltung der alten Form des Monologs, möglicherweise auch aus Besorgnis darum, eine entsprechend kritische Stimmenvielfalt im politischen Raum einhegen zu können. In einer Entgegnung auf Theremins Thesen äußert sich der Rezensent (E. A.) in der *Jenaischen Allgemeinen Literatur-Zeitung* vom April 1836 wie folgt:

> Seit den letzten zwanzig Jahren haben sich so viele literärische Aerzte – bald Allöopathen, bald Homöopathen – zur Behandlung der Universitäten aufgeworfen, daß man zuletzt glauben könnte, die Universitäten litten wirklich unter einer schlimmen Krankheit. [...] – Die allerunglücklichsten Versuche neuerer Zeit waren aber die, wodurch man den Urcharakter der Universitäten – das rein wissenschaftliche Streben und die systematische Bildung der Köpfe – in blosse Abrichtungsanstalten für den künftigen Broterwerb und Staatsdienst verwandeln wollte. Dahin gehört denn auch der Vorschlag des Herrn *Theremin*, den er im vorliegenden Dialoge [...] macht, auf den Universitäten, statt des systematischen Vortrages, die *dialogische* Methode einzuführen. Abgesehen davon [...], *wie* ein Professor in Vorträgen vor mehr als hundert unterzeichneten Hörern, die er nicht einmal nach ihrer individuellen Bildungsstufe persönlich kennt, das Systematische und Dialogische verbinden soll, um doch im Laufe eines Halbjahres eine in sich fest begrenzte Wissenschaft gleichmässig beendigen zu können; [...] *was* würde durch die dialogische, nach Tertia, und höchstes noch nach Secunda der Gymnasien gehörende, Schulform gewonnen? Vielleicht die leichtere Auffassung und Durchbildung irgendeines wissenschaftlichen Systems? Die klare Vergegenwärtigung des nothwendigen inneren Zusammenhanges aller

> seiner Theile? Oder soll eben der streng wissenschaftliche Charakter der Studien dadurch *beseitigt* werden? Würden solche durch Dialoge und Examina abgemüdete Schwachköpfe noch Sinn für den Ernst der Wissenschaft behalten? – Haben seit Jahrhunderten die Universitäten ihre große Aufgabe ohne solche Schulmeistereyen und Kleinigkeitskrämereyen befriedigend gelöset; sind sie selbst, einst verkannt, angefochten und theilweise in ihren wesentlichen Rechten verkümmert, der Stolz der deutschen Nation geblieben, und ist mit ihnen kein Universitätswesen des Auslandes zu vergleichen; warum ununterbrochen an ihnen ändern und hofmeistern?[106]

Offenbar missversteht der Rezensent die Positionen Theremins absichtsvoll und wirft ihm eine blinde Autoritätshörigkeit („Abrichtungsanstalt") bzw. eine prinzipielle Verachtung von Wissenschaft vor, zu der er seinerseits mit Kernbegriffen wie ‚Reinheit', ‚Ernst', ‚Strenge' oder ‚feste Begrenzung' ein markantes Verhältnis pflegt. Er unterstellt, dass durch die Beteiligung und die Eigenaktivierung des Schülers ein Übergewicht des Unwissenden entstünde und dass der qualifizierte Unterricht einer Koryphäe ‚zerredet' würde. Der platonisch gedachte Dialog erscheint entstellt zum ermüdenden Prüfungsgespräch, so dass nichts als kleingeistige Schulmeisterei bliebe, ganz im Gegensatz zur Vorlesung, die ein eigenes, von Nachfragen ungestörtes Mitdenken im Horizont des „Ernst[es]" der Wissenschaft gestatte. Der anonyme Kritiker steht hier nachweislich nicht allein: Aufgrund eines strittigen Erlasses des Kulturministeriums entzündete sich zu dieser Zeit eine heftige Debatte um die vorlesungsbegleitenden oder auch gänzlich eigenständigen ‚konversatorischen Übungen'. Von den Gegnern wurden diese als lediglich abprüfende Fragereien abgewertet, die unter Abschweifungen und Unterbrechungen den Gegenstand zerfaserten, wogegen die konzentrierte monologische Vorlesung zu preisen sei, die Wissen geordnet, durchdacht und im Zusammenhang stimmig zu vermitteln verstehe.[107]

Für das Prinzip der Vorlesung als auditives Verfahren der Wissensvermittlung spricht unabhängig davon auch noch ein elementarer Zusammenhang zwischen Phonetik und Geistesübertrag, den bereits Jakob Böhme unter mystischen Voraussetzungen konstatierte und auf den sich wiederum Herder, Humboldt oder Hegel berufen:[108]

> Dann mit dem Hall oder Sprache zeichnet sich die Gestalt in eines andern Gestaltnis ein / ein gleicher Klang fänget und beweget den andern / und im Hall zeichnet der Geist seine eigene Gestaltnis / welche er in der Essentz geschöpffet hat und hat sie im Principio zur

106 E. A. 1836: 37 f.

107 Vgl. Spenkuch 2010, insb. Kap. 2.4: „Die Kontroverse um konservatorische Übungen im Lehrbetrieb (1843–1848)".

108 Zu spezifischen Fragen des Hörens und zum „Phonozentrismus" bei Herder, Hegel und Humboldt vgl. Trabant 1990: 169–184.

> Form gebracht / daß man im Wort verstehen kann / worinnen sich der Geist geschöpffet hat [. . .].[109]

Zu fragen bliebe abschließend nach der weiteren Durchsetzung bzw. nach dem Anteil der beiden strittigen Methoden an der nun zur Jahrhundertmitte deutlich einsetzenden Erfolgsgeschichte der deutschen Universität. Offenbar besteht die wahre Systemkonstellation nicht zwischen *Bildung* und *Beredsamkeit*, sondern zwischen einer monologischen, autoritären Systemphilosophie und einer eher liberal verstandenen dialogischen Erkenntnisfindung mit Bevollmächtigung des Adressaten, in jeden vorgetragenen Sachverhalt auch konstruktiv einzugreifen oder dortige Ansätze und Argumentationskonstrukte kritisch umzuwerten. Die Frage scheint nicht die nach „Beredsamkeit" oder „Wohlredenheit", Kunst oder Natur, Rhetorik oder Poesie, momentaner Manipulation oder ewiger Wahrheit zu sein, sondern vielmehr die nach dem zugebilligten Mitwirkungsradius des Angesprochenen: In welcher Form wird er auktorial in den Erkenntnisgang mit eingebunden? Der dialogisch-deliberative Ansatz zielt ja durchaus darauf ab, dass der Studierende sich als eine Persönlichkeit erkennt und festigt, die selbst zur Wahrheit findet und sich damit auch selbst bildet, vor allem aber darauf, dass er am vorgeführten Erkenntnisprozess nicht nur anteilig mitwirkt, sondern diesen bald im Transfer auch ohne jede fremde Hilfe an jedem anderen beliebigen Gegenstand initiieren kann.

Unter der nationalen Prämisse wäre nun Anlass gegeben für die Vermutung, dass hier vielleicht eine spezifisch deutsche Schwerpunktsetzung erfolgt:[110] auf der Basis der Tradition eines mystischen und damit eigenaktiven Bildungsverständnisses wird der Hörer also zum Sprecher in der Gestalt, dass er dann auch selbst gegenüber dem Objektbereich des Geistes wie der Natur zum Forscher werden kann, der in einen eigenständigen Dialog mit der Transzendenz, mit Gott zu treten versteht. Gestärkt wäre der Mut zur eigenen Beobachtung, die dann zur eigenen Position berechtigt und in der Kombination mit Konklusion und Progression ein neues wissenschaftliches Prinzip initiieren dürfte. In der *objektiven* Perspektive aber resultiert aus dem dialogischen Prinzip eine nachhaltige Dynamisierung von Wissen: Wissensgewinnung erfolgte als Prozess, der in der alternierenden Folge von spezifizierenden Gesprächsbeiträgen eine graduelle Steigerung aufwiese. Gegen die Statik einer unveränderlichen Wissenssystematik (Systemphilosophie und Scholastik) träte die Rhetorik dann als Instrument der antithetischen Spannungsgestaltung und erzeigte sich damit als Grundprinzip der modernen, auf inhaltliche Progression ausgerichteten

109 Böhme 1718: 1676 (Anhang Cap. I).
110 Vgl. Bollenbeck 1996.

Wissenschaft. Das Aushandeln in Rede und Gegenrede führt zu einem zu Anfang noch nicht bekannten Ergebnis, das beide Vorgaben, nämlich die jeweils nur temporär gültigen Positionen der Dialogpartner, ‚aufhebt'. Festgefügte dogmatische Schemata der Wissenssystematik verlieren dadurch ihre Verbindlichkeit, Wissenszuwachs und Innovation erscheinen möglich.

In der Kombination einer spirituellen Selbstvertiefung als Subjekt mit der dynamischen Objektivation der Erkenntnis im Wechselgespräch könnte dann eine deutsche Wissenschaftstradition entstehen, die anstelle des Brotgelehrten, des lediglich reduplizierenden Wissensverwalters, auch den Typus des inspirierten Genies in der akademischen Wissensgenese etablieren würde. Die Mystik als nationales Kapital erfährt hier ihre Transformation in den Modus der technischen Erfindung bzw. der naturwissenschaftlichen Entdeckung. Ein derart in der Sache gestärkter Typus ließe den deutschen Forscher dann, so wäre eine Hypothese zu formulieren, als Koryphäe im Wettbewerb der Nationen möglicherweise dominanter auftreten. Die mittelalterlichen Vorgaben der mystischen Individualität bzw. die Selbstinbezugsetzung zu Größen wie Gott oder Natur wurden durch die Erfahrungen im jesuitischen wie im preußischen Untertanenstaat stark zurückgedrängt und erschienen um 1800 dann nur noch im Ausgrenzungsbereich der ästhetischen Autonomie als scheinbare Freiheit. Der wissenschaftliche Fortschritt im Sinne des grenzüberschreitenden Erkenntnisgewinns aber lebt ja gerade von der Figur des aufbegehrenden Einzelgängers im ‚faustischen Streben', der schließlich aber auch der Gemeinschaft, dem Staat, zu helfen vermag: Von beengenden Prinzipien entbunden und durchaus wagemutig verstößt er gegen metaphysische wie säkulare Erkenntnisverbote und schafft damit neues Wissen. Ganz in der Vorstellungstradition eines verbotenen, aber erfolgversprechenden Bündnisses mit höheren Mächten vollzieht der faustische Entdecker ohne hemmende Skrupel graduelle wie prinzipielle Fortschritte im Wissenserwerb. Er agiert als kalkulierender Innovator wie als inspirierter Impulsgeber,[111] so dass der Genius des Wissenschaftlers in Analogie mit dem des ‚originellen' Dichters zu setzen wäre. Das ‚Originalgenie' wäre ganz entsprechend auf die Wissenschaft zu übertragen. An diesem Punkt wirken Gemeinschaft, Dialog und Rücksichtnahme auf Bestehendes eher negativ, als Resultat eines temperierenden, moderierenden ‚Mittelns' stünde Mittelmäßigkeit, wogegen die elitäre, herausragende und alles umkehrende Impulskraft des ‚Geniestreichs', also der Regel- wie Konventionsbruch (‚gegen alle bisher geltenden Annahmen') stünde. Wie stark ist die optionale Ermittlung von Wissen gewährleistet

111 Zufall, Eingebung oder Traum als vorgeblich irrationale Größen haben in der Naturwissenschaft und der dortigen Erkenntnisbildung durchaus ihren Platz, worauf etwa die einem Traumbild folgende Entdeckung der Struktur des Benzolrings verweist, wie der Chemiker August Kekulé in einem Selbstprotokoll berichtet.

bzw. das Recht, gegen kollektive Überzeugungen und Denkstile eine begründbare Einzelmeinung zu setzen? In welchem Umfang sind die Möglichkeiten garantiert, den Wahrheitsdiskurs aktiv und selbstbestimmt mit einer produktiven bzw. progressiven Forschungsdynamik zu führen, auch mit vorläufigen Vermutungen, mit Spekulation und Zweifel? Der Raum für zumindest vorübergehend gültige Wahrheiten muss in der Wissenschaft wie in der Politik gegeben sein, bis sie dann einem gemeinschaftlichen Prüfprozess ausgesetzt und graduell durch empirische wie sprachliche Verifikation bzw. Falsifikation als Wahrheit proklamiert werden. Seit Descartes jedoch werden (dynamische) Rhetorik und (statische) Wissenschaft als getrennte Systeme betrachtet.[112]

Alle genannten Aspekte münden damit in die noch offene Problematik, welchen Stellenwert die Rhetorik nun nach 1800 einnimmt. Von Kants Offensive gegen die Beredsamkeit gehen tatsächlich wegweisende Impulse für die programmatischen Grundsatzfragen des 19. und 20. Jahrhunderts aus. Dahinter stellt sich ganz konkret die Frage nach der Wirkung des Monologischen wie nach den Praktiken des Dialogischen: Wie stark wirkt Rhetorik als autoritär vorgetragene geistige Einzelleistung und wie stark als ein mehrsträngiges Gespräch? Dies wäre vor allem in den oben genannten Bezugsbereichen zu fragen, in der Theologie, der Politik und der Pädagogik. In welcher Weise erwachsen hier Diskursformen, die dem Individuum eine aktive Mitwirkung via Rede und Gegenrede gestatten, so dass in der Konsequenz auch von einer dynamischen Pluralisierung von Glaubensbekenntnis, Staatswohl oder Wissenschaft die Rede sein könnte?[113]

112 Die Problematik ist also nicht zu vorschnell einem einseitigen Wertungsschema einzupassen, etwa das dialogisch-inspirative Modell (mit quasi demokratischer Adressatenbeteiligung) als Zukunft und Fortschritt und das monologisch-systemphilosophische (mit autoritär-hegemonialer Adressatenunterdrückung) als Vergangenheit und Rückschritt. Das erfolgreiche Staatswesen lebt dialektisch von beiden Anteilen: Die militärisch wie bürokratisch straffe Verwaltung garantiert Stabilität durch Gleichordnung, die innovative Findungspotenz des souveränen Subjekts stellt dynamisierende Konzepte zur Verfügung. Hier erfüllt der ‚Bildungsroman' als Sedativum die notwendige Aufgabe, das Subjekt als möglicherweise aufbegehrenden Träumer oder einen in der Phantasie Vagabundierenden zu disziplinieren, vgl. Hegels despektierliches Wort von der Heranbildung des ‚Philisters' im Roman.

113 Verknappt gesagt würden sich Rhetorik und Religion im Laufe des Jahrhunderts in Entsprechungzum preußischen Monarchismus zunehmend verhärten zu einem affirmativen Hof- und Staatskirchentum, als ‚religiöser Dialog' bliebe nichts als Kulturkampf und Antisemitismus. Auf dem Gebiet der politischen Redekunst aber, wie sie Fichte schon im 18. Jahrhundert von Deutschland erhoffte, begegnen außerhalb Preußens Frühformen der Parlamentsrede, die in ihren indikatorischen Qualitäten zwischen 1848 und 1918 große Schwankungen aufweist. Adam Müller begründete es im Vorfeld: „Darum gedeiht in Republiken die Beredsamkeit, nicht bloß weil jedem mitzureden erlaubt ist, sondern weil jeder frühe gewöhnt wird, einzugehn in

Für die moderne Wissenschaft läge hier die besondere Herausforderung, das graduelle Verfahren von Beobachtung und Beurteilung eines Gegenstandes derart in eine Formulierung zu überführen, dass nicht nur die elitäre fachliche Gegenrede erfolgen kann, sondern dass auch die potentielle Mitsprache aller anderen Disziplinen in der *Universitas*, vor allem aber auch der gänzlich außerhalb der akademischen Forschung stehenden Kreise möglich wird. Gefordert ist damit die formale Beachtung einer breiten publikumsorientierten Verständlichkeit,[114] was neben Gliederung und Folgerichtigkeit primär auf die Ebene der stilistischen Kunst (*elocutio*) zielt. Ganz im Sinne des Geniebegriffs hätte der Wissenschaftler nicht nur auf dem Felde seiner fachspezifischen *inventio* begabt zu sein – das Ergebnis bliebe im Sinne eines gemeinschaftlichen Nutzens wirkungstaub –, sondern auch und gerade als beredter Multiplikator seiner Einzelleistung in Hinsicht auf die studierende Hörerschaft, die gesamte Nation, ja auch die Weltöffentlichkeit schlechthin. Bildung durch Wissenschaft könnte somit die traditionellen Institutionen und ihre Eingrenzung verlassen und sich auf alle Interessenten, insbesondere auch auf den noch unvorbereiteten Nachwuchs ertragreich auswirken. Den somit gefragten Typus verkörpert ideal der Chemiker Justus Liebig, erhält er doch schon 1854 seine entsprechende Zertifikation durch niemand Geringeren als die führenden Köpfe der deutschen Nationalphilologie: „die chemie kauderwelscht in latein und deutsch, aber in Liebigs Munde wird sie sprachgewaltig".[115] So bescheinigen ihm Jacob und Wilhelm Grimm in ihrem *Deutschen Wörterbuch* seine auch und gerade stilistisch überzeugenden Spitzenleistungen. Das macht Schule: mit Theodor Mommsen bekommt der „gegenwärtig größte lebende Meister der historischen Darstellungskunst" im Jahre 1902 sogar den Nobelpreis für Literatur. In seiner *Römischen Geschichte* (1854–1856) offeriert der Historiker zwar eine faktenbasierte Objektivität, durchsetzt diese aber ganz stark mit den wirkungsorientierten Mitteln der subjektiven Imagination. Wie selbst erlebt treten dem Leser die historischen Personen etwa als stark psychologisierte Individuen und profilierte Akteure vor das innere Auge. Der Adressat nimmt teil an dramaturgisch durchkomponierten Szenen und sorgsam disponierten Dialogen,[116] erlebt die eindringliche Gegenwärtigkeit der Räume und Landschaften. *Prosopopöie* bzw. *sermocinatio* als Technik

die freie Gesinnung, in das Ohr des Nachbars, weil, wer herrschen will, so vieles Unabhängige, so viel eigentümliche Weise zu hören und zu empfinden, neben sich dulden muß, und so vielen gehorchen muß." (Müller 1967: 75)

114 Von Christian Garve (Garve 1796) bis zu modernen Konzepten des *popular science writing* öffnet sich ein weites diachronisches Spektrum.

115 Grimm/Grimm 1854: XXXI.

116 Also zeigt sich hier wiederum das Prinzip das Theremin'schen Modells eines glaubwürdig fingierten Gesprächs, das als quasi selbst gehört gewertet werden kann.

der sprachlichen Evokation wahrer oder auch erdichteter Personen *ex evidentia* bestechen mit größter Lebensechtheit, so dass der Leser glauben darf, sie leibhaftig vor sich zu sehen. Eine syllogistische Beweisführung wechselt mit sorgsam kalkulierten Abschweifungen, Ausschmückungen oder Auslassungen. Pathos und Ethos sorgen in sensibler Ausgewogenheit für Aufmerksamkeit und Akzeptanz. All das geht jedoch weit über das traditionelle *attentum parare* hinaus. Der oratorisch geschulte Geschichtsschreiber zieht hier sämtliche Register des Systems und generiert virtuos mit allen sprachlichen Mitteln eine überzeugende Wirklichkeit – und damit weitestgehend Wahrheit. Die elitäre Forschung steht nun endgültig in einem unausgesprochenen Pakt mit der autonomen Dichtkunst zwecks Steigerung einer effizienten Wissensvermittlung.[117] Stillschweigend geht die Entwicklung damit über Kants Versagen hinweg, der die wissenschaftliche Substanz einer komplexen Systemphilosophie mit seinem ‚Packpapierstil' (Heinrich Heine) eben nicht zu kommunizieren und die Wissenschaft also nicht in den Dienst einer sich in Aufklärung befindlichen Menschheit zu stellen vermochte.[118]

Ein galoppierender Anstieg der populärwissenschaftlichen Formate schon seit 1800 ist die Folge. Von Johann Beckmann, Johann Heinrich Helmuth oder Christian Garve (*Von der Popularität des Vortrags*, 1796) bereits angestoßen, verstärkt dies wiederum Adam Müller 1812, auch hier unter dem Rubrum der „Geselligkeit":

> Indes sind auch solche öffentlichen Vorlesungen über Gegenstände der Kunst vor einer Versammlung von Personen, die weniger die Absicht, zu erlernen oder Kenntnisse zu erkaufen, als ein allgemeines, wahrhaft menschliches oder gesellschaftliches Interesse an den Fortschritten der Bildung vereinigt, förderlich für die Belebung unserer Sprache, und überhaupt eine neue, ehrenwerte Gattung in Deutschland. Auch der erste, der wissenschaftliche Teil unserer Literatur, will also endlich gesellig werden.[119]

Damit ist eine breite nationale wie internationale Wirkung der deutschen Wissenschaft gesichert, nicht zuletzt auch im Blick auf die Rekrutierung des so notwendigen Nachwuchses. Gedankliche Tiefe, empirische Beglaubigung und stilistische Eingängigkeit verbinden sich zu einem äußerst erfolgreichen

---

117 Noch Wilhelm von Humboldt unterscheidet die ‚Tätigkeit der produktiven Einbildungskraft in Poesie, Philosophie und Geschichte' als ‚rednerischen Gebrauch der Erkenntnis' von einem ‚wissenschaftlichen' Gebrauch, vgl. Zöllner 1989: 66.

118 Kant, der Aufklärer, wäre demnach ‚konservativ' weil elitär ausgerichtet: das Wissen bleibt Wenigen vorbehalten. Adam Müller erscheint dagegen ‚progressiv' da er ein parlamentarisches Prinzip der allgemeinen Mündlichkeit nach dem Idealtypus des britischen Parlaments installieren will. Er zielt auf die Gemeinschaft und sucht den Ausgleich mit den außerakademischen Laien, ein Geben und Nehmen der ‚Provinzen' mit der ‚Hochsprache'.

119 Müller 1967: 39.

Produkt, das langfristig exportfähig ist. Wo aber die Ausbildung zum Wohlredner oder gar die Begabung als Dichter nicht vorhanden ist, erwächst Hilfe in Gestalt des fachgebildeten Schreibers, der dem Fachvertreter gerne zu Diensten steht. Als prominenter Prototyp begegnet hier Wilhelm Bölsche, der mit seiner populären Darstellung von biologischem Wissen in der Nachfolge Ernst Haeckels Massenauflagen erzielt. In seinem Buch *Die Naturwissenschaftlichen Grundlagen der Poesie* (1887) betrachtet er die Produktion (*inventio*) und Übertragung (*elocutio*) von Wissen ganz modern in den monistischen Mustern der Naturwissenschaft und homogenisiert, wie bereits vor ihm Émile Zola, auch den Poeten mit dem Experimentalforscher:

> Der Dichter [...] ist in seiner Weise ein Experimentator, wie der Chemiker, der allerlei Stoffe mischt, in gewisse Temperaturgrade bringt und den Erfolg beobachtet. Natürlich: der Dichter hat Menschen vor sich, keine Chemikalien. Aber [...] auch diese Menschen fallen in's Gebiet der Naturwissenschaften. Ihre Leidenschaften, ihr Reagieren gegen äussere Umstände, das ganze Spiel ihrer Gedanken folgen gewissen Gesetzen, die der Forscher ergründet und die der Dichter bei dem freien Experimente so gut zu beobachten hat, wie der Chemiker, wenn er etwas Vernünftiges und keinen wertlosen Mischmasch herstellen will, die Kräfte und Wirkungen vorher berechnen muss, ehe er ans Werk geht und Stoffe kombiniert.[120]

Diese ‚Chemie' jedoch ist längst bekannt und seit der Antike bis in ihre feinsten Substanzen reflektiert bzw. begrifflich etikettiert: eben mit der klassischen Rhetorik. Bei Bölsche klingt in der gewollten Strukturanalogie einer regelgeprägten Poesie mit der exakten Abbildlichkeit einer wissenschaftlichen Naturwahrheit eine idealistische Beredsamkeit mit modernstem Antlitz an,[121] die streng der Programmatik des Naturalismus verpflichtet ist. Eine identische Logik herrscht in der Natur, in der Anthropologie und in der Dichtung.

Die Frage nach einer Systemkollision zwischen *Beredsamkeit* und *Bildung* um 1800 muss damit unausweichlich zum Befund einer Aufwertung der Rhetorik als verborgener Leitdisziplin auch im 19. Jahrhundert führen. Vielleicht liegen hier die Gründe für die verschleiernde Hilflosigkeit in der Begriffsfindung seitens einer Forschung, die zu klären versucht, ob und wie Rhetorik nach der Aufklärung verschwunden sein könnte. Dagegen stünde der befreiende Ansatz, dass Rhetorik eben immer bleibt und immer maßgeblich auf allen Feldern menschlicher Existenz beteiligt und als vielgestaltiges Instrument auf die Wissens-, Glaubens- und Entscheidungspraxis gerichtet ist. In Deutschland wächst

---

120 Bölsche 1887: 7.

121 Vor allem aber öffnet Bölsche auch dem Zweifel breiten Raum: der Leser wird angehalten, eigene Bedenken auch gegen das elitäre Wissen zu erheben.

im 19. Jahrhundert die zunehmende Abwehrhaltung gegen (Kants) Systemphilosophie samt deren hermetischer Imprägnierung durch eine unkommunikative Sprache. Es geht gegen die elitäre Verschließung von Wissen gegenüber der Allgemeinheit und gegen die Trennung des sprachbegabten Individuums von der gesellschaftlichen Realität durch einen idealistisch isolierenden Bildungsbegriff. Positiv aber geht es um eine dynamische Offenheit des Wissenserwerbs, um eine schrankenlose Teilnahme aller durch das Angebot einer allgemeinverständlichen Wissenschaftssprache, die als ausgleichende Kombination aus alltagsnahem Dialekt und distanzierender Hochsprache zwischen Abstraktion und Anschaulichkeit einen umfassenden Erkenntnisfortschritt erlaubt.

Zu lange also wurde die Rhetorikforschung vom Kant'schen Imperativ auf die Frage von Wahrheit und Täuschung eingeengt; ertragreicher wäre, zu klären, welche Ansätze einer historisch wirksamen Diskurspraxis sich jeweils zeigen. Hier könnte der Blick frei werden auf die phänomenologische Vielfalt der Einsatzbereiche im Gegensatz zur idealistischen Verengung, die letztlich auf die Ausgrenzung einer nichtautonomen Sprachkunst in öffentlichen Angelegenheiten zielt, damit aber den neuralgischen Strang der pädagogischen, theologischen und politischen Kultur des 19. und 20. Jahrhunderts zu tilgen versucht.

Literatur

Arndt, Andreas (2013): Geselligkeit und Gesellschaft. Schleiermachers *Versuch einer Theorie des geselligen Betragens*. In: Ders., *Friedrich Schleiermacher als Philosoph*. Berlin, Boston: De Gruyter, 51–63.

Bauer, Barbara (1986): *Jesuitische „ars rhetorica“ im Zeitalter der Glaubenskämpfe*. Frankfurt a.M.: Lang.

Bezzola, Tobia (1993): *Die Rhetorik bei Kant, Fichte und Hegel. Ein Beitrag zur Philosophiegeschichte der Rhetorik*. Tübingen: Niemeyer.

Blochmann, Karl Justus (1831): *Ein Wort über die Bildung unserer Jugend zur Wohlredenheit und öffentlichen Beredsamkeit, womit zur dießjährigen Prüfung der Zöglinge seiner Erziehungsanstalt und des Vitzhum'schen Geschlechtsgymnasiums hochachtungsvoll und ergebenst einladet Karl Justus Blochmann*. Dresden: Meinhold.

Böhme, Jakob (1718): *Einleitung zum wahren und gründlichen Erkenntnis des grossen Geheimnisses der Gottseligkeit [...]*. Hrsg. von Nicolaus Tscheer. Amsterdam: Wetstein.

Böhme, Jakob (1843): *Mysterium Magnum oder Erklärung über das erste Buch Mosis*. Hrsg. von Karl Wilhelm Schiebler. Leipzig: Barth.

Bölsche, Wilhelm (1887): *Die Naturwissenschaftlichen Grundlagen der Poesie*. Leipzig: Reissner.

Bollenbeck, Georg (1996): *Bildung und Kultur. Glanz und Elend eines deutschen Deutungsmusters*. Frankfurt a.M.: Suhrkamp.

Bornscheuer, Lothar (1989): Rhetorische Paradoxien im anthropologie-geschichtlichen Paradigmenwechsel. In: *Rhetorik* 8, 13–42.

Burkhardt, Armin (1987): Der Dialogbegriff bei Wilhelm von Humboldt. In: Rudolf Hohberg (Hrsg.), *Sprache und Bildung. Beiträge zum 150. Todestag Wilhelm von Humboldts.* Darmstadt: Techn. Hochschule, 141–173.

Conrad, Ruth (2012): *Kirchenbild und Predigtziel. Eine problemgeschichtliche Studie zu ekklesiologischen Dimensionen der Homiletik.* Tübingen: Mohr.

E.A. (1836): [Rez.] Berlin, b. Duncker u. Humblot: Ueber die deutschen Universitäten. Ein Gespräch von Dr. Franz Theremin. 1836. 40 S. gr. 8. In: *Jenaische Allgemeine Literatur-Zeitung* 32.2, No. 65, April 1836, 37 f.

Eybl, Franz (1998): Jesuitenrhetorik. In: *Historisches Wörterbuch der Rhetorik.* Hrsg. von Gert Ueding. Bd. 4, 717–728.

Falkmann, Christian Friedrich (1822): *Hülfsbuch der deutschen Stylübungen.* Hannover: Hahn.

Falkmann, Christian Friedrich (1823): *Methodik der deutschen Stylübungen.* 2. Aufl. Hannover: Hahn.

Falkmann, Christian Friedrich (1831): *Praktische Rhetorik.* Hannover: Hahn.

Fichte, Johann Gottlieb (1817): *Deduzierter Plan einer höheren Lehranstalt* [1807]. Stuttgart: Cotta.

Fichte, Johann Gottlieb (1919): Abschiedsrede in Schul-Pforta am 5. Oktober 1780. In: *Neue Fichte-Funde aus der Heimat und Schweiz.* Hrsg. von Maximilian Runze. Gotha: Perthes, 31–79.

Fichte, Johann Gottlieb (1970): *Gesamtausgabe.* Teil III, Bd. 2: *Briefe 1793–1795.* Hrsg. von Hans Jacob & Reinhard Lauth. Stuttgart-Bad Cannstatt: Frommann-Holzboog.

Fohrmann, Jürgen (Hrsg.) (2004): *Rhetorik. Figuration und Performanz. DFG-Symposion* 2002, Stuttgart: J.B. Metzler.

Garve, Christian (1796): *Von der Popularität des Vortrags.* Breslau: Korn.

Grimm, Jacob & Wilhelm Grimm (1854): *Deutsches Wörterbuch.* Leipzig: Hirzel.

Hambsch, Björn (2007): *„. . . .ganz andre Beredsamkeit". Transformationen antiker und moderner Rhetorik bei Johann Gottfried Herder.* Tübingen: Niemeyer.

Hambsch, Björn (2011): Verfall der Beredsamkeit. In: *Historisches Wörterbuch der Rhetorik.* Hrsg. von Gert Ueding. Bd. 10, 1377–1393.

Heinsius, Theodor (1810): *Der Redner und Dichter oder Anleitung zur Rede- und Dichtkunst.* Berlin: Braunes.

Heinsius, Theodor (1817): *Sprach- und Sittenanzeiger der Deutschen.* Berlin: Maurer.

Hirt, Aloys (Hrsg.) (1805): *Bilderbuch für Mythologie, Archäologie und Kunst.* Berlin: Sander.

Hösle, Vittorio (2011): *Der philosophische Dialog*: . MünchenC.H. Beck.

Humboldt, Wilhelm von (1851): *Ideen zu einem Versuch, die Grenzen der Wirksamkeit des Staats zu bestimmen.* Breslau: Verlag von Eduard Trewendt.

Humboldt, Wilhelm von (1903): *Gesammelte Schriften.* Hrsg. von Albert Leitzmann. Abt. 1: *Werke.* Bd. 1: *1785–1795.* Berlin: Behr.

Humboldt, Wilhelm von (1907): Ueber den Dualis: gelesen in der Akademie der Wissenschaften am 26. April 1827. In: *Gesammelte Schriften.* Hrsg. von Albert Leitzmann. Abt. 1: *Werke.* Band 6, 1. Hälfte: *1827–1835.* Berlin: Behr, 4–30.

Humboldt, Wilhelm von (1968): Theorie der Bildung des Menschen. Bruchstück. In: *Gesammelte Schriften.* Hrsg. von Albert Leitzmann. Abt. 1: *Werke.* Bd. 1: *1785–1795.* Unveränd. photomechan. Nachdr. d. 1. Aufl. Berlin, Behr, 1903. Berlin: De Gruyter, 282–287.

Humboldt, Wilhelm von (1980): Plan zu einer vergleichenden Anthropologie. In: *Werke in fünf Bänden*. Hrsg. von Andreas Flitner & Klaus Giel. Bd. 1: *Schriften zur Anthropologie und Geschichte*. Darmstadt: WBG, 234–240.

Humboldt, Wilhelm von (1994): Über das vergleichende Sprachstudium in Beziehung auf die verschiedenen Epochen der Sprachentwicklung. In: *Über die Sprache. Reden vor der Akademie*. Hrsg. von Jürgen Trabant. Tübingen, Basel: Francke, 11–32.

Humboldt, Wilhelm von (2010): Über die innere und äussere Organisation der höheren wissenschaftlichen Anstalten in Berlin. In: *Werke in fünf Bänden*. Bd. 4: *Schriften zur Politik und zum Bildungswesen*. Hrsg. von Andreas Flitner & Klaus Giel. Darmstadt: WBG, 255–265.

Kant, Immanuel (1908): Kritik der Urtheilskraft. In: *Kant's Gesammelte Schriften*. Bd. V, 1. Hrsg. von der Preußischen Akademie der Wissenschaften. Berlin: Reimer.

Keller, Andreas (2008): *Frühe Neuzeit. Das rhetorische Zeitalter*. Berlin: Akademie.

Kost, Jürgen (2004): *Wilhelm von Humboldt, Weimarer Klassik, Bürgerliches Bewußtsein. Kulturelle Entwürfe in Deutschland um 1800*. Würzburg: Königshausen & Neumann.

Krause, Peter D. (2001): *Unbestimmte Rhetorik. Friedrich Schlegel und die Redekunst um 1800*. Tübingen: Niemeyer.

Lindner, Johann Gotthilf (1755): *Anweisung zur guten Schreibart überhaupt und zur Beredsamkeit insonderheit*. Königsberg: Hartung.

Lingelbach, Gabriele (Hrsg.) (2006): *Vorlesung, Seminar, Repetitorium. Universitäre geschichtswissenschaftliche Lehre im historischen Vergleich*. München: Meidenbauer.

Lohmann, Ingrid (1993): *Bildung, bürgerliche Öffentlichkeit und Beredsamkeit: zur pädagogischen Transformation der Rhetorik zwischen 1750 und 1850*. Münster: De Gruyter.

Lorenz, Kuno (1973): Der dialogische Wahrheitsbegriff. In: *Neue Hefte für Philosophie* 2/3, 11–123.

Martyn, David (2014): Rhetorik der Muttersprache. In: Ralf Simon (Hrsg.), *Herders Rhetoriken im Kontext des 18. Jahrhunderts. Beiträge zur Konferenz der Internationalen Herder-Gesellschaft Schloss Beuggen nahe Basel 2012*. Heidelberg: Synchron, 49–64.

Melos, J.G. (Hrsg.) (1818): *Mustersammlung zu Declamationsübungen für die Jugend*. Leipzig: Hartmann.

Müller, Adam (1967): *Zwölf Reden über die Beredsamkeit und deren Verfall in Deutschland*. Mit einem Essay und einem Nachw. von Walter Jens. Frankfurt a.M.: Insel.

Müller, Ernst (2016): Masken der Aufklärung. Theologische Rhetorik und Säkularisierung. In: *Weimarer Beiträge* 62, 5–36.

o.A. (1780): *Die deutsche Beredsamkeit in der Ausübung oder: Sammlung deutscher Muster zur Bildung eines deutschen Redners*. Frankfurt a.M., Leipzig: Haug.

o.A. [i. e. Fichte] (1788): Versuch über die Beredsamkeit, nur für meine Zuhörer bestimmt. In: *Kritische Uebersicht der neuesten schönen Litteratur der Deutschen*. Leipzig: Göschen, 31–39.

Oesterreich, Peter L. (1997): *Das gelehrte Absolute. Metaphysik und Rhetorik bei Kant, Fichte und Schelling*. Darmstadt: WBG.

Paulsen, Friedrich (1912): *Gesammelte pädagogische Abhandlungen*. Hrsg. von Eduard Spranger. Stuttgart, Berlin: Cotta.

Paracelsus (1590): *Der Bücher und Schrifften des [...] Philippi Theophrasti Bombast von Hohenheim Paracelsi genannt*. 9. Teil. Basel: Waldkirch.

Petri, Friedrich Erdmann (1831): *Rhetorisches Wörterbüchlein, zunächst für Gelehrten-Schulen.* Leipzig: Arnoldische Buchh.
Purgold, Ludwig (1807): *Über die Bildung zur Poesie und Beredsamkeit auf Schulen. Nebst Probearbeiten der Gymnasiasten zu Wiburg.* St. Petersburg: Drechsler.
Ptassek, Peter (1993): *Rhetorische Rationalität. Stationen einer Verdrängungsgeschichte von der Antike bis zur Neuzeit:* . München Wilhelm Fink.
Ritter, Carl (1852): *Einleitung zu dem Versuche einer allgemeinen vergleichenden Geographie. In dem Jahre 1818 geschrieben.* Berlin: Reimer.
Rosen, Valeska von (2012): Erosionen der Rhetorik? Strategien der Ambiguität in den bildenden Künsten, Dichtung und Musik. Einleitende Überlegungen. In: Dies. (Hrsg.), *Erosionen der Rhetorik? Strategien der Ambiguität in den Künsten der Frühen Neuzeit.* Wiesbaden: Culturae 4, 1–28.
Schierbaum, Martin (2002): *Friedrich von Hardenbergs poetisierte Rhetorik. Politische Ästhetik der Frühromantik.* Paderborn: Schöningh.
Schiewe, Jürgen (1996): *Sprachenwechsel, Funktionswandel, Austausch der Denkstile. Die Universität Freiburg zwischen Latein und Deutsch.* Tübingen: Niemeyer.
Schleiermacher, Friedrich Daniel Ernst (1988): *Dialektik (1814/15). Einleitung zur Dialektik. (1833).* Hrsg. von Andreas Arndt. Hamburg: Meiner.
Schmid, Susanne (2006): Gespräch, Geselligkeit und Einsamkeit um 1800. In: *Germanisch-Romanische Monatsschrift* 56, 45–58.
Schnyder, Peter (1999): *Die Magie der Rhetorik. Poesie, Philosophie und Politik in Friedrich Schlegels Frühwerk.* Paderborn: Schöningh.
Spenkuch, Hartwin (2010): Die Politik des Kultusministeriums gegenüber den Wissenschaften und den Hochschulen. In: Berlin-Brandenburgischen Akademie der Wissenschaften unter Leitung von Wolfgang Neugebauer (Hrsg.), *Das Kultusministerium auf seinen Wirkungsfeldern Schule, Wissenschaft, Kirchen, Künste und Medizinalwesen.* Berlin: Akademie, 157–161.
Tenorth, Heinz-Elmar (Hrsg.) (2012a): *Geschichte der Universität Unter den Linden.* Bd. 1: *Gründung und Blütezeit der Universität zu Berlin 1810–1918.* Berlin: Akademie, XV–XLIII.
Tenorth, Heinz-Elmar (2012b): Geschichte der Universität zu Berlin, 1810 bis 2010. Zur Einleitung. In: Ders. (Hrsg.), *Geschichte der Universität Unter den Linden.* Bd. 1: *Gründung und Blütezeit der Universität zu Berlin 1810–1918.* Berlin: Akademie, XV–XLIII.
Tenorth, Heinz-Elmar (2018): *Wilhelm von Humboldt: Bildungspolitik und Universitätsreform.* Paderborn: Schöningh.
Theremin, Franz (1836): *Über die deutschen Universitäten. Ein Gespräch.* Berlin: Duncker.
Theremin, Franz (1837): *Die Beredsamkeit eine Tugend, oder Grundlinien einer systematischen Rhetorik.* Berlin: Duncker.
Till, Dietmar (2004a): Anthropologie oder System? Ein Plädoyer für Entscheidungen. In: *Rhetorik. Internationales Jahrbuch* 23, 11–25.
Till, Dietmar (2004b): *Transformationen der Rhetorik. Untersuchungen zum Wandel der Rhetoriktheorie im 17. und 18. Jahrhundert.* Tübingen: Niemeyer.
Treß, Werner (2012): Professoren – Der Lehrkörper und seine Praxis zwischen Wissenschaft, Politik und Gesellschaft. In: Heinz-Elmar Tenorth (Hrsg.), *Geschichte der Universität Unter den Linden.* Bd. 1: *Gründung und Blütezeit der Universität zu Berlin 1810–1918.* Berlin: Akademie, 131–207.
Tschong, Youngkun (1991): *Charakter und Bildung. Zur Grundlegung von Wilhelm von Humboldts bildungstheoretischem Denken.* Würzburg: Königshausen & Neumann.

Viermond, Wolfgang (2011) (Hrsg.): *Die Vorlesungen der Berliner Universität. 1810–1834.* Berlin: Akademie.

Voßkamp, Wilhelm (2004): *„Ein anderes Selbst". Bild und Bildung im deutschen Roman des 18. und 19. Jahrhunderts*. Göttingen: Wallstein.

Wackernagel, Wilhelm (2003): *Poetik, Rhetorik und Stilistik. Academische Vorlesungen*. Hrsg. von Ludwig Sieber, Halle 1873. Nachdr. Hildesheim: Olms.

Weber, Philipp (2017): *Kosmos und Subjektivität in der Frühromantik*. München: Wilhelm Fink.

Weigel, Valentin (1695): *Studium universale [. . .]*. [Druck posthum.] Frankfurt, Leipzig: Müller.

Wriedt, Markus (2017): Bildung, Schule und Universität. In: Günther Frank (Hrsg.), *Philipp Melanchthon: Der Reformator zwischen Glauben und Wissen. Ein Handbuch*. Berlin, Boston: De Gruyter.

Zöllner, Detlef (1989): *Wilhelm von Humboldt. Einbildung und Wirklichkeit. Das bildungstheoretische Fundament seiner Sprachphilosophie*. Münster, New York: Waxmann.

David Martyn

Grimms Wissenschaft, Grimms Deutsch

In seiner *Deutschen Grammatik* von 1819, im Kapitel zu den Konjugationen, kommt Jacob Grimm auf die Frage der sprachwissenschaftlichen Terminologie zu sprechen. Es geht um die richtige Bezeichnung für die Verben, die andere als ‚unregelmäßig' bezeichnen – ein Begriff, den Grimm mit einiger Emphase als irreführend zurückweist. Die fraglichen Verben seien alles andere als unregelmäßig. Vielmehr zeigten sie – trotz oder vielmehr *in* der Vielfalt ihrer Formen – eine ‚Regel', die wie ein roter Faden die ganze Wortbildung der germanischen Sprachen durchziehe. Um diese Regel zu erkennen, bedürfe es eines ganz anderen Vokabulars: statt von ‚unregelmäßig' und ‚regelmäßig' solle von ‚stark' und ‚schwach' die Rede sein; statt von ‚Anomalie' von ‚Ablaut':

> Ablaut. Die Veränderung des Wurzellauts im Präteritum ist die Seele der starken, d. h. der eigentlichen ältesten Conjugationsform und eine durch alle deutsche Sprachen ziehende Grundeigenthümlichkeit, die sie von den meisten andern vortheilhaft auszeichnet. – Man hat die ablautenden Verba sehr verkehrt als unregelmäßige, anomale Fälle behandelt, in welche kein System zu bringen sey und sie den schwachen Wörtern nachgesetzt. Es offenbart sich aber gerade in ihnen die tiefsinnige Ordnung des Sprachgeistes, der, was er im Einzelnen zu wirken scheint, im Ganzen ausgerichtet hat. Die Regel, die wir hier bei der Conjugation erkennen, thut sich wunderbar in den Verhältnissen der ganzen Wortbildung überhaupt hervor.[1]

Unter ‚Ablaut' versteht Grimm also nicht nur den charakteristischen Vokalwechsel der ‚starken' Verben – *singen, sang, gesungen* – sondern ein grundlegendes Prinzip verschiedener Wortbildungsprozesse, auch beim Substantiv – *Binde, Band, Bund*. Es handelt sich um ein, wie es auch in dem von Grimm selbst verfassten Artikel *Ablaut* im *Deutschen Wörterbuch* heißt, „edles und ihr wesentliches vermögen der deutschen sprache"[2] – das von der üblichen Terminologie geradezu verstellt wird. Die ablautenden Verba sind also nicht unregelmäßig, sie sind *stark*.

‚Ablaut', ‚Rückumlaut', ‚Brechung', ‚Anlaut', ‚Inlaut' und ‚Auslaut', ‚stark' und ‚schwach': das sind einige der Fachausdrücke, die Jacob Grimm entweder neu geprägt oder in die Sprache der Sprachwissenschaft allererst eingeführt hat.[3] In die Sprache, wohlgemerkt, der sich erst in seiner Zeit herausbildenden historischen und vergleichenden Wissenschaft von der Sprache, einer Disziplin, zu deren

1 Grimm 1819/1995: 546 f.

2 Grimm & Grimm (1854–1971), Bd. 1: 69. Nachweise im Folgenden mit Sigle DWB und Angabe der Band- und Spaltenzahl direkt im Text.

3 Vgl. Ginschel 1956: 47. Zur Vorgeschichte der Termini ‚Umlaut' und ‚Ablaut' vgl. Ising 1956.

https://doi.org/10.1515/9783110676631-009

Gründern neben Franz Bopp und Rasmus Kristian Rask nicht zuletzt Jacob Grimm selbst gehört. Grimm steht, so scheint es, an just der Stelle, an der sich die beiden uns interessierenden Prozesse kreuzen: einerseits die Ausdifferenzierung der ‚Geisteswissenschaften' um 1800, in der insbesondere die Sprachwissenschaft eine Vorreiterrolle einnimmt; und andererseits die Ablösung des Lateinischen durch die verschiedenen Volkssprachen, insbesondere das Deutsche, als Medium wissenschaftlicher Kommunikation.[4] Was der Sprachforscher Grimm mitbegründete, war eine Wissenschaft; und die Sprache, in der er diese Wissenschaft betrieb, war Deutsch. So jedenfalls scheint es. Denn schaut man sich die Verhältnisse etwas genauer an, stellen sich gewisse wenn nicht Zweifel, dann Komplikationen ein – Komplikationen, die, wie ich meine, für unsere Suche nach der Wissenschaftssprache ‚Deutsch' von Interesse sein sollten. Es fragt sich nämlich, was genau unter ‚Wissenschaft' verstanden werden kann, wenn Grimms Sprachwissenschaft zu ihr gehören soll; zweitens aber, ob die Sprache, in der Grimm seine Sprachwissenschaft betrieb, überhaupt ‚Deutsch' war und wenn ja, in welchem Sinne. Der Fall Grimm bietet sich an, um sowohl den Begriff der Wissenschaft als auch den des Deutschen auf produktive Weise historisch neu zu reflektieren. Ich wende mich zuerst der Frage der Wissenschaft und der Wissenschaftssprache zu, dann, etwas ausführlicher und mit einem kurzen Exkurs über die sogenannte Sprachinhaltsforschung Jost Triers und Leo Weisgerbers, die zu Vergleichszwecken herangezogen wird, der Frage nach dem ‚Deutsch' dieser Sprache.

1 Grimms Wissenschaft

Folgt man der Archäologie der Humanwissenschaften, wie sie Michel Foucault in der *Ordnung der Dinge* dargelegt hat, dann ist für die Human- und zumal die Geisteswissenschaften seit ihrem Entstehen eine bestimmte Aporie charakteristisch. Die Entdeckung der Positivitäten in den Humanwissenschaften in der Zeit nach 1800 lässt eine problematische Kluft entstehen – zwischen den empirischen Tatsachen, die durch die positive Wissenschaft in eine objektivierende Distanz gerückt werden, und dem sie beobachtenden Erkenntnissubjekt ‚Mensch', dessen eigentliches Sein ihm nunmehr auf der Seite jener stummen Empirie unheimlich entgegenblickt. Es tut sich die Spaltung auf, aus der jene „paradoxe Gestalt" des Menschen von nun an bestehen wird: als „empirisch-transzendentale Dublette"

4 Vgl. dazu nach wie vor Pörksen 1986: 42–71. Für eine kultur- und wissenschaftstheoretisch fundierte Aufarbeitung der ganzen Problematik seit Paracelsus vgl. Pörksen 1994.

steht der Mensch dem „stummen Horizont" der empirischen Inhalte, der „sandigen Weite des Nicht-Denkens" gegenüber, das sein eigenes Denken zugleich ermöglicht und überbordet.[5] Besonders in der neuen historischen Sprachwissenschaft, so Foucault, werde das Problem akut. War die Sprache im klassischen Zeitalter, in der Zeit der ‚allgemeinen Grammatik', noch unmittelbar an die Formen des Denkens geknüpft, erhält sie jetzt, im Zeitalter von Rask, Bopp und nicht zuletzt Grimm, „plötzlich ein eigenes Sein"[6] – und erschüttert damit das Selbstverständnis des *zoon logikon*. „Wie kann [der Mensch] das Subjekt einer Sprache sein, die seit Jahrtausenden ohne ihn gebildet worden ist, deren System ihm entgeht, deren Bedeutung [...] in den Wörtern ruht, [...] innerhalb deren er [...] sein Denken plazieren muß?",[7] lautet die an sich unlösbare Frage, die sich erhebt, sobald die vergleichende Grammatik die Sprache zu einem „Erkenntnisgegenstand unter anderen"[8] werden lässt, der dem Menschen gegenüberzutreten vermag.

Bereits 1979, in seiner nach wie vor einschlägigen Studie zu Jacob Grimm, hat Ulrich Wyss allerdings überzeugend darlegen können, dass *Grimms* Wissenschaft in dieses Schema durchaus nicht passt. Denn der Grimm'sche Ansatz, so Wyss, lasse die Spaltung von erkennendem Subjekt und Forschungsgegenstand gar nicht erst aufkommen: dadurch nämlich, dass er das Subjekt dem Erkenntnisobjekt gleichsam ausliefere. Um es zuzuspitzen: Grimm redet nicht *über* die Sprache, sondern *mit* ihr.[9]

Was das genauer heißt, könne man etwa daran sehen, dass bei Grimm die verschiedenen sprachwissenschaftlichen Genres immer wieder durcheinandergeraten. So beginnt das *Deutsche Wörterbuch* (ab 1854) mit einem Artikel über den Buchstaben ‚A' – an sich nichts Ungewöhnliches, auch Adelung hatte so begonnen –, der aber sofort in eine lange Erklärung der Lautgesetze der germanischen Sprachen, nicht zuletzt des Umlauts, ausufert: alles Dinge, die man nicht im Wörterbuch, sondern in einer Grammatik erwarten würde. Die *Deutsche Grammatik* wiederum (ab 1819) kann die Funktion des Ablauts in der Wortbildung, an sich eine reine Formfrage, nicht ohne ausgedehnte Spekulationen über die Etymologien einzelner Wörter behandeln, die ja eigentlich Sache der Lexikographie wären:[10] so etwa bei der Behandlung des ablautenden Vokalwechsels vom Präsens zum Präteritum, bei der Grimm sogleich auffällt, dass der Ablaut mehr als nur die Zeitstufe ändert. In zahlreichen Fällen werde nämlich die „urbedeutung" der Wurzel im ablautenden

5 Foucault 1971: 389.
6 Ebd.: 390.
7 Ebd.
8 Ebd.: 360.
9 Vgl. Wyss 1979: 167.
10 Vgl. dazu und zum Folgenden ebd.: 148–154.

Präteritum sowie in den vom Präteritum abgeleiteten Substantiva und Adjektiva ‚geschwächt, umgedreht', ja ‚negiert' oder gar ‚geleugnet': „Wörter, welche ein *schließen*, decken, voll sein ausdrücken, pflegen im praet. zuweilen das *offene*, hohle zu bezeichnen, wie der schlüßel zu, aber auch wieder aufmacht, die thüre deckt und öffnet".[11] Nach einer ähnlichen Logik zieht Grimm ‚Schwäche' zu althochdeutsch „swecchan", ‚stinken', als „etwas, das ausgerochen hat, verwelkt ist".[12] „Mich dünkt," überlegt Grimm nach diesen detaillierten Beobachtungen, „wie der erste ablaut schon den begriff des urlauts mindere, und aus heller gegenwart in stillere vergangenheit setze, daß der zweite ablaut die bedeutung wiederum noch mehr abstumpfe, entstelle und gegen jenen gehalten abstracter mache".[13] Kaum hat Grimm also begonnen, den sezierenden Blick des Grammatikers auf die Sprache zu richten, versenkt er sich in den Inhalt, ‚verfällt' gleichsam dem ‚Stoff'. Positiv gewendet: statt die Sprache den analytischen Kategorien der Sprachwissenschaft zu unterwerfen, schreibt er einen Text, der die Bewegungen, Abwandlungen, Sprünge, die er der Sprache attestiert, selbst vollzieht. Das erkennende Subjekt steht den Positivitäten der Sprache nicht gegenüber, sondern es wohnt mittendrin.

Dies zeigt sich nun auch, so ließe sich an Wyss' Argumentation anknüpfen, an Grimms Wissenschaftssprache. Zu ihren Eigentümlichkeiten gehört, dass die ‚technischen' Begriffe sich kaum als ‚Termini' herauslösen lassen, so innig sind sie mit dem übrigen Diskurs verwoben. So ist etwa nicht nur von ‚Ablaut' die Rede, sondern von ‚ablautenden Verben' oder von Wurzeln, die ‚ablauten'.[14] ‚Schwach' ist zwar eine Kategorie zur Einteilung der Verben, aber als ganz ‚normales' Adjektiv wird das Wort auch weiterhin verwendet – und zwar so, dass die beiläufigen Verwendungen durchaus mit den ‚technischen' in einer Verbindung stehen, die Auslegungssache bleibt. Wenn es etwa bei der Unterscheidung zwischen ‚Umlaut' und ‚Ablaut' heißt, der Umlaut bestehe in der „Trübung oder Schwächung des reinen Vocal[s]", während beim Ablaut „der Vocal in einen andern, aber ebenfalls reinen, ab- und überspringt",[15] lässt dieser Wortgebrauch nicht ohne Grund an die ‚Schwäche' der schwachen Flexion denken, die des starken ‚Vokalsprungs' von einem reinen Vokal in den anderen entbehrt. Vokale können nicht nur ‚geschwächt', sondern auch „verdünnt" oder „getrübt" werden,[16] was durchaus etwas miteinander zu tun zu haben scheint, ohne dass sich diese

11 Grimm 1878/1989: 77.
12 Ebd.: 76.
13 Ebd.: 79.
14 Vgl. etwa Grimm 1819/1995: 555.
15 Ebd.: 542 f.
16 Grimm 1840/1995: 554.

Bezeichnungen – Grimms wiederholten Bemühungen zum Trotz – genau festlegen ließen. Eine Sprache mit intaktem, ‚starkem' Konjugations- und Deklinationssystem kann bei dem Vergleich mit anders strukturierten Sprachen als ‚kräftig' bezeichnet werden – und zwar durchaus wegen der semantischen Nähe der beiden Adjektive.[17] Wie diese Belege zeigen, behalten die ‚Fachbegriffe' in Grimms Prosa ihre volle morphologische und semantische Anschlussfähigkeit, sie erstarren nie zu *termini technici*, sondern bleiben, um es mit einem Grimmwort auszudrücken, ‚lebendig'. Man versteht, warum im Jahre 1956 ein Bericht aus der Arbeit an einem historischen Wörterbuch der sprachwissenschaftlichen Terminologie, das nie fertiggestellt wurde, zu dem Schluss kommen konnte: „Grimms ‚Begriffe' lassen sich nur historisch nachzeichnen, nicht definieren".[18] Das aber bedeutet, dass es bei Grimm nie zur Ablösung einer beschreibenden oder analytischen Metasprache kommt, mit der die Sprache von ‚außerhalb' als Gegenstand behandelt werden könnte. Die Sprache der Wissenschaft bleibt offen gegenüber der Sprache, die sie untersuchen will. Auch das ebnet die Kluft ein, die sonst zwischen Erkenntnismittel und Gegenstand aufklafft.

Damit aber erhebt sich zugleich die Frage, wie es mit Grimms *Wissenschaft* letztlich steht. Wenn bei Grimm das erkennende Subjekt keinen objektivierenden Abstand von seinem Gegenstand einhält; wenn sich keine Metasprache von der Objektsprache abspaltet: Kann dann überhaupt von *Wissenschaft* die Rede sein – und wenn ja, in welchem Sinne? Die Haltung seitens der Germanistik gegenüber Grimm ist bekannt: Er sei zwar der Gründer der Disziplin, zugleich aber gänzlich undiszipliniert, ein Stoffhuber, der das Angesammelte häuft, ohne es wissenschaftlich auszuwerten.[19] Gemeint ist damit wohl auch: ohne den nötigen Abstand zu seinem Material einzuhalten, um es wissenschaftlich aufzubereiten. Dieses gängige Urteil über Grimms fehlende Wissenschaftlichkeit, über seine ‚Romantik', lässt sich durchaus nachvollziehen. Beim Lesen der *Deutschen Grammatik*, der von Grimm verfassten Artikel im *Deutschen Wörterbuch*, der *Geschichte der deutschen Sprache* wird man einerseits von der Fülle des Materials überwältigt, andererseits stets daran erinnert – durch Exkurse, durch die eigenwillige Anordnung, durch subjektive Bewertungsbekundungen –, dass hier ein ganz bestimmter Autor am Werke ist.

---

17 „Die *starke* Conjugationsform verdient so zu heißen: 1) weil sie lauter einfache kräftige Wurzeln enthält, die *schwache* hingegen meistens Ableitungen [...]." (Grimm 1819/1995: 558) Zur Metaphorik von ‚stark' und ‚schwach' und ihrer Rolle als ‚Kraft' in Grimms Konzept der Sprache vgl. Krapf 1993: 57–66.

18 Ginschel 1956: 102.

19 Vgl. Wyss 1979: 1.

Andererseits aber hat die historische Epistemologie – man denke nur an Fleck, Canguilhem, Bachelard, Rheinberger – den Begriff der ‚Wissenschaft', auf dem dieses Urteil beruht, als historisch kurzsichtig entlarvt. Der Anspruch der Wissenschaften, ihre Gegenstände stets in objektivierender Ferne zu halten, ist erstens einem ganz bestimmten Kapitel in der Geschichte des Wissens eigen und zweitens nie wirklich eingehalten worden.[20] Vielmehr haben wir es im Falle der ‚Wissenschaften' mit einer Wissensart unter anderen zu tun, die erst im Rahmen einer historischen Epistemologie angemessen eingeschätzt werden kann. Anstatt zu fragen, ob Grimms linguistische Forschung ‚wissenschaftlich' war – nämlich im Sinne eines unhistorischen Begriffs von ‚Wissenschaft' –, ist man besser beraten, die Frage umzukehren und zu eruieren, was uns Grimms Philologie über den Begriff der Wissenschaft selbst und seine historischen Kontingenzen zeigen kann. Und dann ließe sich sagen, dass die aporetische Spaltung des erkennenden Subjekts von seinem Gegenstand, die bei Foucault als symptomatisch für die Humanwissenschaften schlechthin figuriert, nicht ohne Ausnahme gilt. Denn dass Grimm nur Material gehäuft habe, ohne es wissenschaftlich auszuwerten – dass er die Dinge entdeckt habe, nicht aber die Ordnung –, ist eine Fehleinschätzung. Die Studie von Wyss zeigt in extenso, welches Wissen die Philologie Grimms bereitstellt.

Ja noch mehr: Grimms Wissenschaftssprache, darauf möchte ich im Anschluss an Wyss' Ergebnisse hinweisen, vermag ihre Masse an Material besonders elegant zu ordnen, gerade *weil* sie keinen Abstand zu ihrem Gegenstand hält. Gerade in ihrer Offenheit und Flexibilität vermögen Grimms Begrifflichkeiten Phänomene zusammenzufassen, die sonst einzeln behandelt werden müssten: etwa indem die ganze Flexion, sowohl der Verben als auch der Substantive und Adjektive, nach der Unterscheidung von ‚stark' und ‚schwach' dargestellt wird.[21] Ähnlich fungiert der berühmte ‚Urbegriff' in den Artikeln des *Deutschen Wörterbuchs*, jene nirgends belegte, sinnlich-konkrete Urbedeutung, die aus dem Belegmaterial konjiziert wird und der Geschichte eines jeden Wortes nicht nur zugrunde liegen, sondern über ihre ganze Länge unausgesprochen wirksam bleiben soll.[22] Ganz gleich, wie man es mit der historischen Plausibilität dieser Etymologien halten

20 Wovon man sich etwa durch Rheinbergers eindrucksvolle Rekonstruktion der Entdeckung der Proteinsynthese durch den Harvard-Onkologen Paul C. Zamecnik überzeugen lassen kann, vgl. Rheinberger 1997.

21 Vgl. Grimm 1880/1999: 652.

22 „Hinter allen abgezognen bedeutungen des worts liegt eine sinnliche und anschauliche auf dem grund, die bei seiner findung die erste und ursprüngliche war. es ist sein leiblicher bestandtheil, oft geistig überdeckt, erstreckt und verflüchtigt, alle worterklärung, wenn sie gedeihen soll, musz ihn ermitteln und entfalten." (DWB 1: xlv) Vgl. dazu Wyss 1979: 179f.

mag: Sie erlauben eine äußerst eingängige Darstellung der Entwicklung der Wortbedeutungen. Spätere historische Wörterbücher, etwa *Daniel Sanders Wörterbuch der deutschen Sprache* (ab 1876), gliedern die Bedeutungen viel methodischer nach dem aristotelischen Prinzip von *genus proximum* und *differentia specifica.*[23] Damit ergibt sich eine zwar übersichtliche, aber künstliche Aufteilung des Bedeutungsfelds, deren Form nur erzwungenermaßen zum Inhalt passt. Denn Wörter geschichtlich entstandener Sprachen verhalten sich eben nicht wie die Termini einer Taxonomie. Ein Wörterbuch, das so vorgeht, täuscht eine künstliche Übersichtlichkeit vor, die mit der Geschichte der lemmatisierten Wörter wenig zu tun hat – und das in Artikeln, die sich als Texte nicht lesen lassen; man behält von ihnen nur wenig. Grimms Artikel dagegen sind Narrative, sie erzählen gleichsam Biographien der Wörter. Die ganze heterogene Masse der Positivitäten kommt in ihnen nicht weniger zur Darstellung, aber in einer Form, die es ermöglicht, sie auch aufzunehmen.

Gerade darin läge also der Vorteil einer Sprachwissenschaft, die ihren Gegenstand nicht einer von ihr vorab festgelegten Ordnung unterwirft, sondern sich ihm eben ‚ausliefert'. Im Fall von Jacob Grimm hätten wir somit einen Beleg für eine Spielart der Wissenschaft – Goethes Morphologie wäre ein anderer[24] –, deren Leistung sich gerade der Annäherung der *Form* der wissenschaftlichen Darstellung an deren Gegenstand verdankt.

2 Grimms Deutsch

Es sieht also ganz danach aus, als läge mit Grimms Philologie tatsächlich ein Paradebeispiel dafür vor, was Deutsch als Wissenschaftssprache in der Zeit um 1800 leisten konnte. Der Befund, dass bei Grimm Meta- und Objektsprache ineinander übergehen, schiene mit diesem Ergebnis nicht nur in Einklang zu stehen, sondern ihm eine noch tiefere Signifikanz zu verleihen. Denn die Objektsprache ist das Deutsche selber. Wenn Grimms Wissenschaftssprache gegenüber der deutschen Sprache als ihrem Gegenstand offen bleibt, wenn bei ihm gar Meta- und Objektsprache deckungsgleich sind, dann *ist* Grimms Wissenschaftssprache nichts mehr und nichts weniger als *Deutsch* – und zwar mit einer Prägnanz, die andere Wissenschaften, die in deutscher Sprache betrieben werden, nicht ohne Weiteres für sich beanspruchen können. In der deutschen Philologie wie sonst nirgendwo besteht die Möglichkeit, so scheint es, Deutsch in wissenschaftlicher Absicht auf

23 Vgl. dazu Reichmann 1991.
24 Vgl. Geulen 2016; vgl. ferner Krapf 1993: 13–15.

sich selbst anzuwenden: als Objekt- und als Wissenschaftssprache zugleich. Und demnach hätte Grimms Philologie diese Möglichkeit voll ausgeschöpft: indem sie an keiner Stelle aufhörte, die Sprache zu sprechen, die ihr Gegenstand war; indem sie es nie dazu kommen ließ, dass sich eine Fachsprache von der Sprache, um die es ihr ging – nämlich der ‚lebendigen' deutschen Sprache, wie sie sich geschichtlich entwickelt – abspaltet. ‚Ablaut', ‚stark', ‚schwach': das wären dann bei Grimm alles Fachausdrücke *und zugleich* deutsche Wörter, Wörter, die im vollen Sinne des Worts der deutschen Sprache angehören.

Und so ist es auch – allerdings mit einem kleinen, aber wesentlichen Vorbehalt. Denn es fragt sich, was für ein ‚Deutsch' das ist, das Grimm schreibt. Man erwäge den Status der von mir hervorgehobenen Wörter in den folgenden Zitaten, alle aus dem Vorwort zum *Deutschen Wörterbuch*:

1. zur forschung über den *verhalt* der alten, verschollenen sprache fühlen wenige sich berufen [...]. (DWB 1: vii)
2. jedermann weisz es, wie viel *beschwer* in slavischen wörterbüchern die mannigfaltigkeit einiger bezeichnungen auch für die alphabetische folge macht [...]. (DWB 1: xi)
3. den lange *verhaltnen* tadel [über Adelungs Wörterbuch] sprach endlich Voss treffend und bitter aus, dennoch ungerecht, weil ihm die anerkennung dessen abgieng, was in engem, freiwillig gestecktem *befang* mit reichem, allen nützendem ertrag geerntet worden war. (DWB 1: xxiv)
4. [...] grammatische[ ] entdeckungen [...] aus sparsam flieszenden fast versiegenden althochdeutschen und gothischen quellen, die uns unserer zunge älteste und *gefügeste* regel kund thaten. (DWB 1: iv)

Verhalt, Beschwer, Befang, gefügest: Grimms Wortgebrauch beschränkt sich, wie man sieht, nicht auf den gebräuchlichen Wortbestand des Neuhochdeutschen. Es ist oft gesagt worden, dass Grimms sprachgeschichtliche Kenntnisse in seine eigene Sprache hineingeflossen sind, und dem ist auch so. Das Adjektiv „gefüge" zum Beispiel (Zitat 4), im Sinne von ‚fügsam', ‚passend', ‚geschickt', ist zu Grimms Zeiten – wie uns das *Deutsche Wörterbuch* belehrt – „wie im aussterben begriffen", wäre aber, so der von Grimms Nachfolger verfasste Artikel weiter, „gut wieder zu beleben" (DWB 4.1.2: 2164). „[B]eschwer" für ‚Beschwerlichkeit' (Zitat 2) und „verhalten" im Sinne von ‚zurückhalten' (Zitat 3) sind nicht ganz so altertümlich, zehren aber eindeutig von altem Wortbestand. Anders verhält es sich allerdings in den beiden anderen Fällen: Das Wort „verhalt" (Zitat 1) – erklärt das *Deutsche Wörterbuch* – ist „in der älteren Sprache nicht nachzuweisen" (DWB 12.1: 507); und „befang" (Zitat 3), im Althochdeutschen im Sinne von ‚Einhegung' nachgewiesen, wird an dieser Stelle, wo man sonst ‚Gebiet' erwarten würde – zumal, da Grimm diesen gebräuchlicheren Ausdruck sonst selber benutzt (DWB 1: xiv) –, in einem ganz neuen Sinne verwendet. „[V]erhalt" und „befang" sind sowohl alt als auch neu: es sind Neologismen, könnte man sagen, wie sie nach Grimms Meinung die deutsche Sprache seit jeher *hätte bilden können*. Man hat bereits 1869, sechs Jahre nach seinem Tod, in der ersten ausführlichen Behandlung seiner Sprache, nachgewiesen, dass Grimm an die Stelle von Abstrakta, die gewöhnlich durch die Anfügung einer Nachsilbe wie ‚-ung' oder ‚-nis' gebildet werden, Neuableitungen von Verben setzt, insbesondere, wie zu erwarten, von ‚starken' oder ‚ablautenden'. So schreibt er etwa „eintrag" für ‚Eintragung', „übertrag" für ‚Übertragung', „verschub" für ‚Verschiebung'.[25] Bezeichnender noch für seine Sprache sind allerdings Wortbildungen, für die es keine genaue Entsprechung zu geben scheint: etwa wo er „entsprung" gebraucht für die Entstehung eines Lauts aus einem anderen („der entsprung dieser endung –e aus altem –u").[26] „[E]ntsprung" ist nicht dasselbe wie ‚Entstehen' – sondern, möchte man sagen, „ein glücklich[er] wurf durch kurze und kühne beschreibung der sache".[27]

In welchem Sinne nun sind diese Neubildungen, die aber zugleich Altbildungen sind, ‚Deutsch'? Grimm selbst würde sicherlich sagen: in einem besonders tiefen Sinne; sie sind Bildungen im Geiste des Deutschen, aus dem deutschen ‚Sprachgeist', sofern er in Grimms Feder fortlebt. Mit diesem Sprachgeist aber hat es eine besondere Bewandtnis. Denn offensichtlich werden nur diejenigen von diesem Sprachgeist beseelt, die, wie Grimm, ausgedehnte Kenntnisse der Geschichte der deutschen Sprache besitzen. Die Deutschen selber neigen nämlich eher dazu, wie Grimm in seiner Abhandlung *Über das Pedantische in der Deutschen Sprache* klar macht, die Sprache durch allerlei Mittel zu erschweren – etwa durch die vielen, Grimm unerträglichen Neubildungen von Verben auf ‚-ieren' –, als sie wie Grimm durch kühne Wortschöpfungen zu vereinfachen, gleichsam zu entschlacken. Um wie Grimm zu schreiben, muss man Philologe sein. Die Sprache, in der er seine Philologie betrieb, ist somit zwar dieselbe, die in ihr erforscht wird – aber sie ist auch deren Ergebnis. Anders gesagt: Grimm untersucht die Sprache, die er zu deren Beschreibung zugleich entdeckt und erfindet. Das auf sich selbst angewandte und aus sich selbst entwickelte Deutsch, das er schrieb und beschrieb, ist ein neues Gebilde.

---

25 Andresen 1968: 104. Zu Grimms Sprache vgl. ferner Simon 1929 und Wyss 1979: 182–188.
26 Grimm 1870/1989: 635.
27 So Grimms Charakterisierung der wortstiftenden Arbeit des ‚Sprachgeistes', Grimm 1878/1989: 81. – Zum Begriff des ‚Sprachgeistes' bei Grimm vgl. Herrlich 1998: insb. 74 f., 154; im Kontext des deutschen Sprachnationalismus, in dem Grimm eine zeituntypisch von Fremdenhass freie Rolle zukomme, vgl. Stukenbrock 2005: 318.

Das wird umso deutlicher, wenn man Grimms besonderes Deutsch mit dem vergleicht, das andere deutsche Sprachwissenschaftler nach ihm gepflegt haben. Gemeint ist die bereits erwähnte ‚Sprachinhaltsforschung', die ab den 1930er Jahren von Leo Weisgerber, Jost Trier und anderen entwickelt wurde und nach dem Zweiten Weltkrieg zum führenden Paradigma der bundesdeutschen Sprachwissenschaft avancierte. Sie bietet sich deswegen als Vergleichsfall an, weil sich in ihr die Wende zur Objektivierung der Sprache, die die deutsche Sprachwissenschaft nach Grimm vollzog, wieder umkehrt. Hatte die deutsche Sprachwissenschaft ab der Mitte des 19. Jahrhunderts eine „Neubegründung im Zeichen der Naturwissenschaft"[28] erlebt, eine positivistische Wende, die für solch ‚romantische' Abstraktionen wie Volks- oder Sprachgeist keinen Gebrauch mehr sah, so bildete sich ab der Jahrhundertwende eine antipositivistische Gegenreaktion, die die Sprache wieder als kulturelles Gebilde in den Blick nahm. Zu diesen antipositivistischen Bestrebungen gehörte die Arbeit von Leo Weisgerber.[29] Bereits mit Weisgerbers erster programmatischer Schrift *Muttersprache und Geistesbildung* (1929) forderten wieder Begriffe ihr Recht, die in der positivistischen Zeit keine Rolle mehr gespielt hatten – eben die des ‚Geistes' sowie die der ‚Sprache' als abstraktes, aber reales Gesamtgebilde einer Sprachgemeinschaft.

Vergleicht man nun das Verfahren der Sprachinhaltsforscher mit Grimms Philologie, fallen in der Tat wesentliche Gemeinsamkeiten auf. Zum einen sind wie bei Grimm auch hier die Grenzen zwischen den sprachwissenschaftlichen Gattungen fließend, denn schon von ihrem Grundansatz her lehnt die Sprachinhaltsforschung jede Trennung einer Formlehre von der Behandlung der Wort- und Sprachinhalte ab. Das zeigt sich exemplarisch an Weisgerbers „inhaltbezogener Grammatik", die er der „lautbezogenen" seiner Vorgänger gegenüberstellt.[30] Hier wird etwa die herkömmliche Unterscheidung zwischen Singular und Plural, die sich an den Wortformen festmacht, im Hinblick auf die komplexeren Verhältnisse der Sprach*inhalte* revidiert: Bei einem *singularium tantum* wie ‚Gold', das keinen Plural bildet, kann von ‚Singular' nicht die Rede sein („Wo kein Plural ist, kann auch kein Singular sein"),[31] doppelte Plurale wie ‚Wort/Wörter' und ‚Wort/Worte' rühren daher, dass eine Mehrzahl entweder als

---

28 Arens 1969: 361.

29 Vgl. zu dieser ganzen Entwicklung und Weisgerbers Stellenwert darin Knobloch 2000. Die antipositivistische Welle setzt natürlich noch früher ein, in der Romanistik etwa mit Karl Vossler und seiner Schule, vgl. Knobloch 2005: 63–86.

30 Vgl. etwa Arens 1969: 542; Weisgerber 1953: 97.

31 Weisgerber 1963: 78.

Vielheit (Wörter) oder als Kollektiv (Worte) gesehen werden kann.[32] Die reine Formbeschreibung greift zu kurz, solange man nicht zugleich die Inhalte berücksichtigt – in diesem Falle etwa, dass und warum es der deutschen Sprache an dieser besonderen ‚inhaltlichen' Stelle ihrer Semantik wichtig erscheint, nicht nur zwischen Singular und Plural, sondern zwischen Vielheit und Kollektiv zu unterscheiden. „[E]s wird [...] die Fragwürdigkeit mancher in der Formenlehre üblicher Fachausdrücke sichtbar, ebenso die Unvollständigkeit der vorwiegend auf Endungen gestützten Bestandsaufnahme der Formenkreise."[33] Ebenso wenig wie bei Grimm also beschränkt sich die Grammatik der Sprachinhaltsforscher auf die Form; auch sie versenkt sich gleichsam in den Stoff, in den Inhalt der Wörter.

Zu dieser ‚ganzheitlichen Sprachbetrachtung' gehört nun auch, und das ist der zweite Punkt, der uns an Grimm denken lässt, dass sie jeden Versuch, eine Fachsprache von der Gemeinsprache abzulösen, als verfehlt betrachtet – wobei dies nun, anders als bei Grimm, zu einem explizit reflektierten Grundsatz des neuen Ansatzes erklärt wird. Der Satz ‚ich verstehe darunter das und das' – der konstitutive Satz einer jeden Fachsprache – sei, so der Grundgedanke, nur von einer gemeinen oder Volkssprache aus verständlich. Die Fachsprache fuße stets auf dem gemeinen Sprachgebrauch und führe letztlich immer auf ihn zurück. Das ist die Konsequenz des von Weisgerber und seiner Schule sogenannten ‚muttersprachlichen Apriori': des Gesetzes, dass man niemals hinter die eigene Muttersprache zurückkönne, da alles später Versprachlichte letztlich an sie zurückgebunden werden muss.[34] In der irrigen Meinung, sie könnten durch willkürliche Begriffsbestimmungen gleichsam aus den einzelnen Volks- oder Muttersprachen herauskommen und den Dingen auf objektive Weise näherkommen, verkennen die Fachterminologien, so Weisgerbers Fundamentalkritik an den Wissenschaftssprachen, dass die Dinge immer nur durch die Vermittlung der Sprache zugänglich sind. Nicht die Dinge, wie sie an sich sind, sondern nur ganz bestimmte „Sehweisen" der Dinge bringen die Fachsprachen zum Ausdruck – Sehweisen, die „dem Gesetz der Sprachverschiedenheit unterliegen, also die Abhängigkeit von einer Muttersprache nie ganz überwinden können".[35] Insbesondere für die Sprachwissenschaft gälte somit das Prinzip, dass die Fachsprache sich ihre Rückbindung an die Objektsprache stets vor Augen halten soll.

32 Vgl. ebd.
33 Weisgerber 1953: 208.
34 Vgl. etwa Gipper 1971.
35 Weisgerber 1957: 246.

Schaut man sich nun ihre eigene Wissenschaftsprosa an, drängt sich tatsächlich der Eindruck auf, dass bei den Sprachinhaltsforschern nicht weniger als bei Grimm Meta- und Objektsprache in eins fallen. Das ist besonders bei Jost Trier der Fall, der als Initiator der Wortfeldtheorie bekannt wurde. Unter ‚Wortfeld' versteht Trier eine Gruppe inhaltlich eng benachbarter Wörter, die sich „vermöge Interdependenz ihre Leistungen gegenseitig zuweisen".[36] Die Bedeutung der einzelnen Wörter eines Wortfeldes – Beispiele sind Farbwörter, Verwandtschaftsbezeichnungen, Schulnoten – ergibt sich nur aus ihrer Differenz zueinander. Dies lässt natürlich an Saussure denken, allerdings geht Trier insofern eigene Wege, als es ihm von Anfang an um *diachrone* Prozesse geht: um das ‚Werden' der Differenzen in dem prinzipiell offenen, also nicht als System eingrenzbaren Bereich des Wortschatzes.[37] So beruft sich Trier nicht auf Saussure, sondern auf Goethe, dem es in seinen ‚morphologischen Heften' ja darum zu tun war, „das Simultane und zugleich das Sukzessive zu sehen".[38] In dem Begriff des ‚Feldes', der auf Trier „wie eine plötzliche Erleuchtung"[39] gewirkt habe, als er ihm bei dem Soziologen Gunther Ipsen begegnete, sah er ein Mittel zur Lösung der Aufgabe, Synchrones und Diachrones zusammenzudenken. Allerdings ist ‚Begriff' nicht das richtige Wort: denn Triers Schlüsselwort ‚Feld' ist vielmehr eine *Metapher* – ein Umstand, den Trier selbst reflektiert und der sich für seine Wortfeldtheorie als entscheidend erweisen sollte. Denn die Entwicklung von Triers Theorie gestaltet sich nicht zuletzt als die über Jahrzehnte anhaltende Suche nach einem geeigneten Bild für das Gemeinte. So heißt es zunächst, das Wortfeld sei „mosaikartig",[40] was dann aber später als zu statisch verworfen wird. Statt vom Mosaik ist dann vom Pferderennen die Rede – „das Feld der Pferde, die in Raum und Zeit zum Ziel rennen und zwischen denen die gegenseitigen Stellungsverhältnisse und damit Stellenwerte sich unaufhörlich verschieben".[41] Im Bild des Pferderennens komme „das Dynamische, das Moment des Wandels und des Werdens" besser zur Geltung.[42] Aber damit nicht genug: Noch 1968, zwei Jahre vor seinem Tod, ist Trier damit beschäftigt, das Bild, auf dem seine Theorie beruht, umzugestalten. Statt Pferden kommen jetzt Sterne ins Spiel:

36 Trier 1973: 189.
37 Vgl. ebd.
38 Ebd.: 193. Zu Goethes Morphologie vgl. Geulen 2016.
39 Trier 1973: 189.
40 Ebd.: 55.
41 Ebd.: 193. Vgl. dazu Peil 1998: 144.
42 Trier 1973: 193.

> Die Sprachen arbeiten [...] mit injunktiven Wortinhalten (Ingriffen) nicht mit disjunktiven Inhalten (Umgriffen). Das Bild der scharf sich aneinanderlegenden Wortumrandungen ist daher zu ersetzen durch ein Miteinander sternförmig ausstrahlender Kerne, die so zueinander liegen, daß die äußersten Strahlenspitzen eines Kerns zwischen die Strahlenspitzen der benachbarten Kerne eingreifen oder eingreifen können. Der Gedanke der wechselseitigen inhaltlichen Abhängigkeit der Glieder im Feld bleibt auch nach der Korrektur ganz in seinem Recht.[43]

Darüber schreibt später Weisgerbers Schüler Helmut Gipper: „die Ausdrücke *injunktiv* und *disjunktiv* und die bildreiche Umschreibung sind doch schwer nachzuvollziehen. *Disjunktiv* im Sinn von ‚ausschließend' mag noch hingehen, aber die Opposition injunktiv, die ich in keinem Fachwörterbuch der Linguistik oder der Logik gefunden habe, bleibt unklar".[44] In der Tat scheint der Terminus ‚Ingriff' eine Art Hapaxlegomenon zu sein: nicht einmal Google kennt ihn. Ob er deswegen so unverständlich ist, wie Gipper meint, ist indessen fraglich. Eher könnte man der Metaphorik an dieser Stelle vorwerfen, sie sei geradezu überdeutlich konstruiert. Dass die Elemente eines Wortfeldes nicht Begriffe oder fest umrissene Umgriffe, sondern eben Ingriffe sind, will offenbar sagen, dass in jedem dieser Elemente stets andere, gleichsam hineinragende Elemente mitwirken. Klar ist auch, dass sich Triers ‚Fachterminologie' an dieser Stelle von den Eigenschaften der durch sie beschriebenen Objektsprache inspirieren lässt: ‚Begriff', ‚Umgriff' und ‚Ingriff' sind offenbar selbst ein Wortfeld. Meta- und Objektsprache gehen, wie es scheint, ein inniges Verhältnis ein.

Bei näherem Hinsehen sind allerdings Zweifel angezeigt. Sicher, ‚Ingriff' ist eine metaphorische Neubildung, die, wie es scheint, in der Gemeinsprache wurzelt – nämlich in dem Wortfeld der mit ‚-griff' gebildeten Substantive (‚Begriff', ‚Umgriff'). So wie Grimms ‚stark' oder ‚schwach' verhält sich dieser Fachbegriff letztlich aber doch nicht. Nicht nur bleibt er morphologisch unfruchtbar – es bilden sich keine abgeleiteten Formen wie etwa ‚ingreifen', so wie ‚Ablaut' bei Grimm zu ‚ablauten' führt oder ‚schwach' zu ‚schwächen' –, sondern er entsteht auch eher durch ein Wortspiel als durch sinnlich erfassbare metaphorische Wortbildung. Hier wird auf morphologischer Ebene mit dem bereits zum Terminus erstarrten Wort ‚Begriff' gespielt – und gerade nicht ein sonst nicht Erfassbares bildlich zum Ausdruck gebracht. Bei Grimm gewinnt man den Eindruck, die Fachtermini entstehen ebenso spontan, wie überhaupt in einer Sprache Wörter fortwährend umgeformt und neu geprägt werden: im Zuge sich neu formierender Gedanken und Erkenntnisse, für die es noch keinen passenden Ausdruck gibt. Dagegen wirken Triers Neologismen planvoll – eben wie Teile einer Fachsprache,

---

43 Ebd.: 195.

44 Gipper 1998: 39.

um deren Neuerfindung es ihm zu tun ist. Dass ein Wort wie ‚Ingriff' deutsch aussieht, dass es aus deutschem Wortbestand gebildet wird – wobei man dabei bedenken muss, dass das Ganze auf Lehnübertragungen aus dem Lateinischen beruht (*conceptus*, von *capere*: ‚greifen') –, vermag nicht darüber hinwegzutäuschen, dass an dieser Stelle ein Neologismus genauso ‚willkürlich' geprägt und definiert wird, wie es bei jedem technischen, eigens eingeführten Fremdwort der Fall ist. Nur weil eine Metasprache sich bewusst metaphorisch gestaltet, heißt das nicht, dass sie mit ihrer Objektsprache zusammenfällt.[45]

Hinzu kommt aber ein noch bedeutenderer Unterschied. Die Theorien der Sprachinhaltsforscher entfalten sich nämlich auf der Basis eines Sprachdenkens, das ‚Sprache' stets als die Sprache einer ‚Sprachgemeinschaft' versteht: als Sprache eines Volks oder als ‚Muttersprache'. Auch Grimm redet von ‚Volk' und von ‚Muttersprache', aber bei Trier und Weisgerber erhalten diese Bezeichnungen ein anderes Gewicht. Der Sprach*inhalt*, um den es den Sprachinhaltsforschern geht, ist stets der Inhalt einer ganz bestimmten Sprache (etwa: Deutsch oder Keltisch); und alles Reden, alle *parole*, vollzieht sich stets innerhalb der Grenzen *einer* Sprache, deren feste Umrisse durch die ebenso feste Identität der sie besitzenden ‚Sprachgemeinschaft' gegeben sind. Triers Analysen der Bedeutungsnuancen der gegenseitig aufeinander wirkenden ‚injunktiven' Wörter eines Wortfeldes setzen eine äußerst *disjunktive* Idee von ‚Sprachen' voraus: jede Sprachverwendung ist stets *entweder* Deutsch *oder* Englisch *oder* Latein; sie kann nicht außerhalb dieser sich ausschließenden ‚Sprachen' existieren und sie kann nicht zugleich mehreren Sprachen zugeordnet werden. Weisgerber erhebt es gar zur Pflicht, die Wörter stets genauso zu verwenden, wie der gemeine Gebrauch sie festlegt:

> Wenn in der Sprache eines Volkes [...] die Erfahrungen der früheren Geschlechter ihren Ausdruck gefunden haben, so ist es Pflicht der jeweiligen Träger einer Sprache, dieses Gut zu bewahren, solange es nicht durch neue Erfahrungen und Erkenntnisse überholt ist.[46]

Gewiss: sowohl Trier als auch Weisgerber führen wie Grimm Neuschöpfungen ein – bei Trier nicht nur in der Rede vom ‚Ingriff', sondern auch etwa dort, wo es heißt, ein jedes Wort ‚ergliedere' sich aus dem Ganzen des Wortschatzes, während dieser sich wiederum in die einzelnen Wörter ‚ausgliedere',[47] oder wo

45 Ferner macht Trier selbst deutlich, dass er auf die Festlegung einer in ihrer Bedeutung stabilen, nicht-metaphorischen Bedeutung zielt: „Wir vertrauen darauf, daß es der Metapher Feld so ergeht wie allen Metaphern, daß sie schließlich verblaßt, daß schließlich niemand mehr an die Herkunft, sondern alle nur an das denken, was wir unter der Fahne Feld wirklich tun." (Trier 1973: 195 f.)

46 Weisgerber 1929: 130.

47 Trier 1973: 147.

es bei Weisgerber um das ‚Worten' der Welt geht.[48] Aber all diese Neologismen werden *als* Neologismen so deutlich ausgestellt, dass sie die Identität der Muttersprache, in der sie bestenfalls eine Insel bilden, an keiner Stelle infrage stellen – im Gegenteil. Wie Fremdwörter markieren sie gerade die Grenzen der heimischen Sprache, indem sie sie mit großer Geste überschreiten. Und auch innerhalb dieser Grenzen – überall dort, wo keine solche als Fachwörter ausgewiesenen Ausdrücke verwendet werden – ist die Prosa der Sprachinhaltsforscher, mit der von Grimm verglichen, ungleich einsprachiger, ich möchte sagen: muttersprachlicher. Wo nicht ausdrücklich in einer als fremd markierten Fachsprache geredet wird, halten sich Trier und Weisgerber genau an das Idiomatische der deutschen Gegenwartssprache; man spürt regelrecht die peinliche Sorge, mit der sie jede noch so kleine Abweichung vom etablierten Wortgebrauch vermeiden. Bei Weisgerber ist jede Substantiv-Verb-Verbindung vertraut, die Adjektive passen wie angegossen, kein Wort fällt auf. Etwas wird mit etwas „in Einklang gebracht";[49] ein Ideal ist „nie erreichbar";[50] in den Gegenstand vertieft man sich „eindringlich".[51] Es ist die Sprache des *Duden-Stilwörterbuchs.*

Ganz anders, wie wir gesehen haben, die Prosa Jacob Grimms. Von der Orthographie über den Wortgebrauch bis in die Syntax hinein ist Grimms Sprache alles andere als dem ‚gemeinen Sprachgebrauch' gemäß. Vor allem aber ist sie mehrsprachiger – wobei dieser Begriff den Sachverhalt nicht recht trifft. ‚Mehrsprachig' setzt nämlich diskrete Einzelsprachen voraus, die dann kombiniert oder vermischt werden. Bei Grimm aber sind die Sprachen alles andere als ‚disjunktiv' abgegrenzt. Grimms sprachwissenschaftliche Prosa ist strenggenommen weder mehrsprachig noch einsprachig, sie ist vielmehr in nur sehr geringem Grad überhaupt ‚sprachig' (im Sinne von ‚einer Einzelsprache zugehörig').[52] Man schlage irgendeine beliebige Seite der *Deutschen Grammatik*, der *Geschichte der deutschen Sprache* oder des *Deutschen Wörterbuchs* auf und man wird mit einem Schriftbild konfrontiert, das bunter kaum sein könnte: Was Neuhochdeutsch, was Latein, was ein Beleg aus einer vergangenen germanischen Sprache ist, lässt sich zunächst kaum auseinanderhalten, da die verschiedenen Register in der Regel nicht typographisch voneinander abgehoben werden:

---

48 Vgl. Weisgerber 1955.

49 Weisgerber 1953: 9.

50 Ebd.

51 Ebd.: 10.

52 Der Begriff der ‚Sprachigkeit' geht auf Robert Stockhammer zurück, vgl. die Einleitung zu Arndt et al. 2007: 22–26. Zum Gebrauch des Terminus im hier gemeinten Sinne vgl. Martyn 2014.

> Genug von den vocalen der goth. schwachen flexion; wichtiger ist es auf das kennzeichen N zu achten [...]. von aba maritus wird nicht abam sondern abnam, von vatô aqua, namô nomen nicht vatam namam, sondern vatnam namnam gebildet, wobei freilich auch der vorstehende vocal schwindet, denn es sollte heiszen abanam vatanam namanam.[53]

Im *Deutschen Wörterbuch* wird zwar sowohl in Antiqua wie auch kursiv gesetzt, allerdings ohne dass dies zur Klärung der Lage beitrüge. Hier ein Auszug aus dem berühmten Artikel zum Adjektiv ‚arm':

> arm, *miser, pauper, elend und dürftig, goth.* arms, *ahd.* aram, *mhd.* arm, *alts.* arm, *mnl.* arem, aerm, *nnl.* arm, *ags.* earm, *fries.* erm, *altn.* armr, *schw. dän.* arm, *also gleich dem vorausgehenden subst. allen deutschen sprachen gemein* [...]. *armen hiesz amplecti, in manus tollere, umarmen, das grenzt geradezu an* erbarmen, *bemitleiden; wie gefühlvoll erschiene die sprache, welcher der arme ein solcher ist, den man mitleidig, liebreich aufnimmt und in die* arme *schlieszt.* (DWB 1: 553 f.)

Das Kursivgedruckte ist ununterschieden Deutsch und Latein, gibt sowohl Wortgeschichte als auch Bedeutungen wieder – alles, was nicht Beleg ist. Aber auch diese Trennung wird nicht durchgehend eingehalten. Das vorletzte, in Antiqua gesetzte Wort in diesem Zitat gehört gleichermaßen zur neuhochdeutschen Sprache der Erklärung als auch, sofern die hier von Grimm vorgeschlagene Etymologie zutrifft, zu den germanischen Sprachen der Belege – denn nur in der älteren Sprache, nicht in der neueren, sind ‚Arme' die zum mitleidigen Aufheben der ‚Armen' bestimmten Körperteile. In diesem Gebrauch des in seiner etymologischen Tiefe neuergründeten Worts hört jede Unterscheidung zwischen Meta- und Objektsprache, zwischen der Sprache des Lexikographen und der seiner Belege auf.

Grimm ist sich darüber im Klaren, wie sehr er mit diesem ebenso gelehrten wie wilden Gemisch die Leser des *Deutschen Wörterbuchs* überfordert. Bezeichnenderweise sah er darin allerdings kein Problem:

> Auch ist gar nicht noth, dasz allen alles verständlich, dasz jedem jedes wort erklärt sei, er gehe an dem unverstandnen vorüber und wird es das nächstemal vielleicht fassen. nenne man ein gutes buch, dessen verständnis leicht wäre und nicht einen unergründlichen hintergrund hätte. das wörterbuch insgemein führt so schweren stof mit sich, dasz die gelehrtesten bei manchem verstummen oder noch nicht rechten bescheid wissen. [...] leser jedes standes und alters sollen auf den unabsehbaren strecken der sprache nach bienenweise nur in die kräuter und blumen sich niederlassen, zu denen ihr hang sie führt und die ihnen behagen. (DWB 1: xii)

Grimm ist bewusst, dass seine Leser ihn nicht verstehen werden. Die Sprache, die er mit ihnen teilt, ist nicht von der Art, dass sie von allen verstanden wird.

53 Grimm 1880/1999: 655.

Dabei geht es aber nicht nur um die Zweiteilung von Fach- und Gemeinsprache – sondern um eine sprachliche Vielfalt, die sich überall und zwischen allen Ständen und Lesern verbreitet.

3 Schluss

Was kann es heißen, Wissenschaft *auf Deutsch* zu betreiben? Unter welchen Bedingungen ist dies möglich? Und in welchem Sinne muss man ‚Wissenschaft' und ‚Deutsch' verstehen, damit von ‚Deutsch als Wissenschaftssprache' sinnvoll gesprochen werden kann?

Sofern unsere beiden Fälle als beispielhaft gelten dürfen, hat sich im Hinblick auf diese Fragen zweierlei gezeigt. Erstens, dass der Versuch, Wissenschaft auf Deutsch als *Muttersprache* zu betreiben, misslingen muss. Die Fachsprache, die Trier entwickelt, sieht zwar ‚deutsch' aus, steht aber zur Gemeinsprache in genau demselben Verhältnis, wie es jede Fachterminologie tut – auch eine aus lateinischen oder griechischen Fremdwörtern bestehende. Anders kann es nicht sein, wenn Wissenschaft *per definitionem* mit der Objektivierung ihres Gegenstands einhergeht. Denn die Kluft zwischen Erkenntnissubjekt und Gegenstand verlangt gerade, zumindest in der Sprachwissenschaft, dass das Subjekt seine Erkenntnisse in einer anderen Sprache festhält als in der, die es erforscht. In der Sprachwissenschaft wird man dem Anspruch auf Objektivierung nur dann gerecht, wenn man die Gemeinsprache hinter sich lässt.

Bei Grimm nun liegt die Sache offenbar anders. Denn seine Wissenschaft ist keine, die eine objektivierende Distanz zu ihrem Gegenstand voraussetzt; und die Sprache, in der Grimm sie betreibt, ist nicht ‚Muttersprache' im Sinne von Weisgerber. Wenn Grimms Wissenschaftssprache ‚Deutsch' ist, und er selber würde dies sicherlich so sehen, dann handelt es sich um ein ganz anderes ‚Deutsch' als das von Trier und Weisgerber. Denn die Grenzen von Grimms Deutsch sind so ausgedehnt, flüssig und diffus, dass von einer ‚Sprachgemeinschaft', deren Besitz es wäre, überhaupt nicht die Rede sein kann. Es gehört allen und niemandem.[54] Bei Grimm wird also tatsächlich ‚Wissenschaft' auf ‚Deutsch' betrieben – aber es ist eine Wissenschaft, und dies ist das zweite, was sich hier gezeigt hat, die dem Gesetz der Objektivierung nicht folgt; und es ist

54 In seiner Studie zur Geschichte der Wissenschaftssprachen geht Michael Gordin davon aus, es sei ein „truism", dass „scientific activity is communicated in a language" – „in a particular, specific language, shared by a community of speakers" (Gordin 2015: 4). Der Fall Grimm legt nahe, dass diese Annahme alles andere als selbstverständlich ist.

ein Deutsch, das die Grenzen dessen sprengt, was unter dem Begriff einer ‚Sprache' wie dem Deutschen gemeinhin verstanden wird. Grimm macht vor, was es heißt, Wissenschaft auf Deutsch zu betreiben – und was es heißt, beide Begriffe neu zur Disposition zu stellen.

Literatur

Andresen, Karl Gustav (1968): *Über die Sprache Jacob Grimms*. Reprographischer Nachdruck der Erstausgabe Leipzig 1869. Wiesbaden: Sändig.

Arens, Hans (1969): *Sprachwissenschaft. Der Gang ihrer Entwicklung von der Antike bis zur Gegenwart*, 2. Aufl. Freiburg i. Br., München: Alber.

Arndt, Susan, Dirk Naguschewski & Robert Stockhammer (2007): Einleitung. In: Dies. (Hrsg.), *Exophonie. Anders-Sprachigkeit (in) der Literatur*. Berlin: Kadmos, 7–30.

Foucault, Michel (1971): *Die Ordnung der Dinge. Eine Archäologie der Humanwissenschaften*. Frankfurt a.M.: Suhrkamp.

Geulen, Eva (2016): *Aus dem Leben der Form. Goethes Morphologie und die Nager*. Berlin: August.

Ginschel, Gunhild (1956): Jacob Grimm – Aufgaben und Probleme der Exzerption. In: Rolf Hiersche, Erika Ising & Gunhild Ginschel (Hrsg.), *Aus der Arbeit zu einem historischen Wörterbuch der sprachwissenschaftlichen Terminologie*. Berlin: Akademie, 47–110.

Gipper, Helmut (1971): *Das Sprachapriori. Sprache als Voraussetzung menschlichen Denkens und Erkennens*. Stuttgart-Bad Cannstatt: Frommann-Holzboog.

Gipper, Helmut (1998): Das sprachliche Feld in Jost Triers und in heutiger Sicht. In: Werner Zillig (Hrsg.), *Über Jost Trier*. Münster: Aa, 28–53.

Gordin, Michael D. (2015): *Scientific Babel. The Language of Science from the Fall of Latin to the Rise of English*. Chicago, London: University of Chicago Press.

Grimm, Jacob & Wilhelm Grimm (1854–1971): *Deutsches Wörterbuch*. 33 Bde. Leipzig: Hirzel (= DWB).

Grimm, Jacob (1864): Über das Pedantische in der deutschen Sprache. In: Ders., *Reden und Abhandlungen*. Berlin: Dümmler, 327–373.

Grimm, Jacob (1870/1989): Deutsche Grammatik 1. In: Jacob Grimm & Wilhelm Grimm: *Werke. Forschungsausgabe*. Abt. 1, Bd. 10. Hrsg. von Elisabeth Feldbusch & Ludwig Erich Schmitt. Besorgt durch Wilhelm Scherer. 2. Nachdruck der Ausgabe Berlin, Dümmler 1870. Hildesheim u. a.: Olms-Weidmann.

Grimm, Jacob (1878/1989): Deutsche Grammatik 2. In: Jacob Grimm & Wilhelm Grimm: *Werke. Forschungsausgabe*. Abt. 1, Bd. 11. Hrsg. von Elisabeth Feldbusch & Ludwig Erich Schmitt. Besorgt durch Wilhelm Scherer. 2. Nachdruck der Ausgabe Berlin, Dümmler 1878. Hildesheim u. a.: Olms-Weidmann.

Grimm, Jacob (1819/1995): Deutsche Grammatik 1. In: Jacob Grimm & Wilhelm Grimm: *Werke. Forschungsausgabe*. Abt. 1, Bd. 9,1. Hrsg. von Elisabeth Feldbusch & Ludwig Erich Schmitt. Reprographischer Nachdruck der Ausgabe Göttingen 1819. Hildesheim u. a.: Olms-Weidmann.

Grimm, Jacob (1840/1995): Deutsche Grammatik 1. In: Jacob Grimm & Wilhelm Grimm: *Werke. Forschungsausgabe*. Abt. 1, Bd. 9,2. Hrsg. von Elisabeth Feldbusch & Ludwig Erich

Schmitt. Reprographischer Nachdruck der Ausgabe Göttingen 1840. Hildesheim u. a.: Olms-Weidmann.
Grimm, Jacob (1880/1999): Geschichte der deutschen Sprache 2. In: Jacob Grimm & Wilhelm Grimm: *Werke. Forschungsausgabe*. Abt. 1, Bd. 16. Nach der Ausgabe von Hermann Grimm neu hrsg. von Elisabeth Feldbusch. Mit einer Einleitung von Maria Herrlich. 2. Nachdruck der 4. Aufl. Leipzig, Hirzel 1880. Hildesheim u. a.: Olms-Weidmann.
Herrlich, Maria (1998): *Organismuskonzept und Sprachgeschichtsschreibung. Die* Geschichte der deutschen Sprache *von Jacob Grimm*. Hildesheim u. a.: Olms-Weidmann.
Ising, Erika (1956): Die Begriffe ‚Umlaut' und ‚Ablaut' in der Terminologie der frühen deutschsprachigen Grammatik. In: Rolf Hiersche, Erika Ising & Gunhild Ginschel (Hrsg.), *Aus der Arbeit zu einem historischen Wörterbuch der sprachwissenschaftlichen Terminologie*. Berlin: Akademie, 21–46.
Knobloch, Clemens (2000): Begriffspolitik und Wissenschaftsrhetorik bei Leo Weisgerber. In: Klaus D. Dutz (Hrsg.), *Interpretation und Re-Interpretation. Aus Anlaß des 100. Geburtstages von Johann Leo Weisgerber (1899–1985)*. Münster: Nodus, 145–174.
Knobloch, Clemens (2005): *Volkhafte Sprachforschung. Studien zum Umbau der Sprachwissenschaft in Deutschland zwischen 1918 und 1945*. Tübingen: Niemeyer.
Krapf, Veronika (1993): *Sprache als Organismus. Metaphern – Ein Schlüssel zu Jacob Grimms Sprachauffassung*. Kassel: Schriften der Brüder-Grimm-Gesellschaft.
Martyn, David (2014): Es gab keine Mehrsprachigkeit, bevor es nicht Einsprachigkeit gab. Ansätze zu einer Archäologie der Sprachigkeit (Herder, Luther, Tawada). In: Till Dembeck & Georg Mein (Hrsg.), *Philologie und Mehrsprachigkeit*. Heidelberg: Winter, 39–52.
Peil, Dietmar (1998): Jost Trier und die Metaphorik. In: Werner Zillig (Hrsg.), *Über Jost Trier*. Münster: Aa, 129–153.
Pörksen, Uwe (1986): *Deutsche Naturwissenschaftssprachen. Historische und kritische Studien*. Tübingen: Narr.
Pörksen, Uwe (1994): Wissenschaftssprache und Sprachkritik. Untersuchungen zu Geschichte und Gegenwart. Tübingen: Narr.
Reichmann, Oskar (1991): Zum Urbegriff in den Bedeutungserläuterungen Jacob Grimms (auch im Unterschied zur Bedeutungsdefinition bei Daniel Sanders). In: Alan Kirkness et al. (Hrsg.), *Studien zum Deutschen Wörterbuch von Jacob Grimm und Wilhelm Grimm*. Bd. 1. Tübingen: Niemeyer, 299–345.
Rheinberger, Hans-Jörg (1997): *Toward a History of Epistemic Things. Synthesizing Proteins in the Test Tube*. Stanford: Stanford University Press.
Simon, Ernst (1929): Zu Jacob Grimms Sprache, Stil und Persönlichkeit. In: *Deutsche Vierteljahrsschrift für Literaturwissenschaft und Geistesgeschichte* 7, 515–559.
Stukenbrock, Anja (2005): *Sprachnationalismus. Sprachreflexion als Medium kollektiver Identitätsstiftung in Deutschland (1617–1945)*. Berlin, New York: De Gruyter.
Trier, Jost (1973): *Aufsätze und Vorträge zur Wortfeldtheorie*. Hg. von Anthony van der Lee & Oskar Reichmann. Den Haag, Paris: Mouton.
Weisgerber, Leo (1929): *Muttersprache und Geistesbildung*. Göttingen: Vandenhoeck & Ruprecht.
Weisgerber, Leo (1953): Vom Weltbild der deutschen Sprache. In: Ders., *Von den Kräften der deutschen Sprache*. Bd. II.1, 1. Halbbd.: *Die inhaltbezogene Grammatik*. Düsseldorf: Schwann.
Weisgerber, Leo (1955): Das Worten der Welt als sprachliche Aufgabe der Menschheit. In: *Sprachforum* 1 (1), 10–19.

Weisgerber, Leo (1957): Die Muttersprache im Aufbau unserer Kultur. In: Ders., *Von den Kräften der deutschen Sprache*. Bd. III. 2. Aufl. Düsseldorf: Schwann.
Weisgerber, Leo (1963): *Die vier Stufen in der Erforschung der Sprachen*. Düsseldorf: Schwann.
Wyss, Ulrich (1979): *Die wilde Philologie. Jacob Grimm und der Historismus*. München: C.H. Beck.

Birgit Griesecke

„Berichtigung des Sprachgebrauchs"? Lichtenberg, ein Aphorismus und seine Folgen im Werk Wittgensteins

Es war ihm unmöglich die Wörter nicht im Besitz ihrer Bedeutungen zu stören.[1]

Eine Formulierung Georg Christoph Lichtenbergs, festgehalten in einem seiner *Sudelbücher* irgendwann zwischen 1784 und 1788, hat ihren Weg in einen Manuskriptband Ludwig Wittgensteins mit Eintragungen aus den Jahren 1930–1932 gefunden. Dass dies bemerkenswert ist, nicht nur in historischer und editorischer, sondern auch in syntaktischer und semantischer, in philologischer und philosophischer, in systematischer und textsortentypischer Hinsicht – dieser Gedanke leitet die folgenden Überlegungen.

In Heft H, Eintrag 146, wendet sich Lichtenberg der Alltagssprache zu, die durch einen Mangel an Präzision fortwährend Verwirrung zu stiften scheint, und stellt fest, welche Aufgabe der Philosophie in diesem Zusammenhang zukommt:

> Unsere ganze Philosophie ist Berichtigung des Sprachgebrauchs, also, die Berichtigung einer Philosophie; und zwar der allgemeinsten.[2]

Wortgetreu, wenn auch nicht interpunktionsgetreu, taucht dieser Satz in Abschnitt 90 des Manuskriptbands 213 der Schriften Wittgensteins wieder auf:

> Lichtenberg: Unsere ganze Philosophie ist Berichtigung des Sprachgebrauchs, also, die Berichtigung einer Philosophie, und zwar der allgemeinsten.[3]

Zunächst ist hoch auffällig, dass Wittgenstein den Satz hier tatsächlich vollständig und, bis auf die in sich natürlich keineswegs unerhebliche Umwandlung eines Semikolons in ein Komma, korrekt wiedergibt. Zwar liefert er nicht den geringsten Hinweis auf den Fundort: eine Jahreszahl wird ebenso wenig genannt wie eine Seitenangabe oder ein Verlag – dies anzugeben war insgesamt nicht Wittgensteins Art –, aber immerhin wird der Name des zitierten Autors dem Zitat vorangestellt, und damit ergeht es Lichtenberg wesentlich besser als anderen Autoren, deren Namen und Zitate in der Regel den fortwährenden

1 Lichtenberg 1998a: 186.
2 Lichtenberg 1998b: 197 f.
3 Wittgenstein 2000: 285.

https://doi.org/10.1515/9783110676631-010

Verkürzungen und Verdichtungen, denen Wittgenstein seine Texte unterzog, zum Opfer gefallen sind.[4]

Während es sich im Falle der *Sudelbücher* um ein fortlaufendes, tagebuchartiges Notizwerk handelt, das, obgleich literarisch bemerkenswert durchgearbeitet, wohl nicht mit Blick auf eine Publikation entstanden ist,[5] haben wir es im *Big Typescript*, wie das Manuskript 213 von der Nachwelt genannt wurde, mit einer Synopse aus verschiedenen früheren Notizbüchern Wittgensteins zu tun, die er im Sommer 1932 und zu Ostern 1933 auf dem niederösterreichischen Sommersitz seiner Familie diktierte, und die tatsächlich weiter als alle anderen Schriften auf dem Weg zu einem autorisierten Buch gewesen ist. Es umfasst 768 Seiten, es gibt Kapitelüberschriften und sogar ein Inhaltsverzeichnis. Gleichwohl hat Wittgenstein auch hier, wie in allen Manuskripten davor und danach, mit Umarbeitungen vorne im Text begonnen, noch bevor die erste Fassung des Diktats ganz abgeschlossen war, wodurch eine Publikation wiederum in weite Ferne rückte.[6]

Es hätte tatsächlich nicht viel gefehlt, und die oben angezeigte Lichtenberg-Wittgenstein-Verbindung, die ins Herz der Frage zielt, wie man den Irreführungen der Sprache begegnen kann, wäre bis heute in den Tiefen zweier Nachlässe versunken. Die ersten beiden Herausgeber Lichtenbergs, sein Bruder Ludwig Christian Lichtenberg und sein ehemaliger Schüler Friedrich Kries jedenfalls, hatten aus den *Sudelbüchern* einst – nur mit einem deutlich vernehmbaren, in eine auffällige Häufung der Wörter ‚bloß', ‚nur' und ‚allein' gewandetes Zaudern – die „Bemerkungen vermischten Inhalts" veröffentlicht: Allein die Bekanntheit des Autors rechtfertige es, diese „abgerissenen Gedanken" zu veröffentlichen, heißt es im „Vorbericht" der ersten Ausgabe von 1800.[7] Zum Glück, muss man sagen, denn inzwischen gilt das Heft H, aus dem der zitierte Satz stammt, als verschollen; es konnte lediglich nach jenen ersten Abdrucken rekonstruiert werden.[8]

Im Falle Wittgensteins ging ein Teil des Manuskriptes in die posthum publizierte *Philosophische Grammatik* ein, gerade nicht jedoch jenes zentrale Kapitel mit der Überschrift „Philosophie. Die Klärung des Sprachgebrauchs. Fallen der Sprache", in dem, gleich zu Beginn, das Lichtenberg-Zitat zu finden ist.

Zwar hatte es verschiedentlich Hinweise darauf gegeben, dass Wittgenstein mit den Schriften Lichtenbergs vertraut war, aber wenn nicht im Rahmen der großen Editionsprojekte der „Wiener Ausgabe" und der „Bergen Electronic Edition" alle Manuskripte, insbesondere das *Big Typescript*, zugänglich gemacht

4 Vgl. Biesenbach 2014.

5 Vgl. dazu Lamping 1992: 66 sowie Campe 2012.

6 Vgl. Nedo 2000: VII–XI; Monk 1994: 347 f.; Kienzler 1997: 81–83.

7 Lichtenberg 1800: III f., zit. nach Lamping 1992: 65 f.

8 Vgl. Heißenbüttel 2007: 79.

worden wären – die Rezeption Lichtenbergs durch Wittgenstein wäre weitgehend im Bereich der Kolportage und anekdotischer Erinnerungen verblieben.[9] Zwei Jahre vor der Veröffentlichung dieses Manuskripts hieß es jedenfalls noch im *Lichtenberg-Jahrbuch 1998*: „In den bislang erschienenen Schriften Wittgensteins wird Lichtenberg nirgendwo erwähnt."[10] – woraus sich immerhin schließen ließ, dass man sie im Grunde für naheliegend hielt. Waren nicht beide anerkannte Meister sprachlicher Verdichtungen und denkerischer Provokationen? Einte die beiden nicht in augenfälliger Weise ein immer wieder neu ansetzender fragender Gestus und eine vehemente Unduldsamkeit gegenüber intellektueller Bequemlichkeit und Selbstgefälligkeit? Selbst biographische Übereinstimmungen ließen sich anführen: Beide naturwissenschaftlich ausgebildet, mit großer Affinität zu technisch-physikalischen Experimenten,[11] beide in der Lage, diesen experimentellen Sinn in ihre philosophische Denkarbeit hineinzuziehen,[12] beide nach England gegangen, um inmitten einer fremden Sprache dem Deutschen höchste Bedeutungsschärfe abzuringen,[13] beide darauf bedacht, wesentliche Anteile ihres Werks zu Lebzeiten ihren Zeitgenossen vorzuenthalten.

So sehr die Nichtnennung also erstaunt haben mochte, so wenig konnte es dann verwundern, dass im Zuge der Manuskriptsichtungen und -veröffentlichungen doch einige bemerkenswerte Hinweise auf Lichtenberg zutage gefördert wurden und so die Frage, welche Denkbewegungen und Schreibfiguren im Einzelnen es eigentlich sind, die diese kongeniale Nähe ausmachen, eine materiale Grundlage erhielt.

Der finnische Philosoph Georg Henrik von Wright, ein Schüler Wittgensteins, hatte bereits 1942 in seinem Beitrag „Georg Friedrich Lichtenberg als Philosoph" die Losung ausgegeben, die Nachwelt werde sich mit der Bedeutung Lichtenbergs für Wittgenstein zu beschäftigen haben, es allerdings fertiggebracht, im

---

9 Brian McGuinness verweist darauf, dass sich eine Ausgabe der *Vermischten Schriften* in der Familienbibliothek der Wittgensteins befunden habe, vgl. McGuinness 1988: 74. Joseph Peter Stern, ein Wegbegleiter Wittgensteins in der Mitte der 1940er Jahre, erwähnt, dass Wittgenstein Lichtenberg sehr schätzte, vgl. Stern 1959: 161.

10 Rapic 1998: 112. Vgl. Nordmann 2001: 163 (Nordmann verweist hier auf Merkel 1988).

11 Eine schöne Übereinstimmung: Als Forschungsstudent in der Nähe von Glossop, im Kite Flying Upper Atmosphere Stadion, experimentierte Wittgenstein mit Flugdrachen und Ballons – genau wie auch Lichtenberg an der Universität Göttingen mit Flugdrachen zur Gewitterelektrizität forschte und Prinzipien der Ballonfahrt vorwegnahm, vgl. Monk 1994: 45; Postma 2008: insb. 41–45.

12 Vgl. Müller-Funk 1995: 105–135; Schöne 1982; Griesecke & Kogge 2010: 101–126.

13 Lichtenberg reiste in den 1770er Jahren zweimal für längere Zeit nach England; Ludwig Wittgenstein studierte ab 1908 bis zum Ausbruch des Ersten Weltkriegs in England und kehrte 1929 dorthin zurück – um zu bleiben.

selben Text diese „seltene Kongenialität“[14] gleich einmal in gewisse Schranken zu weisen: Zweifellos habe Wittgenstein Lichtenberg sehr geschätzt, und er selbst erinnere sich daran, dass Wittgenstein sogar einst seinem philosophischen Lehrer in Cambridge, Bertrand Russell, eine Ausgabe *Ausgewählter Schriften* Lichtenbergs geschenkt hatte – nicht ohne leserführende Markierungen und Anmerkungen wohlgemerkt, die er immer gern mitverschenkt habe. Aber von einem Einfluss könne sicherlich nicht gesprochen werden.[15]

Hier und dort wurde die Spur, die von Wright gelegt hatte, aufgenommen – nicht gerade in einer Flut von Schriften, und zum Teil lediglich in summarischen und in anekdotischen Bemerkungen, doch auch, seltener, in systematischer Hinsicht. Insbesondere die Beiträge von Reinhard Merkel und Alfred Nordmann haben auf Basis der sukzessive gehobenen Materialien gezeigt, dass – wenngleich ‚Einfluss‘ tatsächlich ein ungünstiges Wort dafür ist, profunde Denkanregungen und die augenscheinliche Nähe eines bestimmten philosophischen Temperaments zu benennen – es hochinteressante Verwebungen der Schriften Wittgensteins mit denen Lichtenbergs auszuloten gilt.[16] Ins Zentrum des Interesses rückt dabei naturgemäß die Frage nach dem Beziehungsgeflecht von Sprache, Denken, Wirklichkeit und den Einsatzpunkten philosophischer Arbeit darin. Diesbezügliche Positionen in den Schriften der beiden Autoren dingfest zu machen, ist allerdings eine notorisch undankbare Aufgabe, da sowohl Lichtenberg als auch Wittgenstein dazu neigten, ihre Thesen einer permanenten Revision zu unterziehen. Anders gesagt, lassen sich, wenn man sich nur lange genug durch die Schriften arbeitet, zu jeder starken Überzeugung auch Einlassungen finden, die in eine genau gegenteilige Richtung führen.[17] Was nicht heißt, dass sich nicht gerade in diesen einer grundsätzlichen Offenheit und Selbstbefragung verpflichteten Schriften sehr gut die Anliegen benennen ließen, die beide Autoren umtreiben und zu denen sie uns jeweils gewichtige Einsätze gegeben haben. Einen solchen Einsatz – im wahrsten Sinne des Wortes – bietet die eingangs zitierte Formulierung von der „Berichtigung des Sprachgebrauchs“ durch die Philosophie. Ich schlage eine Mikrostudie vor – eine Art Close Reading in drei Etappen: Zunächst werde ich den zitierten Satz Wort für Wort und in seiner syntaktischen Anlage unter die Lupe nehmen, weiterhin in seinen unmittelbaren Kontexten und schließlich hinsichtlich der Frage, welchem Genre, welcher Textsorte er denn tatsächlich zuzuordnen wäre – hier bei Lichtenberg, dort bei Wittgenstein.

---

14 Von Wright 1942: 217.

15 Dies scheint von Wright direkt von Joseph Peter Stern übernommen zu haben, vgl. Stern 1959: 161. Vgl. dazu auch McGuinness 1992: 74–76.

16 Vgl. Nordmann 2013: 273–288 sowie Nordmann 2001: 163–170 und Merkel 1988: 27–43.

17 Für Lichtenberg beobachtete dies auch Rath 1997: 83.

1 Der Satz

„Unsere ganze Philosophie ist Berichtigung des Sprachgebrauchs, also, die Berichtigung einer Philosophie; und zwar der allgemeinsten.“ Auf den ersten Blick: die reinste Provokation, eine oberlehrerhafte Anmaßung. Auf den zweiten Blick: eine Achterbahn. Eine rasante Berg- und Talfahrt zwischen Hybris und Understatement, zwischen Dünkel und Demut, zwischen Allmachtsphantasie und Selbstbescheidung. Auf den dritten Blick: ein wohlkalkuliertes Spannungsgefüge, das sich im Auf und Ab der einzelnen Wörter austariert und so den Satz in all seinen Unwuchten dennoch im Lot hält und aus einem rhetorischen Manöver ein Erkenntnisinstrument macht.

Unsere – Der sich bescheiden gebende Autorenplural, jedoch mit Zügen jener possessivpronominalen Wir-Philosophen-Jovialität, die besonders im 19. Jahrhundert um sich greifen wird und insgesamt dem Pluralis Majestatis näher steht als dem Pluralis Modestiae: eine ganze Skala bereits in diesem einen Wort.
ganze – Der Zugriff dehnt sich aus – ins Allumfassende.
Philosophie – Wie die akademische Selbsteinschätzung es will bzw. wollte: Krone des Denkens, Begründung des Wissens – zudem strenggenommen auch eine Selbstnobilitierung, denn an die Göttinger Universität war Lichtenberg als Mathematiker und Experimentalphysiker berufen worden, nicht als Philosoph.[18]
ist – Behauptung der Wirklichkeit. Und entgegen der großen Lichtenberg'schen Vorliebe für Konjunktive hier einmal eine assertorische Setzung.[19]
Berichtigung – Hier spricht der Richterstuhl der Vernunft.
des – schlechthinnigen, sind wir geneigt zu ergänzen.
Sprachgebrauchs, – Mit diesem Wort fallen wir jäh aus allem Dünkel, aus Hoch- und Übermut heraus und landen in schlichtester Alltäglichkeit.
also, – Das deutsche *ergo* der philosophischen Schlussfolgerung, ordentlich eingefasst in zwei Kommata: Zeit für ein Luftholen vor der Wucht der sich offensichtlich anbahnenden Konklusion.
die – Nicht mehr nur ‚eine‘ oder gar eine Nullartikel-Berichtigung, sondern eine spezifizierte: *die* – klingt nach: die einzig mögliche.
Berichtigung – Korrektur ins Wirklich-Wahre.
einer – Nunmehr leitet ein Artikel das Nomen Philosophie ein, wenngleich ein unbestimmter; er ist aber aus bestimmtem Grunde unbestimmt:

---

18 Gleichwohl galt er dort, mangels anderer Originale, als der eigentliche philosophische Kopf, vgl. Lamping 1992: 12f.
19 Vgl. dazu Schöne 1982.

Philosophie – Wieder Auftrieb in akademische Weihen? Oder doch ein Doppelabsturz? Immerhin wird jetzt – eine! – Philosophie mit der Alltäglichkeit des Sprachgebrauchs identifiziert.

; – Welches andere Satzzeichen als das mit dem Signum der Autonomie behaftete Semikolon – Adorno sprach von seinem „Wildgeschmack“[20]– wäre überhaupt in der Lage, diese Atempause zwischen Schock und Erwartung zu markieren? Diesen freien Fall, in dem alles passieren kann, und tatsächlich, mit dem Auftakt des …

(, – bei Wittgenstein stattdessen ein schlichtes Komma, das die syntaktische Wirkung halbiert – als verfügte er nicht selbst über die Kunst einer eleganten Semikolonsetzung, etwa in: „Der Philosoph behandelt eine Frage; wie eine Krankheit.“[21])

und zwar: … nimmt hier, im Zusammenschluss einer Konjunktion mit einem Adverb, die nun zu erwartende Bestimmung: Welche Philosophie ist es denn, die zu berichtigen ist? ganz im Sinnes eines ‚fürwahr!‘ noch einmal kräftig Fahrt auf.

der allgemeinsten. – Dieser strenggenommen unzulässige Superlativ lässt keine Fragen mehr offen, hält keine Differenzierung für geboten und ist von geradezu furchteinflößender Ausdehnung: von einem „unsere“, in das sich immerhin ein spezifisches ‚meine‘ zurückgezogen haben könnte, hin zu einer Umfassendheit, für die offenbar selbst das Wort ‚allgemein‘ im Positiv zu schwach ist – und die dennoch gleichzeitig eine nichtelitäre Komponente transportiert, wodurch auch hier, am Ende des Satzes, genau wie am Anfang eine Art Aspektwechsel angelegt ist.

Berücksichtigt man syntaktische Gesichtspunkte, ließe sich der erste Teil des Satzes natürlich auch so lesen: ‚Unsere ganze Philosophie ist *doch nichts anderes als* eine Berichtigung des Sprachgebrauchs‘, gerade so, wie ein begnadeter Chirurg sagen könnte: ‚Meine ganze Kunst ist im Grunde ein Handwerk‘; oder ein geschätzter Künstler: ‚Meine ganze Malerei ist nichts anderes als eine Mixtur von Farben.‘ Als Koketterie mithin, als rhetorischer Kniff einer mehr oder minder aufrichtigen Selbstbescheidung, die hier von philosophischer Seite her sofortigen Verzicht auf Ideensysteme jedweder Art, Abkehr von terminologischen Schlachten und scholastischer Begriffsarithmetik anbietet und an die vakante Stelle ein schlichtes Konzept setzt: einfach nur: „Berichtigung des Sprachgebrauchs“ – fast so, als könne man mal eben mit dem Rotstift eines Deutschlehrers durch das fahren, was die Leute so sagen.

20 Adorno 1974: 106.

21 Wittgenstein 1989b: 360.

Aber dann, nach dieser Umgewichtung des großen Ganzen ins alltäglich Schlichte, nachdem die großen Scheine in Kleingeld umgemünzt worden sind, folgt im zweiten Satzteil, eingeleitet durch das „also", sogleich eine weitere Ummünzung, nämlich die von Sprachgebrauch in Philosophie: „also, die Berichtigung einer Philosophie". Und damit klar ist, dass es sich nicht um irgendeine, um eine hoch artifizielle oder sonstwie randständige Philosophie handelt, die den Ausgriff ins Große sofort wieder unterminieren würde, tritt der dritte Satzabschnitt mit der Fanfare des Semikolons auf: „und zwar der allgemeinsten."

Mit dieser wuchtigen Ansage wird sogleich die Frage aufgeworfen, wie man sich diese allgemeinste, allumfassendste Philosophie überhaupt vorstellen kann, ob sie denn, logisch ja bereits durch den Hypersuperlativ[22] ins Wanken gebracht, überhaupt ernst zu nehmen wäre? Müsste man sie nicht ohnehin eigentlich als eine durch Übergeneralisierung dünne, als eine verwässerte Philosophie auffassen? Außerdem: gesetzt, es wäre eben die ‚ganze Philosophie' am Ende tatsächlich nichts anderes als „Berichtigung des Sprachgebrauchs" – wissen wir nicht, dass oft das scheinbar Einfachste sich als das Schwerste entpuppt? Die großen Gesten können nicht darüber hinwegtäuschen, dass in diesen Satz ein gerüttelt Maß an Resignation eingebaut ist.

Es ist, als müsste man ständig den Kopf drehen: von links nach rechts, von oben nach unten, um zu schauen, wo in dieser hin- und hersausenden Diktion, wo in diesen hochfahrenden und zugleich auf den platten Boden der Alltäglichkeit gehenden Äußerung man sich eigentlich gerade befindet: In der Problematik allgemeiner Redewendungen? In philosophischer Spekulation darüber? Oder in beidem zugleich?

Einen halbwegs soliden Halt scheint einzig das Wort ‚Sprachgebrauch' zu bieten: In Lichtenbergs Satz steht ‚Sprachgebrauch' der Anzahl der Wörter nach etwa in der Mitte, an Position 7 von 16, und tatsächlich ist dieses Wort Dreh- und Angelpunkt des Satzes: Um den ‚Sprachgebrauch' drehen sich die Trabanten ‚Philosophie' und ‚Berichtigung' – und zwar gedoppelt und gedreht, auf nahezu chiastische Weise, einmal an Stelle 3 und 5:

„Philosophie ist Berichtigung", und einmal an Stelle 10 und 12: „Berichtigung einer Philosophie" – dazwischen, nur ein bzw. zwei Wörter entfernt, das Schwergewicht ‚Sprachgebrauch' als Gravitationszentrum des Satzes:

---

22 Harald Fricke erkennt in dieser Art Maximalbehauptungen ein Kennzeichen des Aphoristischen, vgl. Fricke 1992.

> Unsere ganze *Philosophie ist Berichtigung* des SPRACHGEBRAUCHS, also, die *Berichtigung einer Philosophie*; und zwar der allgemeinsten. [Hvh. B.G.]

Das lässt aufhorchen. Denn wäre hier nicht die Irritation der „Berichtigung", die das zweifelhafte Ideal einer reineren Sprache aufscheinen lässt, würde sich dieser Satz, dieses Programm in einem Satz, nicht tatsächlich als frühes Zeugnis einer Sprachpraxeologie auffassen lassen? Wo sonst wären Sprachgebrauch und Philosophie schon einmal derart nah zusammengerückt? [23] Und ist nicht auch die „Berichtigung" inmitten dieser auftrumpfenden Setzungen bereits in eine verzweifelt-tautologische Vergeblichkeit hineinkonstruiert? Eine, respektive „unsere", Philosophie korrigiert eine andere: „die allgemeinste", und ist dabei, logisch betrachtet, Teil dessen, was zu korrigieren ist. Indem sie korrigiert, radiert sie immer auch ein Stück ihrer selbst aus. Oder, wie Lichtenberg im übernächsten Sudelbuch festhalten wird: „Die Philosophie wird sich noch selbst fressen."[24]

Es wird Zeit, dass wir uns den jeweiligen Kontext von Satz und Zitat genauer ansehen.

2 Der Kontext

Im Heft H nähern wir uns dem Eintrag 146, in dem der zitierte Satz zu finden ist, von der Eintragung 144 her, die vom Religionshass handelt, über Nr. 145, die sich mit der ungerechtfertigten Neigung des Menschen befasst, von bestimmten Zeitpunkten Entscheidendes zu erwarten. An Nr. 146 schließen an: Nr. 147 mit einer Erörterung zu den Affinitäten der Geister- und Körperwelt, und 148 über das Verhältnis von Mensch, Gott und Vernunft. Somit ist Nr. 146 nicht Teil einer inhaltlich zusammenhängenden Betrachtung, jedoch ist der Satz, um den es hier geht, Teil eines mehrzeiligen Abschnittes:

> *Ich* und *mich*. *Ich* fühle *mich* – sind zwei Gegenstände. Unsere falsche Philosophie ist der ganzen Sprache einverleibt; wir können so zu sagen nicht raisonnieren, ohne falsch zu raisonnieren. Man bedenkt nicht, daß Sprechen, ohne Rücksicht von was, eine Philosophie ist. Jeder, der Deutsch spricht, ist ein Volksphilosoph, und unsere Universitätsphilosophie besteht in Einschränkungen von jener. Unsere ganze Philosophie ist Berichtigung des Sprachgebrauchs, also, die Berichtigung einer Philosophie; und zwar der allgemeins-

23 Nach Meinung von Smail Rapic nimmt Lichtenberg hier „den philosophischen Paradigmenwechsel des 20. Jahrhunderts vorweg" (Rapic 1998: 92). Vgl. auch Reinhard Merkel, für den Lichtenberg „wohl der einzige echte Vorläufer des späteren Wittgenstein" ist (Merkel 1988: 39).

24 „Ich habe schon lange gedacht, die Philosophie wird sich noch selbst fressen. – Die Metaphysik hat sich zum Teil schon selbst gefressen." (Lichtenberg 1998a: 742)

> ten. Allein die gemeine Philosophie hat den Vorteil, daß sie im Besitz der Deklinationen und Konjugationen ist. Es wird also immer von uns wahre Philosophie mit der Sprache der falschen gelehrt. Wörter erklären hilft nichts; denn mit Wörtererklärungen ändere ich ja die Pronomina und ihre Deklination noch nicht.[25]

Eine Zwiespältigkeit der Personalpronomina: „Ich fühle mich“ eröffnet diesen Eintrag – eine Zweiteilung dort, wo eine personale Identität anzunehmen ist. Ein Allerweltssatz dort, wo die Philosophie des Geistes ans Eingemachte geht. Das „infame ZWEI in der Welt“, dort, wo doch alles, was sei, „Eins sei, und weiter nichts!“ – wie Lichtenberg es 1786 in einem Brief an Johann Daniel Ramberg formuliert.[26]

Ein „infame[s] Zwei“ kommt offenbar selten allein. Das Oppositionspaar ‚richtig‘ und ‚falsch‘ verteilt sich hier jedenfalls umstandslos auf die Dichotomie von ‚Volksphilosophie‘, die ein jeder ausübt, indem er mit allen üblichen Ungenauigkeiten und Irrtümlichkeiten die deutsche Sprache in Gebrauch nimmt, und ‚Universitätsphilosophie‘, der die Verwandlung von ‚falsch‘ in ‚richtig‘ obliegt.

Aber wie etwas richtigstellen, wenn die Richtigstellung allein im Medium des Falschen erfolgen kann?[27] Es ist, als wollte man in einem Eimer mit gebrauchtem Wasser einen Feudel reinigen: Einerlei, wie oft wir ihn schwenken und auswringen, es werden immerzu Schmutzpartikel, Fussel und Staub an ihm hängenbleiben, so wie Partikel, Pronomina, konjugierte Verben einer unbereinigten Alltagssprache der philosophischen Begriffsarbeit immerzu anhaften und einen Idealzustand zu verhindern wissen.

In diesem Kontext erscheint der obige Satz mit all seiner überzogenen Anmaßung nunmehr als Artikulation einer grundlegenden Hilflosigkeit – oder sagen wir besser: eines tiefgreifenden Dilemmas. Unsere sprachlich verfasste Existenz als solche gilt Lichtenberg als Einfallstor für alle möglichen Selbstmissverständnisse, für Irrungen und Verwirrungen, weil die Sprache alle nominalen Bestandteile für ihre Zwecke zurechtbiegt, verbindet und beugt – völlig unbeeindruckt von allen Bemühungen um begrifflichen Feinschliff, der im Namen von Klarheit und Genauigkeit so dringend nötig zu sein scheint. Es ist die akademische Philosophie, die sich von Amts wegen diese Spracharbeit zuzutrauen hat, die jedoch selbst immer wieder ins falsche Gleis gerät, weil sie im selben unbeherrschbaren Medium operiert, dem ihre Gegenstände entstammen: Nichts anderes als die harte Nuss der Selbstimplikation klopft Lichtenberg

25 Lichtenberg 1998b: 197 f.

26 Lichtenberg 1998d: 679. Vgl. hierzu nach wie vor Neumann 1976: insb. 254–256.

27 Somit ließe sich die Einlassung Adornos, dass es „kein richtiges Leben im falschen“ gibt (Adorno 1994: 42), rückwirkend auch für das sprachkritische Dilemma, wie Lichtenberg es formuliert hat, in Anspruch nehmen.

hier ab – wie noch viele Philosophen nach ihm, darunter an prominenter Stelle Edmund Husserl, Fritz Mauthner, Ludwig Wittgenstein und John L. Austin.

Husserl etwa misstraut der Sprache und will sie so „glatt und spannungsfrei“[28] wie es nur geht aus seinen Arbeiten hervorgehen lassen, indem er „auf Eindeutigkeit des sprachlichen Ausdrucks“ bedacht ist, auf eine „Sicherung der eindeutig auszudrückenden Ergebnisse durch sorgsamste Prägung der betreffenden Worte, Sätze, Satzzusammenhänge“;[29] Fritz Mauthners tiefgreifende Sprachskepsis hat radikal Sprache und Sprachgebrauch identifiziert und überlässt der Philosophie den verlorenen Außenposten einer „kritischen Aufmerksamkeit“ ohne Hoffnung auf Erkenntnissicherung;[30] Wittgenstein hat, nachdem er davon abgekommen war, die Sprache in logische Strukturen zu überführen, die Philosophie als einen „Kampf gegen die Verhexung unseres Verstandes durch die Mittel unserer Sprache“ bestimmt,[31] der ohne Idealvorstellungen nirgendwo anders als inmitten der Unzulänglichkeiten unserer Sprache selbst stattfindet. Die entschiedenste Umwendung in diesem Feld wird dann im Grunde erst zwei Jahrhunderte nach dem Lichtenberg'schen Eintrag in Heft H durch John L. Austin erfolgen, den Nestor der angelsächsischen *Ordinary Language Philosophy*. Nicht die Universitätsphilosophie, so Austin, habe den Sprachgebrauch zu korrigieren – genau umgekehrt sei die Sache anzusehen: Der Sprachgebrauch ist es, der das unerlässliche Korrektiv für die akademische Philosophie darzustellen habe: „Unser gemeinsamer Vorrat an Wörtern“, schreibt Austin,

> enthält alle Unterscheidungen und Zusammenhänge, die die Menschen im Laufe vieler Generationen für wichtig erachtet haben. Sie sind wahrscheinlich zahlreicher, treffender und zumindest in Hinblick auf alle normalen und einigermaßen praktischen Angelegenheiten subtiler als diejenigen, die sich einer von uns am Lehnstuhl ausdenken könnte (welches die beliebte Alternativmethode ist).[32]

Das klingt wie eine nassforsche Antwort auf Lichtenbergs Darstellung, die hier im Handstreich vom Kopf auf die Füße gestellt wird. Was würde Lichtenberg Austin in diesem sprachphilosophischen Stellungsspiel entgegenhalten? Vielleicht das Folgende:

> Statt jedes einzelnen Wortes könnte man 6 machen, wir drucken zu viel mit einerlei Wort aus.[33]

---

28 Husserl 1976: 98, Anm. 13. Vgl. dazu Kuster 1996: 103, 122f.

29 Husserl 1976: 372.

30 Mauthner 1921: 23.

31 Wittgenstein 1989b: 299.

32 Austin 1986: 238.

33 Lichtenberg 1998b: 84.

Da steht Aussage gegen Aussage. Wo Lichtenberg ein Dilemma sieht, sieht Austin eine Chance. Wo Austin subtile Differenzierungen am Werk sieht, sieht Lichtenberg krude Subsumierungen. Während Austin von reinen Begriffsuntersuchungen Abschied nehmen und stattdessen Sprechakte alltäglicher Sprache untersuchen wird, und zwar selbst wiederum in einer Sprache, die sich um nichts anderes mehr scheren muss als um ihre eigene Verständlichkeit, arbeitet sich Lichtenberg in pointierten Selbstverständigungen immer wieder an diesem grundliegenden Dilemma ab: Mal spekuliert er sich in die erlösenden Möglichkeiten einer mathematischen Sprache hinein und wünscht sich, „dass es eine Sprache geben möchte, worin man eine Falschheit gar nicht sagen könnte, oder wenigstens jeder Schnitzer gegen die Wahrheit ein Grammatikalischer wäre",[34] mal will er der Alltagssprache epistemologisches Kapital doch nicht absprechen – vorausgesetzt, man lässt es an eigenem denkerischem Engagement nicht fehlen:

> Wenn man selbst viel denkt, so findet man selbst viel Weisheit in die Sprache eingetragen. Es ist wohl nicht wahrscheinlich, daß man alles selbst hineinträgt, sondern es liegt würklich viel Weisheit darin, so wie in den Sprüchwörtern.[35]

Lichtenberg, Ahnherr moderner Spracharbeit, auf der Suche nach Richtigem und Reinem, denkt in den Registern von Probe und Gegenprobe. Er ist, bei aller Lust an sprachlicher Zuspitzung, unfähig zur gänzlichen Einseitigkeit und nicht geneigt, sich schneller zufriedenzugeben, es sich auf einstweiligen Erkenntnissen bequemer zu machen, als die Phänomene dieser Welt es verdienen.

Genau dieses Ringen scheint Ludwig Wittgenstein, der, wie oben angedeutet, zu Beginn der 1930er Jahre selbst gerade auf halbem Weg ist, die Frage nach logischen Entsprechungen von Sprache und Welt in eine andere umzuformen: in die nach sprachimmanenten Möglichkeiten der Kritik, ganz besonders zu gefallen. An Lichtenberg kann er sich abarbeiten. Ein besonders eindrückliches Zeugnis davon legt eine Bemerkung ab, die in den *Bemerkungen über die Farben* dokumentiert ist:

> Lichtenberg sagt, nur wenige Menschen hätten je reines Weiß gesehen. So verwenden also die meisten das Wort falsch? Und wie hat er den richtigen Gebrauch gelernt? – Er hat nach dem gewöhnlichen Gebrauch einen idealen konstruiert. Und das heißt nicht, einen

---

34 In einem unveröffentlichten Vorlesungsmanuskript, Staats- und Universitätsbibliothek Göttingen, Nachlaß Lichtenberg VII A 5, Blatt 20, zit. nach Schöne 1982: 33, 171. Vgl. auch Lichtenberg 1998a: 34.

35 Lichtenberg 1998a: 718.

> bessern, sondern einen in gewisser Richtung verfeinerten, worin etwas auf die Spitze getrieben wird.[36]

Die Dichotomie, vor allem aber die Hierarchie von ‚richtig' und ‚falsch', von ‚gewöhnlich' und ‚ideal' kommt hier direkt auf den Prüfstand: Der ideale Gebrauch eines Wortes figuriert nicht länger als ein erstrebenswerter Endzustand, die Richtigkeit selbst, sondern als ein Prozess der Konstruktion und Verfeinerung für bestimmte Zwecke der Erkenntnis, der gleichberechtigt und gleichwertig neben dem „gewöhnlichen Gebrauch" steht.[37] Korrektur im Sinne von Ersetzung eines Falschen durch ein Richtiges wird hier also selbst ersetzt durch ein Verfahren der Kritik, in dem unterschiedliche Sprachgebräuche daraufhin untersucht werden, ob sie in dem Lebens- und Handlungszusammenhang, in dem sie geäußert werden, tragfähig sind oder nicht, und das selbst an der Seite dieser Sprachgebräuche steht, oder auch: ihnen zur Seite. Aber es soll nicht zu weit vorgegriffen werden. Auf der folgenden Seite zu sehen ist die Passage des *Big Typescript*, in die Wittgenstein ‚seinen Lichtenberg' eingefügt hat.

Der äußeren Erscheinung nach sind dies absolut typische Manuskriptseiten – mitten in ihrem fortwährenden skrupulösen Umbau begriffen.[38] Es gibt jedoch, behaupte ich, im *Big Typescript* keine zentralere und maßgeblichere Stelle, in der das Lichtenberg-Zitat hätte zur Wirkung kommen können.

Wie wir sehen, wird es sogar von (mindestens) einem Hinweis auf weitere Gedanken Lichtenbergs flankiert, die in die gleiche Richtung zielen – die Überlegung nämlich, dass es die „ältesten Bilder[ ]" unserer Sprache sind, die uns irreleiten – eben, weil wir so selten in der Lage sind, uns von ihnen zu lösen. Sie „halten uns gefangen", wie es an anderer Stelle heißt,[39] zumeist allerdings eher auf die angenehme, die bequeme Art. So dass wir es oft gar nicht mehr merken, wenn wir in diesen Bildern in problematischer Richtung unterwegs

---

36 Wittgenstein 1989c: 13. Alfred Nordmann ist diesem Eintrag nachgegangen und vermutet, dass sich Wittgenstein auf einen Brief Lichtenbergs an Goethe vom 7. Oktober 1793 bezieht: „Die Menschen wissen freylich was das für eine Farbe ist die sie weiß nennen, aber wie vielen mag wohl je die reine weiße Farbe zu Gesicht gekommen seyn?" Zit. nach Nordmann 2001: 169.

37 Vgl. Krämer 2001: 120.

38 Auf die interessanten Details dieses Revisionsprozesses, in den die Wiener Ausgabe durch Markierung und Erhaltung von Verknüpfungen, Varianten, Wiederholungen Einblicke gewährt, einzugehen, ist hier nicht der Ort. Ich muss es bei dem Hinweis belassen, dass es sich lohnt, den feinsten Differenzierungen Aufmerksamkeit zu schenken – zum einen in je inhaltlicher Hinsicht, zum anderen als Dokument für die materiale Seite philosophischer Denkarbeit.

39 „Ein *Bild* hielt uns gefangen. Und heraus konnten wir nicht, denn es lag in unsrer Sprache, und sie schien es uns nur unerbittlich zu wiederholen." (Wittgenstein 1989b: 300)

Philosophie.
Die Klärung des Sprachgebrauches. Fallen der Sprache.

5.176.3.1 1 Wie kommt es, daß die Philosophie ein so komplizierter Bau/Aufbau/ ist. Sie sollte doch gänzlich einfach sein, wenn sie jenes Letzte, von aller Erfahrung Unabhängige ist, wofür Du sie ausgibst. – Die Philosophie löst die Knoten in unserem Denken auf; daher muß ihr Resultat einfach sein, ihre Tätigkeit aber so kompliziert wie die Knoten, die sie auflöst.

4.172.6.1 2 Lichtenberg: „Unsere ganze Philosophie ist Berichtigung des Sprachgebrauchs, also, die Berichtigung einer Philosophie, und zwar der allgemeinsten."

4.7.8.1 3 (Die Fähigkeit zur Philosophie besteht in der Fähigkeit, von einer Tatsache der Grammatik einen starken und[?] nachhaltigen Eindruck zu empfangen.)

3.120.6.1 4 Warum die grammatischen Probleme so hart und anscheinend
unausrottbar sind – weil sie mit den ältesten Denkgewohnheiten, d.h. 423
mit den ältesten Bildern, die in unsere Sprache selbst geprägt sind,
zusammenhängen. ((Lichtenberg.))

5.24.2.1 5 | Das Lehren der Philosophie hat dieselbe ungeheure Schwierigkeit, welche der Unterricht in der Geographie hätte, wenn der Schüler eine Menge falsche und viel zu einfache/und falsch vereinfachte/ Vorstellungen über den Lauf und Zusammenhang der Flußläufe[?]/Flüsse/ und Gebirgsketten/Gebirge/ mitbrächte. |

5.24.4.1 6 | Die Menschen sind tief in den philosophischen d.i. grammatischen Konfusionen eingebettet. Und, sie daraus zu befreien, setzt voraus, daß man sie aus den ungeheuer mannigfachen Verbindungen herausreißt, in denen sie gefangen sind. Man muß sozusagen ihre ganze Sprache umgruppieren. – Aber diese Sprache ist ja so entstanden/geworden/, weil Menschen die Neigung hatten – und haben – so zu denken. Darum geht das Herausreißen nur bei denen, die in einer instinktiven Auflehnung gegen die/Unbefriedigung mit der/ Sprache leben. Nicht bei denen, die ihrem ganzen Instinkt nach in der Herde leben, die diese Sprache als ihren eigentlichen Ausdruck geschaffen hat. |

4.219.1.1 7 Die Sprache hat für Alle die gleichen Fallen bereit; das ungeheure Netz gut erhaltener/gangbarer/ Irrwege. Und so sehen wir also Einen nach dem Andern die gleichen Wege gehen und wissen schon, wo er jetzt abbiegen wird, wo er geradaus fortgehen wird, ohne die Abzweigung zu bemerken, etc. etc.. Ich sollte also an allen den Stellen, wo falsche Wege abzweigen, Tafeln aufstellen, die über die gefährlichen Punkte hinweghelfen.

Abb. 1: Ludwig Wittgenstein: *The Big Typescript*. In: *Wiener Ausgabe*. Bd. 11. Hrsg. von Michael Nedo. Frankfurt a.M.: Zweitausendeins, 285–287.

4.68.6.1 1 Man hört immer wieder die Bemerkung, daß die Philosophie eigentlich 424
keinen Fortschritt mache, daß die gleichen philosophischen Probleme, die schon die Griechen beschäftigten, uns noch beschäftigen. Die das aber sagen, verstehen nicht den Grund, warum es so ist/sein muß/. Der ist aber, daß unsere Sprache sich gleich geblieben ist und uns immer wieder zu denselben Fragen verführt. Solange es ein Verbum ‚sein' geben wird, das zu funktionieren scheint wie ‚essen' und ‚trinken', solange es Adjektive ‚identisch', ‚wahr', ‚falsch', ‚möglich' geben wird, solange von einem Fluß der Zeit und von einer Ausdehnung des Raumes die Rede sein wird, u.s.w., u.s.w., solange werden die Menschen immer wieder an die gleichen rätselhaften Schwierigkeiten stoßen, und auf etwas starren, was keine Erklärung scheint wegheben zu können.

4.68.6.2 Und dies befriedigt im Übrigen ein Verlangen nach dem Überirdischen/Transcendenten/, denn, indem sie die „Grenze des menschlichen Verstandes" zu sehen glauben, glauben sie natürlich, über ihn hinaus sehen zu können.

4.69.1.1 2 Ich lese „.... philosophers are no nearer to the meaning of ‚Reality' than Plato got, ...". Welche seltsame Sachlage. Wie sonderbar, daß Plato dann überhaupt so weit kommen konnte! Oder, daß wir dann nicht weiter kommen konnten! War es, weil Plato s o gescheit war?

5.86.2.1 3 Der Konflikt, in welchem wir uns in logischen Betrachtungen immer wieder befinden, ist wie der Konflikt zweier Personen, die miteinander einen Vertrag abgeschlossen haben, dessen letzte Formulierungen in leicht mißdeutbaren Worten niedergelegt sind, wogegen die Erläuterungen zu diesen Formulierungen alles in unmißverständlicher Weise erklären. Die eine der beiden Personen nun hat ein kurzes Gedächtnis, vergißt die Erläuterungen immer wieder, mißdeutet die Bestimmungen des Vertrages und kommt/gerät daher/ fortwährend in 425
Schwierigkeiten. Die andere muß immer von frischem an die Erläuterungen im Vertrag erinnern und die Schwierigkeit wegräumen.

3.191.1.1 4 Erinnere Dich daran, wie schwer es Kindern fällt, zu glauben, (oder einzusehen) daß ein Wort wirklich zwei ganz verschiedene Bedeutungen hat/haben kann/.

2.319.6.1 5 Das Ziel der Philosophie ist es, eine Mauer dort zu errichten, wo die Sprache ohnehin aufhört.

2.302.4.1 6 Die Ergebnisse der Philosophie sind die Entdeckung irgend eines schlichten Unsinns, und Beulen, die sich der Verstand beim Anrennen an die Grenze/das Ende/ der Sprache geholt hat. Sie, die Beulen, lassen uns den Wert jener Entdeckung verstehen./erkennen./

3.252.5.1 7 Welcher Art ist unsere Untersuchung? Untersuche ich die Fälle, die ich als Beispiele anführe, auf ihre Wahrscheinlichkeit? oder Tatsächlichkeit? Nein, ich führe nur an, was möglich ist, gebe also grammatische Beispiele.

3.205.6.1 8 Philosophie wird nicht in Sätzen, sondern in einer Sprache niedergelegt.

Abb. 1 (fortgesetzt)

3.207.10.1 1 Wie Gesetze nur Interesse gewinnen, wenn die Neigung besteht, sie zu übertreten,/wenn sie übertreten werden/ so gewinnen gewisse grammatische Regeln erst dann Interesse, wenn die Philosophen sie übertreten möchten.

4.201.2.1 2 Die Wilden haben Spiele (oder wir nennen es doch so), für die sie keine 426
geschriebenen Regeln, kein Regelverzeichnis besitzen. Denken wir uns nun die Tätigkeit eines Forschers, die Länder dieser Völker zu bereisen und Regelverzeichnisse für ihre Spiele anzulegen. Das ist das ganze Analogon zu dem, was der Philosoph tut. ((Warum sage ich aber nicht: Die Wilden haben Sprachen (oder wir .....), ... keine geschriebene Grammatik haben ...."?))

Abb. 1 (fortgesetzt)

sind. Weitere, wenngleich weniger explizite Hinweise auf eine Lichtenberg-Lektüre durchziehen auch die nächsten Seiten:

Liest es sich nicht wie ein Weitertreiben der Lichtenberg'schen Klage bezüglich jener verräterischen Arbeit von Konjugationen und Deklinationen, wenn Wittgenstein in Abschnitt 90 schreibt:

> Solange es ein Verbum ‚sein' geben wird, das zu funktionieren scheint wie ‚essen' und ‚trinken', solange es Adjektive ‚identisch', ‚wahr', ‚falsch', ‚möglich' geben wird, solange von einem Fluß der Zeit und einer Ausdehnung des Raumes die Rede sein wird, u.s.w., u.s.w., solange werden die Menschen immer wieder an die gleichen rätselhaften Schwierigkeiten stoßen, und auf etwas starren, was keine Erklärung scheint wegheben zu können.

Wenig später folgt der Eintrag:

> Erinnere Dich daran, wie schwer es Kindern fällt, zu glauben, (oder einzusehen) dass ein Wort wirklich zwei ganz verschiedene Bedeutungen hat/haben kann/.

Wird hier nicht die oben zitierte Bemerkung Lichtenbergs, dass wir „zuviel mit einerlei Worten" ausdrücken, affirmiert, gleichzeitig aber in neutralere Bahnen gelenkt? Und, wiederum nur wenige Zeilen weiter unten:

> Wie Gesetze nur Interesse gewinnen, wenn die Neigung besteht, sie zu übertreten,/wenn sie übertreten werden/ so gewinnen *gewisse* grammatische Regeln erst dann Interesse, wenn die Philosophen sie übertreten möchten.

Ich bin versucht, dies als eine wohlwollende Einlassung zu jener hochumstrittenen Demontage des Descartes'schen Cogito anzusehen, die Lichtenberg vornimmt, indem er über die Frage nachdenkt, wie sehr „gewisse Vorstellungen" von uns abhängen oder eben gerade nicht – und dazu einlädt, eine grammatische Regel mit guten Gründen zu übertreten: „*Es denkt* sollte man sagen, so wie man sagt: *es blitzt*."[40] (Ich werde noch darauf zu sprechen kommen.)

Abschnitt 90, so will es mir scheinen, ist ein philosophisches Gespräch Wittgensteins mit Lichtenberg – und gleichzeitig ein Gespräch Wittgensteins mit Wittgenstein, dem das Streben nach „von aller Erfahrung Unabhängigem"[41] ja nicht unbekannt (gewesen) ist.

Wenden wir uns dem Verlauf der Darlegungen im Einzelnen zu. Genau wie Lichtenberg hat Wittgenstein die Sprache erst einmal im Verdacht: Sie sorgt für grammatische Konfusionen, die zugleich philosophische sind. Noch schlimmer: Sie gewöhnt uns an diesen verwirrten Zustand, so dass er uns gar nicht mehr auffällt. Sie stellt uns Fallen, spinnt ein ins Netz „gut gangbarer Irrwege". Und schon kommt man in diesem Dickicht mit bloßer Berichtigung nicht mehr weiter, oder mit dem bloßen Nachfahren und Aufdröseln der „Knoten in unserem Denken", wie es eingangs heißt. So tief, wie diese Konfusionen wurzeln, so radikal muss man sie herausreißen, zudem die „ganze Sprache umgruppieren"[42] und notfalls, dies sagt Wittgenstein an anderer Stelle, auch einmal „Kleinholz machen aus der gewöhnlichen Grammatik".[43] An Vehemenz steht diese Haltung Wittgensteins der Lichtenberg'schen offenkundig nicht nach. Jedoch wird die Energie dieses Furors ganz entschieden in ein Hinnehmen dieser Ausgangslage und eine sozusagen offensiv immanente Spracharbeit umgelenkt: „Philosophie wird nicht in Sätzen, sondern in einer Sprache niedergelegt", lesen wir gegen Ende des Abschnitts 90. Das klingt lapidar, ist aber eine Ansage mit sehr weitreichenden Folgen. Streben nach Idealität war gestern. Fortan gibt es Sprachkritik nur im Gebrauchszusammenhang der Sprache – weil es anders gar nicht geht. So[44] ist es nun einmal. Machen wir das Beste daraus. Ja, es gibt diese Bilder, die uns immer in die gleichen Bahnen des Denkens und Sprechens treiben, aber man kann sich dagegen auflehnen. Ja, die Sprache stellt ihre Fallen bereit, aber sie gibt auch die Mittel an die Hand, uns neu zu orientieren. Ja, wir sind nicht gefeit gegen den Unfrieden mit der Grammatik, aber er ist förderlich, denn er treibt erst zu Klärungen und neuen Sichtweisen – und nirgendwo ist zu lesen, dass nicht grundsätzlich jeder dazu in der Lage ist, diesen Unfrieden zu spüren und darauf zu reagieren: „Die Sprache hat für Alle die gleichen Fallen bereit".

---

40 Lichtenberg 1998b: 412.

41 Wittgenstein 2000: 285.

42 Ebd.

43 Wittgenstein 1989d: 186.

44 Zur Bedeutung des ‚So' als Ausdruck des Hinzunehmenden, des Gegebenen, des Sich-Zeigenden in den Schriften Wittgensteins vgl. Krämer 2001: 134.

Die „Herde“, die in den ausgetretenen Pfaden dahintrabt, die sich nicht beunruhigen lässt, ist nicht mit der Lichtenberg'schen ‚Volksphilosophie‘ gleichzusetzen. Ein Philosophieprofessor kann genauso ein Herdentier sein wie ein Mensch einfachster Ausbildung durchaus in Unfrieden mit dem Gebrauch von Wörtern leben kann.

Gleichwohl ist es nun im Folgenden der Philosophieprofessor Ludwig Wittgenstein, der sich die Aufgabe stellt, zu zeigen, worin eine solche Klärungsarbeit bestehen könnte: im Ausloten von verschiedenen Gebrauchsweisen, im Herausstellen ihrer Überschneidungen und Begrenzungen, vor allem aber im Aufzeigen ihres Leerlaufens, sobald sie in Richtung eines kristallinen Ideals getrieben wird. „Tafeln aufstellen“[45] nennt Wittgenstein diese Spracharbeit, Hinweisschilder, die sagen: Achtung Falle: ‚Orientiere dich neu im Feld des Gebrauchs der Worte, die dir naheliegen, in deinen Lebens- und Handlungszusammenhängen aber in eine falsche Richtung weisen‘.

Um Hinweisschilder aufstellen zu können, muss man ein Gelände natürlich sehr gut kennen, vor allem an dessen Begrenzungen; um aufzeigen zu können, wo und wie sie verlaufen, helfen experimentelle Überschreitungen: Gedankenexperimente und Erfindungen von Möglichkeiten des Sprechens und Handelns, die vielleicht noch greifen würden, vielleicht aber auch nicht.[46] Dies alles passiert: *in* der Sprache. Nicht davor, nicht dahinter, nicht über sie hinaus, nicht außerhalb ihrer.

„Berichtigung“ ist für dieses hochbewegliche, selbstgefährdende Unterfangen keine treffende Bezeichnung mehr. Vielmehr haben wir es hier, in umfänglicherem Sinne, als uns zunächst nahezuliegen scheint, mit ‚Sprachkritik‘ zu tun. Nicht soll korrigiert werden, im Sinne einer ‚reineren‘ Begrifflichkeit, sondern gearbeitet soll werden an der Frage, warum bestimmte Worte und Redeweisen, eigentlich glatt und gewohnheitsmäßig, dennoch beunruhigend wirken und wie man sich den Gründen dafür nähern und sie vor sich bringen kann. Für diese

---

45 Wittgenstein 2000: 285.

46 Reinhard Merkel hat darauf hingewiesen, dass Wittgenstein sein Verfahren 1939, in seinen *Vorlesungen über die Grundlagen der Mathematik*, instruktiv erläutert hat: „Ich werde mich mit Fällen beschäftigen, in denen der Gebrauch der Wörter nach und nach verzerrt worden ist, so daß jemand etwa auf ein Bild zeigt und dann gar nicht auf gewöhnliche Weise fortfährt [...]. Wir werden auf Fälle stoßen, in denen ich auf eine Aussage deute und frage: ‚Ist sie eher Unsinn oder eher etwas Erstaunliches‘ [...]. Ein deutscher Philosoph hat einmal von einem Messer ohne Griff, dessen Scheide verlorengegangen ist, gesprochen. Sollen wir sagen, dies sei Unsinn?“ – „Ein deutscher Philosoph“ ist kein anderer als Lichtenberg, der 1798 in einem Aufsatz ein „Messer ohne Klinge“ erwähnt, „an welchem der Stiel fehlt“ (Lichtenberg 1998c: 452). Vgl. Merkel 1988: 33 sowie Nordmann 2001: 165, 169; Diamond 1978: 22f. Vgl. zum Entwurfscharakter von Lichtenbergs Schreibverfahren Neumann 1976: 226.

Auffassung sind in der Wittgenstein-Forschung die Bezeichnungen „Quietismus“ und „therapeutischer Ansatz“ gefunden worden.[47] Sicherlich, ein Durcharbeiten sprachlicher Irrgänge kann heilsam sein – allerdings nicht im Sinne der Erschaffung einer sprachlich heilen Welt, sondern im Lichte einer weder resignierten noch indignierten, vielmehr einer wohlgemuten Einsicht in die Unabschließbarkeit sprachkritischer Arbeit.[48] Dass einmal alles getan sein könnte, dies ginge ja von der irrigen Annahme aus, dass Sprache nicht fortwährend in Bewegung sei, dass sie sich aufräumen ließe wie ein Zimmer, in dem dann ein für allemal jedes Ding seinen Ort hätte und man still dasitzen und die Hände in den Schoß legen dürfte. Nun ist die Sprache kein Museum – und gegen nichts sträubt sie sich stärker als gegen Musealisierung –, sondern ein lebendiges Geschehen, das uns niemals aus der Pflicht entlassen wird. Der, wie es sich vielleicht fassen ließe, geduldigen Unduldsamkeit sprachkritischen Arbeitens, wie Wittgenstein sie uns vorführt, liegt eine – dem Witz keineswegs abgeneigte – Ernsthaftigkeit zugrunde, die ihn Lichtenberg tatsächlich sehr nahe bringt.

Wie lässt sich das Zusammenspiel von Lichtenbergs Eintrag 146 im Sudelbuch H und Wittgensteins Ausführungen in Abschnitt 90 des *Big Typescript* bislang resümieren? Möglicherweise so: Der zitierte Satz aus Heft H wird gleich zu Beginn des Abschnitts 90 als einer dieser „Knoten in unserem Denken“ aufgegriffen und aufgedröselt. Auf diesem Wege wird, über knapp drei Manuskriptseiten hinweg, die Spannung, die in dem eingangs zitierten Satz komprimiert liegt, in ihren Implikationen zunächst affirmiert und sogar noch gesteigert, aber schließlich: entspannt – aufgelöst in das Angebot einer neuen, radikal enthierarchisierten, entdichotomisierten, sprachimmanenten Kritik: Versteifen wir uns nicht auf eine Reinheit an einzelnen Punkten, versuchen wir lieber, uns innerhalb des Ganzen Ordnung, Überblick und Klarheit zu verschaffen.

Diese Gedankenlinie: von den eingangs beschriebenen Knoten unseres Denkens über die notwendige Umgruppierung unserer Sprache und die instruktiven grammatischen Grenzüberschreitungen bis hin zu den letzten Sätzen, die eine ethnologische Einstellung als geeignete Basis für solche Gedankenexperimente nahelegen, verfertigt sich in hoher Verdichtung, in voneinander abgesetzten, dabei stark aufeinander bezogenen Absätzen. Gibt es eine Bezeichnung, ein Vorbild für die Darstellungsform, die Wittgenstein hier gewählt hat?

Im selben Manuskript, im direkt vorangehenden Kapitel, hat Wittgenstein erstmals den Begriff ‚übersichtliche Darstellung‘ für sein Schreibverfahren eingesetzt, das er an anderen Stellen auch ‚grammatische Betrachtung‘ nennt – beides

47 Schulte 2000; Nordmann 2013: 279.
48 Vgl. dazu Griesecke & Kogge 2010.

Bezeichnungen, die es bis dahin als Textsorten nicht gab und die seitdem nicht Schule gemacht haben. So drängt sich die Frage auf, ob es, abgesehen von dieser Selbstbezeichnung, ein allgemein anerkanntes Genre gibt, in das sich Wittgensteins Schreiben halbwegs fügen würde?

Es ließe sich zum Beispiel fragen, ob Wittgenstein in Ms 213 einen ‚Kommentar' zu H 146 gegeben hat. Und man könnte darauf antworten, dass dies einerseits zu viel gesagt wäre – denn da würden wir uns doch etwas mehr Exegese erwarten, und andererseits zu wenig – denn Wittgenstein macht ja etwas ganz Eigenes daraus, inhaltlich wie auch formal. Die Lichtenberg'sche Formulierung kommt ihm zupass, aber er verschiebt deutlich die Gewichte, nimmt sich Zeit, die Sache von hier und dort zu beleuchten, und sein Schreiben, seine ‚übersichtliche Darstellung', entwickelt sich entlang idiosynkratrischer Prinzipien, wie es für einen schlichten Kommentar jedenfalls eher unüblich ist. Ebenso liegt die Frage nahe, ob Wittgenstein sich nicht doch in seiner offenkundigen Hochschätzung Lichtenbergs dessen Schreibverfahren anverwandelt hat – wie immer wieder angedeutet wurde.[49]

Bislang habe ich das Wort ‚Aphorismus', das sich mit Lichtenbergs Werk so nachhaltig verbindet und auf das Wittgenstein'sche abzufärben neigt, tunlichst vermieden. Nun lässt es sich nicht mehr aufschieben.

3 Das Genre

Nicht nur das Wort ‚Aphorismus' verbindet sich nahezu unauflöslich mit Lichtenberg, sondern auch die Begründung des aphoristischen Genres in der deutschen Sprache überhaupt. Doch schreibt er aphoristisch *avant la lettre*. Nein, nicht wirklich *avant la lettre*, denn das Wort ‚Aphorismus' (griechisch ἀφορίζειν, aphorizein, ‚von etwas abgrenzen') ist ja schon lange im Umlauf, aber es hatte gerade, nachdem es sich von seiner Herkunft als kurzer medizinischer Lehrsatz, belegt seit Hippokrates, gelöst hatte, eine andere Färbung angenommen, nämlich die einer derben, oft zotigen, satirischen Bemerkung. Lichtenberg hielt es offenkundig nicht für geraten, dieses Wort für sein eigenes Schreiben in Anspruch zu nehmen (obwohl Zotiges darin nicht fehlt). Die Nachwelt, einen weiteren Bedeutungswechsel zugrunde legend, diesmal in Richtung einer umgangssprachlich verfassten, in sich selbstständigen Kurzprosa, die durch Knappheit, Konzision, Witz, Pointierung und gedrängte, zuweilen elliptische Argumentation auf das Selbst- und Weiterdenken

49 So etwa McGuinness 1988: 75. Vgl. auch Neumann 1976: 246–248.

des Lesers zählt,[50] wird in ihm dann den Prototyp eines Aphoristikers deutscher Sprache erkennen. Und darin ist Lichtenberg zweifellos zugleich ein Meister – ein Meister in der Erfüllung von Kriterien, um die er sich gar nicht scheren musste, weil sie erst posthum festgelegt wurden.[51]

Die Würdigung, ein Aphoristiker zu sein, gar der erste Aphoristiker deutscher Sprache,[52] ist ambivalent, weil das Genre von Anfang an ambivalent war und es bis heute geblieben ist. Einerseits steht das Aphoristische im Nimbus von Geistesblitz und Denkprovokation, andererseits im Ruch von Kalenderspruch und Geschenkbuchzeile. Auch nachdem Franz Mautner – ein eminenter Lichtenbergforscher – den Aphorismus als Forschungsgegenstand in die Literaturwissenschaft eingeführt und ihm damit akademische Bedeutsamkeit verliehen hat, ist er ein Aschenbrödel in der Literaturwissenschaft geblieben[53] – ein Aschenbrödel, das mit etwas Glück auch zur Ballkönigin auflaufen kann.

Kein Wunder also, dass schon die allerersten Rezensionen der *Vermischten Schriften* Lichtenbergs neben der Würdigung von Witz und Einfallsreichtum immer wieder einen Mangel an tatkräftigem Willen zur Gestaltung, eine fehlende Orientierung an einem System oder Werk beklagt haben.[54] Einerseits figuriert in diesen Besprechungen „die kleine Form des Aphorismus als Hinweis auf ein kleines Talent“,[55] andererseits steht er für eine geistreiche Provokation, die sich nicht in intellektueller Selbstbespiegelung gefällt, sondern gern die Rolle eines Weckrufs übernimmt. Und eben diese Anregung zum ‚Selbstdenken‘, höchster Wert der Aufklärung, ist es, die, abgesehen von Kürze und Isoliertheit und Witz, zum wichtigsten Kriterium des Aphoristischen avanciert und die Lichtenberg allenthalben attestiert wird.[56] Ja, es sieht so aus, als sei das

---

50 ‚Kotextuell isoliert‘ wird dies später heißen: Fricke 1984: 18: „Ein Aphorismus ist ein kotextuell isoliertes Element einer Kette von schriftlichen Sachprosatexten, das in einem verweisungsfähigen Einzelsatz bzw. in konziser Weise formuliert oder auch sprachlich bzw. sachlich pointiert ist.“

51 Vgl. Campe 2012: 8 ff.

52 Vgl. Mautner 1933 sowie 1968; vgl. dazu auch Campe 2012: 7–14.

53 Vgl. Stölzel 1998: 23.

54 Lamping 1992: 65–75 gibt einen guten Überblick über die ersten Reaktionen der philosophischen und literarischen Welt, darunter die Friedrich Schleiermachers, die einer Mängelliste gleichkommt: Mangel an moralischen, philosophischen und systematischen Gesichtspunkten, und auch die Johann Daniel Falks, der in Lichtenbergs Schriften eine gewisse philosophisch-literarische Halbschlächtigkeit am Werk sieht.

55 Lamping 1992: 74.

56 Vgl. dazu Stölzel 1998: 135–141. Wie im Grunde aber nicht anders zu erwarten, hat Lichtenberg es selbst am besten formuliert: Er habe „Ideen-Körner ausgestreut, die wenn sie auf den rechten Boden fallen Kapital ja Dissertationes tragen können.“ (Lichtenberg 1800: 387)

Vermögen, andere zum Selbstdenken zu bewegen, eben nicht ein Kriterium unter anderen Kriterien des Aphoristischen, sondern eine *conditio sine qua non*; will sagen: Kürze, Isoliertheit, Witz: alles verhandelbar, nicht jedoch der Antrieb zum Selbstdenken. Wenn ein Aphorismus dies nicht leistet, wenn er also nicht zum Selbstdenken auffordern, ach was, zwingen würde, dann wäre er eben kein Aphorismus. Einen schlechten Aphorismus könnte es somit gar nicht geben. Ist er schlecht, ist er keiner.

In diesem Sinne wäre er immer: *avant la lettre*, könnte er seinen Titel streng genommen nur *ex post* erhalten, erst dann, wenn sich in der Rezeption das, was Aphorismus sein will, aber nicht ist, und das, was ein Aphorismus ist, weil er tatsächlich als ein solcher wirkt, auseinandersortiert. Aber wie will man aphoristische Wirkkraft überprüfen? Selbstdenken dürfte eine sehr schwer nachzuweisende Geistesaktivität sein. Schließlich lässt sich ein Aphorismus ohne eine Spur ‚Selbstdenken' bedeutungsvoll im Munde führen. Man kann ihn sich auf der Zunge zergehen lassen, ohne seine Aromen auch nur zu erkennen, geschweige denn zu würdigen. Man kann ihn auch einfach schlucken, ohne den geringsten Nährwert aus ihm herauszukauen – wenn er nicht ohnehin schon tausendfach zerkaut ist. Mindestens so sehr wie zum Selbstdenken lädt der Aphorismus zu geistigem Parasitentum ein.

Gesetzt den Fall, Lichtenberg trüge den Titel des Aphoristikers zu Recht – mit guten Gründen ist dies anzunehmen – machte dieses spezifische Denk- und Schreibtalent den uns hier interessierenden Satz zum Thema Sprachgebrauch und Berichtigung damit automatisch zu einem Aphorismus? Textuell isoliert ist er ja nicht – auch wenn Wittgenstein ihn für seine eigenen Zwecke aus seinem Kontext gelöst, ihn in diesem Sinne aphorismisiert hat. Mit einer prägnanten Kürze haben wir es immerhin zu tun, auch eine quasiparadoxale Grundstruktur mit Allgemeinheitsanspruch lässt sich auffinden; ebenso eine gedrängte Argumentation, dort, wo nicht nur wenig gesagt wird, sondern weniger, als notwendig wäre, wie ein anderes schönes Kennzeichen des Aphoristischen besagt.[57]

Schließt sich direkt die Frage an, ob Wittgensteins Schreiben selbst aphoristisch genannt werden darf – wie es notorisch getan wird.[58] Dann hätten wir es also in Abschnitt 90 des *Big Typescript* mit einem in Wittgenstein-Aphorismen eingelegten und somit potenzierten Lichtenberg-Aphorismus zu tun?

---

57 Vgl. Stölzel 1998: 109.

58 Den Auftakt machte Ingeborg Bachmann, die den *Tractatus* in einer ansonsten beeindruckenden Auseinandersetzung als „aus losen, brilliant geschriebenen, numerierten Aphorismen" bestehend beschreibt (Bachmann 1981: 10) – eine Sichtweise, die etliche Autoren seither auch in Hinblick auf die *Philosophischen Untersuchungen* einnehmen. Vgl. Gabriel 1991: 20–31; Nordmann 2013: 281; McGuinness 1988: 75; Balmer 2007: 204.

Ich denke: Nein. Sudelbucheintragungen und die Manuskriptbände Wittgensteins stehen in einer anderen Verwandtschaft zueinander. Es ist nicht die des Genres, aber es hat mit dem Genre zu tun:

Dass die Absatzförmigkeit der Wittgenstein'schen Texte so oft als Einladung genommen wird, diese aphoristisch, also „kotextuell isoliert[ ]" zu behandeln und zu zitieren, darunter insbesondere jenen letzten Satz des *Tractatus*: „Wovon man nicht sprechen kann, darüber muß man schweigen",[59] um Trivialitäten jeglicher Art zu untermauern, ist wirkungsgeschichtlich ein Jammer, und es wäre viel gewonnen, wenn eine Zeit lang einmal ganz darauf verzichtet werden könnte. Es sind eben keine freistehenden Geistesblitze und Sentenzen, die Wittgenstein hier streng durchnummeriert aneinanderreiht, sondern präzis situierte Stationen innerhalb einer skrupulös ausgearbeiteten Denklinie – oder besser eines Geflechts, in dem sowohl die einzelnen Bestandteile ohne einander Gefahr laufen, völlig falsch verstanden zu werden, und das auch selbst wiederum ohne eine bestimmte Bemerkung an einer bestimmten Stelle nicht genau das zu sehen geben kann, was zu sehen gegeben werden soll. Somit sind es nicht einzelne Pointierungen, sondern wohlbedachte Reihen, die erläutern, befragen, hin- und herwenden. Dass Wittgenstein mit diesen Reihen experimentiert hat, dass er sie auseinandergeschnitten und die einzelnen Absätze in immer neuen Anläufen zu immer neuen Reihen zusammengesetzt hat, heißt eben nicht, dass diese Absätze in den Augen des Autors für sich allein genommen Bestand hätten oder in die angestrebte Richtung zu führen in der Lage wären. Im Gegenteil: Auch wenn sie an wechselnden, dabei nicht beliebigen Positionen Wirkung entfalten, bleiben sie in den Augen des Autors Bestandteile und nicht Versatzstücke.

Und wie steht es mit der Fähigkeit, ‚Selbstdenken', zu provozieren – diesem stärksten Kriterium des Aphoristischen? Nicht uninteressant in diesem Zusammenhang ist, dass die Stelle, die Wittgenstein in jener Ausgabe der *Vermischten Schriften* Lichtenbergs angestrichen hat, die er, wie eingangs erwähnt, einst Bertrand Russell schenkte, eine ist, die die Bedeutung des ‚Selbstdenkens' aufgreift:

> Die Frage: soll man selbst philosophieren? muß dünkt mich so beantwortet werden als eine ähnliche: soll man sich selbst rasieren? Wenn man mich fragte, so würde ich antworten, wenn man es recht kann, es ist eine vortreffliche Sache. Ich denke immer daß man das letztere selbst zu lernen suche, aber ja nicht die ersten Versuche an der Kehle mache.[60]

---

59 Wittgenstein 1989a: 85.
60 Lichtenberg 1998a: 183.

Etwas Anleitung und Übung ist offenbar gar nicht so schlecht; lebensrettend unter Umständen. Insgesamt steht Wittgenstein tatsächlich viel eher auf der Seite didaktischer Darstellungsarbeit, die gerade kein Kennzeichen des Aphoristischen ist. In einer seiner letzten Vorlesungen hat er sein Anliegen, eine Methode zu vermitteln, noch einmal besonders deutlich formuliert: Während die etablierte Auffassung von Philosophie dazu nötige, „einen Begriff auf eine bestimmte Weise anzusehen", strebe er an, „andere Weisen der Betrachtung anzuregen oder sogar zu erfinden":

> Ich schlage Möglichkeiten vor, an die Sie früher gar nicht gedacht haben. Sie dachten, es gebe eine Möglichkeit oder höchstens nur zwei. Ich aber habe Sie dazu gebracht, an noch andere zu denken. Außerdem habe ich Sie erkennen lassen, es sei absurd zu erwarten, der Begriff füge sich diesen beschränkten Möglichkeiten. So hat sich Ihre geistige Verkrampfung gelöst, und Sie sind frei, sich im ganzen Feld des Gebrauchs des Ausdrucks umzuschauen und die verschiedenen Arten seines Gebrauchs zu beschreiben.[61]

Das klingt in dieser Mitschrift sendungsbewusster und selbstbewusster, als es in den Manuskripten Wittgensteins aus eigener Hand auffindbar ist. Dennoch können wir festhalten, dass sich Wittgensteins Schreiben insgesamt daran messen lassen wollte, ob es ihm gelinge, günstige Verhältnisse für spezifische Einsichten in semantische Zusammenhänge und deren Wirklichkeitsbezüge herzustellen. Ein Bemühen, das dem vergleichbar ist, jemandem angesichts eines Vexierbildes einen Aspektwechsel nahezubringen. Das braucht Gespür für den richtigen Weg und die entscheidenden Einsätze und Formulierungen, aber ein aphoristisches Anliegen ist hier nicht zu erkennen.

Für mich stellt sich das Verhältnis des Sudelbuchsatzes zur „Berichtigung des Sprachgebrauchs" und dessen Rezeption durch Wittgenstein nun wie folgt dar:

Wittgenstein nimmt diesen Satz, der als Aphorismus durchgeht, obwohl er eigentlich nicht so verfasst ist, in Gebrauch,[62] um seine eigene Auffassung von Sprache und Denken an den entscheidenden Stellen zu entwickeln und zu schärfen. Indem das aphorismusinduzierte Selbstdenken gewissermaßen schwarz auf weiß dokumentiert wird, stoßen wir hier auf den – seltenen – Beweis dafür, dass wir es in Lichtenbergs Satz tatsächlich mit einem Aphorismus zu haben (könnten). Und noch ein zweites, auf das zentrale Argument zielende Moment wird vorgeführt: die reiche und produktive Materialität der verdächtigen, der unpräzisen, der ‚falschen' Sprache. Denn: läuft nicht eine vereinzelte Verdichtung von Gedanken Gefahr, ihr Potential nicht zu entwickeln? Braucht es nicht mehr?

61 Malcolm 1961: 66 f.

62 Vgl. Fricke 1984: 8, wo der Aphorismus ausdrücklich als ein „Gebrauchsgegenstand" bezeichnet wird.

Einen ganzen Denkstrang, eine Linie, die, auch wenn sie nicht im Horizont eines Ganzen, eines Werks steht, in einer Systematizität eigener Art ein Problem nicht nur – aphoristisch – verdichten, sondern auch „behandel[n]“ kann? Dass in und mittels eines hochbearbeiteten, jedoch nicht gereinigten, noch nicht einmal konjunktional weichgespülten oder sonstwie geglätteten Textgewebes gedacht werden kann, dass die unauflösliche Beziehung von Sprache und Sprechen zu Denken und Praxis gerade dann entfaltet werden kann, wenn die Materialität von Sprache sichtbar bleibt? Und somit offenbar wird, dass die Sprache mehr und anderes ist als das, was schlechthin berichtigt werden kann, auch wenn man es philosophisch für noch so wünschenswert hielte? Wünschenswert in Wittgensteins Perspektive wäre die Einsicht „Alle Philosophie ist ‚Sprachkritik'“, die er bereits im *Tractatus* festgehalten hat. Dieser Satz, bestehend aus vier Wörtern neben einer fünfstelligen Ordnungsnummer, erhellt sich vor allem durch den in Klammern gesetzten Nachsatz: „(Allerdings nicht im Sinne Mauthners.)“[63]

Der österreichische Philosoph Fritz Mauthner, der in Lichtenberg einen „bis zur Sprachkritik witzigen Kopf“ sah – eine Wendung, über die man ebenfalls sehr lange und intensiv nachdenken müsste –, hat ihm Bewunderung entgegengebracht und doch eines nicht verziehen: Jenes „es denkt“, das, analog zu „es blitzt“, das Ich seiner Allmächtigkeit beraubt. Damit, so Mauthner, habe sich Lichtenberg „über die Sprache erhoben“:

> Die Sprache weigert sich fast, Lichtenbergs es denkt (wie es blitzt) auszusprechen. Wer gar sagen wollte *es spricht*, der würde vom gesunden Menschenverstand oder von der Gemeinsprache ausgelacht werden.[64]

Mauthner, ganz auf der Seite der Sprachpositivität, markiert damit die Grenze der Sprachkritik, wo er sie sieht, wohingegen Wittgenstein mit seinem „Allerdings nicht im Sinne Mauthners“ die Grenze dessen markiert, was er als philosophische Sprachkritik anzusehen bereit ist – und das ist gerade nicht die sprachpositivistische. Denn anders als Mauthner findet er Lichtenbergs Vorschlag keineswegs lächerlich, sondern äußerst bedenkenswert: „Ebenso wie das Auge nicht in das Sehen hineinspielt, kommt beim Denken oder bei Kopfschmerzen nirgendwo ein Ich ins Spiel“,[65] lesen wir in Vorlesungsmitschriften der frühen 1930er Jahre.

---

63 Wittgenstein 1989a: 26 (Satz 4.0031).

64 Mauthner 1910: 179.

65 Moore 1959: 309. Wittgenstein verweist auf Lichtenberg und konkretisiert seine Kritik an der Rede vom Ich, indem er zwei Gebräuche des Wortes ‚ich' oder ‚mein' voneinander unterscheidet: einen Objektgebrauch und einen Subjektgebrauch: Ich bin zehn Zentimeter gewachsen bzw. ich

Wir können die Situation auch so beschreiben: Lichtenberg als sprachkritischer Vorfahre ist der gemeinsame Bezugspunkt von Wittgenstein und Mauthner. Mauthner kommt zu der Überzeugung, Lichtenberg gehe zu weit, Wittgenstein findet, Mauthner gehe nicht weit genug mit. In einer Figur doppelter Kritik innerhalb dieses sprachphilosophischen Dreigestirns wird genau der Punkt sichtbar, der unerlässlich ist, wenn man sowohl den Fallen des Idealismus als auch denen der Resignation zu entgehen trachtet: Experimentalsinn. Er ist der entscheidende Einsatz für eine epistemologische Arbeit, die in engster Fühlung mit den Möglichkeiten und Grenzen der eigenen Sprache operiert und nicht davor zurückschreckt, die Autorität der Grammatik herauszufordern, um ihr Präzision abzuringen – auch wenn es dann schon einmal so eigenartig klingen mag wie: „es denkt": Für Wittgenstein, nicht anders als für Lichtenberg, gehören solche semantischen Explorationen unbedingt in den Aufgabenbereich der Sprachkritik. Das Ziel ist hochgesteckt; hochgesteckter als jede schlicht aufgefasste Berichtigung es sein könnte, nicht zuletzt, weil es ein doppeltes ist: Es geht um das Ausloten der Möglichkeiten der Sprache, in der man lebt und arbeitet, und nicht weniger darum, in ihr und mit ihr zur Wirklichkeit der Phänomene durchzudringen.

In jener besonderen Abmischung von augenzwinkerischer Hybris, absurder Verdrehung und strategischer Tiefstapelei, die uns schon eingangs beschäftigte, hat Lichtenberg dies in einem Brief an Friedrich Justus Riedel selbst auf den Punkt gebracht:

> Mit meiner Schreibart mußt du es so genau nicht nehmen. Deutsch und Wahrheit das ist alles was ich suche.[66]

Literatur

Adorno, Theodor W. (1974): Satzzeichen. In: Ders., *Noten zur Literatur*. Hrsg. von Rolf Tiedemann. Frankfurt a.M.: Suhrkamp, 106–113.

Adorno, Theodor W. (1994): *Minima Moralia. Reflexionen aus dem beschädigten Leben*. Frankfurt a.M.: Suhrkamp.

Austin, John L. (1986): Ein Plädoyer für Entschuldigungen. In: *Gesammelte philosophische Aufsätze*. Stuttgart: Reclam, 229–268.

Bachmann, Ingeborg (1981): Ludwig Wittgenstein – Zu einem Kapitel der jüngsten Philosophiegeschichte. In: Dies., *Die Wahrheit ist dem Menschen zumutbar. Essays, Reden, Schriften*. München: Piper, 7–18.

habe Zahnschmerzen. Vgl. bereits Wittgenstein 1989a: 67: „Das denkende, vorstellende Subjekt gibt es nicht."

66 Lichtenberg 1998b: 72f.

Balmer, Hans Peter (2007): Aphoristik, Essayistik, Moralistik. In: Hans Vilmar Geppertz & Hubert Zapf (Hrsg.), *Theorien der Literatur. Grundlagen und Perspektiven*. Tübingen: Francke, 191–211.

Biesenbach, Hans (2014): *Anspielungen und Zitate im Werk Ludwig Wittgensteins*. Sofia: Sofia University Press.

Campe, Rüdiger (2012): „Unsere kleinen blinden Fertigkeiten". Zur Entstehung des Wissens und zum Verfahren des Schreibens in Lichtenbergs Sudelbüchern. In: *Lichtenberg-Jahrbuch* 2011, 7–32.

Diamond, Cora (1978): *Wittgensteins Vorlesungen über die Grundlagen der Mathematik: Cambridge 1939*. Frankfurt a.M.: Suhrkamp.

Fricke, Harald (1992): Aphorismus. In: Gert Ueding (Hrsg.), *Historisches Wörterbuch der Rhetorik*. Bd. 1. Tübingen: Max Niemeyer, 773–790.

Fricke, Harald (1984): *Aphorismus*. Stuttgart: J.B. Metzler.

Gabriel, Gottfried (1991): *Zwischen Logik und Literatur. Erkenntnisformen von Dichtung, Philosophie und Wissen*. Stuttgart: J.B. Metzler.

Griesecke, Birgit & Werner Kogge (2010): Ein Arbeitsprogramm. Kein Abgesang. Wittgensteins grammatische Methode als Verfahren experimentellen Denkens. In: Stefan Tolksdorf & Holm Tetens (Hrsg.), *In Sprachspiele verstrickt – oder: Wie man der Fliege den Ausweg zeigt. Verflechtungen von Wissen und Können*. Berlin, New York: De Gruyter, 101–126.

Heißenbüttel, Helmut (2007): *„Neue Blicke durch die alten Löcher". Essays über Georg Christoph Lichtenberg*. Göttingen: Wallstein.

Husserl, Edmund (1976): *Die Krisis der europäischen Wissenschaften und die transzendentale Phänomenologie. Eine Einleitung in die phänomenologische Philosophie*. In: *Husserliana*. Bd. 6. Hrsg. von Walter Biemel. Den Haag: Nijhoff.

Husserl, Edmund (1988): *Husserliana Dokumente*. Bd. II,1. Hrsg. von Guy van Kerckhoven, Hans Ebeling & Jann Holl. Den Haag: Kluwer.

Kienzler, Wolfgang (1997): *Wittgensteins Wende zu seiner Spätphilosophie 1930–1932*. Frankfurt a.M.: Suhrkamp.

Krämer, Sybille (2001): *Sprache, Sprechakt, Kommunikation. Sprachtheoretische Positionen des 20. Jahrhunderts*. Frankfurt a.M.: Suhrkamp.

Kuster, Friederike (1996): *Wege der Verantwortung. Husserls Phänomenologie als Gang durch die Faktizität*. Dordrecht: Kluwer.

Lamping, Dieter (1992): *Lichtenbergs literarisches Nachleben*. Göttingen: Vandenhoeck & Ruprecht.

Lichtenberg, Georg Christoph (1800): *Vermischte Schriften nach dessen Tode aus den hinterlassenen Papieren gesammelt und hrsg. von Ludwig Christian Lichtenberg und Friedrich Kries*. Bd. 1. Göttingen: Johann Christian Dieterich.

Lichtenberg, Georg Friedrich (1998a): *Sudelbücher I*. In: *Schriften und Briefe*. Bd. 1. Hrsg. von Wolfgang Promies. 6. Aufl. Frankfurt a.M.: Zweitausendeins.

Lichtenberg, Georg Friedrich (1998b): *Sudelbücher II, Materialhefte, Tagebücher*. In: *Schriften und Briefe*. Bd. 2. Hrsg. von Wolfgang Promies. 6. Aufl. Frankfurt a.M.: Zweitausendeins.

Lichtenberg, Georg Friedrich (1998c): *Schriften und Briefe*. Bd. 3: Aufsätze, Entwürfe, Gedichte, Erklärung der Hogarthischen Kupferstiche. Hrsg. von Wolfgang Promies. 6. Aufl. Frankfurt a.M.: Zweitausendeins.

Lichtenberg, Georg Friedrich (1998d): *Schriften und Briefe*. Bd. 4: Briefe. Hrsg. von Wolfgang Promies. 6. Aufl. Frankfurt a.M.: Zweitausendeins.

Malcolm, Norman (1961): *Ludwig Wittgenstein. Ein Erinnerungsbuch*. München, Wien: Oldenbourg.

Mauthner, Fritz (1910): *Wörterbuch der Philosophie. Neue Beiträge zu einer Kritik der Sprache*. 6. Lieferung. München: Georg Müller.

Mauthner, Fritz (1921): *Zur Sprache und zur Psychologie*. In: *Beiträge zu einer Kritik der Sprache*. Bd. 1. Stuttgart, Berlin: Klett-Cotta.

Mautner, Franz H. (1933): Der Aphorismus als literarische Gattung. In: *Zeitschrift für Ästhetik und allgemeine Kunstwissenschaft* 27, 132–175.

Mautner, Franz H. (1968): *Lichtenberg. Geschichte seines Geistes*. Berlin: De Gruyter.

McGuinness, Brian (1992): *Wittgensteins frühe Jahre*. Frankfurt a.M.: Suhrkamp.

Merkel, Reinhard (1988): „Denk nicht, sondern schau!“ Lichtenberg und Wittgenstein. In: *Merkur* 42, 27–43.

Monk, Ray (1994): *Wittgenstein*. Stuttgart: Klett-Cotta.

Moore, George Edward (1959): *Philosophical Papers*. London: Allen & Unwin.

Müller-Funk, Wolfgang (1995): *Erfahrung und Experiment. Studien zu Theorie und Geschichte des Essayismus*. Berlin: Akademie.

Nedo, Michael (2000): Einleitung. In: Ludwig Wittgenstein: *The Big Typescript*. In: *Wiener Ausgabe*. Bd. 11. Hrsg. von Michael Nedo. Frankfurt a.M.: Zweitausendeins, vii–x.

Neumann, Gerhard (1976): *Ideenparadiese. Untersuchungen zur Aphoristik von Lichtenberg, Novalis, Friedrich Schlegel und Goethe*. München: Wilhelm Fink.

Nordmann, Alfred (2001): Noch einmal zu Lichtenberg und Wittgenstein – die gegenwärtige Quellenlage. In: *Lichtenberg-Jahrbuch* 2001, 163–170.

Nordmann, Alfred (2013): Worte. Worte. Worte? Mauthner, Wittgenstein und das Glück, in nur einer Welt zu leben. In: Gerald Hartung (Hrsg.), *An den Grenzen der Sprachkritik. Fritz Mauthners Beiträge zur Sprach- und Kulturtheorie*. Würzburg: Königshausen & Neumann, 273–288.

Postma, Heiko (2008): *„Als wenn der Blitz einschlüge“. Über den Experimental-Denker Georg Christoph Lichtenberg 1742–1799*. Hannover: JMB.

Rapic, Smail (1998): Subjektivität und Öffentlichkeit bei Lichtenberg und Wittgenstein. In: *Lichtenberg-Jahrbuch* 1998, 92–114.

Rath, Norbert (1997): Lichtenberg. Sprachreflexion und Vernunftkritik. In: Christoph Jamme (Hrsg.), *Grundlinien der Vernunftkritik*. Frankfurt a.M.: Suhrkamp, 71–85.

Schöne, Albrecht (1982): *Aufklärung aus dem Geist der Experimentalphysik. Lichtenbergsche Konjunktive*. München: C.H. Beck.

Schulte, Joachim (2000): Wittgenstein's Quietism. In: Uwe Meixner (Hrsg.), *Metaphysik im postmetaphysischen Zeitalter*. Wien: öbv & hpt, 37–50.

Stern, Joseph Peter (1959): *Lichtenberg: A Doctrine of Scattered Occasions – Reconstructed from His Aphorisms and Reflections*. Bloomington: Indiana University Press.

Stölzel, Thomas (1998): *Rohe und polierte Gedanken. Studien zur Wirkungsweise aphoristischer Texte*. Freiburg i.Br.: Rombach.

Wittgenstein, Ludwig (1989a): *Tractatus logico-philosophicus*. In: *Werkausgabe*. Bd. 1. Frankfurt a.M.: Suhrkamp, 7–85.

Wittgenstein, Ludwig (1989b): *Philosophische Untersuchungen*. In: *Werkausgabe*. Bd. 1. Frankfurt a.M.: Suhrkamp, 225–580.

Wittgenstein, Ludwig (1989c): *Bemerkungen über die Farben*. In: *Werkausgabe*. Bd. 8. Hrsg. von Rush Rhees & Friedrich Waismann, 13–350.

Wittgenstein, Ludwig (1989d): *Vorlesungen 1930–1935*. Hrsg. von Desmond Lee. Frankfurt a.M.: Suhrkamp.

Wittgenstein, Ludwig (2000): *The Big Typescript*. In: *Wiener Ausgabe*. Bd. 11. Hrsg. von Michael Nedo. Frankfurt a.M.: Zweitausendeins.

Wright, Georg Henrik von (1942): Georg Christoph Lichtenberg als Philosoph. In: *Theoria. A Swedish Journal of Philosophy and Psychology* VIII, 201–217.

Patrick Eiden-Offe

„Eigenes" und „Lebendiges". Hölderlins „deutscher Gesang" nach 1800

Mit nur wenig Übertreibung wird man sagen können, dass Hölderlins gesamtes Schaffen um die Frage kreist, wie und ob überhaupt das Deutsche eine Sprache der Dichtung sein oder werden kann. Das Deutsche wird dabei von Hölderlin nicht als bloße Gegebenheit betrachtet, sondern als Aufgabe, als Ziel einer selbst schon poetischen Bemühung. Deutsch ist für Hölderlin nicht Natur, nicht Muttersprache, sondern Kunst – in einer patriarchalischen Geste könnte man sagen: es soll eine *Vater*sprache werden, so wie „Vater" Heinse sie geschaffen hat, dem die Elegie *Brod und Wein* zugeeignet ist, um die es im Folgenden gehen soll.[1] Paradoxerweise aber soll dieses künstliche und künstlerische, dieses hoch artifizielle Deutsch Hölderlins dann doch erst und wieder eine Annäherung an die Natur erlauben.

Wenn es nicht als natürliche Gegebenheit angesehen wird, sondern als etwas, das als poetische Sprache erst gemacht, das selbst erst poetisch verfertigt werden muss, dann wird das Deutsche zu einem poetologischen oder zu einem Formproblem. Wie und in welchen Formen wird aus dem, was „uns" als Sprache natürlich gegeben zu sein scheint – so fragt Hölderlin –, eine Sprache, mit der sich dichten lässt? Wie lässt sich das Deutsche als dichterische Sprache selbst dichten? Dem drohenden Zirkel Heidegger'scher *figurae etymologicae* – die Frage fragen, das Dichten dichten, die Sprache sprechen – wollen wir uns durch einen beherzten Schritt in die Philologie entziehen. Denn gerade bei *Brod und Wein* – klassischer Hölderlin und noch „immer die beste Grundlage [...] zum Eindringen in Hölderlins Gedankenwelt", so Norbert von Hellingrath schon 1913[2] – kommt jede weitergehende Interpretation, worauf auch immer sie im Einzelnen zielt, um ganz grundsätzliche philologische Fragen nicht herum; zum Beispiel um die, auf welchen Text sich die Interpretation eigentlich be-

1 Wir wollen genau sein: *Brod und Wein* ist nur „An Heinze" adressiert; eine frühe Fassung der Hymne *Der Rhein* geht „An Vater Heinze". Mit beidem ist Wilhelm Heinse gemeint, der als väterlicher Freund, Mentor und „ehrlich Meister" – so ein spätes Fragment – für die philosophische und poetologische Bildung Hölderlins zentral war, vgl. Gaier 2002: 86–89. Vgl. auch Hock 1995: 79–105. Gegen den Befund bei Hölderlin macht Friedrich Kittler eine mütterliche Codierung poetischer Sprache um 1800 geltend, vgl. Kittler 1995: 35–67.

2 Hellingrath 1923: 318.

https://doi.org/10.1515/9783110676631-011

zieht. Denn die Elegie liegt uns nur als ein Gefüge von Fassungen, von handschriftlichen und fragmentarischen Überarbeitungsstufen vor, ohne dass dabei eine davon als ‚eigentliche', als ‚ursprüngliche' oder ‚letzte' etwa, herausgehoben werden könnte. In diesem komplizierten und unübersichtlichen Gefüge lässt sich aber auch nachvollziehen, wie Hölderlin sein Deutsch und seine Konzeption des Deutschen als Sprache der Dichtung erst herausarbeitet; gerade anhand der Komplexität dieses Befunds lässt sich die Großthese von Hölderlin als Dichter des Deutschen kleinschrittig nachvollziehen und überprüfen.

Die drei Wörter und Fügungen, die im Titel dieses Aufsatzes als Zitate markiert sind, nehmen dabei drei Positionen und Schwellen in den Blick, die Hölderlin bei der Abarbeitung seines Programms eingenommen und überschritten hat. Das ‚Eigene' ist Grundwort jener Suche nach einem poetischen Deutsch, das zwar am Griechischen geschult ist, dieses aber gerade (und nur!) darin nachahmen will, dass es – wie dieses – ganz eigenständig wird; in den Worten der Elegie: „ein Eigenes zu suchen, so weit es auch ist".[3] Dieses ‚Eigene' ersetzt Hölderlin in einer späten Überarbeitung durch „Lebendiges" (Ü 42), ohne das ‚Eigene' allerdings auszustreichen. Zu fragen ist hier nach dem Verhältnis, nach Abgrenzung und Ergänzung der beiden Wörter oder Konzepte; Hölderlin'sch: nach ihrer *Innigkeit*. Die Elegie *Brod und Wein* ist von Hölderlins Hand im sogenannten Homburger Folioheft überliefert; in diesem Heft vollzieht Hölderlin den Übergang von einer Dichtung, die noch „nach traditionellen metrischen Schemata" verfertigt ist (eben etwa in Form der Elegie), zu Gesängen in „freien" – in „eigenen" – „Rhythmen".[4] Dieser Übergang wird in *Patmos*, einer dieser „freien" Dichtungen, die im Folioheft auf *Brod und Wein* folgen, im berühmten letzten Vers programmatisch proklamiert: „Dem folgt deutscher Gesang."[5] Ausgehend von der Stellung im Folioheft könnte man zuspitzen, dass jener „deutsche[ ] Gesang" als gesuchtes Eigenes schon in *Brod und Wein* angekündigt und in der späten Überarbeitung

---

3 *Brod und Wein* wird zitiert nach der Edition von Groddeck 2012. Groddecks Textfassungen basieren auf der Edition der Historisch-kritischen Ausgabe von D.E. Sattler (Frankfurter Hölderlin-Ausgabe). Deren sechsten Band von 1976, *Elegien und Epigramme*, haben Sattler und Groddeck gemeinsam herausgegeben (Hölderlin 1976). Die Textfassung von Groddeck 2012 weicht in einigen Punkten von der von 1976 ab. Groddeck 2012 stellt die verschiedenen Überarbeitungsstufen des Hölderlin'schen Textes zudem übersichtlicher nebeneinander. Meine Interpretation ist der Groddecks in hohem Maß verpflichtet. Ich zitiere im Folgenden im Fließtext mit diesen Siglen: R plus Vers für die Reinschrift (Hölderlin 2012a); Ü plus Vers für die späte Überarbeitung (Hölderlin 2012b). Ü wird nur zitiert, wenn die Überarbeitung Änderungen an R zeitigt; Verse, die in der Überarbeitung nicht verändert werden, werden nach R zitiert. Zitat oben: R 42.

4 Groddeck 2011: 332.

5 Hölderlin 1951: 172.

(die Hölderlin an und in der Abschrift des Folioheftes selbst vornimmt) auch verwirklicht wird: So wie im Folioheft die Ankündigung des „deutsche[n] Gesang[s]“ in *Patmos* auf *Brod und Wein* folgt, so folgt die späte Überarbeitung von *Brod und Wein* der Ankündigung in *Patmos*.[6] Der „deutsche[ ] Gesang“ ergäbe sich so aus Überarbeitungen und Überschreibungen. Für diesen Vorgang des fortgesetzten und sich verzweigenden Hervorgehenlassens des einen aus einem anderen (oder besser: des anderen aus dem einen) steht in der Sprache der späten Überarbeitung das „Lebendige[ ]“, welches bei Hölderlin wiederum als Inbegriff von Natur firmiert.

Die Überwindung der bloß natürlichen Sprache durch eine neue, künstlerisch-künstliche, führt zurück in die Natur, in eine neue Auffassung von Natur freilich, in der die alten strukturgebenden Oppositionen von Natur und Kunst, von Natur und Geschichte, von Natur und Form, zuletzt und vor allem aber: von Eigenem und Fremdem neu und anders konfiguriert werden. Hölderlins spätes Deutsch, das Deutsch der ‚deutschen Gesänge‘ (das sich in der Überarbeitung von *Brod und Wein* schon ankündigt) ist als „ein Eigenes“ gedacht, das als „Lebendiges“ ganz in dieser neuen Auffassung von Natur aufgeht, ohne noch einer abgrenzenden Rückversicherung in einem Fremden zu bedürfen. Das „Lebendige[ ]“ firmiert bei Hölderlin als ein Wort ohne Gegenwort, als Begriff ohne Gegenbegriff: es stellt einen Prozess vor, der ohne Ursprung und Ziel verläuft und immer auch sein vermeintliches Gegenteil einbegreift; ein Prozess steter und inklusiver Veränderung.

1 Der philologische Befund

Ein erster, noch unvollständiger Entwurf zu jener Elegie, die später *Brod und Wein* heißen wird, ist um 1801 herum entstanden (Textstufe 1). Eine erste Fassung, in der die Elegie schon ihren späteren vollen Umfang von neun Strophen zu je neun Distichen erreicht – *Brod und Wein* wird Hölderlins längste Elegie bleiben – trägt noch den Titel *Der Weingott* (Textstufe 2). Diese erste Reinschrift wird von Hölderlin noch mehrfach leicht überarbeitet (Textstufen 3 und 4), bevor er eine neue Reinschrift anfertigt, die ihrerseits mit einer grundlegenden Überarbeitung der ganzen Elegie verbunden ist (Textstufe 5). Diese zweite Reinschrift wird von D.E. Sattler und Wolfram Groddeck, den Editoren der

6 Groddeck sieht die Elegie in einer „Schwellenstellung [...] zwischen antikisierender Form und freiem ‚vaterländischem Gesang‘“ (Groddeck 2011: 328).

Frankfurter Ausgabe, ‚Arbeitsreinschrift' genannt, um ihren nicht-endgültigen, ihren *work-in-progress*-Charakter zu betonen; für Bernhard Böschenstein hingegen haben wir es hier mit der „klassischen" Fassung der Elegie zu tun,[7] die als solche in den meisten Ausgaben, vor allem in der Großen Stuttgarter Ausgabe von Friedrich Beißner, aber auch in allen gängigen Leseausgaben, als maßgebliche abgedruckt wird.

Die zweite Reinschrift fertigt Hölderlin im Spätherbst 1802 im Homburger Folioheft an. Diese Fassung der Elegie beginnt Hölderlin dann wohl frühestens 1804 noch einmal grundlegend zu revidieren: in „schweren, mit dunkler Tinte und rundem Duktus vorgenommenen Überarbeitungen".[8] Er notiert die überarbeiteten Verse jeweils über den Versen der Reinschrift; die neuen Verse stehen zwischen deren Zeilen, gewissermaßen als Interlinearkorrektur. Dabei verzichtet Hölderlin darauf, die mutmaßlich zu ersetzenden Verse zu streichen. Die neuen Verse lassen die alten lesbar stehen, es handelt sich – wenigstens dem Schriftbild nach – eher um alternative Versionen.

Die Elegie *Brod und Wein* blieb zu Lebzeiten Hölderlins und lange danach unveröffentlicht. Nur die erste Strophe wurde unter dem Titel *Die Nacht* in *Senckendorffs Musenalmanach für das Jahr 1807* in einer unautorisierten Fassung abgedruckt. Die erste Strophe wurde dabei als ein in sich abgeschlossenes ganzes Gedicht wahrgenommen, das etwa bei den Romantikern für Furore gesorgt hat. Die gesamte Elegie wurde, in der Fassung der zweiten Reinschrift, erst 1894 im Anhang einer Biographie von Carl Müller-Rastatt zum ersten Mal publiziert und machte sofort eine erstaunliche Karriere: Bereits 1896 erschien die erste Monographie, die ganz *Brod und Wein* gewidmet war. Emil Petzolds *Hölderlins „Brod und Wein". Ein exegetischer Versuch* wurde noch 1967 von Friedrich Beißner neu herausgegeben.[9]

Norbert von Hellingrath hat im vierten Band seiner Gesamtausgabe 1916 die ersten Entzifferungsversuche der späten Überarbeitungen vorgelegt. Bei Hellingrath aber wurden diese – wie auch in der Stuttgarter Ausgabe, die Beißner zwischen 1943 und 1961 besorgt hat[10] – als bloße Lesarten in die Apparatbände verwiesen. Erst mit dem sechsten Band der Frankfurter Hölderlin-Ausgabe, den Sattler und Groddeck 1976 vorgelegt haben, werden die späten Überarbeitun-

7 Vgl. Böschenstein 1991.

8 George 2011: 379–394, hier 380.

9 Petzold 1896/1967. Seitdem sind noch zwei Monographien erschienen, die ganz *Brod und Wein* gewidmet sind: Schmidt 1968 und Groddeck 2012. Insgesamt gilt *Brod und Wein* als die am intensivsten erforschte Dichtung Hölderlins, vgl. Groddeck 2011: 327.

10 Die Briefedition der Stuttgarter Ausgabe wurde erst 1977, der Registerband 1985 vorgelegt.

gen vollständig entziffert und dann auch als integrale eigenständige Fassung (Textstufe 6) konstituiert.[11]

2 Formsemantik

Die Elegie *Brod und Wein* ist überaus streng komponiert; die Gesamtanlage unterliegt dabei einer regelrechten Triadomanie:[12] Die Elegie setzt sich aus drei mal drei, also neun Strophen zusammen. Jede Strophe besteht in sich noch einmal aus neun elegischen Distichen, wobei diese neun Distichen jeder Strophe sich wieder zu je drei Dreiergruppen zusammenfinden.

Inhaltlich stellt das Vers- und Strophengefüge von *Brod und Wein* ein triadisches geschichtsphilosophisches Schema vor Augen: Die Gegenwart wird in den Strophen 1 bis 3 als eine „dürftige[]“ (R 122), im Ganzen aber zufriedene Zeit beschrieben, in der den Menschen selbst noch das Bewusstsein der Dürftigkeit abhandengekommen ist. Nur „zuweilen“ (R 25), in der „Nacht“ (R 36) und durch „Gesang“ (R 28), bricht die „Not der Notlosigkeit“ (Heidegger) auf.[13] In Strophe 3 wird dieses Aufbrechen in einen Aufruf zum Aufbruch umgemünzt: „Göttliches Feuer auch treibet, bei Tag und bei Nacht, / Aufzubrechen.“ (R 41 f.) Die nun bewusste Dürftigkeit der Gegenwart enthüllt sich als Gottes- oder Götterferne. Dieser wird in den Strophen 4 bis 6 die ideale Vergangenheit eines „seelige[n] Griechenland“ (R 55) gegenübergestellt, in der die Menschen in einem regen Verkehr mit den Göttern standen. Dass diese festliche Zeit zu Ende gegangen ist, dass die Götter sich aus der Welt zurückgezogen und die Menschen verlassen haben, kommt in Strophe 7 katastrophisch zu Bewusstsein: „Aber Freund! Wir kommen zu spät. Zwar leben die Götter / Aber über dem Haupt droben in anderer Welt.“ (R 109 f.) In diesem „Irrsal“ (R 115) der Gegenwart aber wird dann in den Strophen 8 und 9 aus den Gaben von Brot und Wein („Brod ist der Erde Frucht, doch ists vom Licht geseegnet, / Und vom donnernden Gott kom-

---

11 Über den Status dieser letzten Fassung gibt es seitdem Streit. Sattler und Groddeck haben sich auf die These festgelegt, es müsse eine „Abschrift der letzten Überarbeitung [...] existiert haben“, die nur durch Zufälle der Überlieferung verlorengegangen sei (so Groddeck 2002/ 2012: 327, 334 – immerhin im *Hölderlin Handbuch*; auch so werden wissenschaftliche Tatsachen hergestellt). Dagegen liest Bernhard Böschenstein die letzte Überarbeitung eher als Etappe des letztlich unabschließbaren Projekts einer Selbstkritik Hölderlins; als, wenn man so will, wesentliches Fragment, nicht als zufälliges, vgl. Böschenstein 1991: passim.

12 Den Ausdruck entlehne ich dem Vortrag von Lachmann 2006.

13 Heidegger 1961: 359: „Das seinsgeschichtliche Wesen des Dürftigen dieses Weltalters beruht in der Not der Notlosigkeit.“

met die Freude des Weins." [R 137f.]) als „Zeichen" (R 131) Gottes eine erneute Zusammenkunft von Göttern und Menschen in der Zukunft prophezeit.

Im formalen Kalkül von *Brod und Wein* findet das triadische geschichtsphilosophische Schema seinen Ausdruck in einem Detail, das zunächst als Fehler oder doch wenigstens als Abweichung gewertet werden müsste. Denn die siebte Strophe weist nur acht Distichen auf. Warum ist das so? In dieser Strophe bricht das Bewusstsein der Gottesferne in die Gegenwart ein – hier findet sich dann auch die berühmte Frage „und wozu Dichter in dürftiger Zeit?" (R 122) Genau jene Dürftigkeit der Zeit aber, das Fehlen der Götter, wird im Gedicht veranschaulicht durch das Fehlen eines Distichons. Und umgekehrt könnte man vielleicht sagen, dass die ganze strenge Komposition der Elegie nur dazu dient, diesen einen Fehler, der auf ein Fehlen verweist, umso evidenter werden zu lassen.[14]

Der semantische Gehalt der Form lässt sich noch in einer weiteren Dimension entfalten: Die triadische Konstruktion wird ergänzt (oder auch: konterkariert) durch eine durchgängige Zweiteilung aller Elemente: Die Elegie als Ganze findet in ihrer numerischen Mitte, im fünften Distichon der fünften Strophe, einen Umschlagpunkt: Hier – und nur hier – steht am Umbruch vom Hexameter zum Pentameter das Wort „Wahrheit", das Distichon lautet: „Möglichst dulden die Himmlischen diß; dann aber in Wahrheit / Kommen sie selbst und gewohnt werden die Menschen des Glüks" (R 81f.). Das „Kommen" der Götter wird zuvor schon von einem Gott ausgesagt: „Dorther kommt und zurük deutet der kommende Gott" (R 54). Die Dopplung des Kommens („kommt [...] der kommende Gott") deutet zugleich auf das untergegangene wie auf das wiedererstehende Griechenland. Der „kommende Gott" kommt aus der Vergangenheit und der Zukunft zugleich, und die Doppelbewegung von Voranschreiten und Zurück(ver)weisen ist charakteristisch nicht nur für die Geschichtsphilosophie von *Brod und Wein*, sondern auch für die rhythmische Gestalt der Elegie, die durch die Zweiteilung der Distichen, den alternierenden Wechsel von metrisch relativ freien Hexametern und rigiden, eindeutig voranschreitenden Pentametern geprägt ist: Die Zäsur kann in den Hexametern nach mindestens drei verschiedenen Mustern gesetzt werden, wobei eine Mittelzäsur selten, jedenfalls aber nur eine unter anderen Möglichkeiten ist. Der Pentameter ist immer und ausnahmslos durch eine Mittelzäsur geprägt.

14 Zur Interpretation des fehlenden Verses vgl. Groddeck 2012: 167; vgl. dazu auch Nägele 1985: 104: „Das fehlende Distichon dieser Strophe ist nur der sichtbare Ausdruck einer Erschütterung, deren Ausmaß gerade daran ablesbar ist, daß sie sich im Äußerlichsten, im mechanischen Zahlenkalkül verrät."

Auch wenn sich die semantischen Werte Statik und Dynamik nicht eindeutig der Zwei- oder der Dreiteilung zuweisen lassen, so kann man doch festhalten, dass die formale Unentschiedenheit zwischen der Zwei und der Drei als prägender Bezugsgröße (oder die Subversion der vielleicht dominanten Drei durch die Zwei) genau jenes Spiel von Zeit und Bewegung in Gang setzt, das auch den Gehalt der Elegie ausmacht.[15]

3 Kulturwanderung: Griechenland und Hesperien, Dionysos und Christus

Die geschichtsphilosophische Triade wird in *Brod und Wein* auch mit einer Ordnung der Kulturräume verbunden: Die verlorene Zeit der Götternähe ist explizit als „[s]eeliges Griechenland“ (R 55) benannt; dass diese durchaus auch als konkrete Lokalität zu verstehen ist, machen die Ortsnamen etwa in der letzten Verstrias von Strophe 3 deutlich, wo jenes Griechenland durch den exotischen Klang der griechischen Namen poetisch evoziert wird:

Drum an den Isthmos komm! Dorthin, wo das offene Meer rauscht
    Am Parnaß und der Schnee delphische Felsen umglänzt,
Dort ins Land des Olymp, dort auf die Höhe Cithärons,
    Unter die Fichten dort, unter die Trauben, von wo
Thebe drunten und Ismenos rauscht, Im Lande des Kadmos,
    Dorther kommt und zurük deutet der kommende Gott. (R 49–54)

Das „seelige[ ] Griechenland“ – „seelig[ ]“ im dreifachen Sinn von beseelt, seelenvoll und tot – baut einen Kontrast zur ersten Strophe auf, in der über Topoi wie die ruhige Stadt mit ihren „erleuchtete[n] Gasse[n]“, dem Markt, den Brunnen, dem Nachtwächter und dem Glockenschlag eine romantisch-deutsche Szenerie aufgerufen wird; dass die Romantiker diese als die ihre erkannt haben, mag dies bestätigen. Die Wiederkunft der Götter und der erneuerte Umgang mit ihnen wird nun für „Hesperien“ in Aussicht gestellt: „Was der Alten Gesang von Kindern Gottes geweissagt, / siehe, wir sind es; Frucht von Hesperien ists!“ (R 149 f.)

Der Kulturwanderung von Ost nach West, von den „Alten“ zu uns, entspricht im religiösen Register eine zunehmende Überblendung der alten, heidnischen Götter durch den einen christlichen Gott und dessen Sohn. Schon in

15 Boris Previšić hält fest, dass in der „[m]etrischen Flexibilität der Elegie“ besonders gute „Voraussetzungen für den freien Vers“ gegeben seien, vgl. Previšić 2008: 49–73.

der Welt der Alten firmieren „die Götter" immer wieder auch im Singular als „der [bzw. „ein"] Gott" (R 23, 54, 88, 105, 138); als dieser wird in den Strophen 7 und 8 explizit der „Weingott[ ]" Dionysos benannt (R 123, 141).[16] Dionysos ist ein „Halbgott" (R 75), und als solcher ist er prädestiniert zur Mittlerfigur zwischen Göttern und Menschen. In dieser Funktion wiederum wird er beerbt von Christus, einem anderen Halbgott, bzw. einem Gott, der „des Menschen Gestalt an[nahm]" (R 107). In der Überblendung von Dionysos und Christus, die in *Brod und Wein* gewissermaßen den gleitenden Untergrund für die offensichtlichere schroffe Gegenüberstellung der Weltepochen und Kulturregionen bildet, hat Hölderlin Teil am frühromantischen „Generationenprojekt" einer Versöhnung von christlicher Soteriologie und antiker Mythologie.[17] Hierin besteht in der Geschichtsphilosophie von *Brod und Wein* auch das Surplus der verheißenen Wiederkehr der Götter bzw. des Gottes: Diese wird nicht als bloße Wiederholung gedacht, sondern als christlich angereicherte Wiederholung und damit auch als Erlösung der heidnischen Antike. Brot und Wein, als „Zeichen" (R 131) der Versöhnung und Erlösung, stehen in *Brod und Wein* für Dionysos *und* für Christus, und sie gelten den „Alten" wie „uns".[18]

4 Die Suche nach der eigenen Gangart

Das geschichtsphilosophische und kulturtopologische Programm wird in *Brod und Wein* auch sprachlich gewendet und damit poetologisch fruchtbar gemacht. Denn es ist nicht nur das „seelige[ ] Griechenland", das in „Hesperien" seine Wiedergeburt erwartet, es ist auch das Griechische als Sprache der Dichtung, das in

16 Die erste Fassung des Gedichts trug, wie erinnerlich, auch noch diesen Titel: „Der Weingott".

17 Groddeck 2012: 26. Manfred Frank schreibt von einer „enharmonischen Verwechslung" von Dionysos und Christus bei Hölderlin und in der Romantik (vgl. dazu Frank 1982: 285 ff.), Szondi von deren „Rapprochement" (Szondi 2011a: 355). Eine weitgehende Desidentifikation betreibt Karl-Heinz Bohrer in seiner Lektüre von *Brod und Wein*; demnach kommt es im „dionysischen Augenblick" zwar zu einer Überblendung von griechischer Mythologie und christlicher Theologie, aber zu keiner konzeptuellen Verschmelzung oder gar Überführung der Ersteren in Letztere, vgl. Bohrer 2015: 53–85, insb. die Abschnitte „Der dionysischen Augenblick" und „Die poetologische Identifikation". Eine „Synthetisierung von Dionysischem und Christlichem" in *Brod und Wein* hingegen wird festgestellt bei Lee 2007: 183–199.

18 Die „Mythen der Wanderung" werden, mit besonderem Blick auf die „[k]ulturelle Geographie" und einem besonderen Ohr für die „explikative Prägnanz von Namen und Etymologien", untersucht bei Honold 2002: 180; zu *Brod und Wein* insb. 186 ff.

Brod und Wein verloren gegeben, studiert und in der eigenen Sprache, im Deutschen, wiedergeboren werden soll.

Der Bezug des geschichtsphilosophischen Programms auf die poetische Sprache wird dabei über die Frage des Versmaßes hergestellt. Das Motiv des Gehens und des Schritts bringt das Problem der Versfüße ins Spiel, die erst der poetisch geformten Sprache ihr Maß geben. In Strophe 3, wo zum Aufbruch aus der Dürftigkeit der Gegenwart aufgerufen wird, heißt es:

> Göttliches Feuer auch treibet, bei Tag und bei Nacht,
> Aufzubrechen. So komm! daß wir das Offene schauen,
> Daß ein Eigenes wir suchen, so weit es auch ist.
> Fest bleibt Eins; es sei um Mittag oder es gehe
> Bis in die Mitternacht, immer bestehet ein Maas,
> Allen gemein, doch jeglichem auch ist eigenes beschieden,
> Dahin gehet und kommt jeder, wohin er es kann. (R 40–46)

Der Aufruf, „das Offene [zu] schauen“, wird ausgeführt als Suche nach einem „Eigene[n]“. Dieses wiederum liegt in einem „Maas“, durch das erst die Vermittlung des (All-)Gemeinen und des Besonderen erreicht wird. Durch die Rede vom ‚Gehen‘ wird das „Maas“ als Versmaß erkennbar, das Versfüße misst; das Eigene, das gesucht wird, wird lesbar als Umschreibung einer eigenen poetischen Gangart, eines eigenen Rhythmus.[19]

Das Problem einer eigenen poetischen Gangart des Deutschen hatte – nicht nur für Hölderlin – folgenreich Klopstock aufgeworfen, als er nach der Möglichkeit eines genuin deutschen Hexameters fragte.[20] Hölderlin abstrahiert an der zitierten Stelle nun von allen konkreten nationalsprachlichen Umständen und umschreibt

---

19 Der Bezug des Gehens auf das Versmaß ist schon bei Ovid topisch; die elegischen Distichen der *Amores* – „Mit sechs Metren soll steigen mein Werk, in fünfen sich senken“ (I, 1, V. 27) – thematisieren das Gehen durchgängig als poetologische Metametapher. Gleich zu Beginn des ersten Gedichts raubt Cupido dem Dichter einen Versfuß, wodurch der zweite Vers, der Pentameter, kürzer wird als der erste, der Hexameter. Dadurch wird die Vergil'sche Anmutung des epischen Beginns („Waffengewalt und Kriege in wuchtigen Rhythmen besingen / wollte ich“ [I, 1, V. 1 f.]) unvermeidlich zu einer Parodie. In II, 17, V. 19–22 wird der humpelnde Vulkan mit hinkendem Versfuß dargestellt, wobei die betreffenden Verse diese Angleichung zugleich poetologisch kommentieren: „Venus gehört dem Vulkan, und das, obwohl er mit krummem Fuße / hässlich hinkt, wenn er den Amboss verlässt; // ungleichmäßig ist auch die Gattung der Dichtung hier, / dennoch schmiegt sich der epische Vers dem, welcher kürzer ist, an“ (Ovidius 2014). Ich danke Jakob Gehlen für die Hinweise und freue mich auf seinen Aufsatz *Der Bruch mit der Ordnung. Ovids Politik des elegischen Distichons*, der demnächst erscheinen wird.

20 Grundlagentext ist Klopstocks Abhandlung *Vom deutschen Hexameter* von 1779, wiederabgedruckt in: Klopstock 1989. Zu Hölderlins Klopstock-Rezeption vgl. Groddeck 2012:18 ff. Zur Diskussion um den deutschen Hexameter im 18. Jahrhundert vgl. Amslinger/Wesche 2018.

allgemein, was es mit den Versfüßen und ihrem Maß auf sich hat: Zentral ist dabei für ihn, dass es überhaupt ein Maß und eine Einheit gibt; beides wird in denkbar allgemeinster Weise konstatiert oder gesetzt, vielleicht auch postuliert: „Fest bleibt Eins" – „immer bestehet ein Maas". Aus der Gegebenheit von Einheit und Maß ergibt sich überhaupt erst der Unterschied zwischen dem, was „[a]llen" (allen Sprachen und Dichtungsarten, allen poetischen Gangarten) „gemein" ist und was sie jeweils als „[E]igenes" (vom Gemeinen und Gemeinsamen Differierendes, sich Singularisierendes) aufzuweisen haben. Dieser Unterschied ist aber nicht als ein ausschließender aufzufassen, sondern als ein sich gegenseitig bedingender und hervorbringender: Das Eigene konturiert sich nur vom Gemeinen her – als je spezifische Ausformung des Gemeinen –, und das Gemeine ist nichts als das, was allen Einzelnen und Eigenen eben gemeinsam ist. Das Kommen und Gehen, das aufgeführt wird („Dahin gehet und kommt jeder") bezeichnet in seiner Spannung genau jene Wechselbestimmung, die auf keiner der beiden Seiten schon erfolgt ist und feststeht: Wenn und solange ein „[E]igenes" gesucht wird, dann und solange bleibt auch das noch fraglich, was „[a]llen gemein" ist. „Fest bleibt" nur das Eine, dass jedes Eigene, das gesucht wird, wiederum an der Bestimmung des Gemeinen Teil hat, ebenso, wie es auch um diese Teilhabe nicht herumkommen wird. Eine Abtrennung des Eigenen vom Gemeinen (und umgekehrt) ist in diesem Modell nicht vorgesehen.

Die politischen Implikationen des Denkmodells sind unübersehbar: Jürgen Link hat sie jüngst und in aktualisierender Absicht – und durchaus überzeugend – noch einmal als Gedanken einer politischen „As-Sociation" expliziert, den er beim republikanischen Hölderlin überall am Werk sieht.[21] Die ältere Forschung hat das Widerspiel von gemeinem Maß und dem „Recht auf Eigenthümlichkeit" philosophisch (als Umschreibung kantischer Imperative) oder religiös (als je eigene Teilhabe am göttlichen Offenbarungsgeschehen) gelesen.[22]

Die poetologische Lesart, die das Gehen auf die Versfüße bezieht und das gesuchte Eigene als eigene und eigentümlich deutsche Verskunst und -lehre interpretiert, lässt sich mit einer Tendenz der Hölderlin'schen Dichtung zur Selbstreferentialität begründen: Hölderlins Dichtungen sprechen über vieles – Politisches, Philosophisches, Religiöses –, sie sprechen aber immer auch über sich selbst und

Alles, was ich über Hölderlins Bindekunst weiß und nicht weiß, verdanke ich meiner Freundin und Kollegin Julia Amslinger.

21 Link 2016, insb. das Kapitel „Den ‚Archipelagus' lesen, oder: Wie konkret ist Hölderlins Utopie einer griechischen As-Sociation? – Mit Zeltstädten und direkter Demokratie zu einem polyeurhythmischen Ausweg aus der griechischen Krise?", 80–104.

22 Petzold 1896/1967, 91; vgl. Schmidt 1968: 58.

hier besonders über ihre eigenen Machart.[23] An der zitierten Stelle lässt sich dies allein schon an der Frage erörtern, wie die Wendung „Fest bleibt Eins" zu skandieren wäre: als Kretikus oder als Molossus (– ∪ – oder – – –), als „archaisch-festliche Tanzfigur" oder als metrischer Ausdruck von Statik. Beides ließe sich über das Homonym „Fest" begründen, das sowohl „das Fixierte, durch ein Gesetz festgelegte" wie auch „das Festliche als orgiastisch Bewegtes" bedeuten kann; die Schreibweise mit ‚f' deutet gar eher auf die zweite Bedeutung, während Hölderlin das Feste im Sinn eines Fixierten eher mit ‚v' schreibt – so auch an anderer Stelle in *Brod und Wein*: „Vest und edel" etwa sind die Städte und Tempel Griechenlands (R 98).[24] Das „Maas" bildet demnach die Einheit dieser im Unentscheidbaren verbleibenden Gegensätze – wie „Tag und Nacht", wie „Mittag" und „Mitternacht".[25]

Das „Veste" im Sinn von Befestigtem ist bei Hölderlin immer auch als Bestimmungsmoment der Schrift zu lesen, am prominentesten vielleicht in der Schlusswendung von *Patmos*: „daß gepfleget werde / Der veste Buchstab und bestehendes gut / Gedeutet. Dem folgt deutscher Gesang."[26] Wenn an der zitierten Stelle aus *Brod und Wein* beim „Eigene[n]" und beim „Maas" auch die Frage der Nationalsprachlichkeit der Dichtung gestellt wird, dann geht es dabei im Abgleich des Griechischen und des Deutschen auch um das Verhältnis von „Buchstab" und „Gesang", und genauer: um die in beiden Sprachen verschiedenen Weisen, auf „veste[n] Buchstab[en]" tönenden „Gesang" folgen zu lassen. Denn während das Griechische sein Versmaß im Wechsel von Längen und Kürzen findet und dementsprechend skandiert wird, differenziert das Deutsche nach betonten und unbetonten Silben. Aus dieser Spannung, die eine umstandslose Übertragung griechischer Versmaße und Rhythmen auf deutsche von vornherein verhindert, hat Klopstock bekanntlich die eigenständige Kraft des deutschen Hexameters hergeleitet. An Klopstocks Unterscheidung von ‚künstlichen Versfüßen' und (natürlichen) ‚Wortfüßen' hat Hölderlin auch in *Brod und Wein* „laborirt" – und sie schon im berühmten ersten Vers der Elegie gewissermaßen vorgeführt: „Rings um ruhet die Stadt, still wird die erleuchtete Gasse." (R 1) Wo vom Wortfuß (und der alltäglichen Sinnerwartung) her nur

23 Vgl. die einführenden Bemerkungen Groddecks zu seinem „philologisch-poetologischen Kommentar", Groddeck 2012: 30 ff.

24 Ebd.: 83.

25 Dass das Maß nicht sekundär zum zu Messenden hinzutritt, sondern dieses als Gemessenes erst hervorbringt, ist die Pointe der Hegel'schen Seinslogik. Hier firmiert das Maß als Einheit und Aufhebung der Entgegensetzung von Qualität und Quantität; der Abschnitt zum Maß bildet den Höhepunkt des ersten Bandes der *Logik*, vgl. Hegel 1999: 224–264.

26 Hölderlin 1951: 172.

eine Betonung auf „still" in Frage kommt, diktiert der Versfuß des Hexameters eine Betonung auf „wird", was wiederum formsemantisch als Inszenierung des poetischen Werdens (und Vergehens) der Gasse im performativen Vollzug des Verses und des Gedichts gedeutet werden kann.

Wie dem auch sei: Dass es in den besagten Versen vom gesuchten Eigenen und dem gemeinen „Maas" auch um die poetologische Reflexion der Möglichkeiten eines Dichtens in deutscher Sprache geht, lässt sich noch durch eine prominente Parallelstelle stützen: den zweiten Brief an Casimir Ulrich von Böhlendorff vom 4. Dezember 1801. Dieser Brief wurde von Peter Szondi als einer der zentralen poetologischen Programmtexte Hölderlins identifiziert, und Szondis Deutung des Briefes kann denn auch als einer der Grundlagentexte aller poetologischen Lesarten Hölderlins gelten.[27]

5 Eigenes – Fremdes – Lebendiges

Für Szondi ist der Brief an Hölderlins Dichterfreund Böhlendorff *das* Belegdokument einer nachgerade programmatischen „Überwindung des Klassizismus" beim späten Hölderlin. Hölderlin wendet sich hier gegen die alte Winckelmann'sche These, wonach „die Nachahmung der Alten" „[d]er einzige Weg für uns [sei], groß, ja wenn es möglich ist, unnachahmlich zu werden".[28] Der Brief hebt mit einem Lob Hölderlins für Böhlendorffs Drama *Fernando* an; in diesem habe es der Freund vermocht, das „uns" Eigene der Dichtung – die „Klarheit der Darstellung" – mit dem Eigenen der Griechen – dem „Pathos" und der „Wärme": dem „Feuer vom Himmel" – zu verbinden.[29] Über dieses Lob modifiziert Hölderlin dann im Folgenden das Nachahmungspostulat auf entscheidende Weise. An zentraler Stelle heißt es:

> Deßwegen ists auch so gefährlich sich die Kunstregeln einzig und allein von griechischer Vortrefflichkeit zu abstrahieren. Ich habe lange daran laborirt und weiß nun daß ausser dem, was bei den Griechen und uns das höchste seyn muß, nemlich dem lebendigen Verhältnis und Geschik, wir nicht wohl etwas gleich mit ihnen haben dürfen.
>
> Aber das eigene muß so gut gelernt seyn, wie das Fremde. Deßwegen sind uns die Griechen unentbehrlich. Nur werden wir ihnen gerade in unserm Eigenen, Nationellen nicht nachkommen, weil, wie gesagt, der freie Gebrauch des Eigenen das schwerste ist.[30]

27 Vgl. Szondi 2011b.
28 Winckelmann 1995: 4.
29 Hölderlin 1954: 425 f.
30 Ebd.: 426.

Es geht für Hölderlin nicht darum, das Eigene durch die Nachahmung des Fremden hindurch zu lernen; es geht nicht einmal darum, vom Fremden die Fähigkeit zur Nachahmung überhaupt zu lernen, um dann zum Eigenen zu kommen. Sondern: Eigenes wie Fremdes kommen nur darin überein, dass sie je in sich ein „Verhältnis“ finden müssen, ein „lebendige[s] Verhältnis und Geschik“. Dieses „Verhältnis“ ist wiederum das von Eigenem und Fremden, das nun aber in jedem – im Eigenen wie im Fremden – je verschieden gelagert sein muss. Das einzige, was „wir“ von den Griechen lernen können – und wodurch sie uns denn doch „unentbehrlich“ bleiben – ist *ihre* Art, dieses Verhältnis zu bilden; unsere wird eine ganz andere sein müssen. In der Bildung des Verhältnisses von Eigenem und Fremdem, das den Kern des Kunstwerks ausmacht, lernen wir erst, was unser Eigenes ist; Setzungen wie „Klarheit der Darstellung“ oder Präzision bleiben vorerst notwendigerweise abstrakt. Mehr noch, wir lernen nicht nur, was unser Eigenes ist, sondern auch, wie wir es gebrauchen sollen: der „Gebrauch“ aber besteht darin, das Eigene in ein „lebendige[s] Verhältnis“ zum Fremden zu setzen, und ‚frei‘ wird nur ein Gebrauch genannt werden können, der diese seine Art des Ins-Verhältnis-Setzens nicht wiederum vom Fremden, von den Griechen, abzieht, sondern eine eigene Art findet.

Dass Hölderlin lange an der Nachahmung der Griechen „laborirt“ hat, davon legen nicht nur seine umfänglichen Nachbauten etwa der pindarischen Oden beredt Zeugnis ab, sondern auch noch *Brod und Wein*, das ganz in die antike Form des elegischen Distichons eingebettet ist. Durch diese Versuche und Mühen hindurch – in diesem Durcharbeiten seines Griechenkomplexes – kommt es Hölderlin letztlich nur darauf an, sich auf die Suche nach einem Eigenen zu machen, das er schließlich in den „freien“ Metren und Rhythmen der späten Gesängen gefunden haben wird: in den *hesperischen*, den *abendländischen* oder *deutschen* Gesängen.

Der Durchgang durch die ‚fremde‘, streng nachgebaute griechische Form zur frei gebrauchten eigenen lässt sich auch in der Abfolge der Gedichte nachvollziehen, wie sie in der Sammlung *Nachtgesänge* versammelt sind: im Übergang von den sechs Oden zu den drei freirhythmischen letzten Gedichten.[31] Oder im Homburger Folioheft, im Übergang von den vier zuerst stehenden Elegien – darunter als zweite *Brod und Wein* – zu den folgenden freien Hymnen und Hymnenentwürfen. Oder in *Brod und Wein* selbst: In der noch ganz antikisierenden Elegie ist der Übergang wenigstens schon angedacht; den entscheidenden

---

31 Vgl. dazu Menninghaus 2005: 25, wo festgestellt wird, dass auch die freirhythmischen Gedichte eine rhythmische Klammer besitzen: sie schließen jeweils auf einem sapphischen Adoneus.

Schritt zur Verwirklichung des Eigenen im Formgewand des Fremden vollzieht freilich erst die späte Überarbeitung.

6 Was ist Lebendiges?

Dem Böhlendorff-Brief nach besteht das „Eigene" (jeder „[n]ationellen": jeder nationalsprachlichen und nationalkulturellen Dichtung) gerade darin, in sich ein (eben: je eigenes) „lebendige[s] Verhältnis" von Eigenem und Fremdem zu finden und auszuarbeiten – womit Hölderlin jede Vorstellung eines substantiellen Eigenen zugunsten einer relationalen Bestimmung fahren lässt. Zu fragen bleibt indes noch, was gegeben sein muss, um ein solches Verhältnis als „lebendige[s]" charakterisieren zu dürfen. Die Frage wird spätestens dann virulent, wenn man die späte Überarbeitung von *Brod und Wein* mit in Betracht zieht. Hier schreibt Hölderlin „Lebendiges" über „Eigenes", er nimmt aber im Umfeld der Stelle noch andere Modifikationen vor, die zur Bestimmung des „Lebendige[n]" mit herangezogen werden müssen. Die erste Distichen-Trias der dritten Strophe lautet in der Reinschrift:

> Auch verbergen umsonst das Herz im Busen, umsonst nur
> Halten den Muth noch wir, Meister und Knaben, denn wer
> Möcht' es hindern und wer möcht' uns die Freude verbieten?
> Göttliches Feuer auch treibet, bei Tag und Nacht,
> Aufzubrechen. So komm! Daß wir das Offene schauen,
> Daß ein Eigenes wir suchen, so weit es auch ist. (R 37–42)

In der Überarbeitung heißt es:

> Auch verbergen umsonst das Herz im Busen, umsonst nur
> Halten den Muth noch wir, Meister und Knaben, denn wer
> Möcht' es hindern und wer würd' uns die Freude verbieten?
> Herrliches Zeichen auch singen, bei Tag und Nacht,
> Witterungen. So komm! Daß wir das Offene schauen,
> Daß Lebendiges wir suchen, so weit es auch ist. (Ü 37–42)

Der Rest der Strophe bleibt unverändert, erst der letzte Pentameter wird wieder einschneidend modifiziert. Statt: „Dorther kommt und zurük deutet der kommende Gott" (R 54) heißt es in der Überarbeitung: „Dorther kommt und da lachet verpflanzet, der Gott" (Ü 54).

In den Modifikationen der dritten Strophe lässt sich ein einheitlicher Zug identifizieren: Das, was zunächst noch mit einem Göttlichen metaphorisch umschrieben wird – ein Gewitter als „[g]öttliches Feuer" –, wird nun als „Witterungen" ganz in den irdischen Bereich geholt, wo es gleichwohl aber „Zeichen“, „[h]errliches Zeichen“ bleibt – und somit auf anderes bezogen. Dass es um Zeichen geht, die gesungen werden – es „singen“ offenbar die „Witterungen“ selbst – verstärkt noch den selbstbezüglich-poetologischen Charakter der Stelle.[32]

Dass hier das „Göttliche[ ]“ auch als Metapher verschwindet, drückt eine übergreifende Tendenz der Überarbeitung aus, die ich im nächsten Abschnitt („Verpflanzung der Geschichte“) behandeln werde. Fraglich bleibt an dieser Stelle zunächst, was stattdessen eingesetzt wird, und hier dann gewinnt das „Lebendige[ ]“ seine Bedeutung. Bei der Ersetzung des „Eigene[n]“ durch das „Lebendige[ ]“ vermutet Groddeck, dass Hölderlin so die tragende „Dialektik von Fremdem und Eigenem“ aussetzen wolle.[33] Demnach wäre die Ersetzung eine adversative, die Überschreibung des „Eigene[n]“ würde dieses (wie auch seinen Widerpart, das Fremde) aus dem Denkraum der Elegie verbannen.

Eine andere Deutung scheint mir wahrscheinlicher.[34] Danach wäre das „Lebendige[ ]“ eine weitere Qualifizierung, nicht eine Ersetzung des „Eigene[n]“. Diese Lesart kann sich auf Wilhelm Heinse berufen, dem die ganze Elegie gewidmet ist. In Heinses Roman *Ardinghello*, der gerade für das Griechenlandphantasma Hölderlins eine zentrale Rolle spielt, stellt das „Lebendige[ ]“ ein Grundwort dar, das bezeichnenderweise sehr oft mit dem „Eigene[n]“ zusammen und oft fast synonym verwendet wird. Eigenes kann es für Heinse nur als Lebendiges geben: „Sein Lebendiges war frisch und meisterhaft in der Arbeit und kam dem Tizianischen ziemlich nahe; doch war es nicht Manier, sondern sein eigen und verschieden nach der Natur“ etwa heißt es über ein Gemälde Ardinghellos.[35] Vor dem Problemhorizont des Romans, der noch einmal die Frage der antiken und der modernen Kunst und die nach der rechten Anknüpfungsart der Modernen an die Alten aufwirft, steht das Lebendige bei Heinse für eine mögliche Verlebendigung der Antike.[36] Eine solche bedeutet nun aber

32 Die Zeichenhaftigkeit der Natur korrespondiert dabei jener der titelgebenden Elemente Brot und Wein, die „zum Zeichen, daß einst er [der Gott] dagewesen und wieder / Käme“, als „Gaaben“ von diesem zurückgelassen wurden (R 131 f.).

33 Groddeck 2012: 81.

34 Diese bleibt aber mit Groddecks Gesamtdeutung durchaus vereinbar.

35 Heinse 1975: 24.

36 Im Italien des 16. Jahrhunderts, wo der Roman angesiedelt ist, wird diese Frage innerhalb der Malerei in die Frage „*Farbe* oder *Zeichnung*?“ übersetzt. Vgl. dazu das Gespräch zwischen Paolo Veronese („Paul von Verona“), der als Vertreter venezianischer Farbmalerei in Rom auf die Vertreter des *disegno* trifft, gleich zu Beginn des *Ardinghello*, Heinse 1975: 10–12. Zum *paragone* des 16. Jahrhunderts, welche Kunstgattung eine bessere Verlebendigung bewirken könne, die Malerei oder die Skulptur, und dessen Wiederaufnahme im Zeichen des Streits zwischen Dichtung und Bildender Kunst im 18. Jahrhundert vgl. Dominik Müller 2009: 41–54,

auch deren Aneignung, wodurch die Antike immer auch anders und fremd wird. Es war Heinses antikophiler Sensualismus, der im antikenfrommen Klassizismus des späten 18. Jahrhunderts den Skandal um *Ardinghello* verursacht hat, nicht so sehr die Schilderung loser Sitten überhaupt.[37]

Nun ist aber das Lebendige – über den engen Kontext der Verweisung auf Heinse hinaus – um 1800 ein ubiquitärer Kopplungsbegriff, der im Zwischenraum weit auseinanderliegender Wissens- und Praxisfelder wirksam wird.[38] Im Bereich der philosophischen und literarischen Reflexion ist sicher Kants ‚Ästhetik des Lebendigen' als überwölbendes Moment beider Teile seiner *Kritik der Urteilskraft* auch für Hölderlin von zentraler Bedeutung.[39] Jürgen Link hat darüber hinaus Hölderlins „naturwissenschaftlich[es]" Wissen – „‚naturgeschichtlich' im Sinne der fortgeschrittenen Episteme um 1800" – freigelegt, das zentral um die Begriffe des Lebens und der Lebendigkeit herum angeordnet ist. Link zeigt, dass Hölderlin überall vom lebendigen Körper als Referenz ausgeht, den er sensualistisch als erregten und erregbaren Körper versteht (und *lebt*, so Link).[40]

---

insb. 51 ff. – Einen festen Knoten zwischen (Roman-)Kunst und Leben/Verlebendigung schürzt Almut Hüfler schon im Untertitel ihrer Dissertation: *Vermittlung und Unmittelbarkeit. Wilhelm Heinses Romanpoetik zwischen Leben und Literatur* (Hüfler 2012).

37 In *Brod und Wein* ist Heins/ze nicht nur Widmungsempfänger, die Elegie ist auch als Gespräch mit ihm fingiert. Über die Anrufung von „Vater Aether" zitiert Hölderlin zudem direkt Heinses *Ardinghello* (Heinse 1975: 304). Zu Heinses Rolle als Gesprächspartner in *Brod und Wein* vgl. Böschenstein 1989: 1–19, insb. 10 f.

38 Maria Muhle und Christiane Voss fassen die Begriffe des Lebens und des Lebendigen – über deren mögliche Differenz wäre zu gegebener Zeit noch einmal eigens zu handeln – ob ihrer Konstruktion „im Schnittpunkt von Technik- und Medienphilosophie, Wissenschaftsgeschichte und Ästhetik" als „Black Box" (Muhle &Voss 2017b: 9). Muhle erklärt die Integrationskraft des Begriffs des Lebendigen gerade nicht aus einer mit ihm angesprochenen Substantialität, sondern daraus, dass es sich beim Lebendigen wesentlich um einen „polemischen" und einen „Form-Begriff" handelt, der Zusammenhang zwischen verschiedenen Gegenstandsfeldern dadurch stiftet, dass er sie unterscheidet, vgl. Muhle 2017: 301–323. Mehr Stoff zu diesem unerschöpflichen Thema bietet der Sammelband Avanessian, Menninghaus & Völker 2009.

39 Vgl. Völker 2008. Völkers Ziel ist es, „entlang des Lebensbegriffs die[ ] Einheit der dritten *Kritik* [der *Kritik der Urteilskraft*] in Augenschein zu nehmen" (168), wobei, so heißt es weiter, „‚Lebendigkeit' [...] zur Bezeichnung eines ästhetischen Lebens dienen [soll], das die Passage zwischen der Skylla Hylozoismus und der Charybdis Theismus überstanden hat" (169).

40 Link 1999: 70 f. Vgl. dazu Ulrich Gaier über Heinses Einfluss: „Es ist zu vermuten, dass H[ölderlin] die Sprache auf allen Ebenen auf diese von Heinse als Grundlage der Musik [...] entdeckte Systematik der Energien bezog und demnach wie Heinse Metren und Wortfüße als Spannungs- und Lösungsprozesse begriff, die den Körper unmittelbar erfassten [...], so daß sich die im Gedicht auf allen Sprachebenen komponierten energetischen Zu-

Nun ist der „sensualistische Körper" aber einer, der nicht in sich abgeschlossen ist, sondern über seine „konstitutionell[e] Periodizität" in übergreifende Natur- und vielleicht sogar kosmische Prozesse eingebunden ist: in den Wechsel der Gestirne und Gezeiten, aber auch in Spannungsaufbau und -abfuhr in der Atmosphäre.[41] Die (zunächst nur im Bereich der äußeren Natur verortete) „Witterung", so zeigt Groddeck, weist bei Hölderlin über die „Konnotation einer feinen Sinneswahrnehmung" – im Sinne von: Witterung aufnehmen – immer auch eine subjektive Komponente auf, die „Außen und Innen" des Menschen verknüpft.[42] Das Gewitter – als „Zeichen des Himmels" – ist elementarer Bestandteil des Natur-„Tonus" und seiner Wechsel[43] und zugleich Metapher einer gesellschaftlich-historischen Eruption, als die Hölderlin die Französische Revolution begriffen hat.[44]

Als lebendiger ist Hölderlins Körper immer schon in der Welt, so könnte man mit nur unwesentlichem Anachronismus sagen, und in dieser Welt lässt sich ein Leben der Gesellschaft nicht mehr von einem solchen der Natur trennen. Die Zonen der Ununterscheidbarkeit, die Hölderlin nachgerade systematisch erzeugt, müssen nicht auf eine Indifferenz gegenüber der wesentlichen modernen Abkoppelung des Sozialen von der Natur verweisen; gerade umgekehrt können sie auch als Einspruch gegen eine einhegende Disziplinierung des Lebens, der Natur und letztlich auch der Gesellschaft verstanden werden, die sich ihrerseits als fortschrittlich und alternativlos präsentiert. Die über Rousseau vermittelte Bezugnahme auf die Klimatheorie Montesquieus etwa deutet vielleicht in die alte Episteme vor 1800 zurück, ihre Neuinterpretation im Rahmen der Soemmerig'schen Nerven- und Gehirnphysiologie weist gleichzeitig entschieden „moderne" Züge auf. [45] Ob beides post festum überhaupt zu trennen ist, und wenn ja: ob es sinnvoll ist, das zu tun, erscheint fraglich. Die große Integralleistung der Hölderlin'schen Dichtung, die neuestes Wissen aus verschieden Gebieten im Licht ältester Mythen verbindet, um eine „höhere

---

stände und Prozesse dem Menschen als Lebenskraft und Daseinsmacht vom Körper über die Gefühle und Vorstellungen bis ins Denken mitteilen" (Gaier 2011: 89).

41 Link 1999: 71ff.

42 Groddeck 2012: 81.

43 Link 1999: 72.

44 Groddeck 2012: 80. Vgl. dazu immer noch grundlegend die Studien von Bertaux 1969. Dass Hölderlin neben dem Atmosphärischen und Somatischen auch das Ökonomische im Blick hatte, wenn er – wie verstellt auch immer – von der Revolution spricht, zeigt Honold 2005: 74–90. Zur Gewittermetaphorik vgl. im Weiteren 96, 104. Die „periodischen Schwingungen bewegter Körper" (115) untersucht Honold, anders als Link, v. a. im Hinblick auf astronomische, nicht auf menschliche Körper.

45 Link 1999: 74–77, 78ff.

Aufklärung“ zu erreichen als jene, die zeitgenössisch und gängig war, wird von dieser Frage jedenfalls gar nicht berührt.[46]

7 Verpflanzung der Geschichte

In unserem Kontext ist es nun zentral, dass sich von Hölderlins „naturwissenschaftlichem“ Wissen her auch die späte Überarbeitung von *Brod und Wein* interpretieren lässt und sich so auch die Frage nach der ganz eigenen, der „[n]ationellen“ Dichtungsart und letztlich die nach dem „deutsche[n] Gesang“ neu stellt.

Jean-Luc Nancy hat die Aufgabe, Hölderlin heute zu lesen, einmal damit umschrieben, ihn ohne Götter zu lesen.[47] Auch diese Aufgabe beginnt Hölderlin selbst schon in der Überarbeitung von *Brod und Wein*. In der Überarbeitung werden die Götter, und damit letztlich auch der triadische Gedanke von einer Anwesenheit, einem Rückzug und einer Wiederkehr der Götter zugunsten eines naturgeschichtlichen Prozesses ausgesetzt: eines Prozesses, in dem Natur und Geschichte nicht länger unterscheidbar sind oder vielmehr immer ununterscheidbarer werden und den ich im Folgenden als *Verpflanzung* bezeichnen möchte.

Verpflanzt wird in der Überarbeitung zunächst der vormals „kommende Gott“, von dem es dann in der Überarbeitung heißt: „Dorther kommt und da lachet verpflanzet, der Gott.“ (Ü 54) Dass der Gott nicht nur „verpflanzet“ ist im Sinne von entwurzelt und anderswo heimisch gemacht – so wie der Weingott Dionysos wohl indischen Ursprungs ist, bevor er zunächst im vorderen Orient und dann in Griechenland wieder auftaucht –, sondern dass der Gott auch darum „verpflanzet“ erscheint, weil er selbst ganz Pflanze wird, das wird man als unerwartet und vielleicht gar als befremdlich kennzeichnen dürfen. Denn die lokal-bewegte Sinndimension ist bei Hölderlin und auch in *Brod und Wein* allemal näherliegend. Dass die griechische Kultur sich vermittels eines Systems von Pflanzstädten, von Kolonien, vor allem nach Westen ausgebreitet hat, ist nicht nur historisch belegt, sondern auch bei Hölderlin bedeutsam. In der Überarbeitung der letzten Strophe von *Brod und Wein* etwa heißt es:

46 Ein ähnliches Problem – ob die Morphologie auf alte Formbegriffe vor der epistemischen Zäsur ‚um 1800‘ zurückgreift oder aber ‚moderne‘, ‚protostrukturalistische‘ der nächsten Zäsur ‚um 1900‘ vorwegnimmt – stellt sich bei Goethe. Vgl. dazu Geulen 2016, insb. das Kapitel „Reihenbildung“, 109–122.

47 Nancy 1997: 34: „Heute Hölderlin zu lesen verlangt auch, ihn aus der romantischen Bilderwelt zu lösen, die zwangsläufig die seine war und zu der auch ‚die Götter‘ gehörten.“

> [. . .] Nemlich zu Hauß ist der Geist
> Nicht im Anfang, nicht an der Quell. Ihn zehret die Heimath.
> Kolonien liebt, und tapfer Vergessen der Geist. (Ü 154–156)

Dass der Geist nicht im Ursprung, nicht an der Quelle und auch nicht an der Wurzel „zu Hauß“ ist, sondern in den „Kolonien“ eine neue „Heimath“ findet, die ihn womöglich nicht mehr aus-„zehret“, sondern nährt: Das kann als unmissverständlicher Einspruch gegen alle Ursprungsmetaphysik des Eigenen gelten. Der Geist will hinaus – ins „Offene“ –, und auch die Topik der Kulturwanderung von Griechenland nach Hesperien würde zum kolonialen Prinzip der Verpflanzung passen. Und so heißt es denn auch in der neunten Strophe – gleichlautend in Reinschrift und Überarbeitung:

> Was den Alten Gesang von Kindern Gottes geweissagt,
> Siehe, wir sind es, wir; Frucht von Hesperien ists! (R 149 f.)

Während ein national gesinnter Leser wie Friedrich Beißner 1933 noch annehmen wollte, Griechenland sei eine Kolonie deutschen Geistes (worin Martin Heidegger ihm dann folgte), ist auch die kulturmigratorisch korrektere Lesart, wonach Hesperien eine späte Ausgründung, eine Kolonie Griechenlands sei, nicht vor speziell „[n]ationellen“ Lesarten bewahrt geblieben. Denn Hesperien – „[u]nser Land“ – wäre demnach nicht nur transitorische *Station*,[48] sondern auch finale *Erfüllung* allen griechischen Geists. Im Geist der Deutschen Bundesbahn schreibt Jochen Schmidt entsprechend 1968: „Unser Land Hesperien bildet also nicht den Anfang, sondern die Endstation des Geistes.“[49]

Gegen diese national zentrierten, allemal unscharfen Lesarten (denen man zumindest vorwerfen muss, dass sie alle das „Vergessen“ vergessen, das der Geist so „tapfer“ liebt) kann der Doppelsinn der Verpflanzung geltend gemacht werden.

Was also könnte ein Gott sein, der sich „verpflanzet“? Wie fügt sich die Idee eines *dieu plante* – wie man in Übertragung der aufklärerischen Vorstellung eines *homme plante* sagen könnte[50] – in die Gesamtinterpretation der

---

48 So etwa Hans Pyritz 1953, dem zufolge die Kolonie den „neuen Wohnsitz“ bezeichnet, „in den der Geist auswandert (bis ihn die nächste Geschichtsstunde zu weiterer Landnahme treibt)“ (Pyritz 1953: 102, zit. nach Groddeck 2012: 264). Böschenstein sieht in der Überarbeitung von *Brod und Wein* auch den Weg nach Amerika schon vorgezeichnet, wie er in einer Parallelstellenkonstruktion mit der Hymne *Andenken* belegt, vgl. Böschenstein 1991: 175 f.

49 Schmidt 1968: 201.

50 Den *homme plante* führt – ohne Nachweis und ohne Bezug auf den verpflanzten Gott aus *Brod und Wein* – auch Jürgen Link an, vgl. Link 1999: 75. Der *homme plante* ist leider viel weniger bekannt als der *homme machine* des gleichen Autors, vgl. de la Mettrie 2008.

Elegie und besonders der späten Bearbeitung? Dass Hölderlin in seinem Vers „Dorther kommt und da lachet verpflanzet, der Gott" (Ü 54) vielleicht tatsächlich einen Gott zu denken gibt, der selbst zur Pflanze wird, interpretiert Groddeck zunächst streng im engen Rahmen der antiken Bacchus-Ikonographie, wonach der Weingott nicht bloß als Weinstock allegorisiert werden kann, sondern bisweilen selbst diese Gestalt annimmt. Dann aber stellt Groddeck in Rechnung, dass mit diesem Eingriff eine „semantische Neuorientierung der ganzen Elegie" verbunden ist: Wenn der Gott selbst Natur „*ist*" und sogar Pflanze wird,[51] dann wird auch verständlich, warum in der umfassenden Überarbeitung der letzten Strophe Hesperien als Ort der Wiederkehr der Götter nicht als eine neue Kulturlandschaft dargestellt wird, sondern als „Wildniß" (Ü 121, 149), in der jener wiedergekehrte und wiederkehrende Gott „lachet".

Eine gewisse Heiterkeit macht sich in der überarbeiteten letzten Strophe insgesamt breit. Wo die Versöhnung – „Ja! Sie sagen mit Recht, er söhne den Tag mit der Nacht aus" heißt es ohne Überarbeitung in beiden Versionen im ersten Vers (R 143) – in der Reinschrift noch als eine durchaus spannungsreiche Zusammenkunft inszeniert wird, in der die Abwesenheit oder Ferne der Götter nie ganz getilgt werden kann, da bringt die Überarbeitung einen höheren Frieden zur Darstellung, in dem allen ohne Mühsal alles zuteilwird. Das Distichon „Weil er bleibet und selbst die Spur der entflohenen Götter / Götterlosen hinab unter das Finstere bringt" (R 147 f.) wird in der Überarbeitung zu: „Weil er bleibet. Vergnügt ist nemlich der in der Wildniß / Auch. Und süßer Schlaf bleibet und Bienen und Mahl" (Ü 149 f.).

Dass die „Kolonien" eben auch als Verpflanzungen, als wuchernde „Wildniß" zu lesen sind, wird in einem Detail in der letzten Distichen-Trias der Elegie deutlich. Wo in der Reinschrift noch der „Fakelschwinger des Höchsten / Sohn, der Syrier" – nach spätantiker Ikonographie können hier Dionysos oder Christus oder eben beide gemeint sein – noch Licht „unter die Schatten herab" (R 155 f.) bringt und also die Menschen noch als solche, als Bewohner eines Schattenreichs gefasst werden, da rastet in der Überarbeitung eben jener „Beseeler" selbst in den „Schätten unserer Wälder", wo ihn die „Blumen erfreuen" (Ü 157 f.).[52]

---

51 Groddeck 2012: 91.

52 Angerissen, aber keineswegs ausgeschöpft ist dieser Zusammenhang bei Almhofer 1989: 162–174.

8 Alles ist irdisch

Der Tendenz nach wird in der Überarbeitung *Natur* – im Sinne wilder Verpflanzung – dort eingesetzt, wo in der „klassischen“ Reinschrift noch *Götter* und *Himmlisches* walteten, und wenn auch die Götter als Wort und Namen nicht ganz verschwinden, so werden sie nun doch lesbar als Anrufungsinstanzen von „generativen Potenzen und Elementen der Natur“.[53] Der triadische Geschichtsprozess aber, der eine Wiederkehr Gottes in Aussicht stellt, wird damit als geschlossen-teleologischer Dreischritt in letzter Instanz (also dort, wo es zählt) ausgesetzt und als eine infinite *Rückkehr zur Natur* refiguriert.[54]

Diese Lesart hat ihren härtesten Prüfstein an der siebten Strophe. In der Reinschrift bricht hier, nach der Evokation des „seelige[n] Griechenland“ in den Strophen 4 bis 6, das Bewusstsein der Gottesferne auf. Strophe 6 schließt mit dem Distichon „Oder er kam auch selbst und nahm des Menschen Gestalt an / Und vollendet und schloß tröstend das himmlische Fest“ (R 107 f.). Strophe 7 beginnt mit einer Apostrophe, die das Gedicht zu einer Zwiesprache werden lässt, die am Ende der Strophe wieder aufgenommen werden wird: „Aber Freund! Wir kommen zu spät. Zwar leben die Götter / Aber über dem Haupt droben in anderer Welt“ (R 109 f.). Diese strikte Trennung, die als bewusste und vom Gedicht bewusstgemachte für das Drei-Phasen-Modell zentral ist – ohne Rückzug keine Wiederkehr – wird in der Überarbeitung auch formal gleichsam überwuchert: die zuvor strenge Form verwildert. Eingeführt wird das einzige (und für die Form der Elegie allemal unübliche) Strophen-Enjambement, das somit auch die strikte formsemantische Dreiteilung der Elegie überspringt. Das letzte, Fragment gebliebene Distichon von Strophe 6 und das erste von Strophe 7 lauten in der Überarbeitung:

> Aber er kam selbst und nahm des Menschen Gestalt an
> [...] ein Ärgerniß aber ist Tempel und Bild,
>
> Narben gleichbar zu Ephesus. Auch Geistiges leidet,
> Himmlischer Gegenwart, zündet Feuer, zulezt. (Ü 107–109)

„Tempel und Bild“ sind nun keine Erinnerungszeichen mehr dafür, dass die Götter einst zugegen waren, sondern werden als „Ärgerniß“ und als „Narben“

---

53 Link 1999: 77.

54 Vgl. Link 1999: 52–64 u. ö. Von einer „transition from the eschatological to the geographical conception of history“ (Tang 2008: 304) zu sprechen, scheint mir allerdings zu kurz zu greifen: Denn das eschatologische Modell *ist* bei Hölderlin ein geographisches. In der Überarbeitung wird beides gleichermaßen abgearbeitet.

wahrgenommen, als verwachsene und entstellt-entstellende Zeichen – Ruinen – eines Einschnitts oder Verlusts. Während die „klassische" Reinschrift die Schwierigkeiten ausmisst, die eine Wiederkehr Gottes zu gewärtigen hätte – die Menschen sind eigentlich zu schwach, „die göttliche Fülle" (R 114) zu tragen – stellt die Überarbeitung aus, dass schon die Erwartung einer Rückkehr eine unreine Vermischung der Sphären bedeutet. Während Griechenland zuvor als „Haus der Himmlischen" angerufen wird, als „Festlicher Saal! Der Boden ist Meer! Und Tische die Berge / Wahrlich zu einzigem Brauche vor Alters gebaut!" (R 57f.), da heißt es nun, in der überarbeiteten Strophe 7, von Hesperien: „Gebäuden gleich stehen die Bäum und Gebüsch / Nimmer" (Ü 116f.). Wenn „Bäum und Gebüsch" keinen „Gebäuden" für die Himmlischen mehr gleichen, so bleiben sie doch eben das: „Bäum und Gebüsch". Das jedenfalls stellen dann – eingeleitet durch ein adversatives „Aber" – die letzten vier Distichen vor Augen, und sie nehmen dabei die verpflanzt-verwachsenen Ruhebilder der letzten Strophe in der Vision eines Tierfriedens vorweg:

> Aber Herzen an Kraft, wie auf weißer Haide Blümlein,
> Da es dürr ist; das Grün aber ernähret das Roß
> Und den Wolf, in der Wildniß, aber des Todes denkt Einer
> Kaum, und der Jugend Haus fassen die Seher nicht mehr. (Ü 119–122)

Wenn erst die „Wildniß" nicht mehr als „Haus" ge- und versehen wird, kommt Ruhe auf.[55] Dass damit kein bloßes Verkennen propagiert wird (wie es die Rede vom Tod, an den kaum einer denkt, andeuten könnte), stellen indes die letzten beiden Distichen fest; sie kommen *gesetzt*, als ein Gesetz fast daher, sind aber schwer zu fassen:

> Aber doch etwas gilt, allein. Die Regel, die Erde.
> Eine Klarheit, die Nacht. Das und das Ruhige kennt
> Ein Verständiger wohl, ein Fürstlicherer, und zeiget
> Göttliches, ihrs auch sei lang, wie der Himmel breit. (Ü 123–126)

Wiederum adversativ durch ein „Aber" eingeleitet, wird gegen den Wildwuchs der „Wildniß" hier zunächst noch sehr unbestimmt „etwas" gesetzt, das aber doch „gilt" und dessen Geltung sogar Ausschließlichkeit beansprucht („allein"). Dieses geltende Etwas ist eine „Regel", die Groddeck überzeugend als „Kunstregel" im Sinn des Böhlendorff-Briefs interpretiert: Das Wort stammt aus dem Bereich des Handwerks und meint hier „Maß oder Richtscheit"; in Hölder-

55 Hier muss daran erinnert werden, dass „der Jugend Haus" zuvor noch als „Haus der Himmlischen" benannt wurde.

lins übergreifendem poetologischem Projekt, das Dichten als Handwerk zu begreifen und, wie es in den *Anmerkungen zum Oedipus* heißt, der „μηχανη der Alten“ anzugleichen, um dem Dichter „auch bei uns“ Rang und Ansehen zu sichern, kann die „‚Regel‘ [...] synonym mit ‚Gesez‘ und ‚Kalkul‘“ verstanden werden.[56] Verstehen wir die Regel als Maß, dann stellt sich der Vers in ein Korrespondenzverhältnis zu jenen anderen Versen, in denen eine poetologische Maxime ausgegeben wurde: „Fest bleibt Eins“ – „immer bestehet ein Maas“. Nimmt man aus dem Kontext dieser Verse noch die Schritte (und die Versfüße) als das hinzu, was gemessen wird – „Dahin gehet und kommt jeder, wohin er es kann“ (R 46) – dann wird „die Erde“ als Widerhalt lesbar, auf dem erst die Schritte einen Rhythmus erzeugen.

Über die poetologische Lesart hinaus aber kann der Bedeutungshorizont des elliptischen Nominalsatzes „Die Regel, die Erde“ gar nicht weit genug angesetzt werden. Hier wird, so komprimiert wie nur irgend denkbar, ein „Abschied von jeder Transzendenz festgeschrieben. Keine Himmlischen, keine Vergangenheit, kein Äther, keine Götter, keine Geister, sondern allein ‚die Erde‘ gibt jetzt die gültige Regel“.[57]

Vorbereitet wird die Einholung der Transzendenz (oder ihr Immanentwerden) schon in der vierten Strophe. In der Reinschrift wird das „seelige[ ] Griechenland“ durch eine Reihe von Fragen evoziert, die den „Gesang“ wie selbstverständlich in den „Tempel[n]“ der „Götter“ verorten:

Aber die Thronen, wo? Die Tempel, und wo die Gefäße,
  Wo mit Nectar gefüllt, Göttern zu Lust der Gesang? (R 59 f.)

Die Überarbeitung überschreibt „Die Tempel“ mit „Geseze der Erd“, der „Gesang“ wird durch die Einfügung von „Schritte[n]“ und der Gangart des Schreitens noch stärker als poetisch geformte, nach Versfüßen gemessene Sprache markiert; die „Götter[ ]“ als Adressaten des Gesangs verschwinden ganz:

Aber die Thronen, wo? Geseze der Erd und die Schritte,
  Wo mit Nectar gefüllt, schreitend in Winkeln Gesang? (Ü 59 f.)

---

56 Groddeck 2012: 203. Der erste Satz der *Oedipus*-Anmerkungen lautet: „Es wird gut seyn, um den Dichtern, auch bei uns, eine bürgerlich Existenz zu sichern, wenn man die Poesie, auch bei uns, den Unterschied der Zeiten und Verfassungen abgerechnet, zur μηχανη der Alten erhebt“ (Hölderlin 1952: 195–202, hier 195).

57 Groddeck 2012: 202. Indes wird man den „Äther“ vielleicht aus der Reihe ausnehmen müssen. Denn der Äther – im Gedicht angerufen als „Vater Äther“ – ist, so hat Link gezeigt, gerade eines der stärksten Indizien einer rein diesseitigen, naturwissenschaftlichen Lesart, vgl. Link 1999: 77–81. Der Begriff der Regel firmiert – innerhalb der Bestimmung des „Maßes“ – in Hegels *Logik* als einer der zentralen Begriffe, vgl. Hegel 1999: 229–238.

In den Fügungen „Die Regel, die Erde" und „Geseze der Erd" verdichtet sich jener Prozess, der nicht nur Jenseitiges (die thronenden Götter und das Göttliche) durch Diesseitiges (Mensch, Natur, Erde) ersetzt, sondern auch die Bezugsordnung verschiebt, in der beides zuvor gegenübergestellt wurde. Die Beiordnung des zweiten Nominalsatzes „Eine Klarheit, die Nacht" etwa justiert die zuvor bestimmende Zeitordnung von Tag und Nacht schon dadurch neu, dass der Tag als Zeitraum der „Klarheit" und Hellsicht ganz wegfällt und die „Klarheit" – als „Eine", gemeinsame und unteilbare – nun „der Nacht" zugeschrieben wird. Der „Himmel", der im letzten Vers auftaucht, ist nicht mehr ein Ort „droben in anderer Welt", nicht mehr der Aufenthaltsort entzogener „Himmlischer", wie zu Beginn von Strophe 7 in der Reinschrift, sondern komplementäres Gegenstück zur Erde, über die er sich „breit" ausbreitet; der Himmel selbst ist irdisch geworden, so wie zuvor schon „Göttliches Feuer" zu „Witterungen" geworden ist.[58]

Die „Erde" und der „Himmel", so könnte man zuspitzen, sind gleichsam „verpflanzet" wie der Gott, ja, sie mussten auch erst verpflanzen, weil sie keinen Gegensatz mehr zum Gott und den Göttern bilden: All die Pflanzen, „Bäum und Gebüsch", das „Obst", der „Haide Blümlein", die „Blumen" und „Wälder", die ganze „Wildniß", kurz: „Lebendiges" wächst nun auf und aus der Erde in den Himmel, ohne dass dies noch als frevelhafte, als heroische oder epiphanische Grenzüberschreitung betrachtet werden könnte.[59]

Die Immanenz: ein Leben ... – diese Formel, die der späte Deleuze unter anderem der „letzten Philosophie" Fichtes abgewinnt,[60] wird auch als Umschreibung der späten Poetologie des Fichte-Schülers Hölderlin gelten können: konzeptionelle Abarbeitung und dichterische Abschreitung aller transzendental sich versichernden (Geschichts-)Philosophie und Poetik gleichermaßen, Freilassung in eine

---

58 Alexander Honold schreibt treffend von einer „Erdung des Himmels bei Brot und Wein" (Honold 2005: 393) und untersucht diesen Prozess an *Brod und Wein*, vgl. ebd.: 407–419.

59 Bei Böschenstein 1991: 190 heißt es bündig: „Der Himmel und die Unterwelt sind als brennende Zonen ersetzt durch die Erde der Blumen und Wälder." Poetologisch gewendet spricht Nägele von der „verblümte[n] Rede" des Gedichts (Nägele 1985: 99 f).

60 „Man möchte sagen, die reine Immanenz sei EIN LEBEN und nichts anderes. Sie ist nicht Immanenz im Leben, vielmehr ist sie als Immanentes, das in nichts ist, selbst ein Leben. Ein Leben ist die Immanenz der Immanenz, die absolute Immanenz: Es ist ein vollkommenes Vermögen, vollkommene Glückseligkeit. In dem Maß, in dem Fichte die Aporien von Subjekt und Objekt hinter sich läßt, stellt er in seiner letzten Philosophie das transzendentale Feld als *ein Leben* dar, das von keinem Sein abhängt und keinem Akt unterliegt: absolutes unmittelbares Bewußtsein, das selbst in seiner Tätigkeit nicht mehr auf das Sein verweist, sondern sich fortwährend in einem Leben setzt. Das transzendentale Feld wird dann zu einer wahrhaften Immanenzebene, die den Spinozismus ins Innerste des philosophischen Unternehmens von neuem einführt" (Deleuze 1996: 30).

Natur, die als „nicht-teleologischer determiniert-kontingenter Prozeß“ begriffen wird.[61] Die „Irdischwerdung des Dionysischen“, von der Böschenstein schreibt, ist ein offener Prozess des Werdens, ohne festen Grund und sicheres Ziel.[62]

9 Schluss ohne Vollendung

Das gesuchte „Eigene[ ]“, der eigene Gesang, findet in der Reinschrift sein „Maas“, seine „Regel“ und sein „Gesez“ noch am Gesang der Griechen. Der „freie Gebrauch des Eigenen“[63] aber, der nach Szondi erst eine wahrhafte „Überwindung des Klassizismus“ erlaubt, steht hier noch aus; dieser gesuchte „freie Gebrauch“ wird erst in der Überarbeitung spürbar, wenn das „Eigene[ ]“ buchstäblich durch „Lebendiges“ überwuchert wird. Auch formal überwuchert die Überarbeitung das strikte Versschema und erzeugt so allenthalben rhythmische Härten und Unregelmäßigkeiten, die als Fehler nur werten kann, wer sie nicht als Ausdruck von Freiheit, als Praxis eines „freie[n] Gebrauch[s]“ zu begreifen versteht.

Die Freiheit muss ihre Form dem Leben und dem Lebendigen selbst abgewinnen – oder sie findet keine. Dieses Postulat, dem philosophisch schon Kant gefolgt ist und an dem sich zeitgenössisch noch Hegel orientiert – die *Phänomenologie des Geistes* entsteht parallel zur späten Überarbeitung von *Brod und Wein*, die *Wissenschaft der Logik* wird einige Jahre später wesentliche Einsichten zum Zusammenhang von Maß, Regel und Freiheit auf ihre Art erbringen –, leitet auch Hölderlins späte Poetologie an.[64]

---

61 Link 1999: 257.

62 Böschenstein 1991: 190. Allerdings würde ich, so viel sollte klar geworden sein, die „Idylle“ der Verpflanzung gerade *nicht* in einen „deutlichen Gegensatz zur ‚Regel‘ der Erde und zur Klarheit der Nacht“ stellen, sondern sie vielmehr als deren Komplement fassen. Meiner Interpretation nach beginnen sowohl die Geltung der „Regel“ wie das Walten der Verpflanzung genau dann, wenn „die Erwartung einer Götterankunft verschwindet“ (Böschenstein 1991: 191). Dieses Verschwinden hat in meiner Lesart gerade keinen katastrophischen, sondern einen befriedenden Charakter.

63 Hölderlin 1954: 426.

64 Zur freien Form des Lebens und zur Lebensform der Freiheit zwischen Kant und Hegel hat – das kann hier nur erwähnt, nicht aber in Bezug auf Hölderlin ernsthaft durchgeführt werden – in den letzten Jahren vor allem Thomas Khurana entscheidende Arbeiten vorgelegt, vgl. kurz: Khurana 2017a: 105–135 und lang: Khurana 2017b.

In seinem Aphorismus *Dem folgt deutscher Gesang* hat Adorno dem Postulat von der lebendigen Form der Freiheit eine geschichtsphilosophische Wendung gegeben: „Wo der freie Vers als Form eigenen Wesens sich erweist, ist er aus der gebundenen Strophe hervorgegangen, über die Subjektivität hinausdrängt." Und wenig später: „Nicht umsonst war die Epoche der freien Rhythmen die französische Revolution, der Einstand von Menschenwürde und -gleichheit."[65] Das ‚Hinausdrängen' der Subjektivität und der Verse über die alten sozialen und metrischen Formzwänge hinaus darf indes nicht als einfaches Entwachsen – im Sinne eines Erwachsenwerdens – verstanden werden, sonst ginge die Analogie zur Revolution ins Leere. Die wesentliche Negativität des Vorgangs – die freien Verse sind nur als „strenge Negation des Strengsten" zu haben[66] – zeitigt eine Dialektik, die bis zu unserer Ausgangsfrage nach der Möglichkeit des Deutschen als Sprache der Dichtung durchschlägt, und somit auch auf die Möglichkeit eines „deutsche[n] Gesang[s]". Denn das Deutsch, das Hölderlin in der Durcharbeitung der alten griechischen Metren und Formen gewinnt und das er zunehmend frei zu gebrauchen versteht, gerät ihm im gleichen Maß, in dem es ‚eigen' wird, zu einem ganz und gar Fremden: „Fremd ragen", so Adorno, die „freien Rhythmen" Hölderlins und Goethes in die „neuen Sprachen hinein und taugen kraft solcher Fremdheit zum Ausdruck dessen, was in Mitteilung sich nicht erschöpft".[67] Bei Hölderlin werden die freien Rhythmen, die sich in der Überarbeitung von *Brod und Wein* ankündigen, vielleicht auch zum Ausdrucksmedium dessen, was sich gerade der Pluralität der „neuen Sprachen" versagt, der „neuen" National- wie der verschiedenen Wissenschafts- und Fachsprachen, die sich um 1800 konstituieren. Der alleinige Bezug auf die „Erde" als Regel-, Maß- und Gesetzgeberin kann – neben der Aufkündigung aller transzendent versicherten Autorität – auch als Anrufung einer Universalität verstanden werden, in der die sprachliche Polarität von Eigenem und Fremden, von eigener und fremder, von Alltags- und von wissenschaftlicher Sprache, keine Rolle mehr spielt.

Hölderlins „deutscher Gesang" jedenfalls ist einer, der zu „keinem existierenden ‚deutschen' Gesang stimmt"; es ist ein „‚deutscher Gesang', wie es ihn weder um 1800 gab noch um 1900 geben wird", so Bernhard Böschenstein in seinem Kommentar zu Adornos Aphorismus,[68] und dieser Gesang wird – so können wir ergänzen – auch abermals einhundert Jahre später nicht verständlicher geworden sein. Hölderlins „deutscher Gesang" ertönt in einer Fremdsprache.

---

65 Adorno 1991: 296 f.
66 Ebd.: 296.
67 Ebd.
68 Böschenstein 2003: 113.

Literatur

Adorno, Theodor W. (1991): *Minima Moralia. Reflexionen aus dem beschädigten Leben*. Frankfurt a.M.: Suhrkamp.

Almhofer, Werner (1989): „Wildniß“ und Vergnügen. Hölderlins mythologische Bildersprache in den späten Korrekturen von *Brod und Wein*. In: Bernhard Böschenstein & Gerhard Kurz (Hrsg.), *Hölderlin-Jahrbuch* 26, 162–174.

Amslinger, Julia & Jörg Wesche (2018): Metrik. In: Joachim Jacob & Johannes Süßmann (Hrsg.), *Das 18. Jahrhundert. Lexikon zur Antikerezeption in Aufklärung und Klassizismus* (Der Neue Pauly. Enzyklopädie der Antike. Supplemente 13). Stuttgart, Weimar: J.B. Metzler, 458–462.

Avanessian, Armen, Winfried Menninghaus & Jan Völker (Hrsg.) (2009): *Vita aestetica. Szenarien ästhetischer Lebendigkeit*. Zürich, Berlin: Diaphanes.

Bertaux, Pierre (1969): *Hölderlin und die Französische Revolution*. Frankfurt a.M.: Suhrkamp.

Böschenstein, Bernhard (1989): „Was nennest du Glück, was Unglück ... mein Vater!“ Heinse in Hölderlins Dichtung. In: Bernhard Böschenstein & Gerhard Kurz (Hrsg.), *Hölderlin-Jahrbuch* 26, 1–19.

Böschenstein, Bernhard (1991): *Brod und Wein*. Von der „klassischen“ Reinschrift zur späten Überarbeitung. In: Valérie Lawitschka (Hrsg.), *Hölderlin: Christentum und Antike* (Turm-Vorträge 1989/91). Tübingen: Hölderlin-Gesellschaft, 173–194.

Böschenstein, Bernhard (2003): Dem folgt deutscher Gesang. In: Andreas Bernhard & Ulrich Raulff (Hrsg.), *Theodor W. Adorno*. Minima Moralia *neu gelesen*. Frankfurt a.M.: Suhrkamp, 115–117.

Bohrer, Karl-Heinz (2015): *Das Erscheinen des Dionysos. Antike Mythologie und moderne Metapher*. Berlin: Suhrkamp.

Deleuze, Gilles (1996): Die Immanenz: ein Leben. In: Friedrich Balke & Joseph Vogl (Hrsg.), *Gilles Deleuze – Fluchtlinien der Philosophie*. München: Wilhelm Fink, 29–33.

Gaier, Ulrich (2011): Wilhelm Heinse. In: Johann Kreuzer (Hrsg.), *Hölderlin Handbuch. Leben – Werk – Wirkung*. Stuttgart, Weimar: J.B. Metzler, 86–89.

George, Emery E. (2011): Homburger Folioheft. In: Johann Kreuzer (Hrsg.), *Hölderlin Handbuch. Leben – Werk – Wirkung*. Stuttgart, Weimar: J.B. Metzler, 379–394.

Geulen, Eva (2016): *Aus dem Leben der Form. Goethes Morphologie und die Nager*. Berlin: August.

Groddeck, Wolfram (2011): Elegien. In: Johann Kreuzer (Hrsg.), *Hölderlin Handbuch. Leben – Werk – Wirkung*. Stuttgart, Weimar: J.B. Metzler, 320–335.

Groddeck, Wolfram (2012): *Hölderlins Elegie* Brod und Wein *oder* Die Nacht. Frankfurt a.M., Basel: Stroemfeld.

Frank, Manfred (1982): *Der kommende Gott. Vorlesungen über die Neue Mythologie*. Frankfurt a.M.: Suhrkamp.

Hegel, Georg Wilhelm Friedrich (1999): *Die Wissenschaft der Logik: Das Sein*. Hamburg: Meiner, 224–264.

Heidegger, Martin (1961): *Nietzsche*. Bd. 2. Stuttgart: Klett-Cotta.

Heinse, Wilhelm (1975): *Ardinghello und die glückseligen Inseln. Kritische Studienausgabe*. Mit Textvarianten, Dokumenten zur Wirkungsgeschichte, Anm. und einem Nachw. hrsg. von Max L. Baeumer. Stuttgart: Reclam.

Hellingrath, Norbert von (1923): Brod und Wein. An Heinze [Kommentar]. In: Hölderlin, Friedrich: *Sämtliche Werke*. Bd. 4: *Gedichte 1800–1806*. Hrsg. von Norbert von Hellingrath. 2. Auflage. Berlin: Propyläen, 317–323.

Hock, Erich (1995): *„Dort drüben, in Westphalen". Hölderlins Reise nach Bad Driburg mit Wilhelm Heinse und Susette Gontard*. Stuttgart: J.B. Metzler.

Hölderlin, Friedrich (1923): *Sämtliche Werke*. Bd. 4: *Gedichte 1800–1806*. Hrsg. von Norbert von Hellingrath. 2. Auflage. Berlin: Propyläen.

Hölderlin, Friedrich (1951): Patmos. Dem Landgrafen von Homburg. In: *Sämtliche Werke* (Große Stuttgarter Ausgabe). Bd. 2.1: *Gedichte nach 1800*. Hrsg. von Friedrich Beißner. Stuttgart: Kohlhammer, 165–172.

Hölderlin, Friedrich (1952): Anmerkungen zum Oedipus. In: *Sämtliche Werke* (Große Stuttgarter Ausgabe). Bd. 5: *Übersetzungen*. Hrsg. von Friedrich Beißner. Stuttgart: Kohlhammer, 193–202.

Hölderlin, Friedrich (1954): An Casimir Ulrich Böhlendorff am 4. 12.1801. In: *Sämtliche Werke* (Große Stuttgarter Ausgabe). Bd. 6.1: *Briefe: Text*. Hrsg. von Friedrich Beißner. Stuttgart: Kohlhammer, 425–428.

Hölderlin, Friedrich (1976): *Sämtliche Werke* (Frankfurter Ausgabe). Bd. 6: *Elegien und Epigramme*. Hrsg. von Dietrich Eberhard Sattler. Frankfurt a.M.: Roter Stern.

Hölderlin, Friedrich (2012a): Arbeitsreinschrift im Homburger Folioheft. In: Wolfram Groddeck: *Hölderlins Elegie* Brod und Wein *oder* Die Nacht. Frankfurt a.M., Basel: Stroemfeld, 301–305 (= R).

Hölderlin, Friedrich (2012b): Komplexer Text. In: Wolfram Groddeck: *Hölderlins Elegie* Brod und Wein *oder* Die Nacht. Frankfurt a.M., Basel: Stroemfeld, 306–317 (= Ü).

Honold, Alexander (2002): *Nach Olympia. Hölderlin und die Erfindung der Antike*. Berlin: Vorwerk 8.

Honold, Alexander (2005): *Hölderlins Kalender. Astronomie und Revolution um 1800*. Berlin: Vorwerk 8.

Hüfler, Almut (2012): *Vermittlung und Unmittelbarkeit. Wilhelm Heinses Romanpoetik zwischen Leben und Literatur*. Heidelberg: Winter.

Khurana, Thomas (2017a): Leben der Form. Praktische Vernunft nach Kant und Hegel. In: Maria Muhle & Christiane Voss (Hrsg.), *Black Box Leben*. Berlin: August, 105–135.

Khurana, Thomas (2017b): *Das Leben der Freiheit. Form und Wirklichkeit der Autonomie*. Berlin: Suhrkamp.

Kittler, Friedrich A. (1995): *Aufschreibesysteme 1800/1900*. 3. Auflage. München: Wilhelm Fink.

Klopstock, Friedrich Gottlieb (1989): Vom deutschen Hexameter. In: *Gedanken über die Natur der Poesie. Dichtungstheoretische Schriften*. Hrsg. von Winfried Menninghaus. Frankfurt a.M.: Insel, 60–156.

Lachmann, Renate (2006): *Die (seltsame) Logik der Triaden. Festvortrag zur Eröffnung der zweiten Förderphase des Graduiertenkollegs „Die Figur des Dritten"*. Gehalten an der Universität Konstanz, 9. Mai 2006.

Lee, Young-Ki (2007): *Friedrich Hölderlins Mythopoesie als neue Mythologie*. München: m-press.

Link, Jürgen (1999): *Hölderlin-Rousseau: Inventive Rückkehr*. Opladen, Wiesbaden: Westdeutscher Verlag.

Link, Jürgen (2016): *Anteil der Kultur an der Versenkung Griechenlands. Von Hölderlins Deutschenschelte zu Schäubles Griechenschelte*. Würzburg: Königshausen & Neumann.

Menninghaus, Winfried (2005): *Hälfte des Lebens. Versuch über Hölderlins Poetik*. Frankfurt a.M.: Suhrkamp.
Mettrie, Julien Offray de la (2008): *L'Homme Plante / Der Mensch als Pflanze*. Weimar: edition weimar.
Muhle, Maria (2017): Formen und Formierungen des Lebendigen. In: Dies. & Christiane Voss (Hrsg.), *Black Box Leben*. Berlin: August, 301–323.
Muhle, Maria & Christiane Voss (Hrsg.) (2017a): *Black Box Leben*. Berlin: August.
Muhle, Maria & Christiane Voss (2017b): Black Box Leben. Zur Konstruktion eines Leitbegriffs in den Wissenschaften und Künsten. In: Dies. (Hrsg.), *Black Box Leben*. Berlin: August, 9–15.
Müller, Dominik (2009): *Vom Malen erzählen. Von Wilhelm Heinses* Ardinghello *bis Carl Hauptmanns* Einhart der Lächler. Göttingen: Wallstein.
Nägele, Rainer (1985): *Text, Geschichte und Subjektivität in Hölderlins Dichtung: „Uneßbarer Schrift gleich“*. Stuttgart: J.B. Metzler.
Nancy, Jean-Luc (1997): *Das Kalkül des Dichters nach Hölderlins Maß*. Stuttgart: Legueil.
Ovidius Naso, Publius (2014): *Liebesgedichte – Amores. Lateinisch – deutsch*. Hrsg. und übers. von Niklas Holzberg. 2., verb. und erw. Aufl. Berlin: De Gruyter.
Petzold, Emil (1896/1967): *Hölderlins* Brod und Wein. *Ein exegetischer Versuch*. Reprographischer Nachdruck. Darmstadt: WBG.
Previšić, Boris (2008): *Hölderlins Rhythmus. Ein Handbuch*. Frankfurt a.M., Basel: Stroemfeld.
Pyritz, Hans (1953): Zum Fortgang der Stuttgarter Hölderlin-Ausgabe. In: Friedrich Beißner & Paul Kluckhohn (Hrsg.), *Hölderlin-Jahrbuch* 7, 80–105.
Schmidt, Jochen (1968): *Hölderlins Elegie* Brod und Wein. *Die Entwicklung des hymnischen Stils in der elegischen Dichtung*. Berlin: De Gruyter.
Szondi, Peter (2011a): Hölderlin-Studien. Mit einem Traktat über philologische Erkenntnis. In: *Schriften*. Bd. 1. Hrsg. von Jean Bollack. Berlin: Suhrkamp, 261–412.
Szondi, Peter (2011b): Überwindung des Klassizismus. Der Brief an Böhlendorff vom 4. Dezember 1801. In: *Schriften*. Bd. 1. Hrsg. von Jean Bollack. Berlin: Suhrkamp, 345–366.
Tang, Chenxi (2008): *The Geographic Imagination of Modernity: Geography, Literature, and Philosophy in German Romanticism*. Stanford: Stanford University Press.
Völker, Jan (2008): *Ästhetik der Lebendigkeit. Kants dritte Kritik*. Paderborn: Wilhelm Fink.
Winckelmann, Johann Joachim (1995): *Gedanken über die Nachahmung der griechischen Werke in der Malerei und Bildhauerkunst*. Stuttgart: Reclam.

www.ingramcontent.com/pod-product-compliance
Lightning Source LLC
LaVergne TN
LVHW042236300926
849161LV00003B/366